Manfred Gerlach
Heinz Reichmann
Peter Riederer

Die Parkinson-Krankheit

Grundlagen, Klinik, Therapie

unter Mitarbeit
von W. Götz

SpringerWienNewYork

Prof. Dr. Manfred Gerlach
Universitätsklinik und Poliklinik für Kinder- und Jugendpsychiatrie,
Würzburg, Deutschland

Prof. Dr. Heinz Reichmann
Neurologische Universitätsklinik, Dresden, Deutschland

Prof. Dr. Peter Riederer
Universitätsklinik und Poliklinik für Kinder- und Jugendpsychiatrie,
Würzburg, Deutschland

Dr. Wolfgang Götz
Reinheim, Deutschland

Printed in Austria

Satz: Composition & Design Services, Minsk, Belarus
Druck: Theiss Gmbh, A-9400 Wolfsberg
Umschlagbild: Alfons Schilling „Regentropfenlinse“
Reproduktion mit freundlicher Genehmigung

Gedruckt auf säurefreiem, chlorfrei gebleichtem Papier – TCF

SPIN 10776726

Mit 66 Abbildungen

Die deutsche Bibliothek – CIP-Einheitsaufnahme
Ein Titelsatz für diese Publikation ist bei
Der Deutschen Bibliothek erhältlich

ISBN 3-211-83540-7 Springer-Verlag Wien New York

Den
Parkinson-Patienten
gewidmet

Geleitwort

Angesichts einer veränderten Altersstruktur der Bevölkerung nehmen degenerative Erkrankungen des Nervensystems an Bedeutung zu. Hierzu gehört vor allem das Parkinson-Syndrom, an dem alleine in Deutschland fast 200000 Menschen leiden.

Obwohl in den letzten Jahren zunehmend neue Verfahren für die Behandlung des Parkinson-Syndroms entwickelt worden sind, stellt diese Erkrankung nach wie vor eine diagnostische und therapeutische Herausforderung dar. Insbesondere müssen neue Behandlungsmöglichkeiten entwickelt werden, um das Fortschreiten der Degeneration von Nervenzellen aufzuhalten. Zudem gibt es sehr viel vermeidbares Leid bei dieser Erkrankung, weil die bereits vorhandenen Diagnose- und Behandlungsmöglichkeiten nicht allen Patienten erschlossen werden. Gerade hier möchte das vorliegende Buch eingreifen und gleichermaßen Ärzten und Betroffenen die Möglichkeiten der modernen Medizin, aber auch die Herausforderungen an die Forschung verdeutlichen.

Den Autoren dieses Buches, zu denen Ärzte, Wissenschaftler und Betroffene zählen, möchte ich zu dieser gelungenen Aktivität gratulieren. Ich wünsche mir eine Verbreitung dieses Buches nicht nur bei Betroffenen und ihren Angehörigen selbst, sondern auch in einer breiteren Öffentlichkeit.

Edelgard Bulmahn
Bundesministerin für Bildung und Forschung

Vorwort

Seit der Publikation der Monographie von Birkmayer und Riederer „Die Parkinson-Krankheit“ sind etwa fünfzehn Jahre vergangen. In dieser Zeit sind in den deutschsprachigen Ländern – vor allem aber in Deutschland – mehrere Forschungsinitiativen verwirklicht worden. Diese haben dazu beigetragen, die Zahl der an der Parkinson-Krankheit interessierten Kliniker und Grundlagenforscher anzuheben, Umfang und Qualität der klinischen und grundlagenorientierten Forschung entscheidend zu verbessern und dadurch die therapeutischen Optionen für Parkinson-Kranke weiter zu verbessern. Die vom Bundesministerium für Bildung und Forschung (BMBF) geförderten Maßnahmen – der über viele Jahre geförderte Schwerpunkt „Morbus Parkinson und andere Basalganglienerkrankungen“ und das kürzlich initiierte bundesweite „Kompetenznetz Parkinson“ – weisen auf den hohen Stellenwert dieser Krankheit im Bereich der altersassoziierten neurologisch/psychiatrischen Erkrankungen hin.

Seit den 50er und 60er Jahren gilt die Parkinson-Krankheit als Modell für neurologische Erkrankungen. Neben der Identifizierung des morphologischen Substrats und der Aufdeckung des zugrundeliegenden neurochemischen Defektes gelang es die logische Schlussfolgerung einer hierauf basierenden klinisch wirksamen Substitutionstherapie zu ziehen. Dieser Anspruch wurde auch in den letzten 15 Jahren voll gerechtfertigt. Die Durchführung molekularbiologischer und -genetischer Studien zur Ätiopathogenese der Erkrankung und weiterführende neurochemisch-pharmakologische Untersuchungen zur Funktion von Synapsen, die Vernetzung biochemisch orientierter Ätiopathogenese-Konzepte mit solchen der Genetik, Experimente zu Zelltodmechanismen, neuroregenerativen und -protektiven Strategien, Erkenntnisse zur Funktion des motorischen Regelkreises und daraus abgeleitete verbesserte stereotaktische Therapiestrategien, und vieles mehr haben zur berechtigten Hoffnung geführt, dass die Ursachen dieser behindernden Erkrankung aufgeklärt werden können.

Organisationen mit zunächst unterschiedlichen Interessen und Zielen haben sich zusammengefunden, um diese neuen Erkenntnisse rasch und effizient für den Patienten nutzbar zu machen. Die Deutsche-Parkinson-Gesellschaft (DPG) als Vertreterin der die Krankheit behandelnden Ärzte und erforschenden Wissenschaftler und die Deutsche Parkinson-Vereinigung (dPV) als Vertreterin der Interessen der betroffenen Patienten und deren Angehörigen entwickeln gemeinsame Forschungsaktivitäten, tauschen Erfahrungen aus und bilden gemeinsam Ärzte und Laien fort. Das Anliegen der von uns initiierten Initiative „PANTHER“ (**Par**kinson und **n**europrotektive **Ther**apien) ist, auf Alternativen zur L-DOPA-Therapie und neuroprotektive Therapieprinzipien aufmerksam zu machen: Wissenschaftler, Kliniker und die pharmazeutische Industrie arbeiten gemeinsam an Konzepten, die Parkinson-Krankheit ursächlich zu behandeln, da es nur dadurch möglich sein wird, den natürlichen Krankheitsverlauf aufzuhalten.

Auch in Österreich und der Schweiz ist diese Art der vernetzten Bestrebung, die Parkinson-Krankheit, möglichst rasch und effizient besser verstehen und therapieren zu können, verwirklicht worden.

Dieser Hintergrund war für uns Anreiz genug, den aktuellen Stand von Grundlagenwissen, Klinik und Therapiestrategien der Parkinson-Krankheit zu beschreiben. Dabei war es nicht unser Bestreben, eine allgemein akzeptierte und daher auf Kompromissen aufgebaute Meinung zu bestätigen. Es ist unsere Meinung, die sich hier, basierend auf hochkarätiger präklinischer und klinischer Wissenschaft, präsentiert, und natürlich hoffen wir, dass sich möglichst viele Leser des Buches mit dessen Inhalt identifizieren können. Sollte dies nicht der Fall sein, sind wir zur Diskussion bereit, denn nur die Aussprache wird zu weiterführenden Erkenntnissen und Forschungsstrategien führen beziehungsweise beitragen. Manches ist daher auch provokant formuliert. Der Inhalt dieses Buch erhebt nicht den Anspruch auf Vollständigkeit; seine Nuancierung fördert den interdisziplinären Dialog zum Wohle des Patienten.

Wir wollen in diesem Lehrbuch kompetent, fächerübergreifend und komprimiert das aktuelle Wissen über die Parkinson-Krankheit darstellen. Es ist im deutschsprachigen Raum das erste und einzige Buch, das umfassend die pathologischen und -physiologischen Grundlagen als auch die Klinik und Therapie der Parkinson-Krankheit beschreibt. Darüber hinaus werden auch dem interessierten Patienten und Laien wichtige Informationen dargeboten. Besonderen Wert gelegt haben wir auf eine klare Darstellung hoch-komplexer Sachverhalte, auf eine anschauliche Bebilderung und die Verwendung zahlreicher Übersichtstabellen. Wichtig war uns auch einen historischen Bezug herzustellen, der den Studenten, aber auch an diesem Gebiet interessierten Wissenschaftlern und Medizinern die fundamentalen Beiträge früherer Forschergenerationen vor Augen führt.

Wir haben uns sehr darüber gefreut, dass die dPV, vertreten durch ihren 1. Vorsitzenden, unsere Einladung sofort angenommen hat, ein Kapitel aus der Sicht des Betroffenen zu verfassen. Prof. Dr. G. Laux und Prof. Dr. O. Dietmaier danken wir für die Zustimmung, die Übersichtstabellen aus dem Band V des Buches „Neuro-Psychopharmaka", 2. Auflage, zu übernehmen. Besonders verpflichtet sind wir Prof. Dr. Lutz Lachenmayer für seine wertvollen Anregungen und die Mühe und Zeit, die er mit dem kritischen Lesen des Buchmanuskriptes verbracht hat. Ein herzlicher Dank gilt unseren Frauen und Familien, die unsere Arbeit immer wohlwollend unterstützen. Anmerken wollen wir auch das Engagement des Springer Verl'ages, dem wir für die gute Ausstattung des Buches und die Wegbegleitung danken.

Würzburg Dresden, September 2000

Manfred Gerlach
Heinz Reichmann
Peter Riederer

Danksagung

Wir danken dem BMBF, der Deutschen Forschungsgemeinschaft (DFG), der dPV und der PANTHER-Projektgruppe, für die finanzielle Förderung unserer wissenschaftlichen Arbeiten, durch die viele der in diesem Buch erwähnten Ergebnisse und Erkenntnisse ermöglicht wurden. Unser Dank gilt auch dem „Center of Excellence Research Laboratories" der National Parkinson Foundation Inc. (NPF), Miami, USA, das an der Klinik und Poliklinik für Psychiatrie und Psychotherapie (Klinische Neurochemie) etabliert wurde.

Inhaltsverzeichnis

1 Klinik

1.1 James Parkinson

James Parkinson wurde am 11.04.1755 in Hoxton, zu dieser Zeit ein Vorort von London, als Sohn des praktischen Arztes John Parkinson geboren. Als er seinen berühmten „Assay on the Shaking Palsy" 1817 verfasste, konnte er bereits auf eine lange erfolgreiche Tätigkeit als Arzt in Hoxton zurückblicken. Er hatte damals seine Praxis bereits zum größten Teil seinem Sohn übergeben und damit begonnen, wissenschaftliche und gesellschaftspolitische Schriften zu verfassen. Nach seiner Heirat 1781 mit Mary Dale hatte das Paar sechs Kinder, von denen vier die Kindheit überlebten. Hoxton liegt im Nordosten Londons und war zu Zeiten von James Parkinson zunächst ein vornehmer Vorort, was sich im Laufe der industriellen Revolution dahingehend wandelte, dass sich immer mehr Arbeiter und Arme in Hoxton ansiedelten. So hatte Hoxton bald 50 000 Einwohner erreicht. James Parkinson schrieb in dieser Zeit mehrere praktische Anleitungen zur Hygiene für seine Mitbürger und Patienten, er gründete die Sonntagsschule und verfasste Schriften zur Unterbringung psychiatrisch Erkrankter. Die soziale Lage in Hoxton verschlechterte sich um die Jahrhundertwende zunehmend, was James Parkinson auch öffentlich anprangerte, ein Unterfangen, das damals nicht ungefährlich war. Sein ansonsten untadeliger Ruf bewahrte ihn aber vor Verfolgung. Neben der Medizin und der Politik galt seine ganze Liebe der Geologie und Paläontologie. Am 21.12.1824 starb James Parkinson, hochgeachtet von seiner Gemeinde und seinen Patienten.

In seiner Schrift **„An assay on the Shaking Palsy"** beschreibt James Parkinson sechs Patienten, von denen er nur einen bis zu dessen Tod ärztlich betreute. Zwei der sechs Patienten waren ihm aufgrund ihres langsamen und nach vorne gebückten Ganges in den Straßen von London aufgefallen und er hatte sie angesprochen. Einen weiteren Patienten konnte er nur drei Wochen lang studieren, als sich dieser bei ihm wegen eines Abszesses behandeln ließ. Besonders interessant ist ein von ihm beschriebener Patient, der nach einem Schlaganfall seinen Ruhetremor verlor. Nach Besserung der Schlaganfallsfolgen kehrte dieser Tremor zurück. Diese Beobachtung kann als pathophysiologische Basis für die heute verwandten stereotaktischen Behandlungskonzepte gelten.

Überhaupt ist der Essay von James Parkinson eine wahre Fundgrube für viele auch heute noch geltende Regeln der Parkinson-Krankheit. Nach den Beobachtungen von James Parkinson beginnt die Krankheit mit einem einseitigen Tremor, der innerhalb eines Jahres auch gegenseitig auftritt. Kurz darauf trete ein vornübergebeugter Gang auf und es käme zu einer generalisierten Verlangsamung. Innerhalb von drei bis fünf Jahren werde das Gangbild kleinschrittig. Es komme im weiteren Verlauf zur Fallneigung.

Letztendlich werde der Patient bettlägerig, komplett hilflos, sein Kopf sei zum Sternum geneigt. Final komme es zum Dekubitus, Fieber und Delir. Die kognitiven Funktionen seien allerdings bis zum Tode erhalten. Es ist hier sicherlich nicht der Ort, dieser beeindruckenden Schilderung aus heutiger Sicht Ergänzungen hinzuzufügen, wie die Tatsache, dass leider ein nicht unerheblicher Teil von Patienten mit Morbus Parkinson kognitive Einbußen aufweist. Ganz im Gegenteil sollten wir mit großem Respekt diese wunderbare Schrift lesen, die aufgrund der Beobachtung und Untersuchung weniger Patienten die Charakteristika der Krankheit wie Tremor und Bradykinese schon so hervorragend beschreibt.

Im zweiten Teil seines Essays diskutierte Parkinson die mögliche Lokalisation der Schüttellähmung, wobei er das obere Halsmark als den wahrscheinlichsten Entstehungsort nennt. Auch hier kann man nur mit höchster Achtung den Überlegungen eines Arztes folgen, der keine Hirnschnitte kannte, über ein noch eingeschränktes anatomisches und insbesondere pathophysiologisches Wissen verfügte und sich doch deduktiv zu einer Annahme vorarbeitete, die heute zumindest in der Diskussion der Tremor-Genese und -Unterhaltung wieder interessant wird.

Parkinson scheint ein weiteres Kardinalsymptom der Erkrankung, nämlich den Rigor nicht erkannt zu haben, zumindest hat er ihn nicht erwähnt. Dies blieb dem großen französischen Arzt **Charcot** vorbehalten, der neben dem Muskelrigor auch erstmals die typische Haltung der Hände und Füße und insbesondere die Mikrographie beschrieb.

1.2 Klassifikation und Subtypen der Parkinson-Syndrome

Die Parkinson-Krankheit im engeren Sinne wird heute meist nicht mehr als Morbus Parkinson, sondern eher als idiopathisches Parkinson-Syndrom (IPS) oder primäre Parkinson-Krankheit bezeichnet. Der Anlass für diese Nomenklatur ist die Tatsache, dass es einige Parkinson-Syndrome gibt, deren Genese man gut kennt und die man als sekundäre oder symptomatische Parkinson-Erkrankungen bezeichnen könnte, wohingegen beim IPS die eigentliche Ursache der Erkrankung weiter im Dunkeln liegt. Bis auf weiteres werden wir aus historischen Gründen die genetisch bedingten Parkinson-Syndrome zu den primären (idiopathischen) Formen und nicht zu den sekundären zählen. Es ist anzunehmen, dass sich dies in Bälde ändern wird, sobald sich die monogenetisch determinierten Parkinson-Formen noch besser definieren lassen. Unserer Meinung nach spricht viel dafür, dass es sehr wohl sein könnte, dass auch das sog. IPS polygenetisch determiniert ist und durch eine zusätzliche endogene oder exogene Noxe dann klinisch manifest wird.

Die Genese sekundärer Parkinson-Syndrome ist bekannt

Bei den symptomatischen Formen (Tabelle 1.1) kommt dem **Medikamenten-induzierten Parkinsonismus** eine besondere Rolle zu. Als auslösende Medikamente müssen insbesondere die Neuroleptika (Phenothiazine und Butyrophenone) genannt werden. Diese Substanzen wirken als Dopamin-Rezeptorblocker (Dopamin-Rezeptorantagonisten, siehe Kapitel 2.1). Sie induzieren Frühdyskinesien oder auch tardive Syndrome zu denen man das Parkinson-Syndrom zählen kann. Sie sind therapeutisch z.T. sehr schwer korrigierbar, so dass man den langjährigen Einsatz von Neuroleptika sehr genau abwägen muss, die Patienten immer wieder zur neurologischen Kontrolle einbestellen muss

Tabelle 1.1. Klassifikation des Parkinson-Syndromes

1. *Idiopathisches Parkinson-Syndrom*
   - weitaus die häufigste Form der Erkrankung, primär, inklusive genetisch determinierte Formen
2. *Idiopathische Parkinson-Plus-Syndrome* Atypisch, im Rahmen anderer neurodeg. Erkrank.
   - Multisystem-Atrophie
   - progressive supranukleäre Blick-Lähmung (Steele-Richardson-Olszewski-Syndrom)
   - corticobasale Degeneration
   - Lewy-Körperchen-Demenz
3. *Sekundäre (symptomatische) Parkinson-Syndrome (Pseudoparkinsonismus)*
   - medikamentös bedingtes Parkinson-Syndrom, z.B. Neuroleptika, Flunarizin, α-Methyl-DOPA u.a.
   - traumatisches Parkinson-Syndrom, selten, z.B. bei Boxern
   - postenzephalitisches Parkinson-Syndrom
   - Enzephalitis lethargica, heute sehr selten
   - Parkinson-Syndrom bei Raumforderung bei Tumoren, selten, z.B. bei Lymphom beschrieben
   - toxisches Parkinson-Syndrom, Mangan, Kohlenmonoxid, MPTP, TaClo
   - arteriosklerotisches Parkinson-Syndrom, umstritten

und ggf. atypische Neuroleptika wie Clozapin, Quetiapin oder Olanzapin bei der Behandlung von Psychosen einsetzen sollte, da deren Parkinson-induzierende Potenz sehr niedrig ist. Weiter können Substanzen wie Metoclopramid (Dopamin-Rezeptorantagonist), das bei bis zu vier Prozent aller Patienten ein Parkinson-Syndrom hervorrief (Ganzini et al., 1993), Reserpin, Tetrabenazin und α-Methyl-DOPA (Substanzen die als Dopamin-Speicherentleerer wirken) Ursache eines Parkinson-Syndroms sein.

Aus neurologischer Sicht ist besonders zu erwähnen, dass auch Flunarizin und Cinnarizin zum Parkinsonismus führen können. Insbesondere Flunarizin, das bei jungen Frauen zur Migräne-Prophylaxe angewandt wurde, hat wiederholt zu Parkinsonismus geführt. Glücklicherweise waren diese Symptome aber meist nach Absetzen des Flunarizins komplett reversibel, wobei die Arbeitsgruppe um Micheli (1989) beschrieb, dass die Rückbildung der Symptome bis zu 18 Monate dauern konnte. Neben der leichten Hemmung des Dopamin-D_2-Rezeptors weisen diese Substanzen einen Ca^{2+}-Antagonismus auf, sodass eine Beobachtung von Hefner und Fischer (1989) interessant ist, die auch unter dem Ca^{2+}-Antagonisten Nifedipin Patienten sahen, die ein Parkinson-Syndrom entwickelt hatten.

In der heutigen Zeit kaum relevant sind die postenzephalitischen Formen. Am bekanntesten in diesem Zusammenhang ist die epidemische Form der **von-Economo-Enzephalitis,** die um die Jahrhundertende (insbesondere in den Jahren um 1916–1920) in Europa, den USA aber auch in Süd-Amerika und Indien viele Menschen zu chronischen Parkinson-Patienten machte. Von Economo publizierte seine Beobachtungen 1917, die auf Untersuchungen von Patienten an der Psychiatrischen Klinik in Wien basierten. Schon in der Jugend entwickelten die Patienten zunächst aus unerklärlichen Gründen einen Tremor und Rigor der Arme und Hände. Manche Patienten entwickelten das Parkinson-Syndrom aber auch bis zu 25 Jahre nach der Pandemie, sodass natürlich der kausale Zusammenhang diskutiert werden muss. Ähnliche Verhältnisse gelten für die Japan-B-Enzephalitis. Bis heute hat man das verantwortliche Virus für die von-Economo-Enzephalitis nicht gefunden, es könnte sich aber um ein Grippe-Virus gehandelt haben, da die Krankheit im Rahmen der Grippe-Pandemie zur Zeit des ersten Weltkrieges auftrat. Oliver Sacks, der berühmte Neurologe aus New York, hat dies in einem seiner Bücher (Zeit des Erwachens) eindrucksvoll beschrieben, und der darauf basierende Film mit Robert DeNiro und Robin Williams ist in der Darstellungskunst von Parkinsonismus kaum zu überbieten und zeigt höchst eindrücklich, was Birkmayer und später Cotzias erlebt haben müssen, als die ersten Patienten auf L-DOPA (L-3,4-Dihydroxyphenylalanin) ansprachen. Für uns Europäer ist auch nicht mehr sehr relevant, dass die Syphilis häufig zu Parkinsonismus führte. Die bei uns häufiger auftretende Borreliose unterscheidet sich davon, da wir auch bei unbehandelten Patienten in späten Stadien der Erkrankung nie ein Parkinson-Syndrom sahen.

Metabolische Störungen, wie z.B. bei einer hepatocerebralen Degeneration, nach Hypoxie oder Störungen der Parathyreoidea, können ebenfalls extrapyramidal-motorische Symptome bewirken, die aber meist gut von einem primären Parkinson-Syndrom zu unterscheiden sind.

Besonderes Augenmerk fanden die Krankheit auslösende **Toxine**, weil sie die Möglichkeit eröffneten, ein Parkinson-Syndrom zu provozieren und imitieren und so die Entwicklung der Krankheit im Tiermodell zu studieren. Auf das 1-Methyl-4-phenyl-1,2,3-6-tetrahydropyridin- (MPTP-) Modell und auf das von uns neu entdeckte Neurotoxin TaClo (1-Trichlormethyl-1,2,3,4-tetrahydro-β-carbolin) wird im Kapitel 4 eingegangen werden. Besonders erwähnen möchten wir hier die Kohlenmonoxid-Vergiftung, die seit der Einführung von Erdgas und Abschaffung der Kohleheizung deutlich seltener wurde und heute meist nur noch bei Applikation von CO in suizidaler Absicht beobachtet und häufig nicht überlebt wird. In Chile wurden Grubenarbeiter beobachtet, die ungeschützt in Mangan-Gruben arbeiteten und ebenfalls Parkinson-Symptome entwickelten. Weitere Parkinsonismus auslösende Toxine sind Kohlendisulfid und Zyanid.

Umstritten ist die Frage, ob vaskuläre oder tumoröse Erkrankungen zum Parkinson-Syndrom führen. Sicherlich lassen sich Patienten finden, die nach einem Schlaganfall ein Parkinson-Syndrom entwickeln. Berücksichtigt man aber, wie häufig Ischämien die Basalganglien betreffen, ist es erstaunlich, wie selten Parkinson-Symptome auftreten. Anders ist die Situation aber bei Patienten mit einer Mikroangiopathie (subcorticale arteriosklerotische Enzephalopathie), die sehr häufig einen Pseudoparkinsonismus aufweisen und mit einem kleinschrittigen und breitbasigen Gangbild (Dysbasie) auffallen. Ähnliches gilt für Patienten mit einem Normaldruckhydrozephalus, die zusätzlich noch eine Harninkontinenz und eine Demenz aufweisen können. Erwähnenswert sind Fallberichte, in denen Patienten mit einem IPS beschrieben werden, die nach einem Schlaganfall, der auch den Nucleus subthalamicus einschloss, den Ruhetremor und Rigor verloren und nach Restitution wieder Parkinson-krank waren. Solche Beobachtungen lassen sich durch die motorischen Schleifen, wie sie weiter unten ausführlich dargestellt werden, unschwer erklären.

Trotz der persönlichen Erfahrung mit vielen Hirntumorpatienten, kann ich mich (H.R.) an keinen Patienten mit einem Parkinsonismus darunter erinnern. Erst jüngst wurde allerdings über einen 75-jährigen Patienten berichtet, der ein zerebrales Lymphom hatte, mit dem ein rein akinetisches Parkinson-Syndrom verknüpft war (Pramstaller et al., 1999).

Tragisch ist das Beispiel von Boxern, die im Rahmen vieler Kopftreffer ein **traumatisches Parkinson-Syndrom** entwickeln können. Es ist bekannt, dass Boxer durch die schweren Kopftreffer intrazerebrale Mikrohämatome entwickeln, die nicht selten in den Basalganglien lokalisiert sind und dann Parkinson-krank machen.

Neben diesen symptomatischen Parkinson-Syndromen setzt sich immer mehr die

Meinung durch, dass auch das IPS in Wirklichkeit einen Sammeltopf für verschiedene Krankheiten darstellt. Als überzeugendstes Beispiel seien die **genetisch determinierten Formen** genannt, die sich zum Teil (PARK 2) neuropathologisch von der üblichen Parkinson-Krankheit klar abheben.

Einteilung in Subtypen ist klinisch hilfreich

Man kann die Parkinson-Krankheit aber auch klinisch in Subtypen einteilen. Allgemein akzeptiert werden dabei die Begriffe Parkinson-Syndrom vom Äquivalenz-Typ (wobei Patienten gemeint sind, die sämtliche Kardinalsymptome der Parkinson-Krankheit aufweisen), vom Rigor-Akinese-Typ, vom Tremor-Dominanz-Typ und, was seltener benutzt wird, vom marantischen Typ, womit Patienten bezeichnet werden, die aufgrund von Schluckstörungen und Immobilität einen hochgradigen Muskelabbau aufweisen. Es ist nicht auszuschließen, dass Patienten, die früher als dem marantischen Typ zugehörig geführt wurden, Patienten mit Multisystem-Atrophie (MSA) waren. Wichtig ist auch die Abgrenzung von IPS-Patienten, die vor dem 40. Lebensjahr erkranken, da sie mit hoher Wahrscheinlichkeit eine L-DOPA-induzierte Dys-/Hyperkinesie entwickeln können. Patienten unter 30 Jahren sollten genetisch untersucht werden, da die Wahrscheinlichkeit für eine PARK-2-Krankheit (s.u.) für sie besonders hoch ist. Klinisch sind diese Unterteilungen hilfreich, da sie gewisse Implikationen für die Therapieerfolge und für die Prognose der Krankheit erlauben. Man kann auch heute noch davon ausgehen, dass ein Tremor-Dominanz-Typ die bessere Lebenserwartung hat (Jankovic et al., 1990), meist aber auch nicht so überzeugend und rasch auf Medikamente anspricht wie der Rigor-Akinese-Typ oder der Äquivalenz-Typ.

Besonders weit verbreitet ist die Einteilung des IPS nach **Hoehn und Yahr** (Tabelle 1.2). Die Leistung dieser beiden Parkinson-Forscher war, dass sie viele Patienten, wovon einige auch nicht behandelt waren, untersuchten und eine Stadieneinteilung entwarfen. Man kann natürlich einwenden, dass diese Skala aufgrund der modernen Therapieformen, der ätiopathogenetischen Forschung und der neuropathologischen Charakterisierung nicht mehr überzeugend ist. Wir Kliniker halten diese Stadieneinteilung aber weiterhin für günstig, da sie dem Kenner sofort erlaubt, sich den entsprechenden Patienten vorzustellen. Ferner dient die Hoehn-und-Yahr-Einteilung zur Charakterisierung der in jedwede Parkinson-Studie eingeschlossenen Patienten.

Tabelle 1.2. Vereinfachte Darstellung der Stadien-Einteilung nach Hoehn und Yahr (1967)

Stadium I	Einseitiger Befall
Stadium II	Beidseitiger Befall
Stadium III	Zusätzlich posturale Instabilität
Stadium IV	Patient benötigt Hilfe bei Verrichtungen des täglichen Lebens
Stadium V	Pflegebedürftig, häufig Rollstuhlpflichtig, Vorliegen einer MSA (?)

1.3 Ätiopathogenese des idiopathischen Parkinson-Syndroms

Die Überschrift dieses Kapitels ist ein Widerspruch in sich. Wüssten wir, welche Faktoren für das Entstehen des IPS ausschlaggebend sind, könnte man nicht länger von IPS sprechen, man könnte dann den alten Begriff Morbus Parkinson wieder verwenden. Dies wird aber unter Berücksichtigung der genetischen Erkenntnisse nicht mehr zu erwarten sein. Leider kennen wir den Auslöser für die überwiegende Zahl der Patienten mit IPS nicht und können daher nicht kausal, sondern nur rein symptomatisch therapieren. Diese Aussage impliziert, dass somit insbesondere der Parkinson-Therapeut daran interessiert sein muss, die Ätiopathogenese der Parkinson-Krankheit zunehmend besser verstehen zu lernen. Erfreulicherweise standen die vergangenen zehn Jahre doch im Zeichen zunehmenden Erkenntnisgewinnes. Es gibt mehrere elegante Modelle, die uns das Absterben der dopaminergen Neurone in der Substantia nigra (SN) gut erklären (vgl. Kapitel 4 und 5). Wir wissen leider aber immer noch nicht, welche Noxe oder welche endogene Störung die weiter unten zu diskutierenden Schadenskaskaden auslösen.

Nachdem in den westlichen Industrieländern die **Lebenserwartung** ständig steigt und die Parkinson-Krankheit typischerweise im höheren Lebensalter auftritt, kann davon ausgegangen werden, dass wir zunehmend Patienten mit IPS erwarten müssen. Während Männer 1965 noch eine Lebenserwartung von 68 Jahren hatten, erhöhte sich diese bereits 1995 auf 73 Jahre. Für Frauen galten im entsprechenden Zeitraum 74 bzw. 80 Jahre mittlere Lebenserwartung.

In Deutschland geht man von einer Gesamtzahl von 250 000 bis 400 000 Patienten mit IPS aus. Die Prävalenz für die Parkinson-Krankheit beträgt nach Mutch und Mitarbeitern (1986) zwischen 40 und 44 Jahren 12,5 Patienten pro 100 000 Einwohner, zwischen 60 und 64 Jahren sind es schon 240

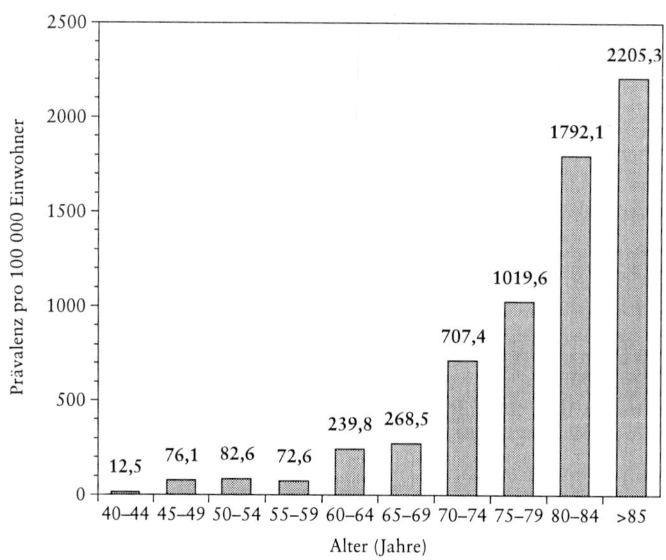

Abb. 1.1. Prävalenz des idiopathischen Parkinson-Syndroms. (Nach Mutch et al., 1986.)

Patienten, zwischen 70 und 74 Jahren sind es 707 Patienten, zwischen 80 und 84 Jahren sind es 1792 und über 85 Jahre sind 2205 Patienten von 100 000 Einwohnern zu erwarten (Abb. 1.1).

1.3.1 *Wann beginnt der krankheitsverursachende Prozess? Probleme bei der Stellung einer Frühdiagnose*

Es ist seit den Arbeiten von Tretjakoff bewiesen, dass **der neuropathologische Schlüsselbefund** ein Untergang der Neuromelanin-haltigen nigro-striatalen Neurone in der SN ist. Weiter wissen wir seit den Arbeiten von Carlsson, dass diese Neurone Dopamin als Überträgerstoff verwenden und dass Dopamin striatale Dopamin-Rezeptoren im Putamen, und wohl etwas weniger wichtig, auch im Nucleus caudatus stimuliert (Carlsson et al., 1957). Es sei schon an dieser Stelle betont, dass es falsch wäre, die Parkinson-Krankheit als reine **Dopamin-Mangel-Krankheit** anzusehen (vgl. Kapitel 2.2). Ein weiterer wichtiger neuropathologischer Befund, die Lewy-Körperchen, wurde durch den Berliner Neuropathologen Lewy erstmals beschrieben. Es handelt sich dabei um runde kleine Proteinkonglomerate, die man nahezu ausschließlich in der SN von Patienten mit IPS findet (Abb. 1.2).

Der Nachweis von **Lewy-Körperchen** ist somit eine neuropathologische Voraussetzung für die Diagnose eines IPS und ist insbesondere für die Forscher notwendig, die in Post-mortem-Material versuchen, den Ursachen der Krankheit auf die Spur zu kommen. Nur unter neuropathologischer Begleitdiagnostik lassen sich Verfälschungen von biochemischen Daten vermeiden, die dann zu erwarten wären, wenn z.B. Patienten mit MSA,

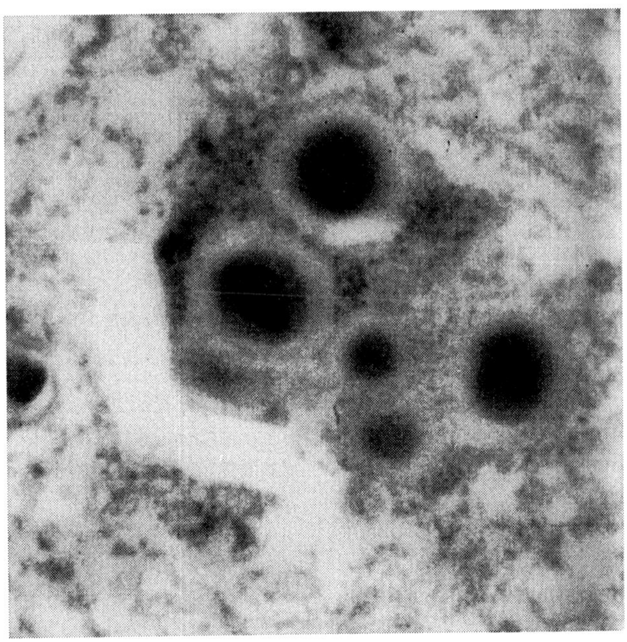

Abb. 1.2. Typisches lichtmikroskopisches Erscheinungsbild von Lewy-Körperchen, deren Nachweis in hoher Zahl in der Substantia nigra pathognomonisch für ein idiopathisches Parkinson-Syndrom ist. Hematoxylin-Eosin-Färbung, 1100-fache Vergrößerung. (Aus Forno, 1996.)

progressiver supranukleärer Blick-Lähmung (PSP) oder corticobasaler Degeneration subsummiert würden. Einschränkend sei darauf hingewiesen, dass die genetisch determinierte Krankheit PARK 2, sowie Patienten, die MPTP appliziert hatten (Langston et al., 1999), keine Lewy-Körperchen in der SN aufzuweisen scheinen. Wir wissen andererseits, dass Patienten mit einem klinisch manifesten IPS bereits ca. 60 Prozent ihrer dopaminergen Neurone in der SN verloren haben. Daraus kann man den Schluss ziehen, dass wir nach Früherkennungsmethoden und noch wichtiger nach Medikamenten suchen müssen, die diesen Zelluntergang rechtzeitig verhindern, um so eine erfolgreiche kausale und neuroprotektive Therapie anbieten zu können.

Die frühzeitige Diagnose ist wichtig für eine kausale Therapie

Die nächste wichtige Frage war in diesem Zusammenhang, wann der Zelluntergang startet bzw. wie lang es dauert, bis 60 Prozent der dopaminergen Zellen untergegangen sind. Hierzu gibt es weiterhin widersprüchliche Meinungen. Durch Hochrechnungen von Patienten, die mit einem IPS verstorben waren und deren SN-Zellen gezählt wurden, und aufgrund extrapolierter Positronenemissions-Tomographie- (PET-) Befunde gehen die meisten Autoren von einem Vorlauf von ca. fünf Jahren aus. Mit anderen Worten: unsere Frühdiagnose müsste fünf Jahre früher als bisher einsetzen. Unseres Erachtens nach sollte der Vorlauf von fünf Jahren allerdings noch mit Zurückhaltung diskutiert werden, da die beiden PET-Analysen, mit denen der Verlauf hochgerechnet wurde, ein sehr kurzes Untersuchungsintervall aufwiesen und von einem linearen Absterben ausgehen, wohingegen die meisten Neuropathologen und -chemiker annehmen, dass die initiale Absterberate der nigro-striatalen Neurone anfänglich sehr niedrig ist und später in einem exponentiellen Verlauf einmündet (siehe hierzu auch Kapitel 6.2). Klinisch haben wir bisher noch Mühe, eine **Frühdiagnose** zu stellen, obwohl wir Frühsymptome wie Schulterverspannung und Veränderung der Handschrift kennen. Eine motorische Leistungsprüfung oder eine PET-Reihenuntersuchung, die vielleicht zur Frühdiagnose beitragen könnten, sind weder praktikabel noch finanzierbar.

Typischerweise findet man bei Patienten mit einem IPS Riechstörungen im Sinne von Problemen der Diskrimination ähnlicher Gerüche oder des Erkennens bestimmter Duftstoffe (bekanntestes Beispiel ist die Unfähigkeit vieler Parkinson-Patienten den Oregano in Pizzen zu erkennen (Pizza-Test). Eine Beeinflussung durch Anti-Parkinson-Medikamente besteht dabei nicht. Die olfaktorisch-evozierten Potentiale sind verlängert, unabhängig davon, ob die Patienten Medikamente einnehmen oder das nicht tun. Allerdings waren die Latenzen bei Patienten, die Medikamente einnehmen, etwas mehr verlängert als bei den unbehandelten (Barz et al., 1997). Wir konnten gerade in einer großen Untersuchungsreihe bestätigen, dass nahezu jeder Patient mit IPS eine Riechstörung aufweist, die weit über das mit zunehmendem Alter eingeschränkte Riechvermögen hinausgeht (Müller et al., persönliche Mitteilung).

Neben der Riechfunktion ist auch die Farbdiskriminierung bei Patienten mit IPS typisch gestört. Büttner und Kollegen (1995a) konnten nachweisen, dass insbesondere eine Blau-Grün-Schwäche vorliegt, dass dies ein Frühsymptom der Erkrankung ist (Büttner et al., 1995b), dass sowohl chromatische als auch achromatische visuell-evozierte Potentiale verlängert sind (Büttner et al., 1996) und dass diese Farbdiskriminations-Schwäche mit dem Schweregrad der Krankheit vergesellschaftet ist (Müller et al., 1997). Wichtig ist, dass keine Korrelation zum Untergang nigro-striataler Neurone besteht, sondern dass diese Diskriminations-Schwäche wohl mit extrastriato-nigralen dopaminergen Bahnen zusammenhängen muss (Müller et al., 1998).

Interessant sind auch Überlegungen, mit transcranieller Sonographie die Echogenität von Hirnstrukuren zu untersuchen. Arbeiten aus der Arbeitsgruppe um Becker haben hier Pioniercharakter (z.B. Berg et al., 1999), da diese Gruppe mit hoher Treffsicherheit unilateral und bilateral im Bereich der SN Hyperechogenität nachweisen können und eine hohe Korrelation zu Parkinson-Patienten, die auch mittels klinischem Bild und PET-Analysen als Parkinson-krank diagnostiziert werden konnten, etablierten. Transcranielle Sonographie könnte somit ein Ansatz sein, relativ preiswert und früh Patienten mit beginnendem IPS zu diagnostizieren und damit die Anwendung neuroprotektiver Substanzen zu ermöglichen. Einschränkend muss man aber erwähnen, dass diese Arbeiten erst noch durch weitere in der Sonographie ausgewiesene Gruppen bestätigt werden müssen.

Da aber alle diese Untersuchungen zum Teil nicht billig sind und insbesondere einen hohen apparativen Aufwand benötigen, müssen wir weiter hoffen, dass in absehbarer Zeit ein messbarer Laborparameter oder eine einfache Untersuchung gefunden wird, um die Frühform des IPS diagnostizieren zu können, da sich unserer Meinung nach medikamentös abzuzeichnen scheint, dass gewisse Therapieschemata zu einer Verlangsamung der Absterberate der nigro-striatalen Neurone führen kann (vgl. Kapitel 6).

1.3.2 Hypothesen zur Pathogenese des idiopathischen Parkinson-Syndroms

Eine große Hoffnung war, mittels **epidemiologischer Analysen** auslösende Faktoren für die Parkinson-Krankheit zu finden. Viele Hunderte von Patienten mit IPS mussten umfangreiche Fragebögen ausfüllen, in denen nach Ess- und Lebensgewohnheiten, nach dem toxikologischen Umfeld und vieles mehr gefragt wurde. Nach Auswertung der Ergebnisse kam allerdings wenig substanzielles heraus. Raucher scheinen weniger häufig Parkinson-krank zu werden als Nichtraucher. Menschen, die im ländlichen Raum leben, werden eher Parkinson-krank als Menschen, die in der Großstadt leben (Koller et al., 1990). Mögliche **ätiopathogenetische** Auslöser für das IPS sind in Tabelle 1.3 aufgelistet.

Alterungsprozesse

Man wird nicht widersprechen können, wenn das Alter als höchster Risikofaktor für das IPS genannt wird. Wenn man die Vorgänge in einer Zelle, die zum Altern führen, Revue passieren lässt, wird man auch unschwer auf einige Überschneidungen mit Befunden beim IPS stoßen. Altern wird durch Veränderungen im Ionen-Milieu (z.B. Erhöhung der intrazellulären Ca^{2+}-Konzentration), vermehrtes Auftreten reaktiver Sauerstoff-Spezies, oxidative Effekte auf das Zytoskelett und die

Tabelle 1.3. Mögliche ätiopathogenetische Auslöser des idiopathischen Parkinson-Syndroms

- Altern
- Endo-/Exotoxine
- Freie Radikale und oxidativer Stress
- Vermehrte Apoptose (programmierter Zelltod)
- Immunologische Abnormitäten in der Substantia nigra
- Energiestoffwechselstörungen in der Substantia nigra
- DNA-Alterationen (Deletionen, Mutationen)
- Umweltfaktoren, die zu einer polygenen Suszeptibilität hinzukommen
- Genetisch determiniert (monogen oder polygen)
- Persönlichkeit (?)

nukleäre Matrix mit Veränderung von Chromatin und der mRNA-Prozessierung, sowie durch Veränderungen des Redox-Gleichgewichtes und damit Störung der Gen-Expression mit Veränderung des zellulären Milieus erklärt. Auf den ersten Blick besorgniserregend ist im Zusammenhang mit dem IPS die Tatsache, dass wir alle tatsächlich mit zunehmendem Alter immer mehr SN-Neurone verlieren. Viel zu wenig bekannt ist aber die Tatsache, dass es sich dabei nicht um die dopaminergen Neurone der SN pars compacta (SNc) handelt, die beim IPS selektiv und spezifisch untergehen. Unabhängig davon muss man davon ausgehen, dass die erhoffte weitere Verbesserung der Lebenserwartung eine weitere Zunahme an Parkinson-Patienten erwarten lässt.

Oxidativer Stress

Das derzeit favorisierte Modell für den dopaminergen Zelluntergang ist mit dem Schlagwort des „oxidativen Stresses" verknüpft (vgl. Kapitel 5). Nach Sies (1991) versteht man unter oxidativem Stress „*a disturbance of the pro-oxidant-antioxidant balance in favour of pro-oxidants, which causes potential damage*". Der für uns lebensnotwendige Sauerstoff, den wir ja zur Adenosintriphosphat-(ATP-)Produktion dringend benötigen, ist somit nicht ganz ungefährlich und in unserem Stoffwechsel mussten komplizierte Wege der Detoxifizierung von reaktiven Sauerstoffprodukten angelegt werden.

Beim IPS scheint ein *Circulus vitiosus* ineinandergreifender biochemischer Veränderungen die Entstehung zelltoxischer freier Radikale zu begünstigen. Man geht heute davon aus, dass sowohl der Detoxifizierungsmechanismus für vom Sauerstoff ableitbare Radikale als auch die Funktion von Mitochondrien gestört sind. In Kapitel 5 wird ausführlich auf diese Mechanismen eingegangen.

Wir selbst haben entdeckt, dass selektiv in der SNc ein **Mangel an Komplex-I-Aktivität** vorliegt (Reichmann und Riederer, 1989; Janetzky et al., 1994). Obwohl dieser Defekt nur zu einer ca. 30-prozentigen Aktivitätsminderung führt (Schapira et al., 1990), kann man sich vorstellen, dass innerhalb von Jahren dies doch zu einer nennenswerten Störung der Zellhomeostase führen wird. Beim Komplex I handelt es sich um den ersten von fünf Komplexen der Atmungskette, der in der inneren Mitochondrienmembran verankert ist. Am Komplex I wird NADH in NAD und Protonen und Elektronen umgewandelt. Durch den Komplex-I-Defekt kommt es zur vermehrten Radikalen-Bildung, da ja sowohl Sauerstoff als auch Elektronen im Bereich der Atmungskette anzutreffen sind. Dies bedingt eine Erhöhung der Hydroxyl-Radikale, wodurch es letztendlich zu einem Einströmen von Ca^{2+}-Ionen mit Aktivierung von Nukleasen und Proteasen kommt, wodurch Zellnekrose ausgelöst wird.

Neben der vermehrten Radikalen-Bildung bedingt der Komplex-I-Mangel auch eine reduzierte ATP-Produktion, so dass der Energiestoffwechsel von SN-Neuronen gestört ist. Weiter ist der Komplex-I-Defekt für **DNS-Schäden** verantwortlich, die sich z.B. in der Bildung von 8-Hydroxy-Deoxyguanosin manifestieren. Im Parkinson-Gehirn konnte sowohl in der SN als auch im Nucleus caudatus eine Verdreifachung der 8-Hydroxy-Deoxyguanosin-Konzentration nachgewiesen werden (Sanchez-Ramos et al., 1994), die insbesondere auf die Schädigung der mitochondrialen DNS (mtDNS) zurückzuführen ist.

Wie oben schon angedeutet, darf man davon ausgehen, dass **Mitochondrien** im Sinne von Archaebakterien in die Säugetierzellen symbiontisch eingedrungen sind und nun den Sauerstoff unter Energiegewinnung in Wasser umwandeln. Mitochondrien besitzen ein kleines zirkuläres 16 569 Basenpaare großes Genom, das einige Besonderheiten aufweist. Es wird rein maternal vererbt, da das väterliche Spermion die Mitochondrien nur im Schwanzteil enthält und nur der Kopfteil mit der nukleären Erbsubstanz in die mütterliche Eizelle eindringt, die wiederum Mitochondrien enthält. Das **mitochondriale Genom** folgt nicht dem universellen Code, es hat kein Reparatursystem und enthält keine schützenden Histone. Somit ist auch verständlich, dass es dem Einfluss von Radikalen viel schutzloser ausgeliefert ist als das nukleäre Genom, was den höheren 8-Hydroxy-Deoxyguanosin-Gehalt im mitochondrialen Genom erklärt. Das mitochondriale Genom kodiert für 13 Untereinheiten der Atmungskettenkomplexe I, III, IV und V sowie für zwei ribosomale RNSs und 22 Transfer-RNSs. Somit ist das Mitochondrion für die Synthese von 13 Atmungskettenuntereinheiten autark.

Es lag nun nahe, aufgrund des beschriebenen Komplex-I-Defektes und seiner Auswirkungen auf die mtDNS nach Störungen in der mtDNS zu suchen. Wir waren weltweit die ersten, die zeigen konnten, dass keine nennenswerten Deletionen der mtDNS in der SN oder anderen Gehirnteilen von Patienten, die mit einem IPS verstorben waren, gefunden werden konnten (Lestienne et al., 1990; 1991). Unter dem Vorbehalt, dass es sich dabei um Post-mortem-Analysen handelte, scheinen keine großen Defekte der mtDNS vorzuliegen. Ähnliche Ergebnisse erzielten wir auch in Thrombozyten und Lymphozyten. Schapiras Arbeitsgruppe hat allerdings unter Verwendung der sog. Rho-zero-Zelltechnik bei einigen Patienten auch in den peripheren Blutzellen eine reduzierte Komplex-I-Aktivität feststellen können. Ohne ins Detail zu gehen, deuten diese Arbeiten an, dass dafür eine genetische Störung im mitochondrialen Genom verantwortlich ist. Grünewald und Mitarbeiter aus unserer Gruppe konnten folgerichtig bei einer Familie mit maternal vererbter Parkinson-Krankheit eine Mutation im Bereich der Exone, die für die Untereinheiten des Komplex I kodieren, nachweisen (Grünewald, persönliche Mitteilung). Die Überlappung der Komplex-I-Analysen in Blutplättchen ist leider so stark, dass im Einzelfall keine diagnostischen Rückschlüsse getroffen werden können, wenngleich die Gruppe der Patienten mit IPS bei einigen Arbeitsgruppen (Benecke et al., 1993) eine signifikant erniedrigte Komplex-I-Aktivität aufweist.

Exogene und endogene Toxine als mögliche Auslöser der Parkinson-Krankheit

Eine weitere mögliche Genese für das IPS bestünde in einer endogenen oder exogenen Intoxikation mit Initiierung z.B. der Schadenskaskade, wie sie für den oxidativen Stress beschrieben wurde. Hinweise auf eine solche Möglichkeit kommen vom sog. **MPTP-Modell.** In den 70er Jahren versuchten in San Franzisco junge Drogenabhängige Heroin selbst zu synthetisieren. Versehentlich produzierten sie dabei das Neurotoxin MPTP. Nach dessen Einnahme entwickelten sie ein schweres Parkinson-Syndrom. Es stellte sich heraus, dass MPTP in Astrozyten mittels Monoamin-Oxidase (MAO) in das 1-Methyl-4-phenylpyridinium-Ion (MPP^+) umgewandelt wird und dann über den Dopamin-Transporter aktiv in die dopaminergen Neuronen aufgenommen wird (siehe Kapitel 4). Dort führt MPP^+ zur Hemmung des Komplex I und löst das Parkinson-Snydrom aus.

Der Nachweis, dass MPTP über MPP^+ ein Parkinson-Syndrom auslöst, war deshalb so wichtig, weil nun endlich ein Tiermodell für das Parkinson-Syndrom gefunden worden war. Man hat daraufhin Nagetiere und Primaten mit MPTP intoxiziert (zum Teil nur eine Seite des Gehirnes) und dabei eine Unzahl an Analysen des Energiestoffwechsels, von Stoffwechselprodukten und von Auswirkungen von Medikamenten geprüft, die man dann z.B. in Post-mortem-Analysen von Patienten, die mit einem IPS verstorben waren, bestätigen konnte. So wurde z.B. die neuroprotektive Wirkung des Selegilins (siehe Kapitel 6) entdeckt, das bei vorheriger Applikation das MPTP-induzierte Parkinson-Syndrom dadurch verhinderte, dass es die Umwandlung von MPTP in MPP^+ in den Astrozyten hemmte.

In den letzten Jahren konnte unsere Arbeitsgruppe zeigen, dass ein neues Neurotoxin mit einer MPTP-ähnlichen Struktur, das **TaClo**, u.a. auch zu einer Hemmung des Komplex I der Atmungskette führt (Janetzky et al., 1995) und möglicherweis ein Parkinson-Syndrom auslöst. Interessant ist, dass TaClo *in vitro* aber auch *in vivo* aus Tryptamin und Chloral entstehen kann. Theoretisch könnte somit eine Person, die Chloralhydrat als Schlafmittel verwendet oder am Arbeitsplatz Trichlorethylen („Tri") ausgesetzt ist, Parkinson-krank werden, da diese Stoffe endogen in Chloral umgewandelt und dann zusammen mit dem endogen vorhandenen biogenen Amin, Tryptamin, zu TaClo synthetisiert werden könnten. Untersuchungen in dieser Richtung laufen in unseren Labors, da es Bringmann und Mitarbeitern gelang, im menschlichen Organismus auch kleinste TaClo-Spuren nachzuweisen.

Kuhn und Kollegen beschrieben 1998 Postbeamte, welche vor Jahren mit Blei-haltigen Akkumulatoren beruflich zu tun hatten und Jahrzehnte später ein Parkinson-Syndrom entwickelten (Kuhn et al., 1998). Solche Ergebnisse regen an, weiter nach einem Neurotoxin zu suchen, das für die Entstehung der Parkinson-Krankheit verantwortlich ist.

Genetische Faktoren

Eine andere wichtige Hypothese ist, dass die Parkinson-Krankheit auf erblichen Faktoren beruhen könnte. Für diese Annahme sprechen die Beobachtung, dass Familienangehörige von Parkinson-Patienten ein doppelt so hohes Risiko haben, ebenfalls Parkinson-krank zu werden. In der Normalbevölkerung beträgt die Wahrscheinlichkeit, Parkinsonkrank zu werden entsprechend der oben diskutierten epidemiologischen Daten ca. ein Prozent, wenn man die Altersgruppe der über 65-Jährigen betrachtet. Verwandte von Patienten mit IPS haben das doppelt so hohe Risiko, nämlich zwei Prozent. Es ist derzeit davon auszugehen, dass ca. fünf bis allenfalls zehn Prozent der Parkinson-Patienten eine genetisch monogen determinierte Form des IPS haben. Vieregge und andere haben Zwillingspaare gesucht, die entweder eineiig oder zweieiig waren. Während Vieregge und Kollegen bei PET-Analysen bei den (eventuell noch) nicht betroffenen **Zwillingen** keine signifikanten Auffälligkeiten feststellten (Holthoff et al., 1994), was sie in einer sieben Jahre später erfolgten Kontrolluntersuchung klinisch bestätigt fanden (Vieregge et al., 1999), gewannen andere Arbeitsgruppen allerdings den Eindruck, dass bei Zwillingspaaren der (noch) nicht betroffene eineiige Zwilling ebenfalls Auffälligkeiten im ^{18}F-DOPA-PET bot, d.h. ebenfalls schon einen erhöhten Verlust an nigro-striatalen dopaminergen Neuronen aufwies.

Die Parkinson-Krankheit wird aber wohl doch in der Mehrzahl der Fälle nicht durch die Deletion oder Punktmutation eines Parkinson-Genes bedingt, sie könnte vielmehr **polygenetisch** determiniert sein und dann durch Anstoßen z.B. durch ein Neurotoxin ihren Lauf nehmen.

Trotz der Annahme, dass man nach einer polygenetischen Determination wird suchen müssen, gibt es in jüngster Zeit doch einige sehr interessante Berichte über Familien, die eine monogenetische Vererbung der Parkinson-Krankheit aufweisen.

Besonders bemerkenswert ist die von Polymeropoulos 1997 beschriebene Familie, da hier nicht nur der defekte Genort, sondern bereits auch das defekte Gen-Produkt gefunden wurden (Polymeropoulos et al., 1997). Das krankheitsverursachende Gen liegt auf dem langen Arm des Chromosoms 4 (Chromosom 4q21, Ala53Thr) und wurde auch als **PARK 1** bezeichnet. Es handelt sich um eine Punktmutation, d.h. nur ein Nukleotid in der

DNS-Sequenz dieses Gens ist vertauscht. Dieses Gen ist für die Synthese von **α-Synuclein** zuständig, einem wichtigen Bestandteil der oben schon beschriebenen Lewy-Körperchen, die vermehrt in Neuronen von Patienten mit IPS gefunden werden. Die amerikanische Arbeitsgruppe geht davon aus, dass α-Synuclein für Lernvorgänge im Gehirn wichtig ist. Nachdem das Protein in Lewy-Körperchen vorkommt, wäre es durchaus gerechtfertigt zu spekulieren, dass die veränderte Aminosäurensequenz zu einem veränderten α-Synucleinprotein führt, das wiederum nicht richtig abgebaut werden kann und so die Neurone schädigt. Nachdem α-Synuclein aber in allen Neuronen und sogar Gliazellen exprimiert wird, ist die Spezifität des Neuronen-Unterganges allein durch diesen Defekt nur schwer zu erklären. Man sollte in diesem Zusammenhang darauf hinweisen, dass die deutsche Arbeitsgruppe um Gasser (Gasser et al., 1997) bereits diesen Gendefekt als Ursache in anderen Parkinson-Familien und auch in sporadischen Parkinson-Patienten ausgeschlossen hat, so dass PARK 1 sicherlich eine Seltenheit bleiben wird.

Die deutsche Arbeitsgruppe um Krüger und Kollegen beschrieben 1998 zwei Familien mit PARK 1, wobei die Mutation von der von Polymeropoulos beschriebenen abwich (Ala39Pro). Von Seiten des klinischen Bildes waren die Patienten mit Patienten vom Äquivalenz-Typ durchaus vergleichbar, wenngleich sie im Median früher (mit 44 Jahren) erkrankten und einen nach neun Jahren zum Tode führenden Verlauf hatten. Vergleichsweise häufig hatten die Patienten eine Demenz. Es soll bereits hier betont werden, dass α-Synucleinopathien neben der PARK-1-Krankheit auch die Lewy-Körper-Demenz-Erkrankung und die MSA mit einschließen.

PARK 2 wurde in Japan bei sehr jungen Patienten gefunden, die schon in der zweiten oder dritten Lebensdekade Parkinson-krank werden. Die japanische Arbeitsgruppe um Kitada nannte das auf dem langen Arm von Chromosom 6 (6q25) gelegene Gen „Parkin" (Kitada et al., 1998). Es handelt sich um eine autosomal-rezessiv vererbte Form des juvenilen Parkinsonismus. Das Genprodukt ist noch nicht bekannt. Interessant ist, dass es sich dabei um ein L-DOPA sensitives Parkinson-Syndrom handelt, dass die Krankheit um das 28. Lebensjahr in Japan beginnt und dass es über die japanische Bevölkerung hinaus auch Patienten mit PARK 2 gibt (Abbas et al., 1999). Besonders bemerkenswert ist, dass diese Patienten keine Lewy-Körperchen in der SN aufweisen, aber doch eine selektive Degeneration in der SNc vorhanden ist, wie es für das IPS typisch ist. Der Verlauf ist sehr langsam und diese Patienten sind, wie „andere" IPS-Patienten durch einen Äquivalenz-Typ mit posturaler Instabilität und leichter Fußdystonie charakterisiert. Abbas et al. (1999) konnten bei Analyse von 35 europäischen und nordafrikanischen Familien zeigen, dass acht Familien die typische Mutation oder Deletion auf 6q25 aufwiesen, wobei ein mittleres Erkrankungsalter von 37 ± 12 Jahren angegeben wurde. Alle Patienten wiesen ein typisches IPS auf. Es wird derzeit vermutet, dass die meisten der ganz jungen Patienten mit IPS einen PARK-2-Gendefekt aufweisen.

Gasser und andere fanden weitere Gendefekte in Parkinson-Familien (Gasser et al., 1998). Diese **PARK-3-Form** ist auf dem kurzen Arm des Chromosom 2 (2p13) lokalisiert und wird ebenfalls autosomal dominant vererbt. Auch hier ist das Genprodukt noch nicht bekannt und bemerkenswert bleibt, dass nicht alle Genträger Parkinson-krank wurden (verminderte Penetranz von ca. 40 Prozent). Dieser genetische Defekt konnte bisher bei drei deutschen und einer dänischen Familie festgestellt werden. Das mittlere Erkrankungsalter betrug 59 Jahre und ähnelt damit dem „typischen" IPS. Neuropathologisch wiesen diese Patienten einen Neuronenuntergang in der SNc und Lewy-Körperchen auf.

In einer deutschen Familie konnte Polymeropoulos (1997) einen Aminosäuren-Austausch im Gen für die Ubiquitin-carboxyterminale Hydrolase identifizieren. Beide Geschwister wiesen einen Äquivalenz-Typ auf und sprachen auf L-DOPA an. Weitere Genorte werden mit der Parkinson-Krankheit in Verbindung gebracht. Grünewald aus unserer Arbeitsgruppe hat in einer amerikanischen Parkinson-Familie bei maternaler Vererbung eine **Mutation der mtDNS** nachweisen können (persönliche Mitteilung). Man wird nun erneut nach Familien mit maternalem Erbgang suchen müssen und deren mtDNS komplett durchsequenzieren, um so möglicherweise weitere Gendefekte zu finden.

Abschließend muss noch einmal darauf hingewiesen werden, dass aber wohl doch der Großteil der Parkinson-Patienten **keine monogen determinierte Erkrankung**, sondern eher eine **polygen** determinierte besondere Suszeptibilität aufweist, Parkinson-krank zu werden. Zu prüfen bleibt, ob nicht doch wichtige Proteine im Rahmen der Parkinson-Krankheit abnorm sind (Rezeptoren, Transporterproteine, Enzyme) und das aufgrund eines genetischen Defektes.

Apoptose

Eine neue Forschungsrichtung beschäftigt sich mit der Frage, ob die Parkinson-Krankheit eventuell eine apoptotisch bedingte neurodegenerative Krankheit sein könnte. Wir unterscheiden heute beim Untergang einer Zelle den nekrotischen, d.h. provozierten Zelltod, vom apoptotischen, d.h. programmierten Zelltod (siehe auch Kapitel 5). Unter programmiertem Zelltod versteht man die Tatsache, dass es Zellen „vorgegeben“ zu sein scheint, wann sie absterben. Dies ist wichtig, da die Apoptose einen physiologischen Kontrollmechanismus während der Embryogenese darstellt, die Zellregeneration unterstützt (z.B. Dünndarmepithel) und auch bei der klonalen Selektion des Immunsystems eine wichtige Rolle spielt. Die Frage war somit: Ist der Tod der dopaminergen Zellen in der SN Folge einer induzierten frühzeitigen Apoptose? Sind evtl. Apoptose-kontrollierende und -regulierende Gene oder Faktoren für den Zelltod verantwortlich? Bevor man diese schwierige Frage angeht, war es wichtig nach Hinweisen auf vermehrte Apoptose im Parkinson-Gehirn zu suchen; dazu bediente man sich morphologischer und molekularbiologischer Techniken.

Apoptotische Zellen beginnen „plötzlich“ sich aus dem Zellverband zu lösen, sie schrumpfen und weisen eine Chromatin-Kondensation auf. Die Zellmembranen weisen typische Ausstülpungen auf. DNS wird durch eine Mg^{2+}/Ca^{2+}-abhängige Endonuklease in 180 Basenpaare große Bruchstücke fragmentiert. Die Zelle zerfällt in membranumschlossene Apoptose-Körper, sodass keine Proteine dem Immunsystem frei präsentiert werden und so eine Entzündungsreaktion vermieden wird. Die Apoptose-Körper werden durch Makrophagen phagozytiert.

Der gesamte Vorgang ist relativ rasch und daher histologisch schwer nachweisbar. Dies erklärt aber auch am besten, warum es in der Weltliteratur unterschiedliche Aussagen zu der uns interessierenden Frage gibt, ob Apoptose für den Zelluntergang verantwortlich ist. Ohne Details zu zitieren, möchten wir hier festhalten, dass viele Arbeitsgruppen die Apoptose als auslösende Krankheitsursache der Parkinson-Krankheit wieder verlassen haben.

Zusammenfassend ist somit das Modell des oxidativen Stresses das derzeit solideste, das auch die meisten der bisher erzielten Befunde gut erklärt. Nach wie vor wurde aber der initial krankheitsauslösende Faktor noch nicht gefunden. Genetisch determinierte Parkinson-Formen scheinen (bis auf weiteres) zur Aufklärung der Ätiopathogenese und Pathophysiologie und -biochemie von höchstem Nutzen, doch scheinen sie sehr selten zu sein.

1.4 Klinisches Bild des idiopathischen Parkinson-Syndroms

Die vier Kardinalsymptome des IPS sind:

- Bradykinese,
- Rigor,
- Tremor und
- posturale Instabilität.

Bradykinese

Unter Bradykinese versteht man die Verlangsamung der Initiation von Willkürbewegungen mit progressiver Abnahme von Geschwindigkeit und Amplitude bei repetitiven Aktionen. Genaugenommen sollte man davon die Hypokinese, die auf der Reduktion von Bewegungsamplituden und Spontanbewegungen beruht, und die Akinese, die ein Sistieren sämtlicher unwillkürlicher motorischer Entäußerungen impliziert, abtrennen. Meist werden die drei Begriffe vermischt und es erscheint daher ratsam, Bradykinese als Oberbegriff zu verwenden.

Parkinson-Patienten weisen eine gebeugte Haltung auf, wobei sämtliche großen Gelenke, d.h. Hüft-, Knie-, Sprung-, Kopf-, Schulter-, Ellenbogen- und Handgelenke in Flexion gehalten werden und dem Patienten die unverwechselbare Haltung geben (Rigor). Meist beginnt die Krankheit im Bereich der Arme, daher die Schulterschmerzen, mit Adduktion des Oberarmes und leichter Flexion im Ellenbogengelenk. Erst ein bis zwei Jahre später kommt ein einseitiges Nachschlurfen oder Hinken eines Beines hinzu. Jetzt wird das Gangbild kleinschrittig, später kommen häufig Starthemmung und die Unfähigkeit, rasch anzuhalten, hinzu. Die Wendebewegung benötigt viele Zwischenschritte und häufig kommt eine erhöhte Fallneigung hinzu. Nicht übersehen darf man somit für die Frühdiagnose das mangelnde Mitpendeln zunächst eines Armes, der die Seite anzeigt, auf der die Krankheit begann und auf der sie stärker ausgeprägt ist. Repetitive Bewegungen wie alternierende Supination und Pronation des Unterarmes, rasches Zusammenführen von Daumen und Zeigefinger, rhythmisches Stampfen mit den Füßen ist signifikant verlangsamt und bezüglich der Amplitude reduziert. Freies Aufstehen aus dem Sitzen fällt schwer, sodass Parkinson-Patienten tiefe Sessel vermeiden müssen, da sie sich nicht alleine aufrichten können.

Auch im Gesicht ist die Krankheit im Sinne einer Hypomimie zu erkennen. Die Mundwinkel stehen still und die Lidschlusshäufigkeit nimmt ab. Scheinbar regungslos verfolgen Parkinson-Patienten auch psychisch aufwühlende Ereignisse, sodass der oberflächliche Betrachter den Eindruck gewinnen kann, dass der Patient teilnahmslos und interessenlos ist. Unter dieser Fehleinschätzung leiden die Patienten besonders, da gerade die Mimik eine wichtige Kommunikationsform (siehe Seite 233) für den Menschen darstellt. Wie unten noch einmal erwähnt werden wird, führt ein verringertes Schlucken zur „Hypersalivation" und nicht etwa eine vermehrte Speichelproduktion. Die Nachfrage, ob das Kopfkissen morgens leicht feucht ist, wegen des verringerten Schluckens, wird relativ häufig und früh im Verlauf der Erkrankung bejaht. Besonders unangenehm ist für die Patienten, dass im Verlauf der Erkrankung die Stimme zunehmend leise und monoton wird, wenn keine Sprechübungen gemacht werden.

Ein weiteres Frühsymptom ist die Verkleinerung der Schrift, wie es z.B. in Abb. 1.3 gezeigt wird. Aber auch Verrichtungen, die eine flüssige und koordinierte Beweglichkeit und Geschicklichkeit verlangen, fallen zunehmend schwer. Hier wären Zähneputzen, Handarbeiten, Knöpfe zumachen, Ballspiele, Computer- und Schreibmaschinenarbeit als Beispiele aufzuführen. Im Verlauf der Erkran-

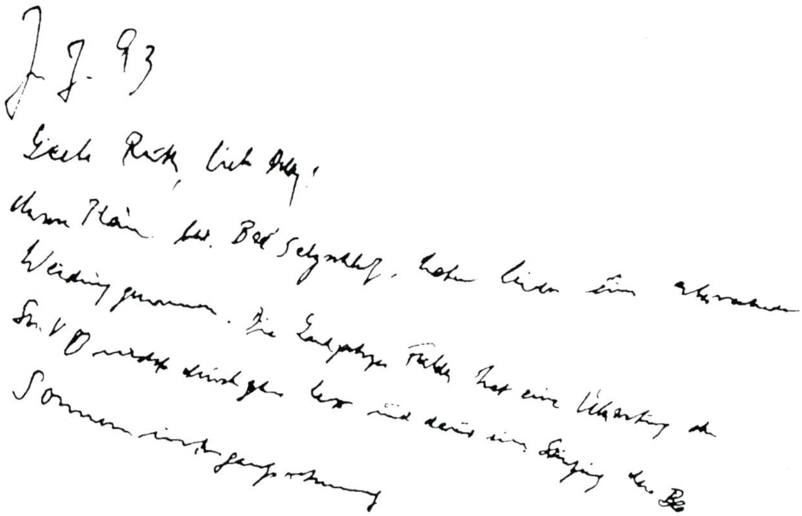

Abb. 1.3. Typisches Beispiel für Mikrographie bei einer 63-jährigen Patientin.

kung treten dann Probleme beim Gehen durch eine enge Türe auf oder die Patienten stehen wie festgewurzelt und kommen schwer von der Stelle (*Freezing*, motorische Blocks). Das Gefühl, steif und unbeweglich zu sein und einen Körper zu besitzen auf den der Geist keinen Einfluss hat, ist für die Patienten so einschneidend, dass unsere therapeutischen Bemühungen insbesondere zur Besserung der Bradykinese führen müssen.

Rigor

Den Rigor sollte man in einer leicht gebeugten Position des zu untersuchenden Gelenkes prüfen und arhythmische Bewegungen ausführen, um dem Patienten eine Habituation zu verwehren. Dabei wird man eine Rigorartige Tonuserhöhung, d.h. z.B. das typische Zahnradphänomen feststellen. Der Rigor ist über die gesamte Bewegungsstrecke vorhanden und lässt nicht plötzlich, wie bei der Spastik (Taschenmesser-Phänomen) nach. Ist man sich nicht sicher, ob ein Patient z.B. im Handgelenk, wo man den Rigor am besten und frühesten finden kann, einen Rigor aufweist, kann man den Patienten bitten, den gegenseitigen Arm in 90-Grad-Position hochzuhalten. Weitere Manöver zur Verstärkung des Rigors sind Spiegelbewegungen mit der anderen Extremität oder das gleichzeitige Bewegen zweier Gelenke wie Hand- und Ellenbogengelenk. Der Rigor spielt sicherlich bei der Unfähigkeit, sich rasch bewegen zu können oder bei dem Problem, sich nachts im Bett zu wenden eine wichtige Rolle. Auch verbietet er dem Patienten Arbeiten, die hohe Anforderungen an die Feinmotorik richten wie z.B. Bastelarbeiten, Reparaturarbeiten, Schreiben u.a. in der gewohnten Weise zu verrichten.

Neben der verringerten Beweglichkeit nachts, die sich darin äußert, dass die Patienten über Schulter- und Rückenschmerzen klagen und morgens in derselben Position aufwachen, die sie beim Einschlafen eingenommen hatten, ist die Veränderung der Schrift ein Frühsymptom der Parkinson-Krankheit. Das Schriftbild von Patienten verändert sich schon Jahre vor Auftreten der vier Kardinalsymptome in einer charakteristischen Art und Weise. Die Mikrographie besteht meist in einer verkleinerten, krakeligen Schrift, die auch die Zeile nicht mehr hält (Abb. 1.3). Ausdruck des Rigors ist auch, dass beim Gehen der Arm nicht richtig mitschwingt. Subjektiv empfindet der Patient den Rigor als ziehenden Schmerz in der Extremität oder im ganzen Körper oder auch als Steifigkeit.

Tremor

Das dritte Kardinalsymptom, das auch zum Begriff der „Schüttel"lähmung führte, ist der Tremor. Es handelt sich dabei in der Regel um einen Ruhetremor, der meist einseitig beginnt und eine Frequenz von 4–6 Hz aufweist. Der Ruhetremor ist meist kleinamplitudig, es gibt aber auch Patienten, die einen hochamplitudigen Tremor aufweisen, dies meist aber erst nach mehreren Jahren des Krankheitsverlaufes. Bei der Untersuchung ist Wert darauf zu legen, dass der Tremor in einer vollkommen entspannten Extremität gesucht wird. Bei psychischer Belastung, bei Visite oder bei kognitiver Anspannung im Sinne von Rechenaufgaben, kann der Tremor deutlicher werden und bezüglich seiner Amplitude zunehmen. Es ist die Regel, dass der Tremor einseitig beginnt und dass auf der gleichen Seite auch der Rigor und die Bradykinese stärker ausgeprägt sind. Diese Seitendifferenz bleibt lebenslang erhalten, sodass der erfahrene Untersucher auch noch nach Jahren vermuten kann, wo die Krankheit begann.

Der Ruhetremor verschwindet bei Bewegung der Extremität. Im Bereich der oberen Extremität kann er als klassischer „Pillendreher-Tremor" imponieren. Am entspannt liegenden Patienten kann man aber auch mitunter einen Ruhetremor des Fußes beobachten. Neben dem Ruhetremor ist auch häufig ein Haltetremor zu finden, sodass mitunter die Differentialdiagnose zum essentiellen Tremor schwerfällt. Hier hilft diagnostisch weiter, dass der essentielle Tremor beidseitig vorhanden ist, familiär gehäuft auftritt, mitunter positiv auf Alkohol anspricht und vor dem 40. Lebensjahr beginnt. Stimmtremor und Kopftremor (Ja-Ja- oder Nein-Nein-Tremor) sprechen für einen essentiellen Tremor. Nicht ganz selten gibt es auch eine Koinzidenz zwischen Parkinson-Krankheit und essentiellem Tremor, wobei die Experten davon ausgehen, dass es sich um zwei distinkte Krankheiten handelt. Ein zerebellärer Intentions-Tremor gehört dagegen nicht zum Parkinson-Syndrom, sondern spricht für eine primär zerebelläre Erkrankung oder eine MSA. Neuroleptika-induzierte Parkinson-Syndrome werden dann wahrscheinlich, wenn ein Tremor der Zunge und perioralen Muskulatur auftritt. Rajput und Mitarbeiter (1991) stellten fest, dass im Verlauf der Krankheit nahezu jeder Parkinson-Patient einen Tremor entwickeln wird. Sollte somit ein Patient über Jahre Tremor-frei bleiben, sollte die Diagnose „IPS" noch einmal kritisch geprüft werden.

Posturale Instabilität

Das vierte Kardinalsymptom, nämlich die posturale Instabilität, sollte nicht bereits am Anfang der Erkrankung auftreten, sondern erst in deren späteren Stadien. Die posturale Instabilität lässt sich dadurch nachweisen, dass der aufrecht stehende Patient auf ein Schubsen nach vorne, hinten oder zur Seite unsicher reagiert, nicht auspendeln kann, sondern durch einen Ausfallschritt das Fallen verhindern muss oder sogar zu Fall käme, wenn er vom Untersucher nicht aufgefangen würde (Stoß- und Zugtest).

Patienten, die schon zu Beginn der Krankheit eine Standunsicherheit aufweisen und häufig fallen, haben nämlich ebenfalls meist eine MSA oder eine PSP. Störungen der posturalen Instabilität äußern sich als Propulsion, Retropulsion oder Lateropulsion. Dazu zu rechnen ist auch die Festination oder Propulsion beim Gehen, wo der Patient immer schneller wird und dann die Beine nicht mehr nach vorne bekommt und zu Fall kommt. Diese Symptome sprechen nicht gut auf Dopaminergika an und es ist noch nicht geklärt, ob sie durch tiefe Hirnstimulation gebessert werden können. Insgesamt bedingen sie eine eher schlechte Prognose (Jankovic et al., 1990).

Vegetative Symptome

Neben diesen vier Kardinalsymptomen weisen die meisten Parkinson-Patienten auch vegetative Symptome wie z.B. ein sog. Salbengesicht (Seborrhoe) auf. Genauso häufig ist aber eine sehr trockene Haut bei Parkinson-Patienten (Gemende, persönliche Mitteilung). Die Sialorrhoe ist ebenfalls ein typisches Parkinson-Symptom, das in den mittleren bis späteren Phasen der Erkrankung auftritt. Es handelt sich dabei nicht um eine Hypersalivation, sondern eher um eine Schluckstörung.

Im Bereich der Hirnnerven sind ebenfalls einige typische Symptome zu nennen, so haben Parkinson-Patienten z.B. eine schlechtere Bildauflösung für nahe beieinander liegende Farbstreifen und für das Blau-Gelb-Sehen eine schlechtere Perzeption als dies gleichalte aufweisen. Man kann dieses Phänomen darauf zurückführen, dass in der Kaskade der primären Sehbahn Dopamin als Transmitter eingesetzt wird. Gleiches gilt für die Riechbahn, wo gezeigt werden konnte, dass Parkinson-Patienten eine reduzierte Diskrimination für ähnliche Düfte aufweisen und pathologisch verzögerte Olfaktorius-SEPs (somatosensibel-evozierte Potentiale) typischerweise abgeleitet werden können. Manche Patienten beklagen eine eingeschränkte Sehschärfe und auch unabhängig von der PSP kann es zu einer Einschränkung beim Blick nach oben kommen. Manche haben sogar einen Blepharospasmus. Vielleicht kann in diesem Zusammenhang auch der pathologische Glabellareflex eingeordnet werden, wo bei repetitivem Beklopfen der Glabella mit dem Zeigefinger des Untersuchers ein nicht sistierendes Zwinkern nachgewiesen werden kann.

Die Sprache wird zunehmend leise und monoton. Festination der Sprache bedingt, dass der Patient gegen Ende eines Satzes immer schneller wird und dann Wortteile auslässt. Ackermann und Mitarbeiter (1989) beschrieben Patienten, bei denen trotz Besserung der Bradykinese die Sprache schlechter wurde.

Auch sensible Alterationen werden beklagt. So haben viele Patienten bereits zu Beginn der Erkrankung Schmerzen im Rücken, Schultergelenk und in den Beinen sowie Paraesthesien und Dysaesthesien in den Füßen und seltener in den Händen. Andere beklagen Muskelkrämpfe.

Kognitive und neuropsychiatrische Störungen

Wichtig sind kognitive und neuropsychiatrische Störungen, die James Parkinson selbst noch als nicht typisch für die nach ihm benannte Erkrankung erachtete. Parkinson-Patienten beklagen im Verlauf der Erkrankung fast immer eine nachlassende Konzentrations- und Merkfähigkeit. Etwa 40 Prozent der Patienten entwickeln eine Depression (Poewe, 1993; Dooneief et al., 1992), die unterschieden werden muss von der bei noch mehr Patienten scheinbar vorliegenden Pseudodepression. Die Depression kann der Bradykinese vorausgehen, sodass eine sorgfältige neurologische Untersuchung für Depressive unabdingbar ist. Im Vergleich zur *„major depression“* ist die Schwere der Depression geringer und es kommt kaum zu Suiziden oder Wahnvorstellungen. Gefährliche Ausnahme sind die Patienten mit L-DOPA-Langzeitsyndrom (siehe nachfolgende Kapitel), die kurzfristig suizidal werden können. Auch heute ist man sich noch nicht einig, wie die Parkinson-Depression am besten erklärt werden kann, da ja bekannt ist, dass auch die mesolimbischen dopaminergen Bahnen gestört sind, aber eben auch Veränderungen im serotonergen System (Raphe-Kerne) und des noradrenergen Systems (Locus coeruleus) mit der Parkinson-Krankheit vergesellschaftet sind (siehe auch Kapitel 2.2).

Gleiches gilt auch für die Demenz, die bei 20 Prozent der Patienten auftreten kann (Biggins et al., 1992). Bevor es zu so ausgeprägten neuropsychiatrischen Ausfällen kommt, haben viele Patienten Schlafstörungen, vermehrte Angstgefühle und eine Bradyphrenie, womit die reduzierte geistige Beweglichkeit und Spannkraft gemeint sind. Patienten mit Demenz reagieren sehr sensibel auf MAO-B-Hemmer, N-Methyl-D-aspartat- (NMDA-)-Rezeptorantagonisten und auch Dopamin-Rezeptoragonisten, sodass die Behandlung der motorischen Komplikationen häufig schwierig ist (siehe Kapitel 13).

1.5 Diagnose und Differentialdiagnose des idiopathischen Parkinson-Syndroms

Die Diagnose eines IPS erfordert, wie oben bereits diskutiert, den Ausschluss eines symptomatischen Parkinson-Syndroms. Ferner müssen drei oder mehr der folgenden **Kriterien für ein IPS** erfüllt sein:

- einseitiger Beginn der Erkrankung,
- Ruhetremor und/oder mindestens zwei der Kardinal-Symptome,
- progressiver Verlauf (bei persistierender Asymmetrie kommt es zum Befall der Gegenseite),
- sehr gutes Ansprechen auf L-DOPA (in ca. 70–100 Prozent),
- L-DOPA-induzierte Dyskinesien und Wirkungsschwankungen,
- typische neuropathologische Befunde in Post-mortem-Material,
- keine atypischen Zeichen.

Zu den Ausschluss-Symptomen gehören:

- apoplektiformer Verlauf,
  okulogyre Krisen,
- Remissionen,
- Neuroleptika,
- Blickparese
- zerebelläre Zeichen,
- früh ausgeprägte autonome Störungen,
- positives Babinski-Zeichen,
- frühe Demenz und
- fehlendes Ansprechen auf L-DOPA.

Der sog. „Lower-body Parkinsonism“ beruht häufig auf einer Dysbasie und Dysstasie (Standunsicherheit), wie sie für die hypertensiv bedingte subkortikale arteriosklerotische Enzephalopathie aber auch für den Normaldruckhydrozephalus typisch sind. Wiederholte Kopfverletzungen in der Vorgeschichte könnten auf eine traumatisch bedingte Parkinson-Krankheit hinweisen. Neuroleptika-Therapie und eine gesicherte Enzephalitis in der Vorgeschichte sollten ebenfalls Zweifel am IPS aufkommen lassen.

Bis vor kurzem galt, dass das Auftreten von mehreren betroffenen Verwandten ein IPS ausschloss. Nachdem mittlerweile aber die „Contursi“-Familie beschrieben wurde (Polymeropoulos et al., 1997), kann das nicht mehr aufrechterhalten werden (vgl. Genetik der Parkinson-Krankheit im vorhergehenden Kapitel). Okulogyre Krisen, anhaltende Remissionen, streng einseitige Symptomatik für länger als drei Jahre, frühe, ausgeprägte autonome, zerebelläre oder pyramidale Störungen gehören nicht zum IPS. Auch das fehlende Ansprechen auf hohe L-DOPA-Dosen oder frühe Demenz, Aphasie und Apraxie sprechen gegen ein IPS.

Apparative und klinische Zusatzdiagnostik

Nachdem die Diagnose eines Parkinson-Syndroms bisher ausschließlich auf der Anamnese-Erhebung und dem Nachweis der typischen klinischen Symptomatik beruht, stellt sich die Frage nach der notwendigen Zusatzdiagnostik. Hilfreich ist ein **Apomorphin-Test.** Nach Vorbereitung mit Domperidon (bis zu drei mal 40 mg am Vortag und am Tag des Apomorphin-Tests) werden 4–8 mg Apomorphin subcutan (s.c.) appliziert, um dann ein rasches Ansprechen mit reduziertem Tremor, Rigor und Bradykinese nachzuweisen. Um die Nebenwirkung des Apomorphin (starkes Emetikum) zu vermeiden, verwenden wir stattdessen meist zwei Madopar®-**LT-Tabletten**, die uns innerhalb von 30 Minuten die gleiche Information wie der Apomorphin-Test liefern. Nur falls der L-DOPA-Test negativ ausfällt, führen wir den Apomorphin-Test durch. Wegen des möglichen „Priming" vermeiden wir bei Patienten unter 50 Jahren den L-DOPA-Test, um nicht ein sehr rasches Entstehen von Dys- und Hyperkinesien zu provozieren.

Ratsam ist der **Ausschluss einer Kupfer-Stoffwechselstörung** durch die Analyse von Kupfer und Coeruloplasmin, womit besonders bei jungen Parkinson-Patienten gerechnet werden muss (Morbus Wilson). In diesem Zusammenhang ist eine Untersuchung unter der Spaltlampe zum Nachweis/Ausschluss eines Keyser-Fleischer-Ringes wichtig.

Einmal im Verlauf der Krankheit sollte auch zumindest ein cranielles Computertomogramm erfolgen, um vaskuläre, hydrozephale, tumoröse oder traumatische Schäden auszuschließen. Bezüglich der Differentialdiagnose von IPS und MSA sind nuklearmedizinische Untersuchungen mit radioaktiver Markierung der Dopamin-Rezeptoren (Abb. 1.4), des Dopamin-Transporters und des -Stoffwechsels äußerst hilfreich. Patienten mit IPS weisen bis auf die Spätstadien einen normalen Dopamin-Rezeptorenbesatz auf, was im Gegensatz zu Patienten mit MSA steht, wo nicht nur das prä-synaptische, sondern auch das post-synaptische Neuron zugrunde geht. PET-Analysen können den reduzierten L-DOPA-Gehalt und -Metabolismus, wie er für die Parkinson-Krankheit typisch ist, sowie die Dopamin-Rezeptoren nachweisen. Diese noch teure Untersuchung könnte als Frühdiagnostikum für die Parkinson-Krankheit benutzt werden, da schon recht früh eine Störung der nigro-striatalen Neurotransmission nachgewiesen werden kann. Einschränkend muss aber erwähnt werden, dass im Einzelfall es aber auch problematisch sein kann, sicher zwischen niedrig normal und pathologisch zu unterscheiden, sodass im Verlauf noch ein zweites PET notwendig wird. Selbstverständlich gehören solche PET-Untersuchungen nicht zu den notwendigen Routineuntersuchungen von Patienten mit Parkinson-Syndrom.

Patienten mit IPS weisen keine verlässlichen Veränderungen im craniellen Computertomogramm oder im Magnet-Resonanz-Tomogramm (MRT) auf. Untersuchungen aus der Becker'schen Arbeitsgruppe, die angeblich mit hoher Sicherheit an der Hyperechogenität von transcraniell sonographisch untersuchten SN erkennen, ob es sich um Patienten mit IPS oder sogar solche, die *at risk* sind, handelt (Berg et al., 1999), sollten von anderen Arbeitsgruppen geprüft werden.

Differentialdiagnose

Eine besonders wichtige Gruppe von Krankheiten, die man differentialdiagnostisch vom IPS abgrenzen muss, sind die **MSA** und die PSP. Man bezeichnet diese Krankheiten auch als atypische Parkinson-Syndrome oder als Parkinson-Plus-Syndrome. Oben wurden schon typische, ein IPS ausschließende Befunde genannt.

Die **PSP** weist in den Vereinigten Staaten von Amerika eine Prävalenz von ca. 2/100 000 auf. Es gibt sporadische und wenige familiäre Fälle. Es sind häufiger Männer als Frau-

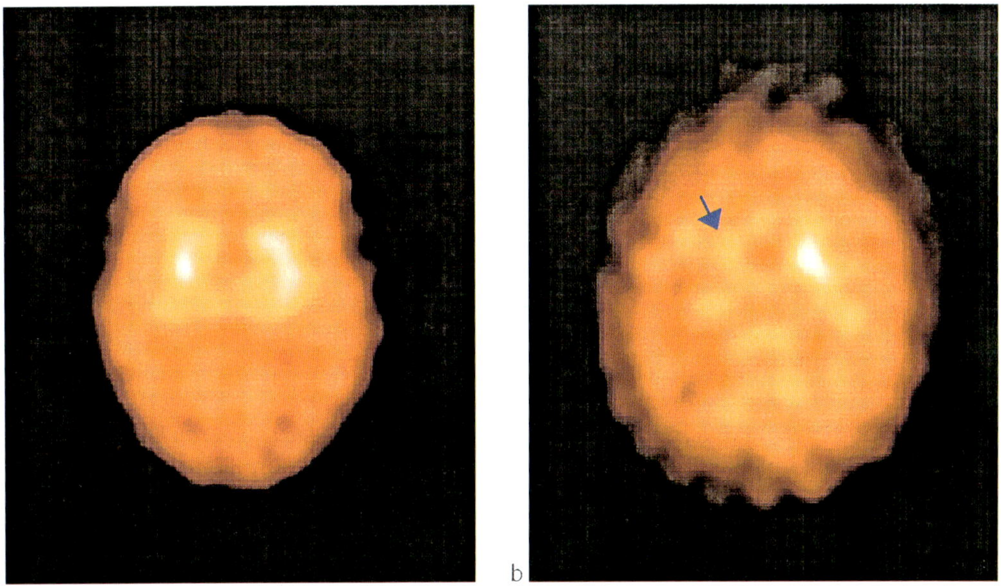

a b

Abb. 1.4. IBZM-SPECT- (Iodobenzamin- Single-Photonen-Emissions-Computer-Tomographie-) Aufnahmen zur Darstellung der striatalen Dopamin-Rezeptoren. Die linke Aufnahme ist von einem Patient mit einem idiopathischen Parkinson-Syndrom (IPS, Krankheitsdauer zehn Jahre, linksbetonte Symptomatik); die rechte Aufnahme ist von einer Patientin mit Multisystem-Atrophie (MSA) vom nigro-striatalen Parkinson-Typ. Während die Dichte der post-synaptischen Dopamin-D_2-Rezeptoren beim IPS beiderseits im Normbereich liegt, ist bei der MSA auf der linken Seite nur im vorderen Anteil des Putamens und im Nucleus caudatus eine Anreicherung zu erkennen, rechts dagegen fehlt sie nahezu vollständig (siehe Pfeil). (Mit freundlicher Genehmigung der Klinik für Nuklearmedizin, UKD, Herrn OA PD Dr. Pinkert.)

en betroffen. Die Krankheit beginnt meist zwischen der fünften und sechsten Lebensdekade und die mittlere Überlebensdauer nach Diagnosestellung beträgt nur sechs bis zehn Jahre (Wenning et al., 1994). Typischerweise findet man im Kortex und in den Kerngebieten Tau-positive Neurone und argyrophile Einschlüsse. Patienten weisen typischerweise beiderseits die Kardinalsymptome der Parkinson-Krankheit auf, dazu kommen ein erstaunt-ängstlicher Blick, ein Retrocollis (Dystonie der Nackenmuskulatur), ein breitbasiger, kleinschrittiger Gang mit Unsicherheit und unverhofftem Fallen nach hinten sowie Persönlichkeitsveränderungen. Besonders typisch sind frühe Stürze und eine vertikale Blickparese nach unten. Frühe Verlangsamung der vertikalen Sakkaden ist untypisch für das IPS. Erst spät im Verlauf der Erkrankung schließt die supranukleäre Blick-Lähmung auch die Augenmuskelkerne ein, so dass dann auch der okulozephale Reflex erlöscht und die Patienten eine „starren Blick" bekommen (Mona-Lisa-Syndrom). Potentiell gefährlich sind bulbäre Symptome wie Dysphagie und Sprechstörungen.

Ein weiterer Schlüsselbefund sind tiefe inspiratorische Seufzer. Die Krankheit beginnt meist nach dem 40. Lebensjahr. Die Symptome sprechen zu 30 Prozent auf Dopaminergika an. Dieser Effekt ist aber nur vorübergehend. Typische L-DOPA-Nebenwirkungen werden nicht beobachtet (Dyskinesien, On-off-Symptomatik). Manche Patienten haben eine Lidheberapraxie oder/und einen Blepharospasmus. Kognitive Einbußen sind Apathie, frontale Enthemmungszeichen mit Affektinkontinenz, motorische Perseverationen und verlangsamte Sprache. Im MRT weisen viele Patienten eine Hirnstammatrophie („Mickey-Mouse-Sign") bei zusätzlicher Erweiterung des dritten Ventrikels und der Cisterna magna auf. Mit der sog. Single-Photonen-Emissions-Computer-Tomographie-(SPECT-) Technik kann man den Verlust von post-synaptischen Rezeptoren nachweisen. Litvan et al. (1996) etablierten obligate Einschlusskriterien sowie die Voraussetzungen für eine wahrscheinliche und eine mögliche PSP. Therapeutisch sollte man Dopaminergika einsetzen. Sollten diese nicht zur Verbesserung z.B. der Bradykinese führen, ist die Prognose schwierig.

Unter den Begriff **MSA** subsummiert man die sporadische Olivo-ponto-zerebelläre Atrophie, eine spät beginnende sporadische zerebelläre Ataxie, die striato-nigrale Degeneration, bei der neben dem führenden Parkinson-Syndrom z.B. zerebelläre Zeichen vorliegen, so wie das **Shy-Drager-Syndrom**, das vordergründig autonome Störungen aufweist. Viele Experten gehen davon aus, dass die geschilderten Syndrome Formen eines Kontinuums sind. Die neueste Nomenklatur spricht von **MSA-C und MSA-P.**

Erkrankungsbeginn ist meist erst in der sechsten Lebensdekade, mit einer Inzidenz von ca. 3/100 000. Die mediane Überlebenszeit liegt bei sechs Jahren. Ähnlich wie die Patienten mit PSP versterben die MSA-Patienten meist an den Folgen einer Pneumonie. Die Ätiologie ist unklar. Der Komplex I der Atmungskette ist sowohl in der SN als auch in den Blutplättchen normal. Typischerweise können α-Synuclein-haltige Lewy-Körperchen nachgewiesen werden. Darüberhinaus finden sich Gliose und Pigmentablagerungen in der unteren Olive, Kleinhirn, Pons, intermediolateralen Säule und im Nucleus onuf des Rückenmarks (daher auch die periphere Denervation der Schließmuskeln). Oligodendrogliale argyrophile zytoplasmatische Einschlüsse sind typisch.

Nach Wenning und Kollegen (1997) treten Parkinsonismus, Kleinhirnsymptome wie Gang- und Extremitätenataxie, Nystagmus und Intentionstremor, autonome Störungen wie Impotenz, Urininkontinenz, Stuhlinkontinenz und Orthostase sowie Pyramidenbahnzeichen mit Hyperreflexie und Babinski-Zeichen auf. Ein Drittel der Patienten spricht vorübergehend auf L-DOPA an (Wenning et al., 1994; 1995). Diese Therapie kann zu Dyskinesien und Dystonien im Nacken und Gesichtsbereich führen. Ähnlich wie PSP-Patienten gibt es Frontalhirnsyndrome, Sprech- und Schluckstörungen mit spasmodischer Dysphonie, aber keine Blickparese nach unten, kein Alien-limb-Syndrom und keine kortikale Demenz.

Diagnostisch kann man sich die Störungen des autonomen Systems zu Nutze machen und die orthostatische Regulation mit dem Schellong-Test prüfen oder Herzfrequenzvarianzanalysen durchführen. Im Sphinkter-Elektromyogramm (EMG) wird man Spontanaktivität im Musculus sphincter ani externus nachweisen können. Das pathologische Sphinkter-EMG hilft nicht in der Differentialdiagnose zur PSP, wohl aber zum IPS. Ist das Sphinkter-EMG normal, ist eine MSA trotzdessen möglich. Im MRT findet sich typischerweise ein hyperintensives Band am lateralen Rand des Putamen. SPECT und PET werden den Verlust von post-synaptischen Dopamin-Rezeptoren zeigen. Schwere Orthostase-Symptome versuchen wir mittels Stützstrümpfen, Midodrin, Fludrocortison oder DOPS (3,4-Dihydroxyphenylserin, einer Vorstufe von Noradrenalin) zu therapieren, was aber häufig auch zu keinem zufriedenstellenden Ergebnis führt.

Ein sehr sensibler Test ist die Herzfrequenzvarianz-Variabilität, die bei Patien-

Tabelle 1.4. Charakteristika der Multisystematrophien

	SND	sOPCA	KBD	PSP	IPS
Rigor/Akinese	++	+	++/+++	++/+++	++/+++
Zerebelläre Zeichen	+	++	–	–	–
Pyramidenbahnzeichen	–	++	++	+	–
Posturale Instabilität	+	+	+	+++	+
Demenz	–	–	+	+	+
Oculomotorik-Störungen	+	(+)	+	+++	+
Dysphagie	–	+	++	++	+
Retrocollis	–	–	–	++	–
Sphinkter-Störungen	+	+	–	–	–
Impotenz	+	+	++	+	+

IPS, idiopathisches Parkinson-Syndrom; KBD, kortikobasale Degeneration; PSP, progressive supranukleäre Blick-Lähmung; SND, striato-nigrale Degeneration (heute oft auch als MSA-P bezeichnet); sOPCA, sporadische Form der olivopontozerebellären Atrophie (heute oft auch als MSA-P bezeichnet).

ten mit IPS näher am Normalwert liegt als bei Patienten mit MSA, die eine sehr eingeschränkte Varianz aufweisen (Walter et al., 2000).

Über die Parkinson-Plus-Syndrome oder MSA gibt Tabelle 1.4 einen Überblick. Auch hereditäre Erkrankungen wie die autosomal-dominanten zerebellären Erkrankungen gehen häufig mit einem Parkinson-Syndrom einher. Dazu kommen Krankheiten wie die Westphal-Variante der Chorea Huntington, die Neuroakanthozytose, die Wilson-Krankheit oder auch Mitochondriopathien, die differentialdiagnostisch bedacht werden müssen.

2
Neurobiologie der Parkinson-Krankheit

2.1 Allgemeine Prinzipien der Neurotransmission mit besonderer Berücksichtigung des dopaminergen Systems

2.1.1 Neurotransmitter, Neurorezeptoren und Signaltransduktion

Nervenzellen (Neuronen) sind die elementaren Signalübertragungseinheiten des Nervensystems. Von allen übrigen Zellen im Körper zeichnen sich Neuronen durch die Fähigkeit aus, über große Entfernungen rasch und präzise miteinander Informationen auszutauschen. Der Ort der Informationsvermittlung wird als **Synapse** bezeichnet. Eine Synapse besteht aus drei wesentlichen Elementen: der prä-synaptischen Nervenendigung, der post-synaptischen Empfängerzelle und einer Kontaktzone. Der Begriff wurde 1897 von dem englischen Physiologen Charles Sherrington geprägt; histologisch ist die spezialisierte Kontaktzone zum ersten Mal 1888 von dem spanischen Anatom Santiago Ramón y Cajal beschrieben worden.

Jedes Neuron stellt gleichzeitig eine Empfangs- und eine Sendeeinheit dar. Die Dendriten und Zellkörper (Perikaryon) der Neurone sind an ihrer Oberfläche mit speziellen Proteinen (siehe nachfolgende Absätze) ausgestattet, die von außen eintreffende Signale in erregende (exzitatorische) oder hemmende (inhibitorische) Membranpotentiale umwandeln. Die räumliche und zeitliche Integration dieser Signale entscheidet darüber, ob das Neuron ein Aktionspotential abfeuert. Nach diesem informationsverarbeitenden Prozess liegt die zu übertragende Information in kodierter Form als Folge von Aktionspotentialen vor, die über die Axone weitergeleitet werden. Im Unterschied zu anderen Zelltypen besitzen Nervenzellen spezifische Kontakte zu vielen anderen Zielzellen. Hierbei kann es sich um andere Arten von Neuronen sowie um Muskel- oder Drüsenzellen handeln.

Synapsen sind entweder elektrischer oder chemischer Natur

Ein Neuron bildet durchschnittlich rund 1000 synaptische Verbindungen aus und empfängt sogar noch bedeutend mehr. Daher besitzt das menschliche Gehirn, das schätzungsweise 10^{11} Neuronen enthält, etwa 10^{14} Synapsen. Trotz dieser riesigen Anzahl liegen der synaptischen Übertragung im gesamten Nervensystem nur zwei wesentliche Mechanismen zugrunde: die elektrische und die chemische synaptische Übertragung. Chemische und elektrische Synapsen sind morphologisch unterschiedlich aufgebaut. Bei chemischen Synapsen existiert keine zytoplasmatische Verbindung zwischen den Nervenzellen; stattdessen sind die Neuronen durch einen schmalen Bereich von 15–25 nm, den synaptischen Spalt, voneinander getrennt. Im Gegensatz dazu werden bei elektrischen Synapsen über spezielle Ionenkanäle in der prä- und post-synaptischen Zellmembran, sog. *Gap junctions*, Informationen zwischen dem Zytoplasma beider Zellen direkt ausgetauscht. Die elektrische Informationsvermittlung erfolgt naturgemäß rasch und stereotyp. Elektrische Synapsen dienen primär dazu, einfache depolarisierende Signale weiterzuleiten; sie können nicht ohne weiteres hemmend wirken oder lang anhaltende Effektivitätsveränderungen hervorrufen.

Chemische Synapsen können dagegen sowohl inhibitorische als auch exzitatorische Signale vermitteln. Sie sind damit flexibler und rufen deshalb im allgemeinen komplexere Verhaltensreaktionen hervor als elektrische Synapsen. Da die Sensitivität chemischer Synapsen modulierbar ist, weisen Synapsen dieses Typs eine Plastizität auf, die eine Grundvoraussetzung für das Gedächtnis und andere höhere Gehirnfunktionen darstellt. Chemische Synapsen können neuronale Signale verstärken; auf diese Weise kann auch eine kleine prä-synaptische Nervenendigung das Potential einer großen post-synaptischen Zelle erheblich verändern, was bei elektrischen Synapsen unmöglich ist. Da durch die chemische Synapsen-Übertragung Nervenimpulse nur in einer Richtung übertragen werden, sind diese für die Reizleitung Gleichrichter.

Die Informationsübertragung zwischen Neuronen im Gehirn erfolgt überwiegend in chemischen Synapsen. Die Mechanismen der chemischen synaptischen Übertragung sind Grundlage geistiger Leistungen des Gehirns wie Denken, Bewusstsein, Wahrnehmung, Empfinden, Bewegungssteuerung, Erinnerung und Lernen. Beim Menschen bezeichnen wir diese zusammenfassend als „Geist", obwohl sich auch klare Vorstufen dieser geistigen Fähigkeiten bei Tieren finden.

Definition von Neurotransmittern

In chemischen Synapsen wird die Informationsübertragung zwischen den Neuronen durch niedermolekulare Botenstoffe, die (Neuro-)Transmitter, vermittelt. Durch den Neurotransmitter, den ein Neuron zur Informationsübertragung verwendet, wird ein Neuron näher gekennzeichnet: Ein Neuron, das beispielsweise Dopamin als Neurotransmitter verwendet, wird als dopaminerges Neuron bezeichnet.

Erster Nachweis eines Neurotransmitters am Vagusnerv des Herzens

Der erstmalige Nachweis, dass eine chemische Verbindung in der Lage ist, einen elektrischen Impuls über den synaptischen Spalt weiterzuleiten, gelang 1921 dem deutschen Pharmakologen und Physiologen Otto Loewi am Herzen, dessen Schlagfrequenz durch den Vagusnerv zentral gesteuert wird. Innerhalb von fünf Jahren gelang es ihm zu zeigen, dass die chemische Substanz, die der Vagus als kardiale Hemmsubstanz freisetzt, mit dem Acetylcholin (ACh) identisch ist. Seit dieser Zeit hat man viele neue, als Neurotransmitter wirkende Substanzen entdeckt, jedoch gelang es nie, analoge Ergebnisse in Gehirn- und Rückenmarksgewebe zu erzielen. Dies führte dazu, dass sich die Vorstellung von Neurotransmittern mit den neuesten Erkenntnissen der Neurobiologie und Rezeptor-Pharmakologie stetig veränderte.

Entsprechend dem Loewischen Befund ist ein Neurotransmitter eine Substanz, die von einer Synapse eines Neurons durch Stimulation freigesetzt wird und eine andere Zelle in einem Effektororgan in bestimmter Weise beeinflusst. Obwohl es theoretisch einfach erscheint, eine im Gehirn vorkommende chemische Substanz entsprechend dieser Definition als Neurotransmitter zu klassifizieren, ist dies im Experiment nur schwer zu verifizieren. Dies hängt zum einen damit zusammen, dass es wegen der anatomischen Komplexizität des ZNS große experimentelle Schwierigkeiten bereitet, selektiv einen einheitlichen Satz von Neuronen elektrisch zu stimulieren. Zum anderen sind die derzeit zur

Verfügung stehenden Analysetechniken noch nicht hinreichend empfindlich genug, um eine lokale prä-synaptische Freisetzung von in Frage kommenden Substanzen quantitativ zu erfassen. Moderne Analyseverfahren ermöglichen zwar die Bestimmung von Konzentrationen im femtomolaren Bereich, doch reicht diese Empfindlichkeit nicht dazu aus, den Gehalt eines prä-synaptisch freigesetzten Neurotransmitters zu messen. Ein Femtomol eines Transmitters enthält etwa 600 Millionen Moleküle. Die Ankunft eines prä-synaptischen Aktionspotentials löst aber an jeder Nervenendigung nur die Ausschüttung von einigen hundert synaptischen Vesikeln aus, von denen jedes nur etwa 10000 Transmitter-Moleküle enthält. Erschwerend kommt hinzu, dass ein Neuron rund 1000 synaptische Verbindungen in unterschiedlichen Bereichen der Nervenzelle enthält und Teil eines komplexen Verbandes von neuronalen Schaltkreisen ist (siehe Kap. 2.3). So kann es vorkommen, dass durch eine rückgekoppelte prä-synaptische Hemmung über einen Autorezeptor (prä-synaptischer Rezeptor) die Neurotransmitter-Freisetzung unterdrückt wird.

Chemische Substanzen müssen vier Kriterien erfüllen, um als Neurotransmitter zu gelten

Aufgrund der oben aufgezeigten Problematik ist es sogar für allgemein als Neurotransmitter akzeptierte Substanzen schwierig, ihre Transmitter-Funktion nachzuweisen. Deshalb wurden folgende vier Kriterien definiert, die alle erfüllt sein müssen, damit eine chemische Substanz als Neurotransmitter klassifiziert wird:

1. Die chemische Substanz wird in Neuronen synthetisiert (**Lokalisation**). In Postmortem-Untersuchungen findet man beispielsweise charakteristische regionale Verteilungen der chemischen Substanzen, die als Neurotransmitter gelten (Abb. 2.1).
2. Die chemische Verbindung liegt in der prä-synaptischen Endigung in erhöhten Konzentrationen vor und wird in genügend großer Menge Ca^{2+}-abhängig freigesetzt, um eine bestimmte Wirkung am post-synaptischen Neuron oder Effektororgan hervorzurufen (**Freisetzung**).
3. Wird die chemische Verbindung in entsprechender Menge exogen verabreicht, so imitiert sie exakt die Wirkung eines endogen freigesetzten Neurotransmitters: d.h. sie aktiviert in der post-synaptischen Zelle die gleichen Rezeptor-Ionenkanäle oder intrazellulären Signaltransduktionskaskaden (**Mimikry**).
4. Es gibt einen spezifischen Mechanismus, um diesen chemischen Wirkstoff vom synaptischen Spalt zu entfernen (**Inaktivierung**).

Es gibt nur wenige niedermolekulare Neurotransmitter

Generell werden zehn niedermolekulare Substanzen als Neurotransmitter angesehen (Tabelle 2.1). Diese werden mit Ausnahme von Adenosintriphosphat (ATP) und ACh in zwei Gruppen eingeteilt: Biogene Amine und Aminosäuren. Alle biogenen Amine liegen unter physiologischen Bedingungen als kleine geladene Moleküle vor, die aus Vorläufermolekülen des intermediären Stoffwechsels synthetisiert werden. Wie bei anderen Intermediärstoffwechselwegen wird die Synthese dieser Neurotransmitter fast ausnahmslos durch zytosolische Enzyme katalysiert und reguliert, wobei diese normalerweise für einen bestimmten Neuronentyp charakteristisch sind und gewöhnlich in anderen Neuronenarten fehlen (Tabelle 2.1).

Neuropeptide sind die wichtigsten Neurotransmitter-Kandidaten im ZNS

Diejenigen Substanzen, die nicht alle oben formulierten Kriterien erfüllen, werden pu-

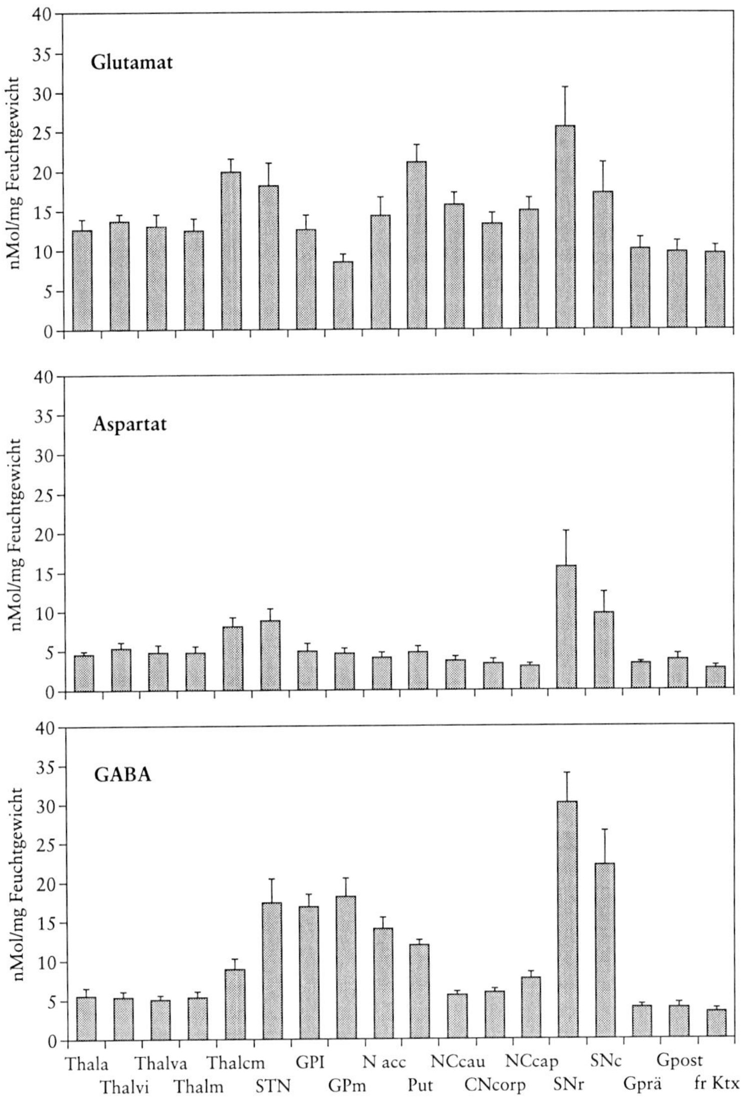

Abb. 2.1. Regionale Verteilung von Aminosäure-Neurotransmittern im menschlichen Gehirn. (Nach Gerlach et al., 1996b.) Dargestellt sind die Mittelwerte ± S.E.M. fr Ktx, frontaler Kortex; GABA, γ-Aminobuttersäure; GPl, Globus pallidus pars lateralis; GPm, Globus pallidus pars medialis; Gprä, Gyrus präcentralis; Gpost, Gyrus postcentralis; N acc, Nucleus accumbens; NCcau, Cauda Nucleus caudatus; NCcap, Caput Nucleus caudatus; CNcorp, Corpus Nucleus caudatus; Put, Putamen pars anterior; SNc, Substantia nigra pars compacta; SNr, Substantia nigra pars reticulata; STN, Nucleus subthalamicus; Thala, Nucleus anterior thalami; Thalcm, Nucleus centromedianus thalami; Thalm, Nucleus medialis thalami; Thalva, Nucleus ventralis anterior thalami; Thalvl, Nucleus ventralis lateralis thalami.

Tabelle 2.1. Neurotransmitter und ihre wichtigsten Biosyntheseenzyme (Modifiziert nach Kandel et al., 1996)

Neurotransmitter	Enzym
Acetylcholin	Cholinacetyl-Transferase (spezifisch)
ATP und Abbauprodukte	Energie-Stoffwechsel: ATP-Synthase (spezifischer Weg nicht bekannt)
Biogene Amine	
Adrenalin	Tyrosin-Hydroxylase und Dopamin-β-Hydroxylase (spezifisch)
Dopamin	Tyrosin-Hydroxylase (spezifisch)
Histamin	Histidin-Decarboxylase (Spezifität unsicher)
Noradrenalin	Tyrosin-Hydroxylase und Dopamin-β-Hydroxylase (spezifisch)
Serotonin	Tryptophan-Hydroxylase (spezifisch)
Aminosäuren	
Aspartat	allgemeiner Stoffwechsel (spezifischer Weg nicht bekannt)
GABA	Glutaminsäure-Decarboxylase (Spezifität wahrscheinlich)
Glutamat	allgemeiner Stoffwechsel (spezifischer Weg nicht bekannt)
Glycin	allgemeiner Stoffwechsel (spezifischer Weg nicht bekannt)

GABA, γ-Aminobuttersäure

Tabelle 2.2. Putative Neurotransmitter im ZNS

Neurotransmitter-Kandidaten	
Neuroaktive Peptide	
Gastrine:	Gastrin, Cholecystokinin
Insuline:	Insulin, Insulin-ähnliche Wachstumsfaktoren I und II
Opioide:	Enkephaline, Dynorphin, β-Endorphin
Peptide der Neurohypophyse:	Vasopressin, Oxytocin, Neurophysine
Sekretine:	Wachstumshormon-Releasing-Faktor (GHRH, Somatoliberin)
Somatostatine:	Somatostatine
Tachykinine:	Substanz P, Substanz K (Neurokinin A)
Niedermolekulare Moleküle	
Kohlenmonoxid (CO)	
Phenethylamin	
Stickstoffmonoxid (NO)	

tative Neurotransmitter bzw. Neurotransmitter-Kandidaten genannt (Tabelle 2.2). Zu ihnen gehören vor allem neuroaktive Peptide (Neuropeptide), obwohl einige dieser sogar alle der vier geforderten Kriterien zur Einstufung als Neurotransmitter erfüllen.

Neuropeptide unterscheiden sich von niedermolekularen Neurotransmittern vor allem in ihrem Metabolismus und in ihrer Wirkung. Obwohl diese Peptide in einigen Neuronen relativ hoch-konzentriert vorliegen, werden sie nur im Zellkörper synthetisiert, da die Polyproteinsynthese nur an Ribosomen abläuft. Die niedermolekularen Neurotransmitter können hingegen lokal in der synaptischen Nervenendigung synthetisiert werden, da sie zwar an freien Polysomen im Zellkörper gebildet werden, jedoch durch den langsamen axoplasmatischen Transport in sog. **Vesikeln** (sind elektronenmikroskopisch sichtbare, bläschenförmige, membranumschlossene Strukturen) im ganzen Neuron verteilt werden. Obwohl eine Ca^{2+}-abhängige synaptische Freisetzung für einige Neuropeptide nachgewiesen wurde, ist aus folgenden Überlegungen anzunehmen, dass sich ihre Freisetzung von der Freisetzung niedermolekularer Neurotransmitter stark unterscheidet: Die Ausschüttung der niedermolekularen Transmitter kann rasch und anhaltend erfolgen, da die Vesikel sehr schnell wieder mit Molekülen aufgefüllt werden können, die in der Nervenendigung synthetisiert oder wieder aufgenommen wurden; hingegen müssen Neuropeptide erst im Zellkörper neu synthetisiert und immer wieder nachgeliefert werden, bevor eine erneute Freisetzung stattfinden kann.

Es gibt mehr als 50 kurzkettige Peptide, die im Nervensystem pharmakologisch aktiv sind. Entsprechend ihrer Analogie in der Aminosäure-Sequenz werden diese in verschiedene Familien eingeteilt (Tabelle 2.2). Neuropeptide können hemmend oder erregend wirken oder aber auch an entsprechenden Zielneuronen sogar beide Wirkungen ausüben. Manche Peptide, wie z.B. Angiotensin oder Gastrin, wurden bereits früher als Hormone mit bekannten Zielen außerhalb des Gehirns oder als Produkte der neuroendokrinen Sekretion identifiziert (z.B. Oxytocin, Vasopressin, Somatostatin). Zusätzlich zu ihrer Wirkung als Hormon können diese Peptide in manchen Geweben jedoch auch als chemische Botenstoffe wirken, wenn sie nahe genug neben ihrem Bestimmungsort freigesetzt werden.

Die Einzelschritte der chemischen Synapsen-Übertragung können selektiv pharmakologisch beeinflusst werden

Beim Eintreffen eines Aktionspotentiales werden die Neurotransmitter am prä-synaptischen Nervenende der Senderzelle Ca^{2+}-abhängig in Portionen (Quanten) freigesetzt. Die Transmitter diffundieren dann durch den synaptischen Spalt und binden an spezifische Rezeptoren, die in der Membran der angrenzenden post-synaptischen Empfängerzelle lokalisiert sind. Die Bindung des entsprechenden Neurotransmitters führt entweder direkt zu einer Veränderung des elektrischen Potentials über der post-synaptischen Membran (**ionotrope Rezeptoren**) oder zu einer G-Protein-vermittelten Aktivierung (**metabotrope Rezeptoren**) von intrazellulären Signaltransduktionskaskaden (Second-messenger-Systeme), die indirekt auch zu einer Veränderung des elektrischen Potentials über der post-synaptischen Membran führen kann (Abb. 2.2).

Abb. 2.3 veranschaulicht die wesentlichen Einzelschritte der dopaminergen Synapsen-Übertragung. Im ersten Schritt erfolgt die enzymatische Synthese von Dopamin im Zytoplasma des Neurons durch Decarboxylierung von L-DOPA, das aus der Aminosäure Tyrosin durch die Tyrosin-Hydroxylase (TH) gebildet wird (Abb. 2.4). Die TH ist das geschwindigkeitsbestimmende Enzym der Dopamin-Synthese. Im zweiten Schritt wird Dopamin mittels spezifischer Transportsysteme in synaptische Vesikel aufgenommen und gespeichert: Hierdurch wird Dopamin vor der weiteren Metabolisierung geschützt und steht somit bei Ankunft eines Nervenimpulses in ausreichender Menge für die Freisetzung in den synaptischen Spalt zur Verfügung. Bei Ankunft eines Nervenimpulses in der prä-synaptischen Nervenendigung werden durch eine Ca^{2+}-ausgelöste Fusion der Vesikel mit der prä-synaptischen Membran Dopamin-Moleküle in den synaptischen Spalt freigesetzt (**Exozytose**). Die Dopamin-Moleküle diffundieren anschließend zur post-synaptischen Membran, wo spezifische Dopamin-Rezeptoren lokalisiert sind (Abb. 2.3). Als Folge der Bildung des reversiblen Dopamin-Rezeptor-Komplexes kommt es zu einer

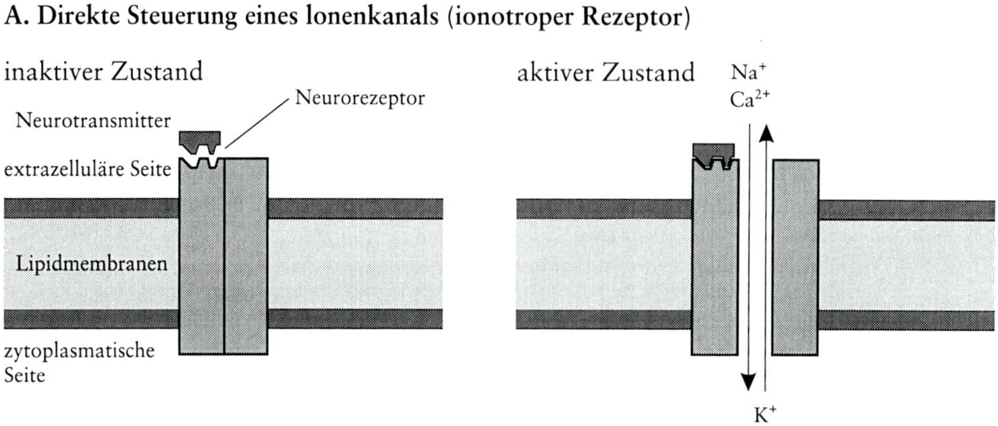

Abb. 2.2. Einteilung der Neurorezeptoren entsprechend ihrer Kopplung an einen Ionenkanal. **A.** Direkt gesteuerte Ionenkanal-Rezeptoren (ionotrope Rezeptoren). Der Rezeptor an der Außenseite des Neurons und der Ionenkanal durch die Membran sind Bestandteile desselben Proteins. Direkt gesteuerte Ionenkanäle arbeiten normalerweise schnell und vermitteln typischerweise die synaptische Kommunikation zwischen Nervenzellen.

intrazellulären metabolischen Veränderung durch G-Protein-vermittelter Aktivierung von intrazellulären Signaltransduktionskaskaden (Abb. 2.2B), die im Endergebnis auch zu einer Durchlässigkeit der post-synaptischen Membran für Ionen führen kann: überschreitet die dadurch ausgelöste Depolarisierung einen bestimmten Schwellenwert, dann wird ein Aktionspotential ausgelöst; d.h. das chemische Signal wird wieder in einen elektrischen Nervenimpuls umgewandelt. Im letzten Schritt muss Dopamin wieder inaktiviert werden, um eine dauernde, nicht-physiologische Stimulation der Dopamin-Rezeptoren zu vermeiden. Dies geschieht entweder durch enzymatischen Abbau mittels Catechol-O-Methyl-Transferase (COMT) und MAO (Abb. 2.4) oder Wiederaufnahme von Dopamin (englisch *re-uptake*) mittels spezifischer Transport-Proteine in das prä-synaptische dopaminerge Neuron und in Gliazellen (Abb. 2.3). Im Rattenhirn erfolgt die Inaktivierung von Dopamin im synaptischen Spalt vor allem durch dessen Wiederaufnahme und weniger durch dessen Metabolismus. Nahezu alle Schritte der dopaminergen Synapsen-Übertragung können selektiv pharmakologisch beeinflusst werden (Tabelle 2.3).

Es gibt zwei Familien von Dopamin-Rezeptoren, die im Gehirn in einer charakteristischen Verteilung vorliegen und spezifische Funktionen haben

Agonisten sind Substanzen, die die Wirkung eines Neurotransmitters am Neurorezeptor nachahmen oder dessen Wirkung verstärken. Pharmakologisch teilt man Neurorezeptoren entsprechend der spezifischen Wirkung von Agonisten und Antagonisten, die die Wirkung eines Neurotransmitters hemmen oder dieser entgegenwirken, ein. Die Dopamin-Rezeptoren wurden ursprünglich aufgrund ihrer unterschiedlichen Wirkung gegenüber der Adenylat-Cyclase in D_1- (aktivieren die Bildung von zyklischem Adenosin-3´,5´-monophosphat, cAMP) und D_2-Subtypen (inhibieren die c-AMP-Bildung) eingeteilt (Tabelle 2.4). Obwohl man aufgrund molekularbiologischer Unterscheidungsmerkmale mindestens fünf Subtypen von Dopamin-Rezeptoren kennt (Tabelle

B. Indirekte Steuerung eines Ionenkanals
1. G-Protein-gekoppelter (metabotroper) Rezeptor

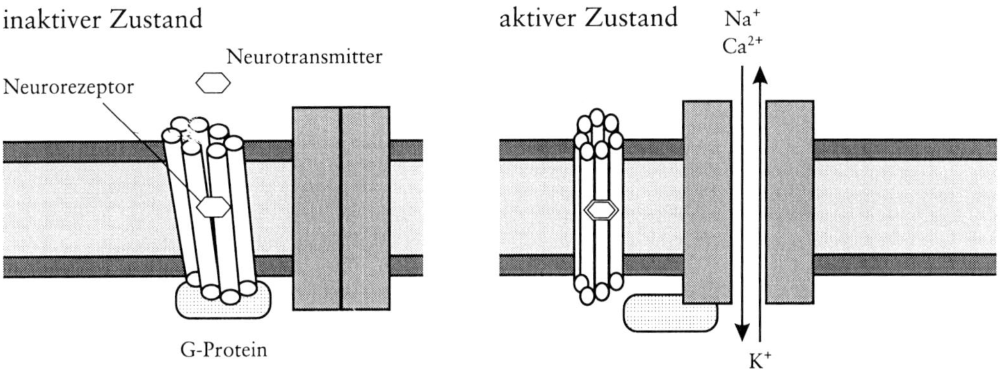

2. Rezeptor-Tyrosinkinase

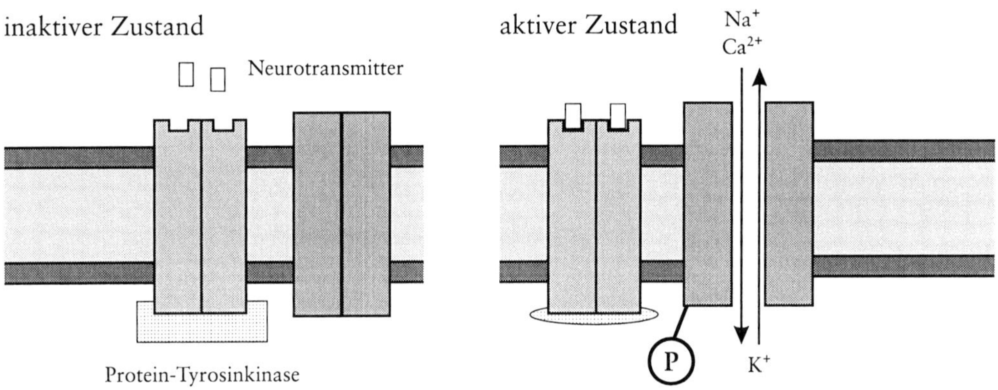

Abb. 2.2. (Fortsetzung) **B.** Rezeptoren, die Ionenkanäle indirekt steuern, werden vor allem in zwei Familien eingeteilt: 1. G-Protein-gekoppelte Rezeptoren steuern als metabotrope Rezeptoren Ionenkanäle und andere Effektoren indirekt, indem sie ein G-Protein aktivieren, das dann ein Second-messenger-Enzym anschaltet. 2. Rezeptor-Tyrosinkinasen modulieren die Aktivität von Ionenkanälen indirekt über eine Kaskade von Proteinphosphorylierungen, die mit der Autophosphorylierung der eigenen Kinase-Domäne an Tyrosin-Resten beginnt. Mithife metabotroper Rezeptoren können Neuronen in ihren Zielzellen regulatorische Effekte von längerer Dauer erzeugen, aber auch dauerhaft Funktionsänderungen durch die Expression von Genen in Gang setzen.

2.4), ist die Bedeutung der D_{3-5}-Subtypen an den Dopamin-vermittelten Wirkungen im ZNS nicht bekannt. Dies liegt vor allem darin begründet, dass für diese Subtypen keine selektiven Agonisten und Antagonisten zur Verfügung stehen. Man teilt deshalb die Subtypen pharmakologisch in **D1** (D_1,D_5)- und **D2-Familien** (D_2, D_3, D_4) ein (Jaber et al., 1996).

Die Dopamin-Konzentrationen (Abb. 2.5) und Dopamin-Rezeptoren kommen im Gehirn in einer charakteristischen Verteilung vor, die auf eine spezifische funktionelle Rolle schließen lässt. Es gibt mehrere dopamin-

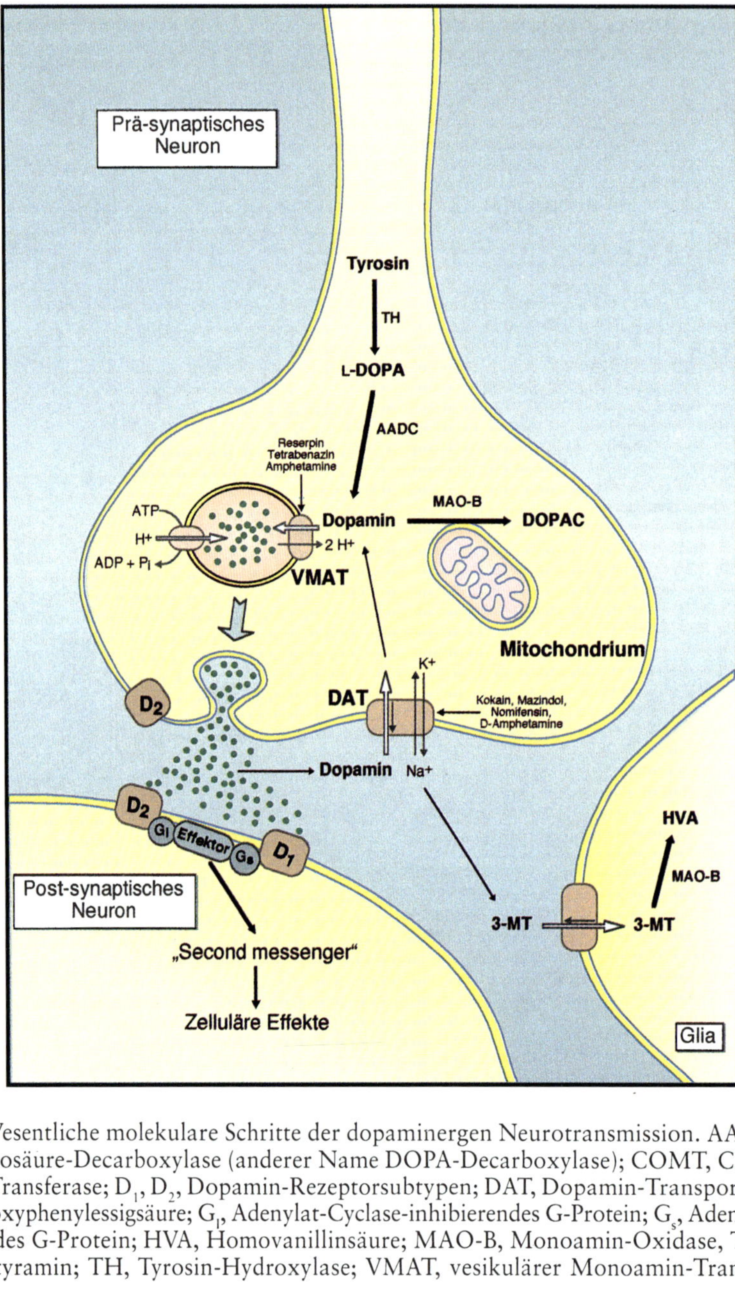

Abb. 2.3. Wesentliche molekulare Schritte der dopaminergen Neurotransmission. AADC, Aromatische Aminosäure-Decarboxylase (anderer Name DOPA-Decarboxylase); COMT, Catecholamin-O-Methyl-Transferase; D_1, D_2, Dopamin-Rezeptorsubtypen; DAT, Dopamin-Transporter; DOPAC, 3,4-Dihydroxyphenylessigsäure; G_I, Adenylat-Cyclase-inhibierendes G-Protein; G_s, Adenylat-Cyclase-stimulierendes G-Protein; HVA, Homovanillinsäure; MAO-B, Monoamin-Oxidase, Typ B; 3-MT, 3-Methoxytyramin; TH, Tyrosin-Hydroxylase; VMAT, vesikulärer Monoamin-Transporter.

erge neuronale Systeme, von denen nur drei, für die Parkinson-Krankheit wichtige, hier beschrieben werden sollen (Abb. 2.6):

1. Das nigro-striatale System, das bei der Parkinson-Krankheit betroffen ist (siehe Kapitel 2.2), enthält Neuronen, die von der SN (aufgrund seiner schwarzen Far-

Tabelle 2.3. Pharmakologische Beeinflussung der dopaminergen Synapsen-Übertragung

Einzelschritt	Wirkstoff	Wirkung
Dopamin-Synthese	α-Methyl-p-tyrosin	Hemmung der TH
	Fe^{2+}, Tetrahydrobiopterin	Stimulation der TH
Vesikuläre Dopamin-Speicherung	Reserpin	Hemmung
Prä-synaptische Freisetzung	Amphetamine, Kokain	Stimulation
Wirkung am Dopamin Rezeptor	SKF 38393, SKF 82526	D_1-Dopamin-Rezeptoragonist
	SCH 23390	D_1-Dopamin-Rezeptorantagonist
	Bromocriptin	D_1-Dopamin-Rezeptorantagonist/ D_2-Dopamin-Rezeptoragonist
	Apomorphin, Cabergolin, α-Dihydroergocryptin, Lisurid, Pergolid	D_1/D_2-Dopamin-Rezeptoragonist
	Pramipexol, Ropinirol,	D_2-Dopamin-Rezeptoragonist
	Domperidon, Sulpirid	D_2-Dopamin-Rezeptorantagonist
Dopamin-Wiederaufnahme	Nomifensin	Hemmung
Enzymatischer Abbau	Clorgylin, Moclobemid	MAO-A-Hemmung
	Pargylin, Rasagilin, Selegilin,	MAO-B-Hemmung
	Pyrogallol, Entacapon, Tolcapon,	COMT-Hemmung

COMT, Catecholamin-O-Methyl-Transferase; D_1, D_2, Subtypen des Dopamin-Rezeptors; MAO-A, MAO-B, Subtypen der Monoamin-Oxidase; TH, Tyrosin-Hydroxylase.

Tabelle 2.4. Kriterien zur Unterscheidung von Dopamin-Rezeptoren

1. Ursprüngliche pharmakologische Einteilung

	D_1	D_2
Wirkung über G-Protein	ja	ja
Wirkung auf Adenylat-Cyclase	Stimulation	Hemmung
Selektiver Agonist	SKF38393	Fenoldopam
Selektiver Antagonist	SCH23390	(-)-Sulpirid, Domperidon, Haloperidol
Funktion	Synergistische Beeinflussung der D_2-vermittelten Wirkung auf die Motorik	Vermittlung motorischer Effekte, Prolaktion-Senkung

2. Molekularbiologische Einteilung

- D_{1-5} und weitere Subtypen entsprechend der Unterschiede in der Aminosäure-Sequenzanalyse
- pharmakologische und funktionelle Charakterisierung für D_{3-5} nicht möglich, da keine selektiven Agonisten und Antagonisten vorhanden
  Einteilung in D1 (D_1, D_5)- und D2 (D_{2-4})-Familien

SCH23390, 7-Chlor-2,3,4,5-tetrahydro-3-methyl-5-phenyl-1H-3-benzazepin-7-ol; SKF38393, 2,3,4,5-Tetrahydro-7,8-dihdroxy-1-phenyl-1H-3-benzazepin-Hydrochlorid.

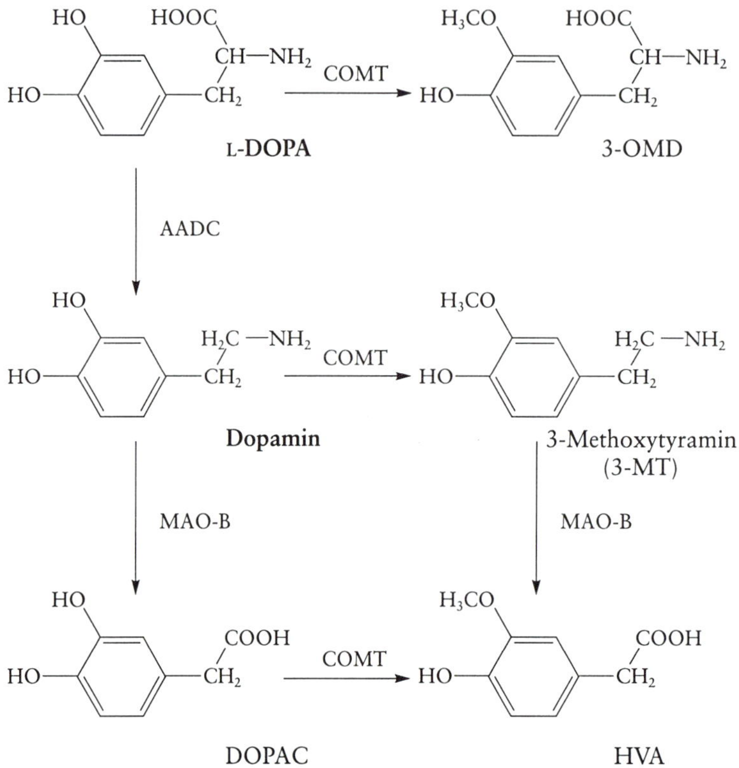

Abb. 2.4. Metabolismus von L-DOPA und Dopamin im Gehirn. AADC, Aromatische Aminosäure-Decarboxylase (anderer Name DOPA-Decarboxylase); COMT, Catecholamin-O-Methyl-Transferase; DOPAC, Dihydroxyphenylessigsäure; HVA, Homovanillinsäure; L-DOPA, L-3,4-Dihydroxyphenylalanin; MAO-B, Monoamin-Oxidase, Typ B; 3-OMD, 3-O-Methyl-DOPA.

be infolge der Pigmentation von Neuromelanin erhielt dieses Kerngebiet die lateinische Bezeichnung „schwarze Substanz"; Synonym: Nucleus niger) in das Striatum (wird in den Nucleus caudatus und das Putamen unterteilt) projizieren. Es ist vor allem an der Kontrolle willkürlicher Bewegungen beteiligt. Die Bedeutung dieses Systems für die motorische Kontrolle wurde erstmals klinisch erkannt, als es gelang, die Parkinson-Symptomatik durch Gabe der hirngängigigen Vorstufe von Dopamin, dem L-DOPA, zu therapieren (z.B. Sano, 1960; Barbeau et al., 1961; Birkmayer und Hornykiewicz, 1961).

2. Das **mesokortikale-mesolimbische System**, in dem dopaminerge Neuronen von der Area tegmentalis ventralis (im Englischen *ventral tegmental area*, VTA) in den Nucleus accumbens, das Tuberculum olfactorium, das Corpus amygdaloideum, die Area entorhinalis und das Septum projizieren. Es ist an der Kontrolle des Motivations-bedingten Verhaltens und wahrscheinlich auch an Lern- und Gedächtnis-Funktionen beteiligt; Störungen in diesem System spielen vermutlich eine entscheidende Rolle an der Suchtentwicklung von Drogen und Alkohol. Eine Überfunktion dieses dopaminergen Systems wird auch als eine mögliche Ursache von endogenen

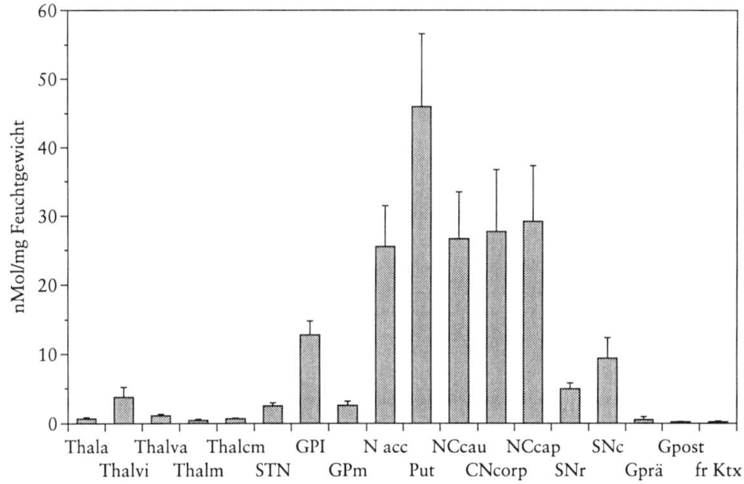

Abb. 2.5. Regionale Verteilung von Dopamin im menschlichen Gehirn. (Nach Gerlach et al., 1996b.) Dargestellt sind die Mittelwerte ± S.E.M. fr Ktx, frontaler Kortex; GPl, Globus pallidus pars lateralis; GPm, Globus pallidus pars medialis; Gprä, Gyrus präcentralis; Gpost, Gyrus postcentralis; N acc, Nucleus accumbens; NCcau, Cauda Nucleus caudatus; NCcap, Caput Nucleus caudatus; CNcorp, Corpus Nucleus caudatus; Put, Putamen pars anterior; SNc, Substantia nigra pars compacta; SNr, Substantia nigra pars reticulata; STN, Nucleus subthalamicus; Thala, Nucleus anterior thalami; Thalcm, Nucleus centromedianus thalami; Thalm, Nucleus medialis thalami; Thalva, Nucleus ventralis anterior thalami; Thalvl, Nucleus ventralis lateralis thalami.

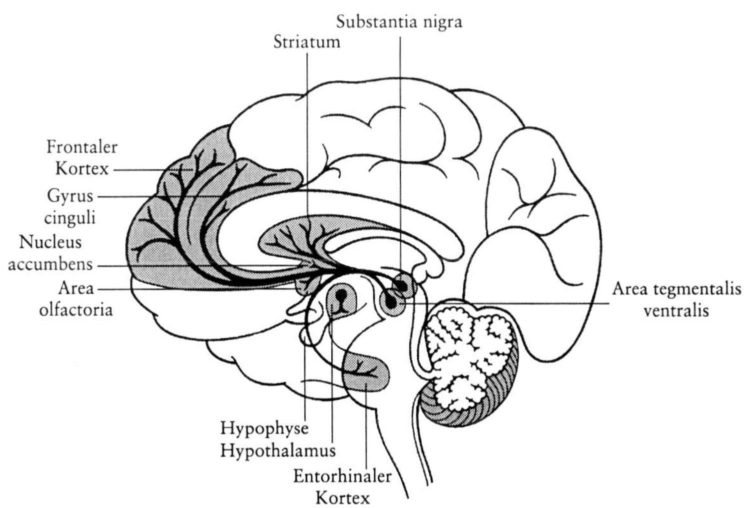

Abb. 2.6. Die wichtigsten dopaminergen Neuronensysteme im menschlichen Gehirn.

(wie sie z.B. bei der Schizophrenie vorkommen) und pharmakotoxischen Psychosen (wie z.B. nach chronischer L-DOPA-Therapie vorkommen) angesehen. Konsequenterweise therapiert man diese mit Dopamin-Rezeptorantagonisten (wie z.B. Haloperidol), die die Wirkung des Dopamins hemmen, und in höheren Dosen ein Parkinson-Syndrom hervorrufen.

3. Das **tubero-infundibulare System**, bei dem dopaminerge Neuronen des Nucleus arcuatus in den Hypothalamus projizieren und die Freisetzung von Hypophysen-Hormonen regulieren. Die am besten untersuchte D_2-Dopamin-Rezeptor-vermittelte Wirkung in diesem System ist die Kontrolle der Synthese und Freisetzung von Prolaktin aus dem Hypophysen-Vorderlappen.

Dopaminerge Rezeptoren kommen sowohl prä- als auch post-synaptisch vor, wobei die prä-synaptisch lokalisierten Rezeptoren als **Autorezeptoren** bezeichnet werden. D_1-Rezeptoren werden in hoher Dichte in den Basalganglien (Striatum, Globus pallidus, SN), im Nucleus accumbens und Tuberculum olfactorium gefunden, geringere Dichten findet man im frontalen Kortex; D_5-Rezeptoren kommen dagegen in wesentlich geringeren Dichten nur im Hippocampus und Hypothalamus vor. Das regionale Verteilungsmuster der D_2-Rezeptoren ähnelt dem für D_1-Rezeptoren: die höchste Dichte wird im Striatum, gefolgt vom Nucleus accumbens, dem externen Segment des Globus pallidus, der SN und der VTA, nachgewiesen (Gurevich und Joyce, 1998). D_3- und D_4-Rezeptoren kommen dagegen in wesentlich geringeren Dichten überwiegend in limbischen Regionen des Gehirns (wie dem Nucleus accumbens oder das ventrale Striatum) vor. Untersuchungen am menschlichen Gehirn wiesen, im Gegensatz zum Nager-Gehirn, darüber hinaus auch ein Vorkommen in sensorischen, motorischen und Assoziations-Regionen (wie bestimmten Kernen des Thalamus und dem Corpus amygdaloideum) nach; in der VTA hingegen wurde keine D_3-Rezeptoren nachgewiesen (Gurevich und Joyce, 1998). Aufgrund der hohen Dichte der D_3-Rezeptorsubtypen im mesolimbischen System nimmt man an, dass dieser Subtyp für die Wirkung antipsychotischer und antidepressiver Pharmaka verantwortlich ist und an der Entstehung der Drogensucht beteiligt ist.

Interessanterweise findet man im menschlichen Gehirn häufig eine Ko-Lokalisation von D_2- und D_3-Rezeptoren. Dies wirft die Frage auf nach der physiologischen Bedeutung des simultanen Vorkommens pharmakologisch ähnlicher Dopamin-Rezeptoren an derselben Nervenzelle. Aufgrund der wesentlich höheren Affinität des D_3-Typs für Dopamin nahm man an, dass dieser Subtyp *in vivo* als extra-synaptischer Rezeptor dient, der es ermöglicht, entfernt zur synaptischen Dopamin-Freisetzung auf niedrigere Konzentrationen zu reagieren. Im Gegensatz dazu reagiert der D_2-Rezeptor mit seiner niedrigen Affinität für Dopamin auf hohe prä-synaptische Dopamin-Konzentrationen. Demzufolge könnten Gehirnregionen mit hohen D_3-Rezeptor-Dichten selbst dann unter tonischer regulatorischer Kontrolle des dopaminergen Systems stehen, wenn die dopaminerge Innervation spärlich ist. D_2- und D_3-Rezeptoren könnten gegensätzliche Reaktionen in Neuronen hervorrufen und auch unterschiedlich auf erniedrigte prä-synaptische dopaminerge Stimulation oder antipsychotische Behandlung reagieren.

Die Wirkung von Neurotransmittern ist mit der Anzahl der besetzten Rezeptoren korrelierbar

Neurorezeptoren können pharmakologisch entsprechend der spezifischen Wirkung von Agonisten (Substanzen, die die Wirkung eines Neurotransmitters nachahmen oder dessen Wirkung verstärken) und Antagonisten (Wirkstoff, der die Wirkung eines Neurotransmitters hemmt oder dieser entgegenwirkt) eingeteilt werden. Sie sind Angriffspunkte für eine Vielzahl von Medikamenten. Die Bindungseigenschaften der Rezeptoren sind dabei die

Grundlage für die Wirkung und Spezifität eines Medikamentes. **Neurorezeptoren** sind Proteine, die als **Bindungs- und Wirkort** von Neurotransmittern extrazelluläre Signale an das Zellinnere weitergeben. Sie bestehen aus einem Erkennungs- und Bindungsteil, der das Signal aufnimmt, und einem Effektorteil, der das Signal in Wirkung umsetzt.

In zahlreichen Fällen ist die Wirkung eines Neurotransmitters mit der Anzahl der durch ihn besetzten Rezeptoren korrelierbar. Für den einfachsten Fall einer reversiblen Neurotransmitter-Rezeptor-Wechselwirkung gilt folgende Gleichung 1, wobei [R] für die Konzentration des freien Rezeptors, [A] für die Konzentration des freien Agonisten und [RA] für die Konzentration des Rezeptor-Agonisten-Komplexes steht:

$$[R] + [A] \underset{k_{-1}}{\overset{k_{+1}}{\rightleftharpoons}} [RA] \longrightarrow \text{biologische Wirkung} \qquad (1)$$

Die Besetzung-Theorie (englisch *occupation theory*) besagt, dass die zelluläre Antwort von der Konzentration der besetzten Rezeptoren [RA] abhängt, und entspricht dem Michaelis-Menten-Modell zur Erklärung kinetischer Eigenschaften einiger Enzyme. Man erhält sigmoide Dosis-Wirkungs-Kurven und kann daraus die Neurotransmitter-Konzentration berechnen, bei der die Hälfte der maximalen Wirkung erreicht wird (EC_{50}, für *effector concentration* 50 Prozent). Entsprechend der Michaelis-Menten-Theorie kann man die Dissoziationskonstante K_D des Rezeptor-Liganden-Komplexes (entspricht dem K_M-Wert von Enzymen) bestimmen. Diese wird als Maß für die Affinität des Agonisten zum Rezeptor angesehen und ergibt sich nach dem Massenwirkungsgesetz aus:

$$K_D = \frac{k_{-1}}{k_{+1}} = \frac{[A] \times [R]}{[RA]} \qquad (2)$$

Ein niedriger K_D-Wert entspricht dabei einer hohen Affinität und ist Folge einer hohen Assoziations- (k_{+1}) oder niedrigen Dissoziationsgeschwindigkeit (k_{-1}).

Die biologische Wirkung Q bei einer gegebenen Agonisten-Konzentration verhält sich zur maximal möglichen Wirkung Q_{max} wie die Konzentration der besetzten Rezeptoren [RA] zur Gesamtkonzentration der Rezeptoren $[B_{max}]$:

$$\frac{Q}{Q_{max}} = \frac{[RA]}{[B_{max}]} \qquad (3)$$

Da die Gesamtkonzentration der Rezeptoren $[B_{max}] = [R] + [RA]$ ist, erhält man durch Einsetzen in 3) und entsprechende Umformungen Gleichung 4; eine Michaelis-Menten-Gleichung, bei der die Reaktionsgeschwindigkeiten v und v_{max} durch die biologischen Wirkungen Q und Q_{max} ersetzt sind, und die Substrat-Konzentration durch [A]:

$$Q = \frac{Q_{max} \times [A]}{K_D + [A]} \qquad (4)$$

Q erhält man beispielsweise aus der Messung von cAMP in Zellen oder Gehirnhomogenaten, die G-Protein-gekoppelte Neurorezeptoren besitzen, durch die doppelt-reziproke Auftragung 1/[Q] gegen 1/[A]. Analog zur Lineweaver-Burk-Analyse der Enzym-Kinetik kann man daraus Q_{max} und K_D graphisch ermitteln.

Native Rezeptoruntersuchungen beschränken sich häufig auf Ligandenbindungsstudien an Gehirngeweben

Prinzipiell können native Rezeptoren auf drei Ebenen untersucht werden: am intakten Gewebe (z.B. Autopsie-Hirn) bzw. an intakten einzelnen Zellen (z.B. neuronale Zellkulturen, Blutzellen), an Membransuspensionen, die aus diesen Geweben gewonnen wurden, und am daraus isolierten Material. Untersuchungen von menschlichen zentralen Rezeptoren beschränken sich allerdings häufig auf Bindungsstudien an Gehirngewebe mit radioaktiv markierten spezifischen Liganden. Jedoch werden hiermit nur Bindungsstellen charakterisiert, die nicht automatisch mit Rezeptoren gleichgesetzt werden dürfen. Ergebnisse aus Rezeptorbindungsstudien sollten daher mit einer biologischen Antwort korreliert sein. Die Annahme, dass eine beobachtete spezifische Bindung einen Neurorezeptor darstellt, kann aber durch eine Reihe von notwendigen, jedoch nicht hinreichenden Kriterien unterstützt werden: wie Sättigungscharakteristik, Bindungskinetik sowie regionale Verteilung und Pharmakologie der Bindung.

In den vergangenen Jahren wurde die primäre Aminosäure-Sequenz einer Vielzahl von Neurorezeptoren durch DNS-Klonierung bestimmt. Entsprechend des Homologie-Grades wurde in verschiedene Subtypen unterteilt. Aufgrund des Fehlens selektiver Agonisten und Antagonisten ist die physiologische Funktion vieler Subtypen jedoch weitgehend unbekannt und eine pharmakologische Einteilung nicht möglich.

Intrazelluläre Signaltransduktion als komplexer Mechanismus der Signalübertragung von der Rezeptormembran in das Zyptoplasma und den Zellkern

Als **Signaltransduktion** bezeichnet den gesamten komplexen Mechanismus der Signalübermittlung von der Zellmembran in das Zytoplasma und den Zellkern, durch den extrazelluläre Signale nicht einfach nur weitergeleitet, sondern auch verstärkt, sortiert und integriert werden. Es konnten bislang nur einige wenige Signaltransduktionswege identifiziert werden. Für eine Reihe unterschiedlicher Zelltypen wurde eine starke Übereinstimmung der Prozesse der intrazellulären Signaltransduktion nachgewiesen.

In der Familie der metabotropen Rezeptoren, zu denen auch die Dopamin-Rezeptoren gehören, sind die Rezeptormoleküle über Proteine, die Guanosin-Nukleotide binden, mit den Effektormolekülen gekoppelt (**G-Protein-gekoppelte Rezeptoren**). Zu Ihnen gehören aber auch Neurorezeptoren wie α- und β-adrenerge Rezeptoren, muscarinische ACh-Rezeptoren, der $GABA_B$-Rezeptor, Subtypen des Glutamat- und Serotonin- (5-Hydroxytryptamin, 5-HT-) Rezeptors, Subtypen der Purinoceptoren, Rezeptoren für Neuropeptide und auch sog. **Waisen-Rezeptoren** (englisch *orphan receptors*). Als Waisen-Rezeptoren werden solche Rezeptoren bezeichnet, von denen die endogenen Agonisten nicht bekannt sind. In sensorischen Systemen vermitteln G-Protein-gekoppelte Rezeptoren auch die Signalübertragung, die durch extrazelluläre Signale wie Photonen, Geschmacks- und Geruchsstoffe (Odorantien) ausgelöst wird, und sie dienen bei nicht-neuronalen Zelltypen als Rezeptoren für verschiedene Proteinhormone (wie Zytokine oder Wachstumsfaktoren).

G-Protein-gekoppelte Rezeptoren haben wahrscheinlich sieben Transmembran-Segmente. Man bezeichnet sie deshalb auch als heptikale oder Serpentin-Rezeptoren. Dieser Rezeptortyp ist generell mit intrazellulären heterotrimären G-Proteinen (Gα, Gβ, Gγ) gekoppelt, die die eigentlichen Effektorproteine (Ionenkanäle oder Enzyme) aktivieren oder inhibieren und eine Vielzahl von zellulären Prozessen vermitteln (Abb. 2.7). Durch Aktivierung von Enzymen wie der Adenylat-Cyclase oder Phospholipase C wird die Synthese von diffusionsfähigen **sekundären Botenstoffen** (englisch *second messengers*) wie cAMP bzw. Diacylglycerol und Inositol-1,4,5-triphosphat (IP_3) bewirkt (Abb. 2.7). Dadurch können ebenfalls Ionenkanäle reguliert oder spezifische Proteinkinasen aktiviert werden, welche andere Zielproteine, darunter ebenfalls Ionenkanäle, an Serin- und Threonin-Resten phosphorylieren und in ihrer Aktivität und Funktion verändern. Durch die intrazelluläre Bildung von sekundären Botenstoffen wie

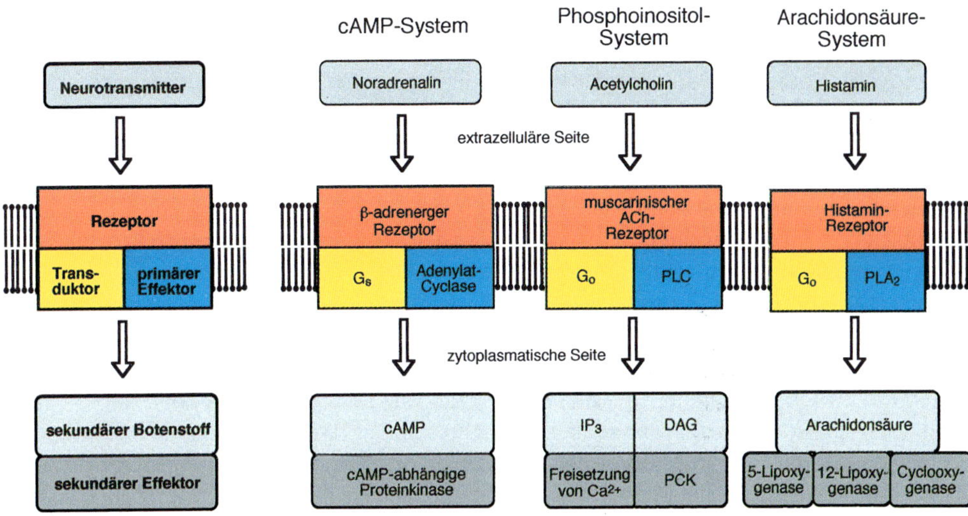

Abb. 2.7. G-Protein-aktivierte intraneuronale Second-Messenger-Wege im schematischen Überblick. (Nach Kandel et al., 1996.) Es konnten bislang nur einige wenige Signaltransduktionswege identifiziert werden. In den hier dargestellten Fällen verlaufen diese nach einer gemeinsamen Folge von Einzelschritten, die links dargestellt sind. Neurotransmitter aktivieren durch Bindung an einen G-Protein-gekoppelten Rezeptor ein Enzym, das einen sekundären Botenstoff synthetisiert. Dieser schaltet im nächsten Schritt einen sekundären Effektor an. Im ersten dargestellten Fall wird der sekundäre Botenstoff cAMP (zyklisches Adenosin-3´-5´-monophosphat) durch Anschaltung der Adenylat-Cyclase gebildet. Das gezeigte G-Protein wird als G_s bezeichnet, da es die Adenylat-Cyclase stimuliert. Andere Rezeptoren aktivieren ein G-Protein G_i, das die Adenylat-Cyclase inaktiviert. Im zweiten Fall wird ein weiteres spezifisches G-Protein, das G_o, aktiviert, das dann die Phospholipase C (PLC) anschaltet. Dieses Enzym katalysiert die Bildung der Second-Messenger-Moleküle Diacylglycerol (DAG) und Inositol-1,4,5-triphosphat (IP_3). IP_3 setzt im nächsten Schritt einen weiteren sekundären Botenstoff, das Ca^{2+}, aus intrazellulären Speicherproteinen frei. Im letzten Beispiel wird der Arachidonsäure-Signalweg durch die Aktivierung der Phospholipase A_2 (PLA_2) in Gang gesetzt. Drei der Hauptenzyme in diesem Transduktionsweg sind die 5- und die 12-Lipoxygenase sowie die Cyclooxygenase.

IP_3 können wiederum **tertiäre Botenstoffe** wie Ca^{2+} aus intrazellulären Speicherproteinen freigesetzt werden (Abb. 2.7). Über Proteinkinasen stehen die Neurotransmitter-Rezeptoren aber auch mit Gen-regulatorischen Vorgängen in Verbindung, die im Zellkern ablaufen, da sie in der Lage sind vom Zytoplasma in den Zellkern zu wandern, um dort Transkriptionsfaktoren zu phosphorylieren, und somit die Genexpression zu regulieren.

G-Proteine organisieren die transmembrane Signalübertragung auf vielfältige Weise

Mithilfe der komplexen Signalübertragungswege haben unterschiedliche Zelltypen die Möglichkeit, durch ein unterschiedliches Repertoire an Rezeptoren, G-Proteinen und Effektoren, auf die gleichen extrazellulären Signale vollkommen unterschiedlich zu antworten.

Eine Empfängerzelle besitzt weit mehr G-Protein-Moleküle als Rezeptor-Moleküle. Entsprechend kann ein einzelnes Rezeptor-

Molekül innerhalb der Zeitspanne, in der es einen Liganden gebunden hat, viele G-Protein-Moleküle aktivieren. Der Liganden-Rezeptor-Komplex wirkt quasi als Katalysator und ist in gewisser Weise mit einem Enzym vergleichbar: Nach der Abdissoziierung des aktivierten G-Proteins vom Liganden-Rezeptor-Komplex können dann weitere Gα-Proteine aktiviert werden. Ein einzelnes gebundenes Neurotransmitter-Molekül kann somit zur Bildung mehrerer aktiver G-Proteine beitragen. Da es sich bei den durch G-Proteine regulierten Effektoren – abgesehen von den Ionenkanälen – ebenso um Enzyme handelt, bewirkt dieser multiple katalytische Mechanismus eine äußerst wirksame Signalverstärkung. Dies bedeutet, dass bereits wenige Neurotransmitter-Moleküle eine wirksame zelluläre Antwort hervorrufen können. Der größte Verstärkungseffekt wurde an Photorezeptor-Zellen der Retina beobachtet: ein einzelnes durch ein Photon aktiviertes Rhodopsin-Molekül genügt, um die Aktivierung von rund 3 700 Gα-Proteinen zu katalysieren. Die Energie eines einzigen absorbierten Photons reicht dadurch aus, für eine Sekunde eine Stromänderung von einem Pikoampere auszulösen. Dies entspricht einer Energieumwandlung mit 10^5-facher Verstärkung. Bei Neuronen liegt das Verhältnis von gebundenem Ligand zu aktivierten G-Proteinen bei 1:10 bis 1:20.

Da ein einzelner Rezeptor viele Gα-Proteine aktivieren kann und diese gegenüber den Rezeptoren deutlich im Überschuss vorliegen, wird eine maximale Effektor-Aktivierung bereits dann erreicht, wenn nur ein Bruchteil der Rezeptoren Agonisten gebunden hat. Dies führt dazu, dass die Konzentration des Agonisten, welche einen halbmaximalen Effekt hervorruft (EC_{50}), wesentlich niedriger sein kann als die tatsächliche Bindungskonstante (K_D) des Rezeptors für den Liganden. Der signalempfangenden Zelle wird es dadurch ermöglicht, über die Anzahl der Rezeptoren die Sensitivität gegenüber dem Transmitter zu regulieren.

Rezeptoren, G-Proteine und Effektoren bilden in der Empfängerzelle ein komplexes Netzwerk der Informationsverarbeitung. Hemmende und stimulierende extrazelluläre Signale können über G-Proteine integriert werden (Abb. 2.7). Neurotransmitter oder Hormone, die an verschiedene Rezeptoren binden, können denselben Effektor aktivieren, indem die Rezeptoren an den gleichen G-Protein-Subtyp gekoppelt sind. In Adipozyten (Fibroblasten von Fettzellen) konnte beispielsweise gezeigt werden, dass fünf verschiedene Rezeptoren die Adenylat-Cyclase über $G\alpha_s$ aktivieren. Eine Aktivierung des Effektors durch unterschiedliche Signale kann auch dadurch erreicht werden, dass der Effektor durch mehrere G-Protein-Subtypen reguliert wird. So kann die Phospholipase β durch mindestens fünf verschiedene Gα-Subtypen aktiviert werden, die Signale von unterschiedlichen Rezeptoren erhalten.

Ein G-Protein-Subtyp kann jedoch auch unterschiedlich sensitiv auf verschiedene Rezeptor-vermittelte Signale reagieren. Signale, die die Zelle über einen Rezeptortyp erreichen, können durch Aktivierung mehrerer unterschiedlicher Effektoren zu multiplen Effekten in der Zelle führen (Abb. 2.7). Dies kann einmal dadurch erreicht werden, dass ein G-Protein-Subtyp an verschiedene Effektoren gekoppelt ist. So kann $G\alpha_s$ nicht nur die Adenylat-Cyclase, sondern auch Ca^{2+}-Kanäle regulieren. Andererseits besitzt ein Rezeptor, wie oben beschrieben, auch die Möglichkeit, mehrere Gα-Proteine nach Bindung des Agonisten an den Rezeptor zu aktivieren. Dies müssen aber nicht nur Gα-Proteine eines Subtyps sein, sondern können auch G-Proteine sein, die an verschiedene Effektoren gekoppelt sind. Mithilfe dieser komplexen Signalübertragungswege haben unterschiedliche Zelltypen die Möglichkeit, durch ein unterschiedliches Repertoire an Rezeptoren, G-Proteinen und Effektoren auf die gleichen extrazellulären Signale vollkommen unterschiedlich zu antworten.

Second-messenger-Kaskaden bauen ein informationsverarbeitendes biochemisches Netzwerk auf

Im Gegensatz zu den G-Proteinen und G-Protein-gekoppelten Rezeptoren stellen die Effektor-Proteine eine sehr heterogene Gruppe ohne gemeinsame strukturelle Merkmale dar. Bei den bisher bekannten Effektoren handelt es sich entweder um Enzyme, die Second-messenger-Moleküle synthetisieren oder abbauen, oder um Ionenkanäle, die das Membranpotential der Zelle verändern bzw. die Konzentration des ebenfalls als *Second messenger* wirkenden Ca^{2+}-Ions regulieren. Derselbe G-Protein-Subtyp kann sowohl ein Enzym als auch einen Ionenkanal regulieren, sodass die G-Protein-Aktivierung gleichzeitig Änderungen der Membranpermeabilität und der Konzentration intrazellulärer sekundärer Signalmoleküle hervorrufen kann.

Die Zahl der Substanzen, von denen man weiß, dass sie bei der synaptischen Signalübertragung als sekundäre Botenstoffe fungieren, ist weit geringer als die Zahl der Transmittersubstanzen. Es gibt etwa 100 verschiedene Substanzen, die als Transmitter wirken und eine Reihe unterschiedlicher Rezeptoren auf der Zelloberfläche aktivieren, jedoch nur wenige **sekundäre Botenstoffe**, die gut charakterisiert sind. Bisher am besten untersucht ist das cAMP. Die Erkenntnisse über cAMP haben unsere Vorstellungen über die Mechanismen, nach denen *Second messenger* generall arbeiten, wesentlich geprägt. Eine weitere Klasse von sekundären Botenstoffen wird durch die Hydrolyse von Phospholipiden in der Zellmembran erzeugt: IP_3 und Diacylglycerol werden durch die Aktivität der Phospholipase C freigesetzt, Arachidonsäure dagegen durch die Phospholipase A_2. Eine dritte Klasse von sekundären Botenstoffen schließlich besteht aus Gasen mit hohem Diffusionsvermögen, wie z.B. NO und CO, die die Guanylat-Cyclase aktivieren, wodurch ein weiterer, tertiärer Botenstoff, das zyklische Guanosinmonophosphat (cGMP) gebildet wird.

Second-messenger-Moleküle können wiederum eine spezielle Klasse von Enzymen, die sog. Proteinkinasen (Abb. 2.2), aktivieren, wodurch unterschiedliche Zielproteine phosphoryliert und in ihrer Aktivität verändert werden können. Obwohl diese Kaskaden biochemischer Reaktionen in jeder Zelle des Organismus vorhanden sind, erreicht ihre Komplexität und gegenseitige Vernetzung in den Neuronen einen Höhepunkt, die mit der Organisation des Nervensystems selbst zu vergleichen ist.

2.2 Neuropathologie und Neurochemie der Parkinson-Krankheit

Der Verlust der Pigmentierung des Mittelhirns und das Vorkommen von Lewy-Körperchen in der SN sind die neuropathologischen Kriterien der Parkinson-Krankheit

Seit den ersten von Tretiakoff 1919 beschriebenen Befunden gilt der Verlust der Pigmentierung des Mittelhirns (SN und Locus coeruleus) als ein morphologisches Kriterium der Parkinson-Krankheit. Das selektive Auftreten von charakteristischen Zytoskelettveränderungen, den sog. Lewy-Körperchen, in der SN gilt heute als ein weiteres neuropathologisches Kriterium (Gibb 1986; Jellinger 1989; Braak et al., 1995). Lewy-Körperchen werden aber auch häufig in der SN von verstorbenen Individuen beobachtet, bei denen zu Lebzeiten keine Parkinson-Krankheit diagnostiziert wurde. Solche Fälle werden von einigen Neuropathologen als prä-symptomatische Parkinson-Fälle angesehen (Gibb und Lees, 1988). Darüber hinaus kommen Lewy-Körperchen bei dementen Patienten in kortikalen und subkortikalen Regionen des Gehirns vor. Diese Fälle werden von den Neuropathologen unter dem Begriff „diffuse Lewy-Körperchen-Krankheit“ (englisch *diffuse Lewy body disease*) zusammengefasst (Pollanen et al., 1993; Trojanowski et al., 1993).

Dopaminerge Neuronen degenerieren überwiegend

Der Rückgang der Pigmentierung des Mittelhirns wird durch den Untergang dopaminerger, Neuromelanin-haltiger Nervenzellen verursacht. Nach Jellinger und Paulus (1991) tritt ein Verlust von 57–85 Prozent der Neuromelanin-haltigen, TH-immunreaktiven Neuronen mit Bevorzugung der zelldichten lateralen und ventralen, zum Putamen projizierenden Kerngruppen der SNc auf. Andere pigmentierte Hirnstammkerne wie z.B. der Locus coeruleus oder der dorsale Vaguskern, sind jedoch auch in unterschiedlichem Ausmaß betroffen (siehe nachfolgende Kapitel). Darüber hinaus wurden auch Neuronenuntergänge in Gehirnarealen gefunden, die weder Neuromelanin noch dopaminerge Neuronen enthalten: Beispielsweise wurde im Gehirn von dementen Parkinson-Patienten im Vergleich zu altersgleichen, neurologisch unauffälligen Individuen ein 60–77-prozentiger Verlust an cholinergen Neuronen im Nucleus basalis von Meynert nachgewiesen (Jellinger, 1989).

Striataler Dopamin-Mangel ist charakteristisch für das Parkinson-Syndrom

Als Folge der Degeneration von dopaminergen nigro-striatalen Neuronen findet man eine starke Erniedrigung der Dopamin-Konzentrationen im Striatum (Tabelle 2.5). Der morphologisch nachgewiesene Nervenzellverlust in der SNc korreliert mit der Reduktion von Dopamin im Striatum (Bernheimer et al., 1973). Ehringer und Hornykiewicz (1960) sowie Sano (1960) gehörten mit zu den ersten, die Gehirne von verstorbenen Parkinson-Kranken auf ihren Gehalt an Dopamin untersuchten und von einem Dopamin-Mangel im Striatum berichteten. In der Folgezeit wurde dieser an einer geringen Fallzahl erhobene Befund in zahlreichen Untersuchungen bestätigt (zur Übersicht: Gerlach und Riederer, 1993a). Ein striataler Dopamin-Mangel wird bei allen Formen des Parkinson-Syndroms gefunden; bei anderen neurodegenerativen Erkrankungen wurden keine oder nur geringfügige Dopamin-Defizite nachgewiesen (Tab. 2.6). Kennzeichnend für die Parkinson-Krankheit ist, dass das Dopamin-Defizit im Putamen stärker als im Nucleus caudatus ausgeprägt ist (Tab. 2.6).

Akinese und Bradykinese werden durch die Störung der dopaminergen nigro-striatalen Neurotransmission hervorgerufen

Klinisch-pathochemische Korrelationsanalysen wiesen einen Zusammenhang zwischen dem Ausmaß des Dopamin-Defizites im Nucleus caudatus und dem Akinese-Grad nach (Bernheimer et al., 1973). Weiterhin zeigten sie, dass die charakteristische Parkinson-Symptomatik klinisch erst dann zum Vorschein kommt, wenn 50–70 Prozent der ursprünglich vorhandenen Dopamin-Konzentrationen verloren gegangen sind (Bernheimer et al., 1973; Riederer und Wuketich, 1976): D.h. bei Ausbruch der Erkrankung sind ca. zwei Drittel der dopaminergen Neuronen degeneriert; andererseits bedeutet dies auch, dass das Gehirn lange Zeit in der Lage ist, die Defizite im nigro-striatalen System zu kompensieren (**Plastizität** des Gehirns).

Neben dem striatalen Dopamin-Mangel fand man auch verminderte Mengen der Dopamin-Metabolite 3,4-Dihydroxyphenylessigsäure (englisch *3,4-dihydroxyphenyl-*

Tabelle 2.5. Neurochemische Befunde der Parkinson-Krankheit, die auf die Schädigung des dopaminergen nigro-striatalen Systems hinweisen

Untersuchte Parameter	Gehirnregion	Prozent der Normalwerte	Autoren
Dopamin und -Metaboliten			
Dopamin (Konzentration)	SN	17	Birkmayer und Riederer, 1975
	Nucleus caudatus	10	
	Putamen	4	
DOPAC (Konzentration)	SN	2	Riederer et al., 1986
	Putamen	10	
HVA (Konzentration)	SN	48	Riederer et al., 1986
	Putamen	29	
Dopamin-metabolisierende Enzyme			
Tyrosin-Hydroxylase (Aktivität)	SN	46	Riederer et al., 1978a
	Nucleus caudatus	60	Rausch et al., 1988
	Putamen	16	Riederer et al., 1978a
DOPA-Decarboxylase (Aktivität)	Nucleus caudatus	9	Lloyd und Hornykiewicz, 1970
	Putamen	4	
Catechol-O-Methyl-Transferase (Aktivität)	SN	82	Lloyd et al., 1975
	Nucleus caudatus	70	
	Putamen	78	
Monoamin-Oxidase, Typ B (Aktivität)	SN	125	Riederer et al., 1989
Dopamin-Wiederaufnahmestellen			
[^{3}H]Mazindol-Bindung	Nucleus caudatus	32	Mizukawa et al., 1993
	Putamen	16	
[^{3}H]GBRl2935-Bindung	Nucleus caudatus	13	Degen et al., 1996
	Putamen	33	
[^{3}H]WIN35,428-Bindung	Nucleus caudatus	45	Wilson et al., 1996
	Putamen	13	
DAT-Protein-Menge	Nucleus caudatus	31	Wilson et al., 1996
	Putamen	3	
DAT-mRNA-Dichte in noch intakten Neuronen	SN	57	Uhl et al. ,1994
	SNc	86	Harrington et al. ,1996
Vesikulärer Monoamin-Transporter			
[^{3}H]Dihydroxytetrabenazin-Bindung	Nucleus caudatus	30	Degen et al. ,1996
	Putamen	15	
	Nucleus caudatus	49	Wilson et al., 1996
	Putamen	23	
mRNA-Dichte in noch intakten Neuronen	SN	82	Harrington et al., 1996

DAT, Dopamin-Transporter; DOPA, 3,4-Dihydroxyphenylalanin; DOPAC, 3,4-Dihydroxyphenylessigsäure; HVA, Homovanillinsäure; SN, Substantia nigra; SNc, Substantia nigra pars compacta.

acetic acid, DOPAC) und Homovanillinsäure (englisch *homovanillic acid*, HVA) sowie reduzierte Aktivitäten der Dopaminsynthetisierenden Enzyme TH und DOPA-Decarboxylase (Tab. 2.5). Weiterhin wurde eine Abnahme der Dichte von Dopamin-Wiederaufnahmestellen (vesikuläre und präsynaptische) nachgewiesen (Tab. 2.5). Alle

Tabelle 2.6. Striatale Dopamin-Konzentrationen beim Parkinson-Syndrom und anderen neurodegenerativen Erkrankungen

Erkrankung	Konzentration in Prozent der Normalwerte Nucleus caudatus	 Putamen	Autoren
Morbus Parkinson	31	22	Ehringer und Hornykiewicz, 1960
	10	4	Birkmayer und Riederer, 1975
	18	2	Kish et al., 1988
Postenzephalitisches Parkinson-Syndrom	6	6	Ehringer und Hornykiewicz, 1960
	1,5	0,6	Bernheimer et al., 1973
Parkinson-Syndrom bei Multisystemdegeneration			
Jacob-Creutzfeld-Erkrankung	35	48	Brun et al., 1971
Progressive supranukleäre Lähmung	20	27	Kish et al., 1985
Hallervorden-Spatz-Syndrom	1,4	0,9	Jankovic et al., 1985
Striato-nigrale Degeneration	<0,4	<0,4	Sharpe et al., 1973
Olivopontozerebelläre Atrophie	0,3	0,01	Gerlach und Riederer, unveröffentliche Ergebnisse
Parkinson-Syndrom bei AIDS	43	–	Sardar et al., 1996
Chorea Huntington	86 (ns)	99 (ns)	Reynolds und Garrett, 1986
Morbus Alzheimer	61 (ns)	50 (ns)	Langlais et al., 1993
Morbus Alzheimer/Lewy-Körperchen	16	5	

ns, nicht statistisch signifikante Unterschiede zu Normalwerten; – , nicht gemessen.

diese neurochemischen Veränderungen weisen auf den Untergang dopaminerger nigrostriataler Neuronen hin. Dagegen sind die Aktivitäten der Dopamin-abbauenden Enzyme COMT und MAO-B, die extrazellulär bzw. in der Glia oder anderen nicht-betroffenen Neuronen vorkommen, unverändert oder geringfügig erhöht (Tab. 2.5).

Gewöhnlich sind die DOPAC- und HVA-Konzentrationen sowie die TH-Aktivitäten bei Parkinson-Kranken mit leichter bis mittelschwerer Symptomatik weniger stark reduziert als die Dopamin-Konzentrationen (Tab. 2.5). Dies wird als ein Hinweis dafür angesehen, dass die noch aktiven dopaminergen Neuronen vermehrt Dopamin produzieren und freisetzen, um so eine funktionstüchtige dopaminerge Neurotransmission aufrechtzuerhalten (**kompensatorische Phase** der Erkrankung). Dies kann auch aus Post-mortem-Untersuchungen zur TH-Aktivität abgeleitet werden: Die Enzymaktivität von Parkinson-Kranken ist zwar in Nucleus-caudatus-Gewebe erniedrigt, wenn man diese wie üblich auf den Gesamtproteingehalt berechnet, kann aber ähnlich wie die von neurologisch-unauffälligen Individuen mit Fe^{2+}, dem Cofaktor der TH, stimuliert werden (Rausch et al., 1988). Bei Berechnung der TH-Aktivität unter Berücksichtigung des Proteingehaltes der TH (homospezifische Aktivität) findet man dagegen normale Werte in der SN und vierfach erhöhte Aktivitäten im Nucleus caudatus (Mogi et al., 1988).

Striatale post-synaptische Dopamin-Rezeptoren sind intakt und funktionstüchtig

Rezeptorbindungsstudien mit spezifischen Liganden der Dopamin-Rezeptoren wiesen im Striatum von verstorbenen Parkinson-Kranken überwiegend unveränderte Rezeptordichten und K_D-Werte für den D_2-Subtyp nach (zur Übersicht: Gerlach und Riederer, 1993a; Seeman und Van Tol, 1993). Diese Befunde und die gute Ansprechbarkeit von Parkinson-Patienten auf eine Therapie mit L-DOPA und Dopamin-Rezeptoragonisten zeigen, dass post-synaptische, im Striatum lokalisierte Dopamin-Rezeptoren intakt und funktionstüchtig sind (Abb. 2.3). Im Gegensatz dazu fand man bei Verstorbenen, die an der PSP erkrankt waren, erniedrigte Bindungsdichten für [^{3}H]Spiperon (einem selektiven Dopamin-D_2-Antagonist) im Striatum (42 und 48 Prozent der Normalwerte im Putamen bzw. Nucleus caudatus) nachgewiesen (Agid et al., 1986): Dies erklärt, warum PSP-Patienten nur wenig auf eine L-DOPA- und Dopamin-Rezeptoragonisten-Therapie ansprechen. Die Bindungsdichte der D_1-Rezeptoren scheint dagegen bei verstorbenen Parkinson-Kranken leicht erhöht zu sein, wie Rezeptorbindungsuntersuchungen nahelegen (Seeman et al., 1987).

Die pathochemischen Befunde werden durch bildgebende Verfahren bestätigt

Mithilfe bildgebender Verfahren kann man heute auch die Degeneration dopaminerger nigro-striataler Neurone und die Funktionstüchtigkeit post-synaptischer Dopamin-Rezeptoren bei Parkinson-Patienten darstellen (Leenders, 1995; Morrish et al., 1996). Auf zerebralen Querschnittsbildern, die mithilfe der PET-Technik erstellt wurden, zeigen Parkinson-Patienten, denen intravenös (i.v.) [^{18}F]-L-DOPA (radioaktives L-DOPA mit kurzer Halbwertszeit) injiziert wurde, im Putamen eine um durchschnittlich 40 Prozent verminderte Umsatzrate von [^{18}F]-L-DOPA im Vergleich zu neurologisch unauffälligen Individuen und Patienten mit anderen Basalganglienerkrankungen (Leenders, 1995). In Analogie zu den Post-mortem-Befunden werden im Nucleus caudatus geringere Veränderungen nachgewiesen (Reduktion der Umsatzrate: 20–30 Prozent). Parkinson-Patienten, denen der radioaktiv markierte Dopamin-D_2-Antagonist [^{11}C]-Raclopride i.v. injiziert wurde, zeigen überwiegend unveränderte, zum Teil auch erhöhte Dopamin-Rezeptorbindungsdichten im Striatum (Leenders, 1995). Die Erhöhung der Rezeptorbindungsdichte bei De-novo-Patienten kann auf die reduzierte prä-synaptische dopaminerge Aktivität zurückgeführt werden (**supersensitive Dopamin-Rezeptoren**).

Ähnliche Ergebnisse erhält man auch mithilfe der etwas einfacher zu handhabenden und kostengünstigeren Variante der bildgebenden Verfahren, der SPECT-Technik (Brücke et al., 1993). Diese Technik verwendet langlebigere Radionuklide, wie z.B. [^{123}I]-Benzamid, ein D_2-Dopamin-Rezeptorantagonist, oder [^{123}I]-β-CIT, ein radioaktives Kokain-Derivat, das die prä-synaptische Dopamin-Wiederaufnahme hemmt. Im Gegensatz zur PET wird eine Einzel-Photonen-Kamera zur Messung der γ-Strahlung benutzt. Ein Nachteil ist allerdings die im Vergleich zur PET geringere räumliche Auflösung.

Auch andere dopaminerge Nervenbahnen sind bei der Parkinson-Krankheit betroffen

Bei Parkinson-Kranken sind die Konzentrationen von Dopamin nicht nur im Striatum reduziert, sondern auch mit geringerer Ausprägung in anderen Gehirnregionen, die entweder durch SN-Neurone (Globus pallidus) oder durch Neurone der VTA (Nucleus accumbens) innerviert werden (Abb. 2.8). Darüber hinaus werden verminderte Dopamin-Konzentrationen in Regionen wie dem Gyrus cinguli, Hypothalamus, der Area olfactoria

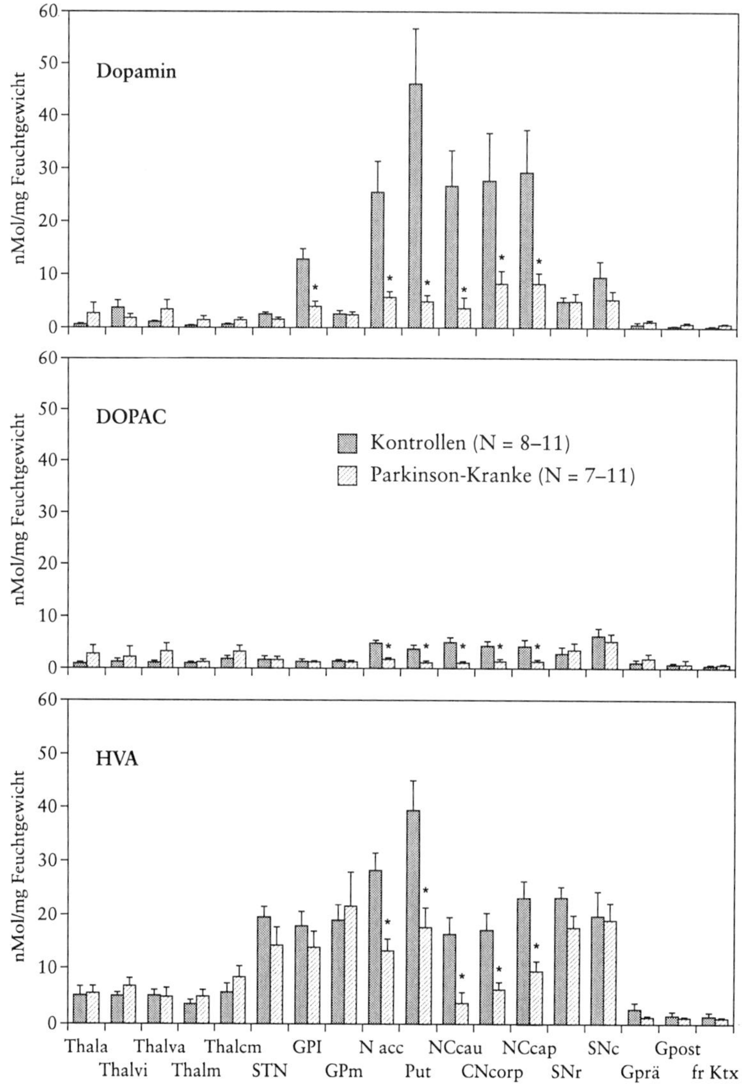

Abb. 2.8. Konzentrationen von Dopamin und -Metaboliten bei neurologisch-unauffälligen Individuen (Normalwerte) und Parkinson-Kranken. (Nach Gerlach et al., 1996b.) Dargestellt sind die Mittelwerte ± S.E.M. fr Ktx, frontaler Kortex; GPl, Globus pallidus pars lateralis; GPm, Globus pallidus pars medialis; Gprä, Gyrus präcentralis; Gpost, Gyrus postcentralis; N acc, Nucleus accumbens; NCcau, Cauda Nucleus caudatus; NCcap, Caput Nucleus caudatus; CNcorp, Corpus Nucleus caudatus; Put, Putamen pars anterior; SNc, Substantia nigra pars compacta; SNr, Substantia nigra pars reticulata; STN, Nucleus subthalamicus; Thala, Nucleus anterior thalami; Thalcm, Nucleus centromedianus thalami; Thalm, Nucleus medialis thalami; Thalva, Nucleus ventralis anterior thalami; Thalvl, Nucleus ventralis lateralis thalami. *p < 0,01, im Vergleich zu Normalwerten, Multivarianz-ANOVA.

oder dem Corpus amygdaloideum beschrieben (zur Übersicht: Gerlach und Riederer, 1993a). Diese Dopamin-Defizite werden durch den Untergang von VTA-Neuronen verursacht: In der Literatur wird von Zellverlusten zwischen 45 und 60 Prozent berichtet (Javoy-Agid et al., 1984; Jellinger, 1991). Man nimmt an, dass die Störung der dopaminergen Neurotransmission im mesokortikalen-mesolimbischen System in erster Linie für das Vorkommen von kognitiven Symptomen bei Parkinson-Kranken verantwortlich ist.

Bei Parkinson-Kranken scheint generell das dopaminerge System betroffen zu sein. Man findet z.B. verminderte Dopamin-Konzentrationen auch in der Retina (Harnois und Dipaolo, 1990). Die reduzierte retinale dopaminerge Aktivität ist möglicherweise für die Störung der Farbwahrnehmung von Parkinson-Patienten verantwortlich, die bereits bei Patienten im Frühstadium beobachtet wird (Büttner et al., 1995a) und abhängig von Erkrankungsgrad ist (Müller et al., 1997). Auch im Nebennierenmarksgewebe von Parkinson-Kranken ist Dopamin reduziert (Stoddard et al., 1989). Zudem wurden herabgesetzte TH-Aktivitäten nachgewiesen (Riederer et al., 1978), die auf eine gestörte Synthese der Katecholamine Adrenalin, Noradrenalin und Dopamin hinweisen.

Das Vorkommen von Lewy-Körperchen in vielen Gehirnregionen weist auf multiple Störungen hin

Lewy-Körperchen als neuropathologische Marker von Zytoskelettveränderungen werden nicht nur in dopaminergen Neuronen der SN von Pakinson-Kranken (ein neuropathologisches Parkinson-Diagnose-Kriterium), sondern auch in einer Vielzahl weiterer Gehirnregionen wie dem limbischen System (Hippocampus, Corpus amygdaloideum, Gyrus cinguli, Hypothalamus) und in Zentren zur Regulation vegetativer (Synonym: autonom) Funktionen (Hypophyse, Locus coeruleus, Formatio reticularis, Nucleus Westphal-Edinger, Nucleus ambiguus, Nucleus basalis Meynert und Vagus-Kerngebiete) gefunden. Darüber hinaus wurden diese in prä- und post-ganglionären Strukturen des Sympathikus und Parasympathikus, dem prävertebralen Plexus des Herzens, des Gastrointestinaltraktes und des urogenitalen Systems nachgewiesen (Braak et al., 1995). Ob die beobachteten Zytoskelettveränderungen zum Untergang der Neuronen führen, in denen sie nachgewiesen wurden, ist jedoch nicht bekannt. Man findet aber im Gehirn von Parkinson-Kranken regional unterschiedliche Veränderungen weiterer Neurotransmitter, die auf eine Schädigung dieser Neurotransmittersysteme hinweisen und für das Auftreten einiger der kognitiven und vegetativen Symptome der Parkinson-Krankheit mitverantwortlich sind.

Noradrenerge Neuronen degenerieren ebenfalls

Seit den ersten morphologischen Untersuchungen von Tretiakoff (1919) weiß man, dass auch der **Locus coeruleus** bei der Parkinson-Krankheit betroffen ist. Dieser sehr kleine Kern im Hirnstamm hat seinen Namen aufgrund seiner blauen Farbe (coeruleus ist griechisch-lateinischen Ursprungs und bedeutet blau) erhalten. Der Locus coeruleus ist der Zellkörper mit den meisten noradrenergen Neuronen im Gehirn und eine der bemerkenswertesten Strukturen im menschlichen Gehirn. Beim Menschen enthält er lediglich ca. 3 000 Neuronen – nicht viel, wenn man an die Milliarden von Nervenzellen in der Großhirnrinde denkt, dennoch gehen von diesen wenigen Neuronen Axone aus, die sich über enorm weite Entfernungen erstrecken und sich so stark verzweigen, dass sie, mit einer Vielzahl von Gehirnregionen in Kontakt stehen und diese beeinflussen. Neben diesen noradrenergen Neuronen des Locus coeruleus, die u.a. auch das nigro-striatale System innervieren und auf dieses erregend wirken, gibt es noradrenerge Bündel von Nervenzellen, die von der Medulla oblongata („verlängertes Mark", Teil des Gehirns, das direkt in das Rückenmark übergeht) und dem Pons („Brücke", Teil des Hinterhirns) ausgehen und u.a. den Hypothalamus hemmen.

Bei Parkinson-Kranken wurden im Locus coeruleus Neuronenverluste zwischen 28 und 90 Prozent nachgewiesen, wobei diese in Abhängigkeit des Parkinson-Typs unterschiedlich ausgeprägt vorkommen (Jellinger, 1991): Beim Tremor-dominanten Typ werden im Vergleich zum rigid-akinetischen Typ geringfügigere Verluste beschrieben (44 versus 75 Prozent); demente Parkinson-Kranke weisen hohe Verluste auf (48–94 Prozent), die ähnlich denen bei Alzheimer-Kranken sind, während bei nicht-dementen Parkinson-Kranken nur geringe Zellverluste (28–30 Prozent) vorliegen.

Als Folge der Degeneration noradrenerger Neuronen findet man in zahlreichen Gehirnregionen von verstorbenen Parkinson-Kranken erniedrigte Konzentrationen von Noradrenalin und seinem Hauptmetaboliten 3-Methoxy-4-hydroxyphenylglykol (MHPG, Tabelle 2.7). Zusätzlich wurde eine reduzierte Aktivität des Noradrenalin-synthetisierenden Enzyms Dopamin-β-Hydroxylase nachgewiesen (Nagatsu et al., 1981). Die Beeinträchtigung der noradrenergen Neurotransmission von Locus-coeruleus-Neuronen wird als Ursache der dementiellen und depressiven Symptome der Parkinson-Krankheit angesehen, während noradrenerge Störungen im sympathischen System und der Medulla oblongata für das Auftreten von vegetativen Symptomen wie hypotonen Kreislaufstörungen verantwortlich gemacht werden (Gerlach et al., 1994).

Tabelle 2.7. Noradrenalin- und MHPG-Konzentrationen im Gehirn von verstorbenen Parkinson-Kranken ohne L-DOPA-Behandlung (Prozent der Normalwerte)

Gehirnregion	Noradrenalin	MHPG	Autoren
Basalganglien			
Substantia nigra	31	55	Riederer et al., 1977
Nucleus caudatus	46	39	Riederer et al., 1977
Putamen	56	20	Riederer et al., 1977
Globus pallidus	79	100	Riederer et al., 1977
Nucleus subthalamicus	88	–	Farley und Hornykiewicz, 1976
Andere Regionen			
Locus coeruleus	57	–	Farley und Hornykiewicz, 1976
Thalamus	70	122 (ns)	Riederer et al., 1977
Hypothalamus	38	98 (ns)	Riederer et al., 1977
Corpus mamillare	39	189 (ns)	Riederer et al., 1977
Nucleus raphe	37	69	Riederer et al., 1977
Gyrus cinguli	48	93 (ns)	Riederer et al., 1977
Frontaler Kortex	22	–	Scatton et al., 1986
Entorhinaler Kortex	58	–	Scatton et al., 1986
Hippocampus	39	–	Scatton et al., 1986
Corpus amygdaloideum	30	63 (ns)	Riederer et al., 1977
Nucleus accumbens	62	35	Riederer et al., 1977
Rückenmark	17–30	–	Scatton et al., 1986

–, wurde nicht bestimmt; ns, nicht statistisch signifikant verschieden von Kontrollwerten.

Serotonerge Neuronenverluste sind geringfügiger

Störungen der serotonergen Neurotransmission werden als eine weitere Ursache der bei Parkinson-Kranken auftretenden Depressionen angesehen. Nahezu alle serotonergen Neuronen des Gehirns gehen von einer Gruppe von Kernen in der Mittellinie des Hirnstammes aus, den sog. **Raphe-Kernen**, eine Bezeichnung, die sich vom griechischen Wort für Naht ableitet. Diese Neuronen verwenden 5-HT als Neurotransmitter und projizieren in viele höhere Zentren des Gehirns und verzweigen sich von dort über das ganze Gehirn: das limbische System und der Neokortex wird vor allem durch Nervenfasern der medianen Raphe-Kerne innerviert, dorsale Raphe-Kerne haben eine hemmende Aktivität auf das Striatum.

Bei Parkinson-Kranken findet man in den Raphe-Kernen Neuronenverluste zwischen null und 42 Prozent, wobei depressive Parkinson-Patienten gewöhnlich eine höhere Schädigung aufweisen (Jellinger, 1991). Demzufolge findet in nahezu allen Gehirnarealen verstorbener Parkinson-Patienten reduzierte Konzentrationen von 5-HT und seinem Hauptmetaboliten 5-Hydroxyindolessigsäure (5-HIAA; Birkmayer et al., 1974). Im Gegensatz zu Dopamin und Noradrenalin beträgt der Verlust im Durchschnitt nur etwa 40–50 Prozent, zum Teil jedoch auch weniger. Untersuchungen zur Verteilung der 5-HT-Wiederaufnahmestellen bei Parkinson-Kranken und verstorbenen Individuen ohne neurologische Vorerkrankungen (Kontrollen, Normalwerte) zeigten, dass nur Nervenendigungen von serotonergen Neuronen geschädigt sind: während in den Raphe-Kernen unveränderte Bindungsdichten für [^{3}H]-Citalopram nachgewiesen wurden, fand man in den Basalganglien und in kortikalen Regionen im Durchschnitt nur 45 bzw. 30 Prozent der Kontrollwerte (Chinaglia et al., 1993).

Cholinerge Neuronen scheinen häufig bei dementen Parkinson-Patienten zu degenerieren

Schädigungen des cholinergen Systems sind durch Neuronenverluste, reduzierte Bindungsdichten von Cholin-Wiederaufnahmestellen und verminderte Aktivitäten des ACh-synthetisierenden Enzyms Cholinacetyl-Transferase (CAT) gekennzeichnet (zur Übersicht: Rodriguez-Puertas et al., 1994; Jellinger, 1999). Bei Parkinson-Kranken wurden durchschnittliche Zellverluste im Nucleus basalis Meynert zwischen 30 und 40 Prozent gefunden, wobei keine Korrelationen zwischen dem Alter der Patienten und der Dauer der Erkrankung nachgewiesen wurden; in einigen Untersuchungen wurden höhere Zellverluste bei dementen als bei nicht-dementen Parkinson-Patienten gefunden, wobei diese annähernd Werte von Alzheimer-Patienten (50–70 Prozent) erreichten; jedoch zeigten andere Untersuchungen auch höhere Neuronenuntergänge bei nicht-dementen Parkinson-Kranken (etwa 50 Prozent) und keine Korrelation zwischen dem Zellverlust und dem mentalen Status (zur Übersicht: Jellinger, 1999).

Der **Nucleus basalis Meynert**, nach Theodor Meynert (einem Wiener Neurologen) benannt, ist die größte magnozellulare Zellgruppe an der Basis des Vorderhirns, die ACh als Neurotransmitter verwendet. Sie unterhält reziproke Kontakte zum Corpus amygdaloideum und projiziert auf den gesamten Neokortex. Die Degeneration dieser Neuronen erklärt die bei Parkinson-Kranken gefundenen erniedrigten CAT-Aktivitäten in der Großhirnrinde und im Hippocampus. Die gemessenen normalen Bindungsdichten des muscarinischen Rezeptors und erhöhten Bindungsdichten für [^{3}H]Hemicholinium-3, einem Marker der prä-synaptischen, hochaffinen Cholin-Aufnahmestelle (160 Prozent der Kontrollwerte im frontalen Kortex, 159 Prozent im Nucleus caudatus und 245 Pro-

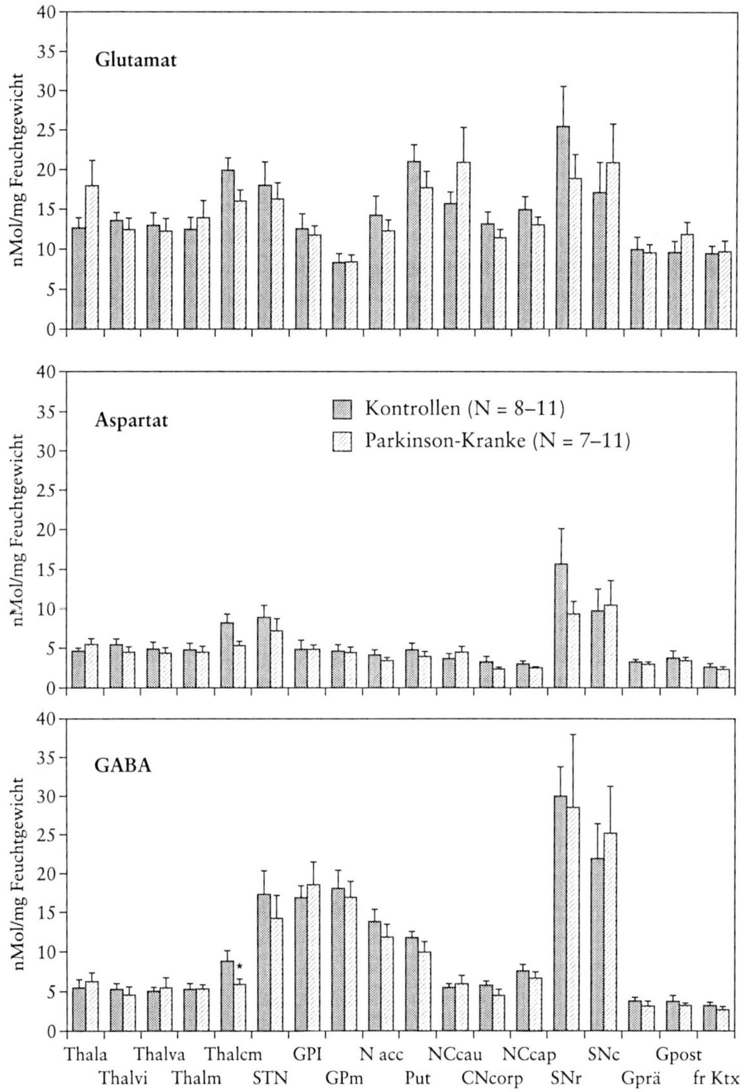

Abb. 2.9. Konzentrationen der Aminosäure-Neurotransmitter Glutamat, Aspartat und GABA bei neurologisch-unauffälligen Individuen (Normalwerte) und Parkinson-Kranken. (Nach Gerlach et al., 1996b.) Dargestellt sind die Mittelwerte ± S.E.M. fr Ktx, frontaler Kortex; GABA, γ-Aminobuttersäure; GPl, Globus pallidus pars lateralis; GPm, Globus pallidus pars medialis; Gprä, Gyrus präcentralis; Gpost, Gyrus postcentralis; N acc, Nucleus accumbens; NCcau, Cauda Nucleus caudatus; NCcap, Caput Nucleus caudatus; CNcorp, Corpus Nucleus caudatus; Put, Putamen pars anterior; SNc, Substantia nigra pars compacta; SNr, Substantia nigra pars reticulata; STN, Nucleus subthalamicus; Thala, Nucleus anterior thalami; Thalcm, Nucleus centromedianus thalami; Thalm, Nucleus medialis thalami; Thalva, Nucleus ventralis anterior thalami; Thalvl, Nucleus ventralis lateralis thalami. *$p < 0,01$, im Vergleich zu Normalwerten, Multivarianz-ANOVA.

pen aus: ionotrope, die entsprechend ihren selektiven Agonisten und Antagonisten in NMDA-Rezeptoren und Nicht-NMDA-Rezeptoren unterschieden werden, sowie metabotrope Rezeptoren. Der NMDA-Subtyp wird durch das Asparaginsäure-Derivat N-Methyl-D-aspartat aktiviert. Nicht-NMDA-Rezeptoren werden selektiv von AMPA (englisch *α-Amino-3-hydroxy-5-methyl-4-isoxazolpropionic acid*) und Kainat aktiviert. Für metabotrope Glutamat-Rezeptoren sind hingegen keine selektiven Agonisten und Antagonisten bekannt. Mithilfe von Bindungsdichten-Untersuchungen mit selektiven Radioliganden kann man Aussagen zur Funktion dieser Rezeptoren machen: Eine erniedrigte Rezeptorbindungsdichte wird auf eine Degeneration von Nervenzellen zurückgeführt, an denen diese Rezeptoren lokalisiert sind; erhöhte Bindungsdichten werden dagegen als Folge einer verminderten prä-synaptischen Stimulation (supersensitive Rezeptoren) interpretiert.

Bindungsexperimente mit dem selektiven NMDA-Antagonisten [^{3}H]MK-801 an Autopsiegewebehomogenat zeigten bei Parkinson-Kranken nur geringfügige Abnahmen in Subregionen des Nucleus caudatus (etwa 40 Prozent, Abb. 2.10). Andere Autoren (z.B. Meoni et al., 1999) bestätigten diese Befunde, beschrieben aber auch erniedrigte NMDA-Bindungsdichten im Putamen. Mithilfe autoradiographischer Verfahren fand man dagegen eine starke Reduktion der [^{3}H]Glutamat-Bindung in der SNc und SN pars reticulata (SNr, 80 Prozent; Weihmuller et al., 1992), die darauf zurückgeführt wird, dass diese Rezeptoren an dopaminergen nigralen

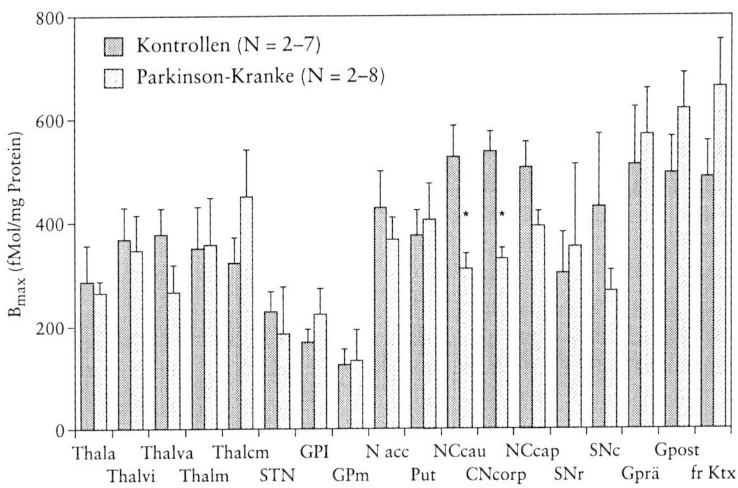

Abb. 2.10. Bindungsdichten von [^{3}H]-markierten MK-801, einem selektiven Agonisten des NMDA-Rezeptors, im Gehirn von neurologisch-unauffälligen Individuen (Normalwerte) und Parkinson-Kranken. (Nach Gerlach et al., 1996b.) Dargestellt sind die Mittelwerte ± S.E.M. fr Ktx, frontaler Kortex; GABA, γ-Aminobuttersäure; GPl, Globus pallidus pars lateralis; GPm, Globus pallidus pars medialis; Gprä, Gyrus präcentralis; Gpost, Gyrus postcentralis; N acc, Nucleus accumbens; NCcau, Cauda Nucleus caudatus; NCcap, Caput Nucleus caudatus; CNcorp, Corpus Nucleus caudatus; Put, Putamen pars anterior; SNc, Substantia nigra pars compacta; SNr, Substantia nigra pars reticulata; STN, Nucleus subthalamicus; Thala, Nucleus anterior thalami; Thalcm, Nucleus centromedianus thalami; Thalm, Nucleus medialis thalami; Thalva, Nucleus ventralis anterior thalami; Thalvl, Nucleus ventralis lateralis thalami. *$p < 0{,}01$, im Vergleich zu Normalwerten, Multivarianz-ANOVA.

Neuronen lokalisiert sind (Difazio et al., 1992).

Nur bestimmte Neuropeptide sind bei der Parkinson-Krankheit betroffen

Neuropeptide, die in vielen Neuronen mit klassischen Neurotransmittern zusammen vorkommen (z.B. Cholecystokinin mit Dopamin, GABA mit Substanz P oder Enkephalin), können entweder in Gehirnschnitten nur indirekt immunhistochemisch oder in Gehirnhomogenaten nach HPLC-Trennung und mittels des sog. Radioimmunassays (erfasst quantitativ die immunologische Reaktion zwischen einer zu bestimmenden Substanz – dem Antigen – und ihrem Antikörper unter Verwendung von radioaktiv markiertem Antigen als technisch messbarer Leitsubstanz) bestimmt werden. Bedingt durch den diesen Verfahren anhaftenden Problemen (keine direkte Bestimmungsmethoden, Verwendung unterschiedlicher Antikörper führt zu Ungenauigkeiten infolge unterschiedlicher Kreuz-Reaktionen) sind die in der Literatur beschriebenen Befunde nur bedingt aussagekräftig hinsichtlich der Frage, ob spezifische Neuropeptid-haltige Neurone bei Parkinson-Kranken degenerieren. Erschwerend kommt hinzu, dass viele Untersuchungen an Gehirnen verstorbener Parkinson-Kranker durchgeführt wurden, die im Spätstadium der Erkrankung waren und L-DOPA-induzierte Spätkomplikationen wie Wirkungsschwankungen, Dyskinesien und pharmakotoxische Psychosen hatten. Da definierte funktionelle Veränderungen von Neuronensystemen, die mit bestimmten Neuropeptiden ko-lokalisiert sind, entsprechend des Konzepts der motorischen Schleife (siehe nachfolgendes Kapitel) bei Patienten mit Dyskinesien zu erwarten sind, und solche Patienten wahrscheinlich bei vielen der bisher publizierten Untersuchungen mit eingeschlossen waren, können keine sicheren Schlussfolgerungen aus den bisher vorliegenden Daten gezogen werden.

Die Konzentrationen der Mehrheit der bisher untersuchten Neuropeptide, wie Thyreotropin-Releasing-Hormon, Vasopressin, Neurotensin, Bombesin, Neuropeptid Y und vasoaktiven Intestinal-Polypeptid, sind im Gehirn von Parkinson-Kranken unverändert; dagegen fand man erniedrigte Mengen der Neuropeptide Cholecystokinin (CCK-8), Methionin-Enkephalin (Met-Enkephalin), Leucin-Enkephalin (Leu-Enkephalin), Substanz P und Somatostatin (zur Übersicht: Gerlach und Riederer, 1993a; Fernandez et al., 1996). Obwohl im Rattenhirn eine Ko-Lokalisation von Dopamin und CCK-8 in dopaminergen Neuronen der VTA nachgewiesen wurde, fand man bei Parkinson-Kranken nur eine geringfügige Abnahme der CCK-8-Immunreaktion in der SN. Dagegen wurden stärkere Verluste an Leu- und Met-Enkephalin in den Basalganglien von Parkinson-Kranken nachgewiesen: SN (–70 Prozent), VTA (–70 Prozent), Putamen (–30 Prozent), Globus pallidus (–30 Prozent). Keine Veränderungen wurden jedoch im Nucleus caudatus und Nucleus accumbens gemessen. Die erniedrigte Enkephalin-Immunreaktivität im Globus pallidus steht im Widerspruch zum pathophysiologischen Modell von Basalganglienerkrankungen (siehe nachfolgendes Kapitel): danach sollte man eine erhöhte Immunreaktivität bei Parkinson-Kranken erwarten. Dagegen stimmen die Substanz-P-Befunde mit diesem Konzept überein: man fand nämlich um 30–40 Prozent erniedrigte Konzentrationen in der SN und dem Globus pallidus. Somatostatin, das in Interneuronen des zerebralen Kortex vorhanden ist, scheint vor allem im frontalen Kortex und Hippocampus von dementen Parkinson- und Alzheimer-Kranken in geringeren Mengen als im Normalhirn vorzukommen. Man nimmt an, dass ein kortikaler Somatostatin-Verlust eine wesentliche Rolle bei der Pathophysiologie dementiver Syndrome spielt.

Bindungsdichten-Untersuchungen mit selektiven Liganden von Neuropeptid-Rezeptoren zeigten ein differenziertes Muster von Veränderungen in den Basalganglien von Parkinson-Kranken auf und wiesen daraufhin, dass Neuropeptid-Rezeptoren nur teilweise an den Nervenendigungen von nigro-striatalen dopaminergen Neuronen vorkommen (Fernandez et al., 1994): Die [^{3}H]Neurotensin-Bindungsdichte war sowohl im lateralen (GPl) als auch medialen Teil (GPm) des Globus pallidus reduziert, während die [^{3}H]Substanz-P-Bindungsdichte nur im GPl und im Putamen (pars anterior und posterior) erniedrigt war; die [^{3}H]D-Ala(2)-D-Leu(5)-enkephalin-Bindungsdichte (markiert δ-Opioid-Rezeptor) war dagegen nur im Putamen pars posterior und die [^{3}H]Tyr-D-Ala-Gly-(NMe)-Phe-Gly-ol-Bindungsdichte (markiert μ-Opioid-Rezeptor) sowohl im Putamen pars anterior und posterior als auch im Nucleus caudatus vermindert. Generell unveränderte Bindungsdichten fand man dagegen in der SN.

Zusammenfassend soll an dieser Stelle festgestellt werden, dass die neurochemischen Befunde zeigen, dass die Parkinson-Krankheit durch eine generelle Störung des dopaminergen Systems gekennzeichnet ist, wobei jedoch vornehmlich das für die Motorik verantwortliche nigro-striatale System betroffen ist. Darüberhinaus liegen Hinweise auf neurodegenerative, spezifische Veränderungen anderer Neurotransmittersysteme (Noradrenalin, 5-HT, ACh) vor. Diese sind die Ursache der kognitiven und vegetativen Symptome der Parkinson-Krankheit.

2.3 Neuroanatomie, Neurochemie und Funktion der Basalganglien

Aufgrund neuroanatomischer Kriterien hat man dem pyramidalen (willkürlichen) System, mit seinen indirekten oder direkten Verbindungen zu den Vollzugsorganen der spinalmotorischen Rückenmarksebene und der Übermittlung des motorischen Programmentwurfs aus den motorischen Feldern des Kortex, das **extrapyramidale** (unwillkürliche) **System** gegenübergestellt. Das extrapyramidale System hat weder einen direkten Zugang zum Rückenmark noch erhält es direkte Verbindungen vom Rückenmark. Ihm gehören die **Basalganglien** (Synonym: Stammganglien) mit dem Striatum, der SN mit den funktionell völlig verschiedenen Anteilen SNc und SNr, dem GPl und GPm sowie dem Nucleus subthalamicus an (Abb. 2.11). Aufgrund der vielfältigen anatomischen und funktionellen Verbindungen zwischen diesen beiden Systemen der Motorik ist eine Gegenüberstellung im Sinn von „pyramidal" und „extrapyramidal" eigentlich nicht mehr gerechtfertigt. Da die ursprüngliche Einteilung in ein pyramidales und extrapyramidales System jedoch für den Kliniker sehr hilfreich ist, wird sie auch in diesem Buch beibehalten.

Extrapyramidale Bewegungsstörungen wie das Parkinson-Syndrom sind Erkrankungen der Basalganglien

Erkrankungen der Basalganglien führen zu den sog. extrapyramidalen Bewegungsstörungen, deren vielfältige Erscheinungsformen sich zwischen extremer Hypokinese einerseits und Hyperkinese andererseits bewegen. Die Parkinson-Krankheit als der Prototyp hypokinetischer Syndrome ist durch die Symptomtrias Akinese, Rigor und Tremor gekennzeichnet (siehe auch Abb. A3, S. 223). Auf der anderen Seite des Spektrums steht der Morbus Huntington mit den typischen choreatischen Bewegungen. Andere Erkrankungen des extrapyramidalen Systems wie beispielsweise der Morbus Wilson, das Hallervorden-Spatz-Syndrom, die Torsionsdysto-

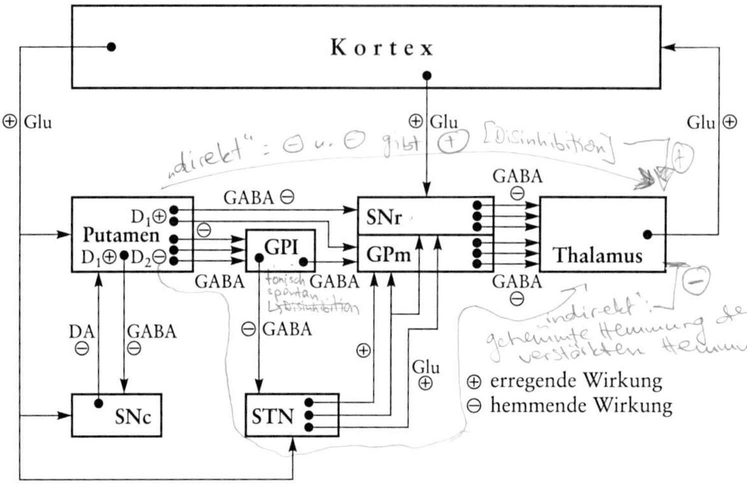

Abb. 2.11. Vereinfachte Darstellung der Neuroanatomie, Neurochemie und Funktion eines neuronalen Regelkreises: die sog. motorische Schleife (*motor loop*). (Nach Alexander und Crutcher, 1990.) DA, Dopamin; GABA, γ-Aminobuttersäure; Glu, Glutamat; GPl, Globus pallidus pars lateralis; GPm, Globus pallidus pars medialis; SNc, Substantia nigra pars compacta; SNr, Substantia nigra pars reticulata; STN, Nucleus subthalamicus.

nie und andere fokale Dystonien (Blepharospasmus, Torticollis spasticus, craniale Dystonie), der Hemiballismus und die striatonigrale Degeneration führen zu einer mehr oder weniger stark ausgeprägten Beeinflussung der motorischen Abläufe, wobei es je nach der Schädigung der Kerngebiete des extrapyramidalen Systems zur Ausprägung der Symptome **Akinese** (Verlust von Bewegung), **Hypokinese** (Verringerung von Bewegungen), **Bradykinese** (verlangsamte Bewegungen), **Rigor** (Muskelsteifheit), **Chorea** (schnelle, unwillkürliche Kontraktionen einzelner, wechselnder Muskeln oder Muskelgruppen), **Dystonie** (fehlerhafter Spannungszustand, Tonus von Muskeln), **Athetose** (Störung des Bewegungsablaufs; langsame, bizarre, geschraubte, zum Teil überdehnte Bewegungsabnormitäten) und **Tremor** (Zittern) kommen kann. Bei allen extrapyramidalen Erkrankungen ist die Kontrolle des Muskeltonus gestört. Halten und Bewegen sind zwei Extreme unserer Motorik. Halten erfordert eine jeweils adäquate Muskelspannung für automatische und intendierte motorische Leistungen. Bewegen beruht auf angeborenen und erworbenen Aktivierungsmustern für Stütz- und Zielmotorik.

Die Basalganglien greifen in den Informationsfluss des Kortex, der die Initiierung und Ausführung von Bewegungen steuert, ein

Die Funktion der Basalganglien ist noch in vielen Aspekten unklar; in ihnen werden jedoch keine Kommandos für Muskelkontraktionen erzeugt, sondern deren Kombination, Richtung und Sequenz bestimmt. Die Basalganglien stellen keine undifferenzierte Einheit dar. Bestimmte Untersysteme greifen in den durchgeleiteten Informationsfluss aktiv ein, d.h. sie fügen eigene Informationsverarbeitung hinzu. Unter bestimmten Umständen kann kurzfristig eine hierarchische Ordnung festgestellt werden, die zweckgebunden in bestimmter Weise geschaltet ist (Heim und Sontag, 2001). Das System der Basalganglien wird deshalb als ein System angesehen, das Informationen sammelt und prozessiert, die nahezu vom gesamten Kortex stammen, um sie schließlich als adäquate Information nur für den Teil des Kortex zur Verfügung zu stellen, der für die Bewegungsvorbereitung und Ausführung zuständig ist.

Die Basalganglien sind Teil rückgekoppelter neuronaler Schleifen

Basierend auf den Befunden an experimentellen Modellen neurodegenerativer Erkrankungen und klinischen Beobachtungen an Patienten mit hypo- und hyperkinetischen Bewegungsstörungen wurde in den 80iger Jahren das noch immer gebräuchliche Modell zur Organisation der Basalganglien formuliert (Penney und Young, 1983; Alexander et al., 1986), obwohl es heute viele Hinweise dafür gibt, dass dieses Modell so nicht stimmt oder sogar als obsolet betrachtet wird (Parent and Cicchetti, 1998; siehe auch nachfolgendes Kapitel). Trotzdem ist es hilfreich bei der Erklärung der Pathophysiologie von Basalganglien-Erkrankungen und soll daher hier kurz beschrieben werden.

Nach Alexander und Crutcher (1990) gibt es wenigstens **fünf** funktionell und strukturell unterscheidbare **Schleifen**, die rückgekoppelte Verbindungen zwischen Basalganglien, Thalamus und Kortex unterhalten: die motorische Schleife, die auf Areale des präzentralen Kortex gelenkt ist; die okulomotorische Schleife (englisch *oculomotor loop* oder *oculomotor circuit*), die auf Zielgebiete frontaler und supplementärer Augenfelder gerichtet ist; zwei präfrontale Schleifen (englisch *prefrontal loops* oder *prefrontal circuits*), die auf Zielgebiete des dorsolateralen und lateralen orbitofrontalen Kortex projizieren sowie eine limbische Schleife (englisch *limbic loop* oder *limbic circuit*), die auf Zielgebiete des cingulären und medialen orbitofrontalen Kortex gerichtet ist.

Abbildung 2.11 zeigt eine sehr vereinfachte Darstellung der anatomischen und neurochemischen Grundstruktur eines neuronalen Regelkreises am Beispiel der **motorischen Schleife**. Die Basalganglien sind danach der zentrale Teil eines kortiko-thalamo-kortikalen Rückkopplungsmechanismus. In diese Schleife projizieren Neurone aus der SNc (dopaminerg) und dem Nucleus tegmenti pedunculopontinus (cholinerg), die unter Einschluss thalamischer und subthalamischer Anteile eine regulative Funktion auf diese ausüben (letztere wurde aus Übersichtsgründen in der Zeichnung weggelassen).

Spezifische kortikale Felder (hier der (prä)-frontale Assoziationskortex als höchste Entscheidungsebene des ZNS) erregen wahrscheinlich durch exzitatorische Neurotransmitter wie Glutamat und Aspartat selektiv das Striatum (Putamen in der motorischen Schleife, Nucleus caudatus in der kognitiven Schleife) und das ventrale Striatum (in limbischer Schleife). Diese Strukturen werden als **Eingangsstationen** der Basalganglien angesehen (zur Übersicht: Gerlach et al., 1991a). Die **Hauptausgangsstationen** der Basalganglien sind der GPm und die SNr. Diese Strukturen sind elektrophysiologisch durch hohe Entladungsraten, wahrscheinlich GABAerger Neuronen, gekennzeichnet, die die erregende Aktivität nachgeschalteter Thalamuskerne unterdrücken.

Innerhalb jedes Regelkreises wird die inhibierende Wirkung der Ausgangsstationen durch zwei entgegensteuernde, vom Striatum zu den Ausgangsstationen verlaufende, Neuronensysteme moduliert (Abb. 2.11). Beim **„direkten" System** erfolgt eine direkte Hemmung der Ausgangsstationen durch striatale GABAerge Neuronen, in denen zusätzlich das Neuropeptid Substanz P vorkommt: eine Aktivierung des Striatums führt im direkten Weg zu einer Hemmung der hemmenden Wirkung (Disinhibition) von motorischen Kerngebieten des Thalamus (Nucleus ventralis thalami).

Über den **„indirekten" Weg** wird eine gegenteilige Beeinflussung der Ausgangsstationen hervorgerufen (Abb. 2.11): Vom Striatum ausgehend innervieren GABAerge Neuronen, die mit Enkephalin ko-lokalisiert sind, den GPl: von dort projizieren GABAerge Neuronen zum Nucleus subthalamicus und modulieren dadurch erregende, wahrscheinlich glutamaterge Neuronen, die zu den Ausgangsstationen der Basalganglien projizieren. Durch die hohen spontanen Entladungsraten der GPl-Neuronen wird ein tonischer inhibierender Einfluss auf den Nucleus subthalamicus ausgeübt. Der Nucleus subthalamicus kann durch einen negativen Feedback seinen striatalen Eingang im GPl glutamaterg erregen, woraus auf ihn eine hemmende Wirkung stattfindet (diese Innervierung wurde aus Übersichtsgründen in der Zeichnung weggelassen). Damit wird die glutamaterge Erregung der Ausgangsstationen durch den Nucleus subthalamicus zeitlich begrenzt. Im Endergebnis führt eine Aktivierung des striatalen Eingangs (der inhibierenden GABA-/enkephalinergen Neuronen) zu einer Blockierung der hemmenden Wirkung von GPl-Neuronen auf erregende Neuronen des Nucleus subthalamicus (Disinhibierung): mit der Konsequenz, dass die Ausgangsstationen stimuliert werden, wodurch eine Verstärkung der hemmenden Wirkung auf nachfolgende Kerngebiete des Thalamus erfolgt.

Durch die direkte und indirekte Modulation der Ausgangstationen der Basalganglien kann es also abhängig von der kortikalen Ansteuerung zu verschiedenen Äußerungen kommen, die im Nettoeffekt entweder zu einem positiven (direktes System) oder negativen kortikalen Feedback (indirekte Bahn) führen.

Dem direkten und dem indirekten Steuerungssystem der Ausgangsstationen ist noch eine kortikale-subthalamische exzitatorische Bahn an die Seite gestellt, die wie der direkte Weg nur über zwei Synapsen die Ausgangsstationen des Striatums erreicht (Abb. 2.11). Der wesentliche Unterschied ist jedoch, dass das direkte System im Endergebnis die Ausgangsstationen der Basalganglien hemmt: d.h. die hemmende Wirkung des Ausgangs wird aufgehoben, während das kortiko-subthalamische System erregend wirkt: d.h. die Erregung hemmender Neuronen der Ausgangsstationen wird noch verstärkt.

Eine besondere Rolle spielt die nigrale dopaminerge Innervation des Striatums, deren Wirkung auf die Basalganglienaktivität jedoch noch in vielen Aspekten nicht bekannt ist. Es scheint, dass sie einerseits erregend, andererseits aber auch hemmend auf die Ausgangsstationen der Basalganglien wirkt (Abb. 2.11). Das direkte Neuronensystem, das durch GABA-/Substanz-P-erge Neuronen die Ausgangsstationen hemmt, wird durch die dopaminerge, **Dopamin-D_1-Rezeptor**-vermittelte Innervierung des Striatums **stimuliert**, wodurch die Hemmung der hemmenden Wirkung der Ausgangsstationen noch verstärkt wird. Folglich kommt es zu einer verstärkten Erregung bestimmter motorischer Areale im Kortex durch glutamaterge, von motorischen Kerngebieten des Thalamus ausgehenden Neuronen. Das indirekte Neuronensystem wird wahrscheinlich durch die dopaminerge **Dopamin-D_2-Rezeptor**-vermittelte Innervierung des Striatums **gehemmt**, mit der Konsequenz, dass die hemmende Wirkung GABAerger Neuronen des GPl blockiert wird. Dadurch sind die glutamatergen subthalamischen Neuronen von pallidaler Hemmung befreit und können mittels glutamaterger Neuronen die hemmenden Neuronen der Ausgangsstationen erregen. Der Nettoeffekt stellt eine Hemmung kortikaler Strukturen dar.

Ein Ungleichgewicht zwischen direktem und indirektem System führt zu Basalganglien-Erkrankungen

Entsprechend dem oben beschriebenen Modell zur neuroanatomischen, neurochemischen und funktionellen Organisation der

Basalganglien nimmt man an, dass ein Ungleichgewicht zwischen der Aktivität des direkten und indirekten Neuronensystems und die damit verbundenen Änderungen der Aktivität der Ausgangsstationen der Basalganglien für das Auftreten des hypo- und hyperkinetischen Erscheinungsbildes von Basalganglien-Erkrankungen verantwortlich sind.

Aufgrund experimenteller Befunde (zur Übersicht: Gerlach et al., 1991a; Chesselet und Delfs, 1996) geht man davon aus, dass die dopaminerge Innervierung des Striatums im Regelfall das indirekte Neuronensystem moduliert. Durch das striatale Dopamin-Defizit, das bei allen Patienten mit einem Parkinson-Syndrom beobachtet wird, kommt es zu einer verminderten dopaminergen Hemmung von GABAergen Neuronen des Putamens (Abb. 2.12), wodurch der hemmende Einfluss auf GABAerge Neuronen des GPl verstärkt wird. Dies führt zu einer Abschwächung der hemmenden Wirkung auf erregende, glutamaterge Neuronen des Nucleus subthalamicus: d.h. es liegt eine erhöhte Stimulation hemmender Neuronen der Ausgangsstationen der Basalganglien vor, die im Endeffekt zu einer verstärkten Hemmung nachgeschalteter thalamischer Kerne und zu einer Blockade kortikaler, motorischer Strukturen führen, woraus sich die Hypokinese ergeben könnte.

Es stellt sich jedoch die kritische Frage, ob es nicht durch den Wegfall der striatalen GABAergen Hemmung auf den GPl zu einer Enthemmung der GABAergen Neuronen kommt, die dann den glutamatergen subthalamischen Weg ausschalten. Ob dann eine zentrale kortiko-subthalamische Aktivierung zugeschaltet wird, um einen funktionellen Ausgleich im obigen Sinn zu ermöglichen, ist eine offene Frage. Jedoch könnte das striatale Dopamin-Defizit im Falle eines enthemmten pallido-subthalamischen Weges auch auf dem direkten Weg zum GPm zu Akinese, Hypokinese und Bradykinese führen (Abb. 2.12). Entscheidend dabei wäre die Effektivität des negativen Feedbacks des Nucleus subthalamicus im GPl.

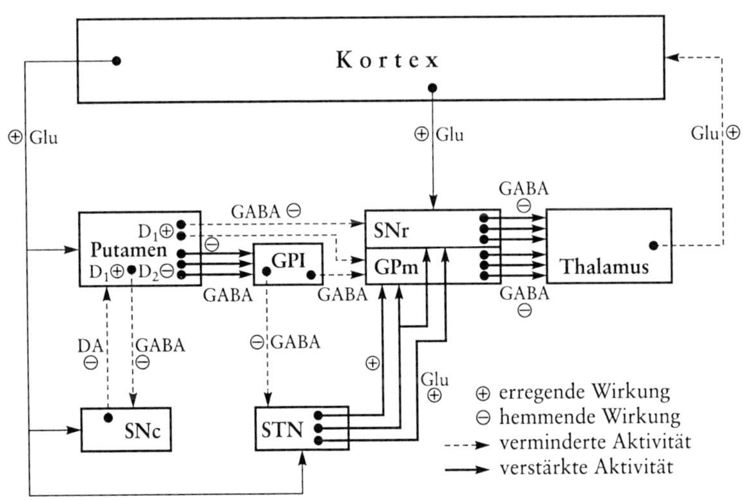

Abb. 2.12. Vereinfachte Darstellung der Neuroanatomie, Neurochemie und Pathofunktion der motorischen Schleife bei der Parkinson-Krankheit. (Nach DeLong, 1990.) DA, Dopamin; GABA, γ-Aminobuttersäure; Glu, Glutamat; GPl, Globus pallidus pars lateralis; GPm, Globus pallidus pars medialis; SNc, Substantia nigra pars compacta; SNr, Substantia nigra pars reticulata; STN, Nucleus subthalamicus.

Entsprechend dem Konzept zur Organisation der Basalganglien werden die bei der **Chorea Huntington** auftretenden hyperkinetischen Bewegungsstörungen durch die verminderte Blockade GABAerger Neuronen, die von den Ausgangsstationen der Basalganglien zu motorischen Kerngebieten des Thalamus projizieren, hervorgerufen (Abb. 2.13). In diesem Fall nimmt man an, dass die Degeneration von striatalen GABA-/enkephalinergen Neuronen zur Hyperaktivität von hemmenden GABAergen Neuronen des GPl führt, die erregende glutamaterge Neuronen des Nucleus subthalamicus hemmen. Dadurch werden die Ausgangsstationen nicht mehr über den indirekten Weg stimuliert, die hemmende Wirkung auf motorische Kerngebiete des Thalamus entfällt und es erfolgt im Endergebnis eine verstärkte Rückmeldung an motorische kortikale Zentren: d.h. unwillkürliche Bewegungen werden nicht mehr unterdrückt.

Ein ähnliches Bild liegt wahrscheinlich auch bei den durch die **L-DOPA-Langzeittherapie** hervorgerufenen **choreatischen Dyskinesien** vor. Die Ätiologie dieser Bewegungsstörungen ist nicht bekannt. Es gibt jedoch eine Reihe von Risikofaktoren wie das Alter der Patienten (jüngere entwickeln diese häufiger), das Geschlecht der Patienten (weibliche Patienten haben höheres Risiko) sowie die Dauer und Stärke der L-DOPA-Exposition. Mithilfe elektrophysiologischer Untersuchungen an MPTP-läsionierten Affen wurde gezeigt, dass nach chronischer L-DOPA-Gabe eine verminderte Aktivität im GPm, nicht aber im GPl vorhanden ist (Fox und Brotchie, 1996). Man nimmt deshalb an, dass das direkte, durch Dopamin-D$_1$-Rezeptoren stimulierte Neuronensystem für die Entwicklung von Dyskinesien bedeutsam ist. Mithilfe von In-situ-Hybridisierungs-Untersuchungen wurden erhöhte Enkephalin- und erniedrigte Substanz-P-mRNA-Mengen im Striatum nachgewiesen (Jolkkonen et al., 1995). Basierend auf den Arbeiten der Arbeitsgruppe von Chase (Oh et al., 1998) geht man davon aus, dass die intermittierende, unphysiologische Sti-

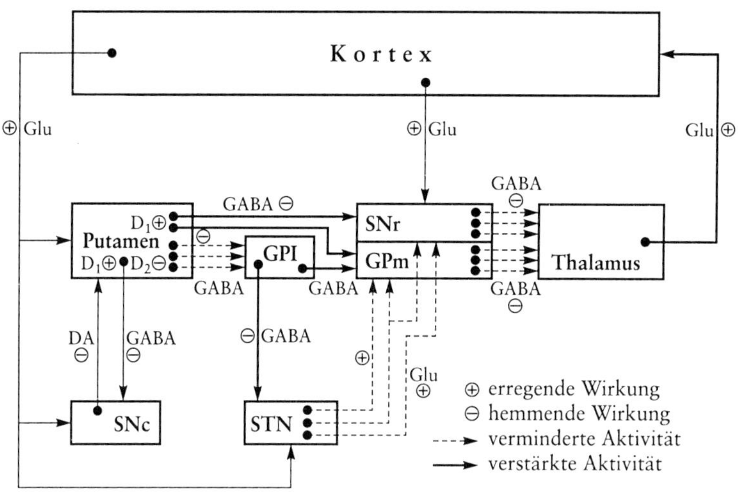

Abb. 2.13. Vereinfachte Darstellung der Neuroanatomie, Neurochemie und Pathofunktion der motorischen Schleife bei Chorea Huntington und L-DOPA-induzierten Dyskinesien. (Nach DeLong, 1990.) DA, Dopamin; GABA, γ-Aminobuttersäure; Glu, Glutamat; GPl, Globus pallidus pars lateralis; GPm, Globus pallidus pars medialis; SNc, Substantia nigra pars compacta; SNr, Substantia nigra pars reticulata; STN, Nucleus subthalamicus.

mulation striataler Dopamin-Rezeptoren mit L-DOPA zu einer Phosphorylierung von NMDA-Rezeptoren und getriggerter postsynaptischer glutamaterger Neurotransmission führt. Die infolgedessen entstehende relative glutamaterge Überaktivität ist u.a. für das Entstehen von Dyskinesien verantwortlich.

Es gibt experimentelle Befunde und theoretische Überlegungen, die das Konzept der Basalganglien-Organisation widerlegen

Regionale Untersuchungen von Neurotransmitter-Konzentrationen und Rezeptorbindungsdichten an humanem Post-mortem-Gewebe erbrachten keine Hinweise dafür, dass das oben skizzierte pathophysiologische Modell des Parkinson-Syndroms zutrifft (Gerlach et al., 1996a). Lediglich Rezeptorbindungs-Untersuchungen mit dem spezifischen NMDA-Liganden [^{3}H]CGP 39653 wiesen im GPm eine erniedrigte Bindungsdichte des Glutamat-Rezeptorsubtyps nach, welche durch eine erhöhte glutamaterge Stimulation durch Nucleus-subthalamicus-Neurone erklärbar wäre (Lange et al., 1997). Mithilfe der In-situ-Hybridisierungs-Technik wurde zwar in Post-mortem-Gewebe von Parkinson-Patienten eine etwa 50 Prozent erniedrigte Menge von Glutamat-Decarboxylase-mRNA im GPl (entspricht diesem Konzept) nachgewiesen, jedoch keine erhöhte Menge im GPm (Nisbet et al., 1996), die entsprechend diesem Konzept zu erwarten wäre.

Parent und Cicchetti (1998) diskutierten in einem kürzlich veröffentlichten Übersichtsartikel, dass dieses Modell neuere wichtige Erkenntnisse nicht berücksichtigt und kamen zu dem Schluss, dass dieses Modell obsolet sei. Ein Hauptargument dafür war, dass eine Reihe anatomischer, funktioneller und klinischer Probleme vorhanden sind, die dieses Modell nicht erklären kann. Ein anatomisches Hauptproblem ist beispielsweise die Sonderstellung der Ausgangsstationen der Basalganglien. Neueste Untersuchungen zeigten, dass der hohe Kollateralisierungsgrad striataler Neuronen ihnen erlaubt, in nahezu alle Strukturen der Basalganglien zu projizieren. Weiterhin stimmen einige Aspekte der anatomischen Verteilung von Neuropeptiden nicht mit dem Konzept überein. Obwohl Enkephalin- und Substanz-P-enthaltende striatale Neuronen vor allem auf Zielgebiete im GPl bzw. den Ausgangsstationen der Basalganglien projizieren, wird von den Verfechtern dieses Konzeptes verschwiegen, dass Terminale dieser Neuronen sowohl beim Menschen als nicht-menschlichen Primaten in ähnlicher Dichte auch in der SNr vorkommen (Parent und Cicchetti, 1998). Experimentelle Befunde weisen zudem daraufhin, dass die Hyperaktivität des Nucleus subthalamicus nicht nur durch die Projektion vom GPl herrührt und das indirekte System nur eine untergeordnete Rolle an der Pathophysiologie des Parkinson-Syndroms hat.

Die Entwicklung des Konzepts zur Organisation der Basalganglien führte zwar zum Wiederaufblühen neurochirurgischer Therapien der Parkinson-Krankheit, doch wiesen die klinischen Ergebnisse solcher Therapien doch auch auf die Unzulänglichkeiten dieses Modells hin. Stereotaktische Operationen wurden ursprünglich angewandt, um den Rigor und Tremor von Parkinson-Patienten zu therapieren. Anfänglich erreichte man partielle Erfolge nach Auschaltung des GPm, bessere Erfolge jedoch nach Ausschaltung bestimmter motorischer Zielgebiete im Thalamus (zur Übersicht: Marsden und Obeso, 1994). Heute werden jedoch mithilfe ausgefeilterer stereotaktischer Operationstechniken bessere Ergebnisse bei Ausschaltung des GPm erzielt und sogar Erfolge bei der Aufhebung von Akinese und Bradykinese beschrieben (zur Übersicht: Sian et al., 1999). Es erhebt sich hierbei jedoch die Frage, warum bei den stereotaktisch behandelten Patienten keine schwerwiegende Einschränkung der Bewegung eingetreten ist, da ja eine der Ausgangsstationen der Basalganglien zerstört wurde und damit die Informationsweiterleitung unterbrochen wurde. Eigentlich hätte man entsprechend diesem Modell erwarten müssen, dass nach solch einer Läsion der durch das direkte System hervorgerufene positive kortikale Feedback verhindert wird, der wie man annimmt erst die Initiierung willkürlicher Bewegung erlaubt. Eine derartige Läsion sollte aber auch den negativen kortikalen Feedback verstärken, der durch das indirekte System erzeugt wird, und von dem man annimmt, dass er ungewollte Bewegungen unterdrückt. Im Nettoeffekt sollte eine Ausschaltung des Thalamus die Ausführung von normaler Bewegung noch schwieriger machen, was aber offensichtlich bei den stereotaktisch operierten Parkinson-Patienten nicht der Fall zu sein scheint (Marsden und Obeso, 1994; Sian et al., 1999).

Unter normalen Umständen unterstützen die Basalganglien automatisch ablaufende Bewegungsvorgänge, die von motorischen Kortexarealen generiert werden. Wenn jedoch neue Begebenheiten Reaktionen hervorrufen, adaptieren die Basalganglien routinemäßig ablaufende motorische Operationen an die neuen Erfordernisse (Heim und Sontag, 2001). Erinnerungen, Neuigkeiten, Emotionen sind solche Anreize, die in Regionen des Striatums Reaktionen hervorrufen können. Folgt man diesem Gedanken, dann müssten die stereotaktisch operierten Patienten mit einer unterbrochenen Schleife besonders dann Schwierigkeiten haben, wenn sie aufgrund solcher Anreize zu motorischen Strategiewechseln gezwungen werden. Dies ist bei Parkinson-Patienten in der Tat der Fall. Auch experimentell lässt sich dies bei der pharmakologischen Blockade des striato-nigralen GABAergen Neuronensystems zeigen (Heim et al., 1986). Marsden und Obeso (1994) nehmen deshalb an, dass motorische Schleifen existieren, die – wenn auch nicht immer perfekt – auch ohne striato-pallido-thalamo-kortikalen Feedback funktionieren. Anzumerken ist aber, dass der Einfluss der SNr in den thalamischen Anteilen streng von den pallidalen und zerebellären getrennt bleibt, weswegen die thalamische Funktion unter dem Einfluss von Basalganglienaktivität nicht völlig ausgefallen zu sein braucht. Diese Annahme unterstreicht noch einmal den Einfluss der Basalganglien auf die Modulation des kortikal initiierten Bewegungsprogramms, wobei dieses aber immer an neue Gegebenheiten adaptiert werden kann, und der erfolgte Korrekturvorschlag an kortikale Anteile weitergegeben wird.

Zusammenfassend soll hier festgestellt werden, dass die Entwicklung des Konzepts zur Organisation der Basalganglien zwar einige Aspekte der Pathophysiologie von Basalganglien-Erkrankungen erklären kann und zum Wiederaufblühen neurochirugischer Therapien der Parkinson-Krankheit führte, doch weisen klinische Ergebnisse solcher Therapien und Befunde aus Post-mortem-Untersuchungen daraufhin, dass dieses Konzept so wahrscheinlich nicht stimmt.

3
Wirkungsmechanismen von Antiparkinson-Medikamenten

Die Anfänge der medikamentösen Behandlung der Parkinson-Krankheit waren vom Empirismus geprägt. Nahezu jede bekannte botanische Zubereitung wurde bis 1900 von den Klinikern auf ihre therapeutische Eignung geprüft. 1890 listete Peterson in M.A. Starrs Buch „Familiar Forms of Nervous Disease“ unter anderen Veratrum, Ergot, Strychnin, Opium, Coniin, Curare, Eserin, Gelsemium und viele andere mehr auf. Abschließend stellte er fest, dass nur Belladonna-Alkaloide von einem gewissen Nutzen waren, aber auch nur als Palliativum. Belladonna-Alkaloide ist die Sammelbezeichung für die in Wurzeln, Blättern oder Samen verschiedener Nachtschattengewächse vorkommenden Tropan-Alkaloide, deren wichtigste Vertreter dieser z.B. in der Tollkirsche (*Atropa belladonna*), dem Schwarzen Bilsenkraut (*Hyoscyamus niger*) und dem Gemeinen Stechapfel (*Datura stramonium*) anzutreffenden Stoffgruppe sind das Atropin (Racemat von D- und L-Hyoscyamin), das Hyoscyamin und das Scopolamin. Charcot hatte bereits 1880 beobachtet, dass man mit Hyoscyamin den Tremor hemmen, aber nicht die Krankheitserscheinungen mildern und die Ursache beseitigen konnte (siehe Brede, 1989). Als **Bulgarische Kur** wurde die Behandlung von Parkinsonismus mit täglichen hohen Dosen Atropin (bis zu 10 bis 20 mg) oder mit Auszügen aus der bulgarischen Belladonna-Wurzel mit einem Gesamtalkaloidgehalt von drei mg bekannt. Diese Kur wurde zuerst von dem italienischen Kliniker Ponegrossi empfohlen (siehe Brede, 1989). Heute weiß man, dass Atropin ein kompetitiver Antagonist des ACh an den Rezeptoren parasympathisch innervierter Organe ist und in einem weiten Dosierungsbereich nur die muscarinische Wirkung von ACh, nicht aber die Nikotin-ähnliche Wirkung an Ganglien und an der neuromuskulären Endplatte betrifft.

Die Wirksamkeit und der Wirkungsmechanismus von Anticholinergika sind wenig belegt

Basierend auf strukturellen Ähnlichkeiten mit den in Belladonna-Extrakten vorkommenden Hauptkomponenten Atropin und Scopolamin wurden synthetische Anticholinergika entwickelt (Abb. 3.1) und 1946 erstmals klinisch untersucht. Ungeachtet der Tatsache, dass die zugesagte klinische Überlegenheit über die natürlich vorkommenden Alkaloide anfänglich nicht vorbehaltlos bestätigt werden konnte, setzte sich die Therapie mit synthetischen Anticholinergika doch zögernd durch, vor allem deshalb, weil diese weniger Nebenwirkungen verursachten.

Obwohl Anticholinergika nun schon über ein Jahrhundert die medikamentöse Parkinson-Therapie bestimmt haben und seit über 50 Jahren verschiedene synthetische Anticholinergika zur Verfügung stehen, liegen nur wenige verlässliche, gemäß den „Gute klinische Praxis“-Standards durchgeführte

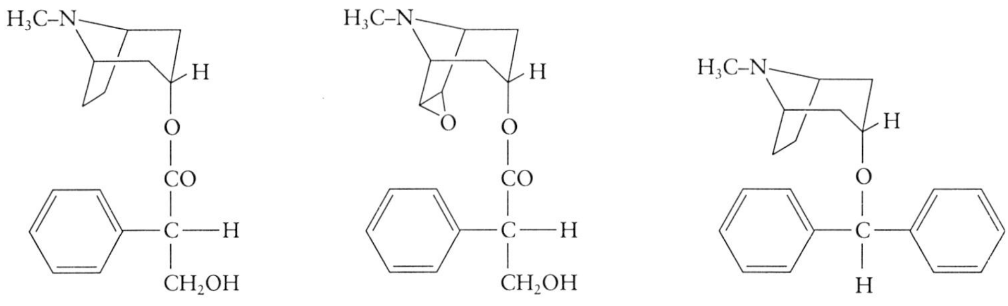

Atropin **Scopolamin** **Benzatropinmesilat**

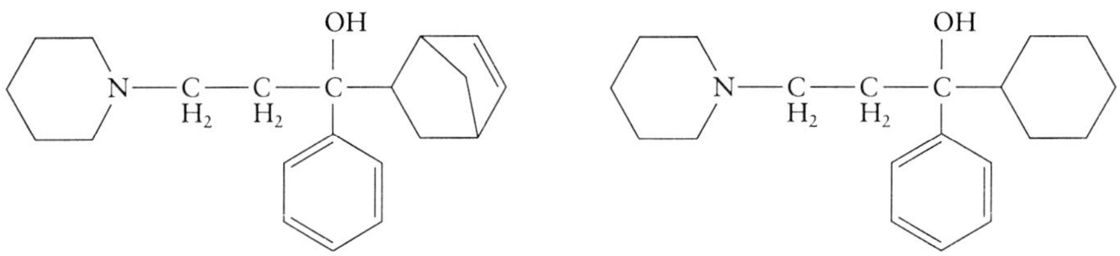

Biperiden **Trihexyphenidyl**

Abb. 3.1. Strukturformeln von Atropin, Scopolamin und daraus entwickelten synthetischen Anticholinergika.

Untersuchungen über die Wirksamkeit der einzelnen Präparate auf die einzelnen Parkinson-Symptome, und vor allem kaum Langzeitbeobachtungen vor. Der maximale klinische Besserungseffekt unter der Monotherapie mit Anticholinergika liegt entsprechend Literaturangaben zwischen 20 und 30 Prozent, wobei die Wirkung auf den Tremor oft besser als bei anderen Wirkstoffklassen bezeichnet wird (Schneider, 1989). **Kontraindiziert** sind Anticholinergika jedoch bei **älteren Parkinson-Patienten** mit dementiver Symptomatik. Da bei diesen Patienten zusätzlich cholinerge Neurone im Nucleus basalis Meynert geschädigt sind (siehe Kapitel 2), würden Anticholinergika die Demenz auslösen und/oder die bereits vorhandene dementive Symptomatik noch verstärken.

Das Wirkprinzip der zur Behandlung der Parkinson-Krankheit angewandten anticholinergen Medikamente ist nicht in allen Details bekannt und auch nicht an heute verwendeten experimentellen Parkinson-Modellen untersucht. In Rezeptorbindungsstudien wurden einige der verwendeten Substanzen (wie Biperidin) als Antagonisten des muscarinischen cholinergen Rezeptor-Subtyps klassifiziert (Haas, 1989). Im Tierexperiment zeigt Biperidin einen stark ausgeprägten antagonistischen Effekt gegenüber durch Nikotin bzw. Tremorin ausgelöste Krampfreaktionen. Man nimmt an, dass Anticholinergika dem funktionellen Übergewicht cholinerger Interneuronen im Striatum, das infolge der Degeneration dopaminerger nigro-striataler Neuronen entsteht, entgegenwirken (Tabelle 3.1). Da diese cholinergen Neurone die Aktivität dopaminerger nigro-striataler Neuronen hemmen, führt eine Aufhebung der funktionellen cholinergen Überaktivität zu einer Steigerung der Aktivität noch intakter dopaminerger nigro-striataler Neurone: ergo

Tabelle 3.1. Wirkungsmechanismen der in der Klinik verwendeten Antiparkinson-Medikamente

Wirkstoffklasse	Hauptwirkprinzip
Anticholinergika	Reduzierung der cholinergen striatalen Überaktivität und funktionelle Steigerung der dopaminergen Aktivität
L-DOPA	Zentrale Dopamin-Substitution
L-DOPA/DOPA-Decarboxylase-Hemmer	Hemmung des L-DOPA-Abbaus zu Dopamin Erhöhung der zerebralen Bioverfügbarkeit von L-DOPA Zentrale Dopamin-Substitution
COMT-Hemmer	Hemmung des L-DOPA-Abbaus zu 3-O-Methyl-DOPA Erhöhung der zerebralen Bioverfügbarkeit von L-DOPA
MAO-B-Hemmer	Hemmung des zentralen Dopamin-Abbaus Erhöhung der synaptischen Dopamin-Konzentration
Dopamin-Rezeptoragonisten	Direkte Stimulation zentraler Dopamin-Rezeptoren
NMDA-Rezeptorantagonisten	Reduzierung der funktionell erhöhten glutamatergen Aktivität von Nucleus-subthalamicus-Neuronen

COMT, Catechol-O-Methyl-Transferase; L-DOPA, L-3,4-Dihydroxyphenylalanin; MAO-B, Monoamin-Oxidase, Typ B; NMDA, N-Methyl-D-aspartat.

sollte die akinetische Symptomatik gebessert werden. Dies bedeutet aber, dass eine anticholinerge Therapie **nur im Frühstadium** der Parkinson-Krankheit (d.h. wenn noch genügend dopaminerge Neuronen vorhanden sind) **wirksam** sein kann. Welche pharmakologischen Eigenschaften für die Wirkung der Anticholinergika auf den Tremor verantwortlich sind, ist nicht bekannt. Dies hängt u.a. damit zusammen, dass man bisher nicht das neuropathologische/-chemische Substrat des Tremors kennt.

Die L-DOPA-Therapie war die erste rational entwickelte Therapie einer neurologischen Erkrankung

Die L-DOPA-Therapie der Parkinson-Krankheit ist trotz der unter der Langzeittherapie auftretenden motorischen und psychiatrischen Komplikationen eine der größten Errungenschaften in der Neurologie des 20. Jahrhunderts, da sie die erste wirksame, rational begründete Therapie einer neurologischen Erkrankung ist: Sie basiert auf dem Wissen um den Zusammenhang zwischen einem neuropathologisch fassbaren Substrat, einem neurochemischen Defizit und dem Auftreten der motorischen Symptomatik.

Die experimentelle Grundlage zur therapeutischen Anwendung der Dopamin-Vorstufe L-DOPA wurde von dem schwedischen Pharmakologen Arvid Carlsson geschaffen. Dieser fand, dass das zur Behandlung des Bluthochdrucks verwendete Reserpin bei Kaninchen zu einer Dopamin-Verarmung im Striatum führt und ein Parkinson-ähnliches Verhalten hervorruft: Durch Gabe von L-DOPA konnten diese Effekte wieder aufgehoben werden (Carlsson et al., 1957). Heute weiß man, dass Reserpin Dopamin aus den synaptischen Vesikeln entleert und eine Wiederaufnahme verhindert (Tabelle 2.1), wodurch ein funktionelles Dopamin-Defizit erzeugt wird. Ähnliche Beobachtungen wurden in Japan von dem Neuropharmakologen Isamu Sano bei Meerschweinchen gemacht. Diese führten dazu, dass schon Ende der 50er Jahre in Japan Versuche mit einem Racemat aus D-DOPA und L-DOPA an Parkinson-Patienten durchgeführt wurden; die Autoren glaubten jedoch nicht an dieses Therapie-Prinzip (siehe Foley et al., 2000).

Die Arbeitsgruppe um Sano gehörte auch zu den Ersten, die Dopamin im menschlichen Gehirn bestimmten und von einem Dopamin-Mangel im Striatum von Parkinson-Patienten berichteten (siehe Foley et al., 2000), wenngleich in der Literatur fast immer nur Ehringer und Hornykiewicz (1960) zitiert werden, die dies aber erst ca. ein Jahr nach Sano publizierten. Die Arbeit von Ehringer und Hornykiewicz war jedoch der Anlass für den Wiener Neurologen Walter Birkmayer 1961 die Wirkung von intravenös verabreichten L-DOPA (50 bis 150 mg), der Blut-Hirn-Schranken-gängigen Vorstufe von Dopamin, bei Parkinson-Kranken zu untersuchen: auffallend war dabei insbesonders der antiakinetische Effekt der Testsubstanz (Birkmayer und Hornykiewicz, 1961). Etwa zur gleichen Zeit und unabhängig von den Wienern wurde in Kanada von André Barbeau oral und rektal verabreichtes L-DOPA (200 mg) zur Therapie der Parkinson-Krankheit verwendet. Allerdings zeigte sich nur ein mäßiger Erfolg (Barbeau et al., 1962). Ausgangspunkt für den kanadischen Neurologen war der Befund, dass im Urin von Parkinson-Patienten erniedrigte Konzentrationen von Dopamin nachgewiesen wurden (Barbeau et al., 1961).

Therapieoptimierung durch Kombinationspräparate aus L-DOPA und DOPA-Decarboxylase-Hemmstoffen

Wichtig für den breiten therapeutischen Einsatz von L-DOPA waren die klinischen Beobachtungen, die in Amerika mit exorbitant hohen Dosen von 1,6 bis 12,6 g DOPA/Tag (Racemate aus D- und L-DOPA, da L-DOPA zu dieser Zeit noch extrem teuer war) gemacht wurden (Cotzias et al., 1967). Diese zeigten, dass alle Parkinson-Symptome in einem ganz erheblichen Ausmaß gebessert wurden. Allerdings war die Behandlung, auch nachdem nur noch reines L-DOPA verwendet wurde, mit starken Nebenwirkungen verbunden: Bei vielen Patienten kam es zu Übelkeit und Erbrechen, hypotonen Kreislaufregulationsstörungen und psychopathologischen Auffälligkeiten (vor allem Halluzinationen). Diese Nebenwirkungen beruhten mit Ausnahme der pharmakotoxischen Psychosen auf der in der Peripherie (Darmwand, Leber, Herz und Endothel der Kapillaren des Gehirns) stattfindenden Decarboxylierung von DOPA zu Dopamin (Abb. 2.4, S. 34).

Entscheidend für die weitere Entwicklung der L-DOPA-Therapie waren dann die von Birkmayer und Mentasti (1967) erstmals beschriebenen klinischen Befunde, die einen L-DOPA-potenzierenden Effekt des Decarboxylase-Hemmstoffs Benserazid zeigten. Dieser Befund war zunächst überraschend, da man ursprünglich davon ausging, dass Benserazid die Blut-Hirn-Schranke überwindet, und deshalb einen gegenteiligen Effekt erwartete. Nachfolgende neurochemische Untersuchungen an Ratten zeigten jedoch, dass radioaktiv-markiertes L-DOPA nach vorhergehender Decarboxylase-Hemmung mit Benserazid in höheren Konzentrationen und über einen längeren Zeitraum ins Gehirn gelangt; zusätzlich wurden höhere Dopamin-Konzentrationen gemessen (Bartholini et al., 1967). Etwas später wurde noch ein weiterer peripherwirkender DOPA-Decarboxylase-Hemmer entwickelt, das Carbidopa (Abb. 3.2; Cotzias et al., 1969). Die ersten klinischen Untersuchungen zeigten, dass dadurch bis zu 75 Prozent der täglichen L-DOPA-Dosis eingespart werden konnten (Fazio et al., 1972).

Durch Hinzufügen eines in therapeutischen Dosierungen nicht in das Gehirn eindringenden DOPA-Decarboxylase-Hemmers (wie Benserazid oder Carbidopa) konnten die peripheren Nebenwirkungen stark reduziert werden, gleichzeitig sank die erforderliche therapeutische Dosis auf ein Viertel bis ein Fünftel der vorher notwendigen L-DOPA-Menge. Heute kommen daher nur L-DOPA-

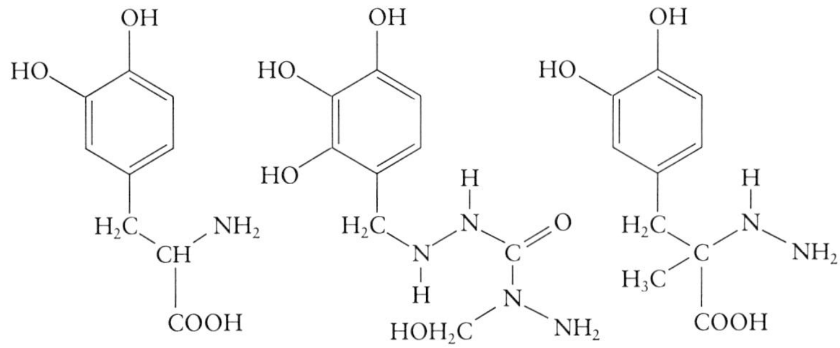

L-DOPA **Benserazid** **Carbidopa**

Abb. 3.2. Strukturformeln von L-DOPA und DOPA-Decarboxylase-Hemmstoffen.

Kombinationspräparate zur Anwendung, in denen das Mengenverhältnis von L-DOPA zu Decarboxylase-Hemmstoff 4:1 (für Benserazid und Carbidopa) bzw. 10:1 (Carbidopa) beträgt. Wenn im Folgenden von L-DOPA die Rede ist, ist daher immer ein L-DOPA-/DOPA-Decarboxylase-Hemmer-Präparat gemeint. Vergleichende Untersuchungen, die von Birkmayer und Riederer (1985) ausführlich beschrieben wurden, zeigten, dass keine wesentlichen Unterschiede zwischen den beiden Kombinationspräparaten bezüglich der klinischen Wirksamkeit und der L-DOPA-Plasmaspiegel bestehen.

Versuch der Wirkungsverlängerung von L-DOPA durch Retardierung

Trotz der peripheren DOPA-Decarboxylase-Hemmung kommen nur etwa fünf bis zehn Prozent des peroral verabreichten L-DOPA ins Gehirn (dagegen nur ein bis drei Prozent ohne Decarboxylase-Hemmung). Dies hängt damit zusammen, dass L-DOPA durch weitere effektive enzymatische (O-Methylierung durch COMT) und nicht-enzymatische Prozesse (Autoxidation, Sulfatierung, unspezifische Biotransformation durch Konjugation mit Glucuronsäure, Aminosäuren und Essigsäure) rasch verstoffwechselt wird (Nutt und Fellman, 1984). Da L-DOPA nach peroraler Verabreichung sehr schnell in den Blut-Kreislauf gelangt, kommt es zu den typischen Spitzen in den Plasmaspiegel-Kurven (Abb. 3.3). Dieses ungünstige pharmakokinetische Profil führt dazu, dass das Gehirn immer wieder kurzfristig mit hohen L-DOPA-Konzentrationen überflutet wird. Da L-DOPA auch durch andere Neuronen und die Glia in Dopamin metabolisiert wird kommt es damit zu einer unphysiologischen, pulsatilen Stimulation dopaminerger Rezeptoren. Dies wird als Erklärung für die unter der chronischen L-DOPA-Therapie auftretenden motorischen Spätkomplikationen wie Peak-dose-Dyskinesien und End-of-Dose-Akinesien angenommen, könnte aber auch für das Auftreten von On-off-Phänomenen verantwortlich sein.

Um die Wirkung von L-DOPA zu verlängern und das Auftreten der motorischen Spätkomplikationen zu verhindern bzw. zu reduzieren, wurden Retardpräparate wie z.B. Madopar HBS® (HBS ist die Abkürzung für *hydrodynamically balanced system*) oder CR-Sinemet® (CR ist die Abkürzung für *controlled release*) entwickelt. Das diesen galenischen Formulierungen gemeinsame Prinzip ist die Verlängerung der Verweildauer des L-DOPA-Präparates im Magen: somit soll eine kontinuierliche Freisetzung von L-DOPA aus der Arzneiform und eine langfristige L-DOPA-Resorption im Gastrointestinal-Trakt ermög-

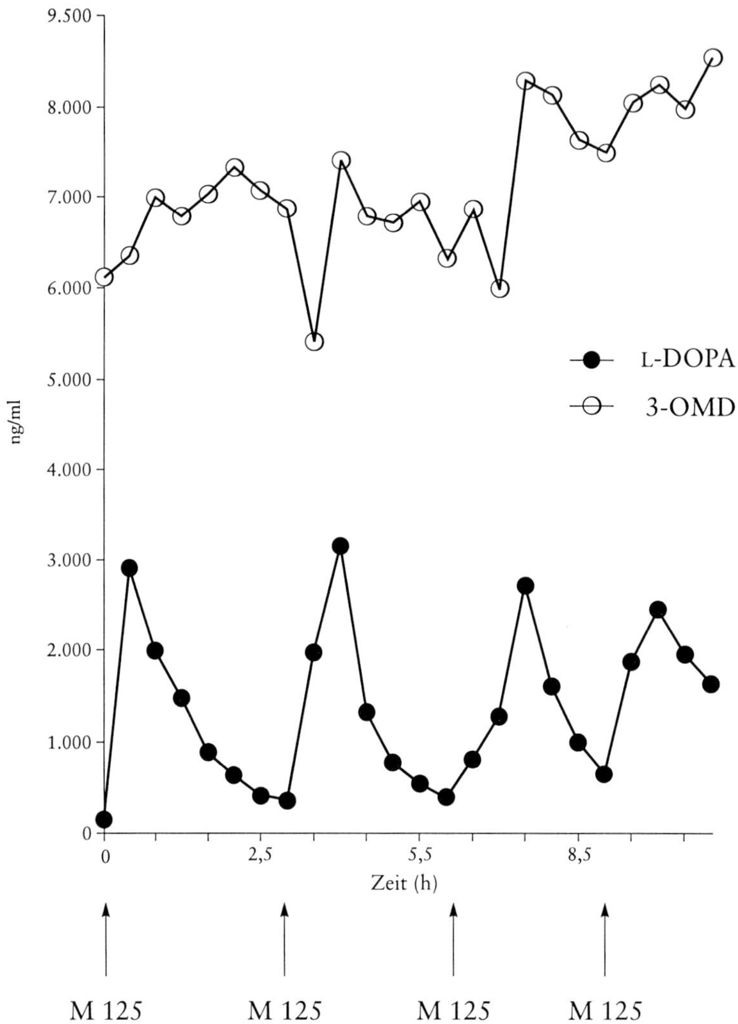

Abb. 3.3. Typischer Verlauf der L-DOPA-Plasmakonzentrationen bei einem Parkinson-Patienten nach peroraler Einnahme eines L-DOPA-Präparates. M 125, 125 mg Madopar®; 3-OMD, 3-O-Methyl-DOPA.

licht werden. Jedoch muss man davon ausgehen, dass die tatsächliche Verweildauer wesentlich geringer ist (zwei bis vier Stunden) als die theoretisch mögliche und durch Faktoren wie Alter, Nahrungsaufnahme, Magen-Darm-Motilität oder Krankheitsstadium beeinflusst wird (Gerlach et al., 1989). Da L-DOPA nur aus dem Duodenum und Jejunum durch den aktiven Transportmechanismus für „Neutrale aromatische Aminosäuren" resorbiert wird, ist aufgrund der im Vergleich zu normal freisetzenden Präparaten geringeren L-DOPA-Freisetzungsrate auch die Invasionsgeschwindigkeit langsamer (bei gleicher Metabolisierungsrate) und damit auch die resorbierte Menge geringer: dementsprechend werden nach der Gabe von L-DOPA-Retardpräparaten generell **niedrigere maxi-**

male Plasmakonzentrationen (c_{max}) und **längere Halbwertsdauer-Werte** (gilt als Kriterium zur Beurteilung des Retardierungseffektes und ist als die Zeit definiert, in der der Plasmaspiegel $\geq c_{max}/2$ ist) erreicht (Abb. 3.4) sowie **herabgesetzte Bioverfügbarkeiten** gefunden.

Für die Voraussagung der Wirkung von L-DOPA-Retardpräparaten und der Dosierungsintervalle ist die Kenntnis der Verweildauer der Arzneiform im Magen notwendig. Da diese aber im klinischen Alltag nicht bestimmbar ist, ist die Ermittlung der L-DOPA-Plasmaspiegel die einzige Möglichkeit, um diese Präparate effektiv zu verwenden. Die von den Arzneimittel-Firmen in den Beipackzetteln gemachten allgemeinen Empfehlungen (wie etwa die Verwendung der doppelten Dosierung) sind jedenfalls wenig hilfreich und führten dazu, dass sich die breite Anwendung dieser Präparate in der Parkinson-Therapie nicht durchsetzte.

Weitere Erhöhung der zerebralen L-DOPA-Menge durch COMT-Hemmung

Durch die Hemmung der peripheren DOPA-Decarboxylase wird L-DOPA vermehrt durch die COMT in peripheren Organen (vor allem Leber, Niere und Gastrointestinal-Trakt)

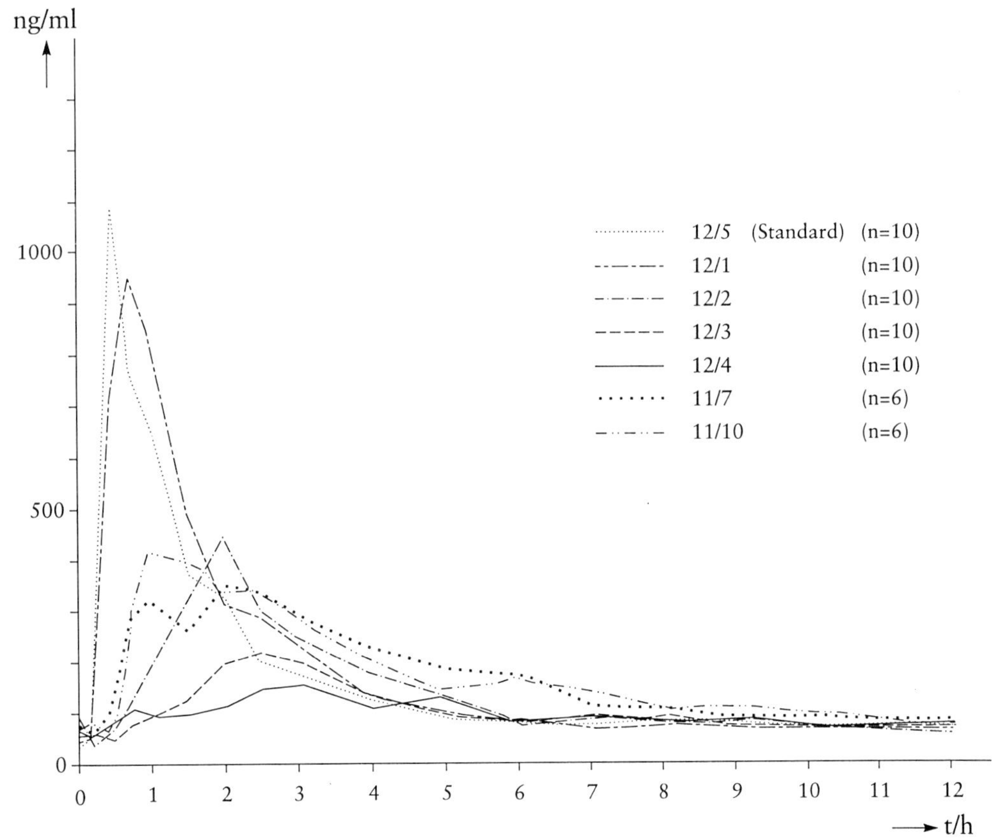

Abb. 3.4. Zeitliche Verläufe von L-DOPA-Plasmakonzentrationen bei gesunden Probanden nach peroraler Gabe verschiedener L-DOPA-Retardformulierungen. (Aus Gerlach et al., 1989.)

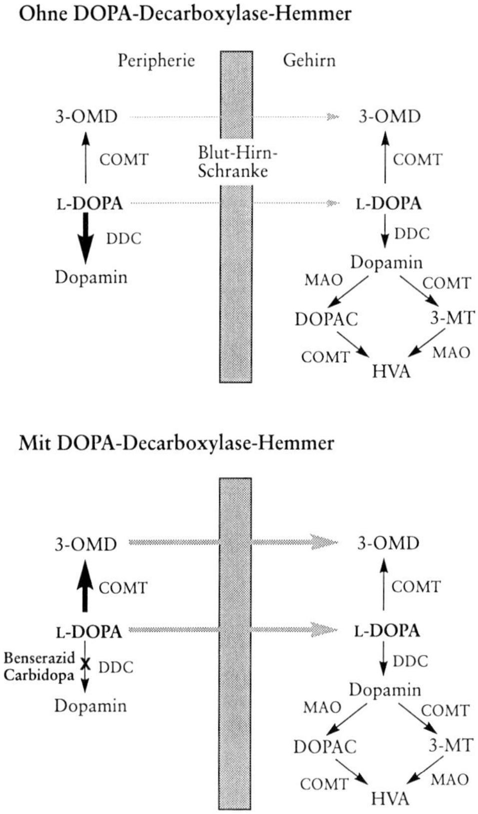

Abb. 3.5. Beeinflussung des L-DOPA-Metabolismus durch DOPA-Decarboxylase-Hemmer. DDC, DOPA-Decarboxylase; COMT, Catechol-O-Methyl-Transferase; L-DOPA, L-3,4-Dihydroxyphenylalanin; DOPAC, 3,4-Dihydroxyphenylessigsäure; HVA, Homovanillinsäure; MAO, Monoamin-Oxidase; 3-MT, 3-Methoxytyramin; 3-OMD, 3-O-Methyl-DOPA.

zu 3-O-Methyl-DOPA (3-OMD) metabolisiert (Abb. 3.5). Unter der chronischen L-DOPA-Therapie kommt es dann zu einer Akkumulation von 3-OMD im Blut von Parkinson-Patienten. Da dieser Metabolit mit L-DOPA am Transport-System für „Große neutrale Aminosäuren", das an Endothelzellen der Blut-Hirn-Schranke lokalisiert ist, um die Aufnahme ins Gehirn konkurriert, führen hohe periphere 3-OMD-Konzentrationen zu einer weiteren Abnahme der zentralen Bioverfügbarkeit von L-DOPA (siehe auch Abb. 3.7). Diese Mechanismen begründen auch die unter der chronischen L-DOPA-Therapie auftretenden Komplikationen wie insbesondere die nachlassende Wirkung, verkürzte Wirkungsdauer einer einzelnen Dosis im Sinne von End-of-Dose-Akinesien oder Wirkungsfluktuationen (Nutt und Fellman, 1984; Gerlach et al., 1986; Baas und Fischer, 1988; Harder et al., 1995). Folgerichtig wurden COMT-Hemmstoffe zur weiteren Optimierung der L-DOPA-Therapie entwickelt (Abb. 3.6).

Die ersten COMT-Hemmer wie Pyrogallol oder N-Butylgallat waren lebertoxisch und oral unwirksam und somit nicht für eine weitere klinische Entwicklung geeignet. Heute stehen in der Klinik im Prinzip zwei COMT-Hemmstoffe, Entacapon und Tolcapon, zur Verfügung. Die Zulassung für Tolcapon ruht derzeit in der Europäischen Union, da diese Substanz bei drei Patienten zu akutem Leberversagen mit letalem Ausgang geführt haben soll. Tolcapon hemmt dosisabhängig sowohl die periphere als auch die zentrale COMT, während Entacapon hingegen nur das periphere Enzym blockiert (Männistö et al., 1992; Kaakkola und Wurtman 1993). Unter Tolcapon-Behandlung wird deshalb auch der zentrale L-DOPA- und Dopamin-Metabolismus beeinflusst (Abb. 3.7).

Durch die Zugabe der COMT-Hemmer Entacapon und Tolcapon zu L-DOPA-Präparaten wird die Bildung von 3-OMD reduziert sowie gleichzeitig die zentrale Bioverfügbarkeit von L-DOPA weiter erhöht und damit dessen Wirkdauer verlängert (Tab. 3.1). Wiederholte orale Gaben von 200 mg Entacapon erhöhten bei Parkinson-Patienten die AUC- (*Area under the curve*-) Werte (Maß für die Bioverfügbarkeit) für L-DOPA um 20 bis 43 Prozent, gleichzeitig wurden die für 3-OMD um 45 bis 64 Prozent reduziert und die Eliminationshalbwertszeit für L-DOPA um 37 Prozent verlängert (McNeely und Davis, 1997). Weiterhin wurde gezeigt, dass beide COMT-Hemmer die On-Zeiten um bis

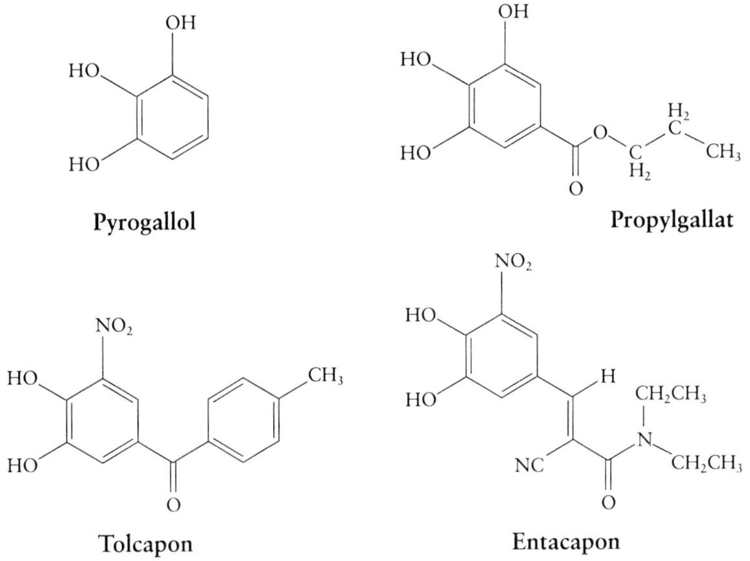

Abb. 3.6. Strukturformeln von COMT-Hemmstoffen.

zu 20 Prozent erhöhen und eine Reduktion der L-DOPA-Dosis bis zu 30 Prozent erlauben (Baas et al., 1997; Parkinson Study Group, 1997).

Die nachgesagte Eigenschaft, dass COMT-Hemmer nicht die c_{max} von L-DOPA nach Einnahme eines L-DOPA-Präparates erhöhen (siehe Spencer und Benfield, 1996 und Baas, 1999), trifft jedoch unter Bedingungen des klinischen Alltags wahrscheinlich nicht zu. Müller und Kollegen (2000) berichteten, dass sich der c_{max}-Wert von L-DOPA bei Parkinson-Patienten erhöhte, wenn Tolcapon eine halbe Stunde vor Einnahme des L-DOPA-Präparates eingenommen wurde. Die Diskrepanz zu den bisher publizierten Untersuchungen kommt dadurch zustande, dass in diesen immer das L-DOPA-Präparat und der COMT-Hemmer gleichzeitig verabreicht wurden: da die COMT-Hemmer ähnlich rasch wie L-DOPA resorbiert werden, ist es nicht verwunderlich, dass kein Effekt der COMT-Hemmung auf den c_{max}-Wert von L-DOPA beobachtet wurde. Sobald jedoch bereits eine COMT-Hemmung vorhanden ist (z.B. nach wiederholter Gabe des COMT-Hemmers), muss es zu einer Erhöhung des c_{max}-Wertes von L-DOPA kommen.

Da L-DOPA ein ähnliches pharmakokinetisches Profil hat wie Entacapon (Eliminationshalbwertszeit 1–2 h; Baas, 1999), wird dieser COMT-Hemmstoff generell in ähnlichen Abständen wie das L-DOPA-Präparat verabreicht; Tolcapon hat dagegen eine etwas längere Eliminationshalbwertszeit (2–3 h; Spencer und Benfield, 1996) und wird deshalb im allgemeinen nur dreimal täglich eingenommen.

Dopamin-Rezeptoragonisten stimulieren direkt Dopamin-Rezeptoren

Dopamin-Rezeptoragonisten können direkt Neuronen stimulieren, ohne dass sie auf metabolische Enzyme, die in den degenerierten prä-synaptischen nigro-striatalen dopaminergen Neuronen vorhanden sind, angewiesen sind (Gerlach et al., 2000b). Dementsprechend sind **Dopamin-Rezeptoragonisten** prinzipiell auch noch **in späten Stadien der Parkinson-**

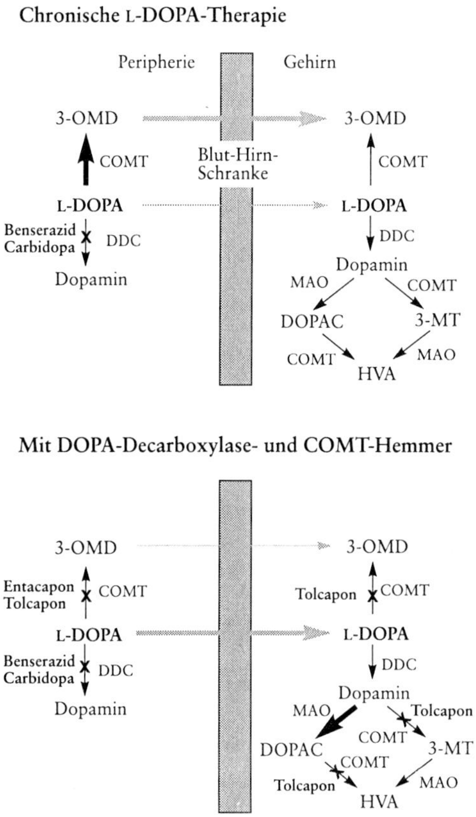

Abb. 3.7. Beeinflussung des L-DOPA-Metabolismus durch COMT-Hemmer. DDC, DOPA-Decarboxylase; COMT, Catechol-O-Methyl-Transferase; L-DOPA, L-3,4-Dihydroxyphenylalanin; DOPAC, 3,4-Dihydroxyphenylessigsäure; HVA, Homovanillinsäure; MAO, Monoamin-Oxidase; 3-MT, 3-Methoxytyramin; 3-OMD, 3-O-Methyl-DOPA.

Krankheit symptomatisch wirksam. Aufgrund von präklinischen Untersuchungen geht man davon aus, dass die klinisch angewandten Dopamin-Rezeptoragonisten ihren Antiparkinson-Effekt vor allem durch die Stimulation von post-synaptischen D_2-Rezeptoren ausüben; D_1-Rezeptoragonisten verstärken synergistisch den motorischen Effekt von D_2-Rezeptoragonisten (Vermeulen et al., 1999). Dopamin-Rezeptoragonisten stimulieren jedoch auch prä-synaptisch lokalisierte **Autorezeptoren**. Man geht davon aus, dass dadurch eine negative Rückkopplung der prä-synaptischen Dopamin-Synthese durch D_2-Rezeptor-vermittelte Mechanismen stattfindet. Dopamin-Rezeptoragonisten, insbesonders diejenigen mit zusätzlicher D_1-Wirkung, reduzieren somit die prä-synaptische Dopamin-Freisetzung und den durch den Dopamin-Metabolismus verursachten „oxidativen Stress" (siehe Kap. 5): dies ist eine Erklärung für die potentielle neuroprotektive Wirkung der Dopamin-Rezeptoragonisten (siehe Kap. 6). Allerdings gehen diese Autorezeptoren auch mit fortschreitender Krankheitsdauer infolge des dopaminergen Neuronenverlustes zugrunde, sodass, falls dieser Mechanismus entscheidend ist, eine Neuroprotektion nur in frühen Stadien der Krankheit möglich ist.

Apomorphin war die erste Substanz, für die eine Stimulation von Dopamin-Rezeptoren gezeigt wurde (Andén et al., 1967). Obwohl sich dieser Wirkstoff auch in der Klinik ähnlich wirksam erwies wie L-DOPA (Cotzias et al., 1970), wurde aufgrund zu starker toxischer Nebenwirkungen bzw. ungünstiger Kinetik die Entwicklung zur peroralen Therapieanwendung bis in die jüngste Zeit nicht weiterverfolgt. Apomorphin ist in Deutschland derzeit nur in Form einer Injektionslösung als Emetikum zugelassen, was auch bereits seine Problematik im Einsatz gegen die Parkinson-Krankheit zeigt. Die s.c. Anwendung wird vor allem zur Absicherung der klinischen Diagnose der Parkinson-Krankheit (Apomorphin-Test) und zur Behandlung akinetischer Krisen verwendet, die allerdings, zumindest anfänglich, unter dem Schutz des peripher wirksamen D_2-Rezeptorantagonisten Domperidon (3 mal 20 mg Motilium®) erfolgt.

Neben Apomorphin wurden weitere synthetische Dopamin-Rezeptoragonisten zur Anwendung in der Parkinson-Therapie entwickelt (Abb. 3.8 und 3.9). Bromocriptin, Cabergolin, α-Dihydroergocryptin, Lisurid und Pergolid sind Abkömmlinge der Ergoline, die sich von dem im Mutterkorn (*Secale cornutum*) enthaltenen Alkaloiden (Ergotalkaloide) ableiten. Von diesen war Bromocriptin die erste Substanz, für die im Tiermodell ein stimulierender Effekt auf dopaminerge Neuronen nachgewiesen wurde (Corrodi et al., 1973). Calne und Mitarbeiter berichteten 1974 erstmals von einer Anwendung bei Parkinson-Patienten, wobei es sich in Kurzzeitvergleichen als ebenso wirksam herausstellte wie L-DOPA. Wenig später konnte gezeigt werden, dass das 8α-Ergolinderivat Lisurid (Bromocriptin ist dagegen ein 8β-Derivat, Abb. 3.8) eine wesentlich stärkere und direkte, d.h. von endogenem Dopamin unabhängige Dopamin-agonistische Wirkung besitzt (Horowski und Wachtel, 1976).

Da man Nebenwirkungen wie Schlaflosigkeit, Schwindel, Kopfschmerzen, Orthostase-Reaktion, Synkopen, pektanginöse Beschwerden und Vasospasmen auf die Ergotalkaloid-Struktur zurückführte, wurden synthetische Nicht-Ergot-Dopamin-Rezeptoragonisten entwickelt. Zu diesen gehören Pramipexol und Ropinirol, aber auch N-0923, das zur Zeit für eine transdermale Anwendung mittels Pflaster in der Parkinson-Therapie entwickelt wird. Der Erfahrungszeitraum mit diesen neuen Dopamin-Rezeptoragonisten ist jedoch noch zu kurz, um end-

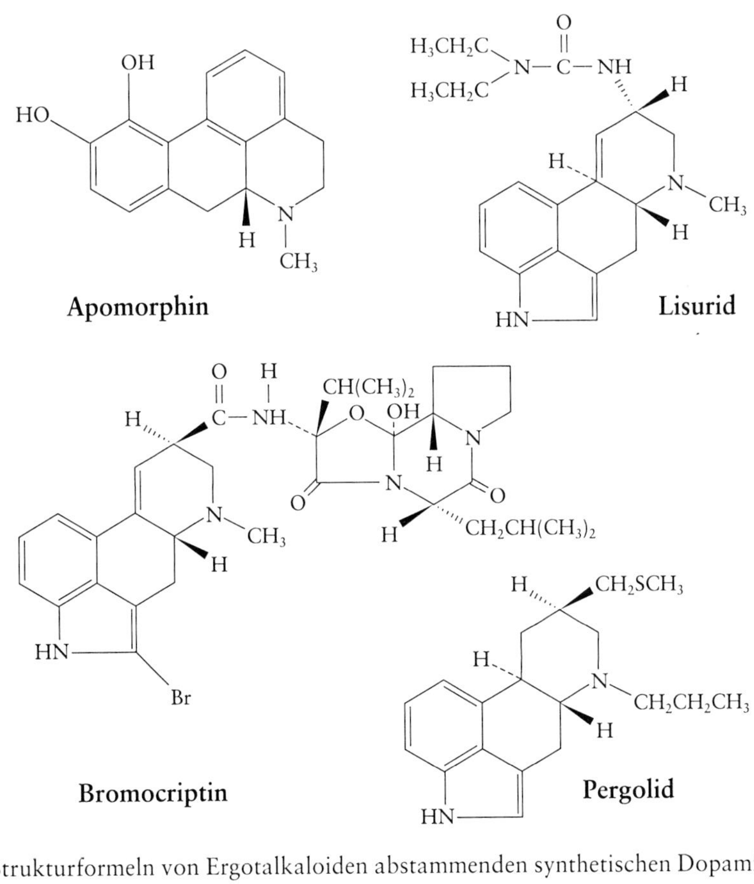

Abb. 3.8. Strukturformeln von Ergotalkaloiden abstammenden synthetischen Dopamin-Rezeptoragonisten.

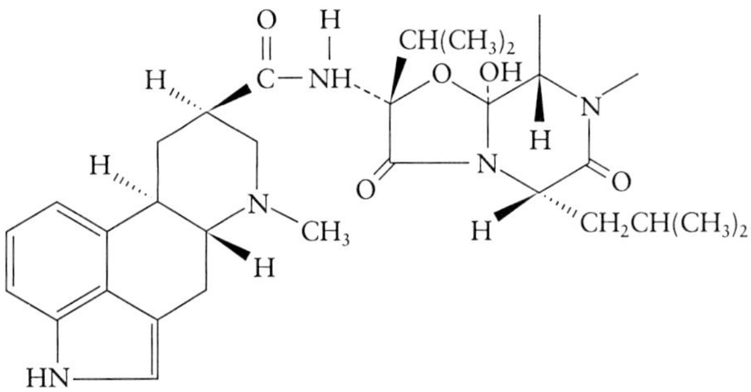

α-Dihydroergocryptin

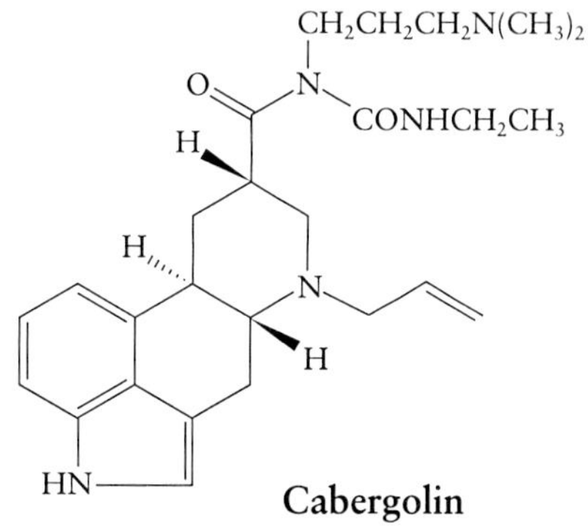

Cabergolin

Abb. 3.8. (Fortsetzung) Strukturformeln von Ergotalkaloiden abstammenden synthetischen Dopamin-Rezeptoragonisten.

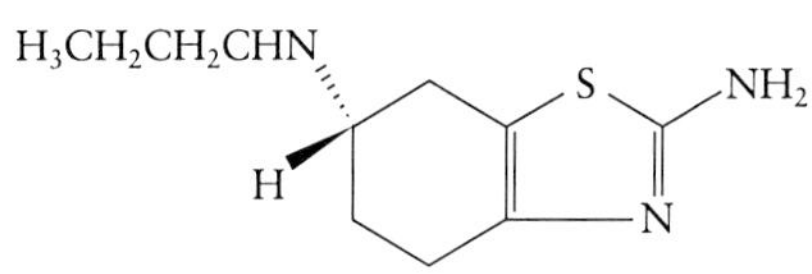

Pramipexol

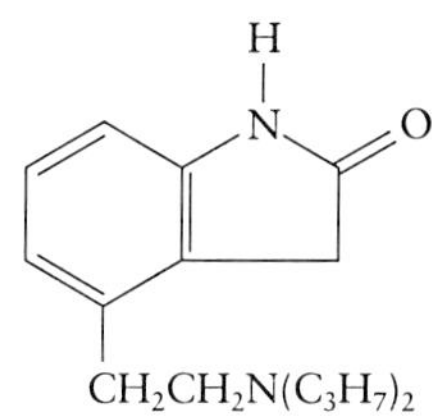

Ropinirol

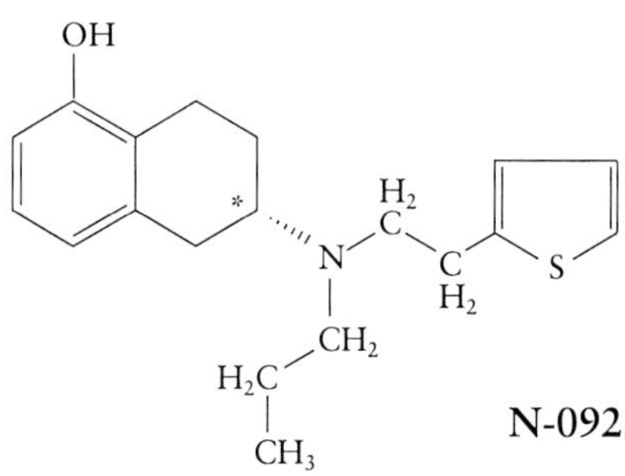

N-0923

Abb. 3.9. Strukturformeln von Nicht-Ergotalkaloid-Dopamin-Rezeptoragonisten.

gültig beurteilen zu können, ob diese tatsächlich ein günstigeres Nebenwirkungsprofil aufweisen. Allerdings wurden kürzlich für die Nicht-Ergotderivate Pramipexol und Ropinirol Nebenwirkungen (z.B. Schlafattacken oder plötzliches Einschlafen bei Alltagsaktivitäten) berichtet, die nicht in dem Ausmaß für Ergotderivate vorzukommen scheinen. Ob dieses Phänomen des unerwarteten und plötzlichen Einschlafens eine substanzspezifische Eigenschaft der Nicht-Ergotderivate ist, ob es mit der Grunderkrankung zusammenhängt oder ob es auch durch L-DOPA und die Ergotderivate hervorgerufen werden kann, wird derzeit intensiv untersucht (siehe auch Kapitel 7.4.8).

Die in der Parkinson-Therapie verwendeten Dopamin-Rezeptoragonisten unterscheiden sich in ihren pharmakokinetischen (Tab. 3.2) und pharmakodynamischen Eigenschaften (Tab. 3.3). Für den Kliniker generell wichtige **pharmakokinetische Kriterien** sind die Bioverfügbarkeit, die Plasmahalbwertszeit, die Elimination und die Dosis-Wirkungs-Beziehung. Bei der Auswahl eines Dopamin-Rezeptoragonisten sollten auch Faktoren berücksichtigt werden, die die Pharmakokinetik beeinflussen können, wie Alter des Patienten, Begleitmedikationen oder eine eingeschränkte Leber- und Nierenfunktion. Eine lange Plasmahalbwertszeit und eine hohe Bioverfügbarkeit wird aus pharmakologischen Überlegungen in vielen Fällen als vorteilhaft angesehen. Ob diese Parameter, die im Blut oder Plasma bestimmt werden, etwas über die Dauer der zentralen Wirkung aussagen, kann nicht endgültig beurteilt werden, da die zerebralen Werte nur in seltenen Fällen bekannt sind. Im Fall der Dopamin-Rezeptoragonisten könnte es sogar sein, dass eine niedrige Bioverfügbarkeit von Vorteil ist, nämlich dann, wenn man für periphere Nebenwirkungen, wie beispielsweise Emesis, die Stimulation peripherer Dopamin-Rezeptoren verantwortlich macht. Unklar ist auch, ob nur eine lange Plasmahalbwertszeit mit einer langen und tonischen zentralen Stimulation gleichgesetzt werden kann. Rezeptoragonisten-Bindungsexperimente zeigen, dass die Dopamin-Rezeptoragonisten generell lange Verweilzeiten an den Rezeptoren besitzen. Man kann deshalb annehmen, dass Dopamin-Rezeptoragonisten mit einer kurzen Plasmahalbwertszeit eine längere Wirkdauer haben als es die Plasmahalbwertszeit vermuten lässt. Ob aber die Verwendung von Dopamin-Rezeptoragonisten mit langer Halbwertszeit zu weniger motorischen Fluktuationen und Dyskinesien führt als die Verwendung von Dopamin-Rezeptoragonisten mit kürzeren Halbwertszeiten lässt sich nur durch entsprechende klinische Studien belegen.

Die **Auswahl eines Dopamin-Rezeptoragonisten** anhand des **pharmakodynamischen Profils** (Tab. 3.3) ist problematisch. In präklinischen Versuchen bestimmt man vor allem Inhibitionskonstanten (K_i), die eine Abschätzung darüber erlauben, wie gut ein Dopamin-Rezeptoragonist einen selektiven Radioliganden für einen Rezeptorsubtyp verdrängt: Je kleiner ein solcher Wert ist, desto höher ist die Affinität eines Agonisten für einen Rezeptorsubtyp und desto wirksamer sollte er dann sein. Aufgrund von präklinischen Untersuchungen geht man davon aus, dass die klinisch angewandten Dopamin-Rezeptoragonisten ihren Antiparkinson-Effekt vor allem durch die Stimulation von post-synaptischen D_2-Rezeptoren ausüben. Bei MPTP-geschädigten Affen, die eine Schädigung des dopaminergen nigro-striatalen Systems und eine Parkinson-Symptomatik aufwiesen (siehe nächstes Kapitel), verstärkten D_1-Rezeptoragonisten synergistisch den motorischen Effekt von D_2-Rezeptoragonisten (Vermeulen et al., 1999). Demnach sollten D_1/D_2-Rezeptoragonisten wie Cabergolin, Lisurid und Pergolid in der Klinik wirksamer sein als reine D_2-Rezeptoragonisten wie Pramipexol und Ropinirol. Möglicherweise trägt die Stimulation weiterer Rezeptoren (α_2-adrenerge und serotonerge; Tabelle 3.3) zur klinischen Wirksamkeit bei. Dies scheinen jedoch die klinischen Studien nicht eindeutig zu belegen. Zu berücksichtigen ist auch, dass bisher keine vergleichenden Rezeptor-Bindungsuntersuchungen mit allen in der Klinik verwendeten Dopamin-Rezeptoragonisten an humanem Gehirngewebe vorliegen, die eine realistischere Aussage über die Affinitäten zu Dopamin-Rezeptorsubtypen zulassen als Untersuchungen an in Zellkulturen klonierten humanen Dopamin-Rezeptoren. Nach Untersuchungen in Zellkulturen ist die Reihenfolge der Affinität zum D_2-Rezeptor: Lisurid > Pergolid > Bromocriptin (Brecht, 1998); Untersuchungen der [^{3}H]Spiroperidol-Bindung (selektiver

Tabelle 3.2. Vergleich der Pharmakokinetik von in der Parkinson-Therapie verwendeten Dopamin-Rezeptoragonisten (Nach Gerlach et al., 2000b)

	Bromocriptin	Cabergolin	α-DEC	Lisurid	Pergolid	Pramipexol	Ropinirol
Bioverfügbarkeit (%)	3	<20	2,4	<20	gering	>90	50
t_{max} (h)	1,4	0,5–4	1,6	0,5–1	1–2	1–3	1,5
Plasmahalbwertszeit (h)	6	65	16	2	7–16	8–12	6–9
Metabolisierung	Stark	Stark	Vollständig	Vollständig	Vollständig	Sehr gering	Stark
Elimination	Leber	Leber	Leber	Leber/Niere	Leber/Niere	Niere	Niere
Plasma-Eiweiß-Bindung (%)	95	40	55	70	90	<20	10–40
Lineare Kinetik	Keine Daten	Ja	Ja, bis 20 mg untersucht	Keine Daten	Keine Daten	Ja	Nein
Verteilungsvolumen (L/kg)	Keine Angaben	Keine Angaben	Keine Angaben	2,5	17–32	6	8

Bei der Interpretation der Zahlenangaben zur Plasmahalbwertszeit ist die angewandte Bestimmungsmethode zu beachten. Mithilfe des Radioimmunoassays (RIA) oder der Hochdruckflüssigkeitschromatographie (HPLC) kann die Plasmahalbwertszeit der pharmakologisch aktiven Substanz bestimmt werden (wie z.B. für Lisurid und Bromocriptin). Mittels radioaktiv markierter Dopamin-Agonisten (^{14}C oder ^{3}H) wird die Gesamtradioaktivität der Muttersubstanz und der Metabolite bestimmt. Die mit dieser Methode ermittelten Plasmahalbwertszeiten sind deutlich länger (siehe Wachtel, 1999): So findet man beispielsweise für Lisurid Plasmahalbwertszeiten für die pharmakologisch aktive Substanz zwischen 2 und 3 h; während die mittels der Gesamtradioaktivität ermittelte bei etwa 10 h liegt. Da für einige in der Klinik verwendeten Dopamin-Rezeptoragonisten (wie z.B. Pergolid) bisher keine Plasmahalbwertszeiten für die pharmakologisch aktive Substanz vorliegen, ist ein abschließender Vergleich der pharmakokinetischen Daten problematisch. DEC, α-Dihydroergocryptin.

D_2-Radioligand) an menschlichem Putamen-Gewebe zeigten dagegen folgende Reihenfolge: Lisurid > Bromocriptin > Pergolid (Riederer 1988; De Keyser et al., 1995).

MAO-B-Hemmer erhöhen die präsynaptische Dopamin-Konzentration

Hemmstoffe der MAO sind Wirkstoffe, die den metabolischen Abbau von monoaminergen Neurotransmittern wie Dopamin, 5-HT und Noradrenalin, Neuromodulatoren wie beispielsweise β-Phenethylamin, anderen endogenen und exogenen Monoaminen wie beispielsweise Tyramin, aber auch tertiären Aminen wie das dopaminerge Neurotoxin MPTP verhindern (Gerlach und Riederer, 1993b). Durch selektive Hemmung der MAO-B mit spezifischen Inhibitoren wie Selegilin (frühere Bezeichnung L-Deprenyl) wird im menschlichen Gehirn vor allem der Abbau von β-Phenethylamin und Dopamin aufgehalten. Entsprechend der Umkehrbarkeit der Hemmung unterscheidet man: 1. kompetitive, reversible Hemmstoffe und 2. irreversible Hemmstoffe. Erstere haben eine enge Strukturverwandtschaft mit den Substraten des Enzyms, sie werden im Gegensatz zu diesen jedoch nicht von der MAO metabolisiert. Letztere werden auch als sog. „Suizid"-Inhibitoren bezeichnet, da sie nach der Bindung an das aktive Zentrum des Enzyms durch dieses oxidiert werden und dann an den Flavin-Kofaktor kovalent gebunden werden. „Suizid"-Hemmer wie Selegilin und Rasagilin (Abb. 3.10) haben im Gegensatz zu kompetitiven, reversiblen Hemmstoffen eine lange Wirkzeit, da erst durch Neusynthese des Enzyms dessen volle Aktivität wiederhergestellt werden kann. Nach Selegilin-Gabe wurde bei gesunden Probanden und Parkinson-Patienten mithilfe von PET-Untersuchungen eine Halbwertszeit von 40 Tagen für die zerebrale MAO-B ermittelt (Fowler et al., 1994). Für den reversiblen MAO-B-Hemmer Lazabemid wurde hingegen bereits nach 36 h

Tabelle 3.3. Pharmakologisches Profil von in der Parkinson-Therapie verwendeten Dopamin-Rezeptoragonisten (Nach Gerlach et al., 2000b)

	D_1	D_2	D_3	α_1	α_2	β	5-HT
Bromocriptin	–	++	+	+	+	?	+
Cabergolin	+	+++	++	+	+	?	+
α-Dihydroergocryptin	±	+++	?	+	+	0	+
Lisurid	±	+++	+++	±	±	?	±
Pergolid	+	+++	+++	±	++	+	+
Pramipexol	0	+++	+++	0	+	0	0
Ropinirol	0	+++	++	0	0	0	0

α_1, α_2, adrenerge Rezeptorsubtypen; β-adrenerge Rezeptoren; D_1, D_2, Dopamin-Rezeptorsubtypen, deren Beteiligung an der Dopamin-vermittelten motorischen Wirkungen gesichert ist; D_3, Dopamin-Rezeptorsubtyp, dessen Beteiligung an der Dopamin-vermittelten antidepressiven Wirkungen nicht gesichert ist; 5-HT, serotonerge Rezeptoren. –, Antagonist; +, Agonist, niedrige Affinität; ++, Agonist, mittlere Affinität; +++, Agonist, hohe Affinität; ±, Partialagonist; 0, Agonist, sehr geringe Affinität; ?, keine Informationen verfügbar.

keine hemmende Wirkung mehr beobachtet (Fowler et al., 1993).

Selegilin ist zur Zeit der einzige MAO-B-Hemmer, der zur Behandlung der Parkinson-Krankheit weltweit zugelassen ist. Andere Wirkstoffe wie Lazabemid, Mofegilin und Rasagilin (Abb. 3.10) sind in unterschiedlichen Stadien der Entwicklung. Birkmayer war der Erste, der in der Klinik Selegilin als Adjuvans zur L-DOPA-Therapie verwendete und dabei einen L-DOPA-potenzierenden Effekt beobachtete (Birkmayer et al., 1975). Selegilin wurde ursprünglich nur deshalb für eine Erprobung in der Parkinson-Therapie ausgewählt, weil es in verschiedenen pharmakologischen Modellen nur eine geringe Verstärkung der sympathikomimetischen Wirkung von Tyramin zeigte (zur Übersicht: Finberg und Tenne, 1982), und deshalb eine geringe Wahrscheinlichkeit für das Auftreten des **„Cheese Effektes"** zu erwarten war. Diese Nebenwirkung, die zum Auftreten von hypertensiven Krisen mit Symptomen wie stark pochender Herzschlag, Gesichtsrötung, Schwitzen, Übelkeit und Erbrechen führte, trat vor allem unter der Therapie mit unselektiven MAO-B-Hemmern und dem Verzehr Tyramin-reicher Nahrung wie Käse auf (Blackwell et al., 1967). Verursacht wird dieses Phänomen durch die Hemmung des Tyramin-Metabolismus, der überwiegend durch die MAO-A erfolgt. Dadurch gelangten große Mengen an Tyramin in den Kreislauf, die zu einer Potenzierung der peripheren adrenergen Stimulation führten und eine

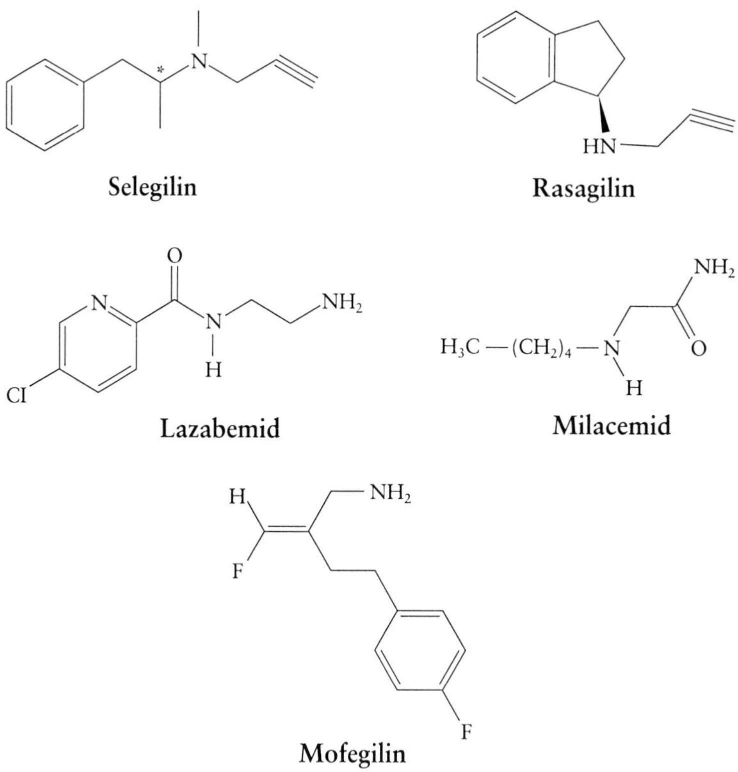

Abb. 3.10. Strukturformeln von MAO-B-Hemmern.

Gefäßkonstriktion und den Anstieg des Blutdrucks bewirkten.

Ein weiterer Grund, Selegilin als Antiparkinson-Medikament zu entwickeln, war die Erkenntnis, dass Selegilin als selektiver MAO-B-Hemmstoff im menschlichen Gehirn vor allem den Dopamin-Metabolismus hemmt und nicht wie ursprünglich aufgrund von Rattenexperimenten angenommen, den Noradrenalin- und 5-HT-Metabolismus. Im Rattengehirn überwiegt in vielen Regionen die A-Form, während in vielen Regionen des menschlichen Gehirns beide Isoformen annähernd in gleichen Anteilen vorkommen: nur im Striatum überwiegt die B-Form (Riederer und Youdim, 1986). Immunhistochemische Befunde weisen daraufhin, dass in den Neuronen der SN, wo Dopamin synthesiert wird, beide Isoformen kaum vorhanden sind, während in benachbarten Gliazellen diese jedoch in hohen Dichten vorkommen (zur Übersicht: Gerlach und Riederer, 1993b). Dies bedeutet, dass Dopamin sehr wahrscheinlich nicht in nigro-striatalen dopaminergen Neuronen, sondern in umgebenden Gliazellen verstoffwechselt wird.

Die symptomatische Wirksamkeit von Selegilin sowohl in der Monotherapie als auch in der Kombinationstherapie mit L-DOPA wurde in vielen offenen, aber auch doppelblind und randomisiert durchgeführten Studien belegt, wobei eine 30–40-prozentige Einsparung der L-DOPA-Tagesdosis erreicht werden konnte (zur Übersicht: Szelenyi, 1993). Diese kann durch die selektive Hemmung der MAO-B erklärt werden. Dadurch kommt es zu einer Erhöhung der Dopamin-Konzentration im synaptischen Spalt dopaminerger Neuronen. Da Selegilin rasch zu Methamphetamin und Amphetamin metabolisiert wird, wurde immer wieder auch diskutiert, dass ein Amphetamin-ähnlicher, antriebssteigernder Effekt zur klinischen Wirksamkeit von Selegilin beiträgt. Dies ist jedoch wenig wahrscheinlich. Zum einen wird in der Parkinson-Therapie nur die reine stereoisomere L-Form verwendet, da der Amphetamin-Effekt der L-Form zehnfach niedriger ist als der der D-Form (Taylor und Snyder, 1974). Zum anderen wird in klinischen Untersuchungen eine ähnliche Wirksamkeit für Selegilin und Rasagilin, das nicht zu Amphetamin verstoffwechselt werden kann, berichtet (MBH Youdim, persönliche Mitteilung). Wahrscheinlicher ist jedoch, dass die Hemmung des Abbaus von β-Phenethylamin, das ebenfalls ein bevorzugtes Substrat der MAO-B ist und neuromodulatorische Eigenschaften hat, zur Wirkung von Selegilin beiträgt (Reynolds et al., 1978; Gerlach et al., 1992).

In der Parkinson-Therapie verwendete NMDA-Rezeptorantagonisten haben multiple Wirkungsmechanismen

Das Wirkprinzip der NMDA-Rezeptorantagonisten beruht auf der Hemmung der Aktivität von glutamatergen Nucleus-subthalamicus-Neuronen (Tab. 3.1), die entsprechend dem pathophysiologischen Modell von Basalganglienerkrankungen überaktiv sind (Abb. 2.12). Obwohl **Amantadine** (Abb. 3.11) schon lange zur Behandlung der Parkinson-Krankheit verwendet werden, war ihr Wirkungsmechanismus lange nicht bekannt. Ursprünglich nahm man an, dass sie katecholaminerge Neuronen stimulieren und dadurch vermehrt Dopamin und 5-HT freisetzen (Wesemann et al., 1979; 1980) und/oder die Empfindlichkeit post-synaptischer Rezeptoren steigern (Gianutsos et al., 1984). Diskutiert wurde auch, dass sie die Membran-Fluidität dopaminerger Neuronen beeinflussen und dadurch die Dopamin-Freisetzung aus nigro-striatalen Neuronen erleichtern sowie gleichzeitig die prä-synaptische Wiederaufnahme hemmen (Wesemann, 1984). Neuere präklinische Untersuchungen zeigten für Amantadin eine NMDA-Rezeptor-antagonistische Wirkkomponente, die jedoch nicht allein für die Antiparkinson-Wirkung ver-

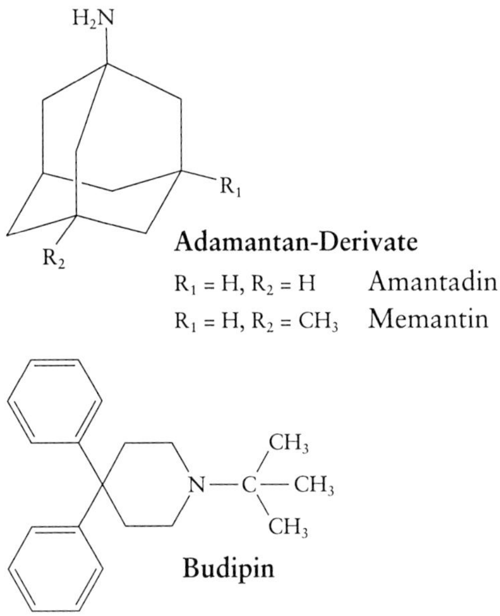

Abb. 3.11. Strukturformeln von NMDA-Rezeptorantagonisten.

antwortlich zu sein scheint. So wird u.a. auch eine Interaktion mit nicotinischen Rezeptoren sowie eine Erhöhung der noradrenergen Neurotransmission diskutiert (Danysz et al., 1997; Parsons et al., 1999).

Kornhuber und Kollegen (1989, 1991) wiesen in Rezeptor-Bindungsuntersuchungen an humanem frontalem Kortex-Gewebe die Bindungsaffinität von Amantadin an den NMDA-Rezeptor nach (K_i 10,5 µM). Ähnliche Ergebnisse belegen u.a. auch Patch-clamp-Untersuchungen an glutamatergen Neuronen (K_i 18,6–71 µM, je nach untersuchter Gehirnregion; Bormann, 1989; Danysz et al., 1997). Unter Anwendung therapeutischer Amantadin-Dosierungen werden Serumkonzentrationen von 5 und 14 µM erreicht, bei denen Amantadin nicht-kompetitiv den NMDA-Rezeptor blockiert, somit den neurotoxischen Ca^{2+}-Einstrom verhindert und damit neuroprotektiv wirkt (Kornhuber et al., 1995b; Danysz et al., 1997). Aufgrund von Konzentrationsmessungen in der Cerebrospinalflüssigkeit (CSF) kann man annehmen, dass die effektiv im Gehirn vorliegenden Amantadin-Konzentrationen noch geringfügig höher sind als die freien Serumkonzentrationen, jedoch etwas geringer sind als die Gesamtserumkonzentrationen (Albuminbindung 50 Prozent).

Amantadine wurden zunächst als Virustatika verwendet. In Form ihrer Salze (Hydrochlorid, Sulfat) sind sie bei viralen Infektionen, besonders aber gegen den Erreger der Hongkong-Grippe wirksam, wenn sie prophylaktisch gegeben werden. Die Wirksamkeit als Antiparkinson-Mittel wurde eher zufällig entdeckt, als bei einer Parkinson-Patientin, deren Grippe mit Amantadin-Hydrochlorid behandelt wurde, eine Besserung der Parkinson-Symptomatik auffiel. Nach Beendigung der Grippe-Prophylaxe verschlechterten sich die Parkinson-Symptome wieder. Schwab und Kollegen (1969) führten darauf systematische Untersuchungen bei 163 Parkinson-Patienten durch, bei denen sie in über der Hälfte der Fälle eine Besserung von Akinese und Rigor, weniger auch des Tremors, bei einer täglichen Dosis von 200 mg Amantadin-Hydrochlorid beobachten konnten. Außer Amantadin-Hydrochlorid wurde auch Amantadin-Sulfat in die Parkinson-Therapie eingeführt, das langsamer resorbiert und in höheren Dosen besser toleriert wird. Zur intravenösen Therapie steht nur das Sulfat-Salz des Amantadins zur Verfügung. Es gilt als Mittel der Wahl bei akinetischen Krisen (Danielczyk, 1973). Amantadin wird jedoch vermehrt auch bei der Behandlung der L-DOPA-induzierten Dyskinesien verwendet (siehe Verhagen-Metman et al., 1998; 2000). Durch Initialbehandlung mit einer Amantadin-Sulfat-Infusion bei Parkinson-Patienten mit L-DOPA-induzierten Dyskinesien wurden der Schweregrad der Dyskinesien gemindert und die On-Zeiten verlängert (Ruzicka et al., 1999). Die signifikante Verbesserung der motorischen Störungen konnte auch unter peroraler Folgetherapie von 300–600 mg

Amantadin-Sulfat erhalten werden bei gleichzeitiger Einsparung von L-DOPA (Del Dotto et al., 1999).

Ein weiteres Antiparkinson-Medikament mit zumindest einer partiellen NMDA-Rezeptorantagonistischen Komponente ist **Budipin** (Abb. 3.11). In klinischen Prüfungen zeigte Budipin sowohl als Monotherapeutikum wie auch in Kombinationstherapie mit L-DOPA, Selegilin und Dopamin-Rezeptoragonisten gute Effekte bei Parkinson-Patienten vom Tremor-Dominanz-Typ (Przuntek und Müller, 1999). Darüber hinaus half es L-DOPA sowohl in der Früh- als auch der Spätphase der Erkrankung einzusparen.

Der Wirkungsmechanismus von Budipin ist nur zum Teil bekannt. Mithilfe von Verhaltens-, elektrophysiologischen und Rezeptor-Bindungsuntersuchungen konnte gezeigt werden, dass Budipin ein schwacher, nichtkompetitiver NMDA-Rezeptorantagonist mit einer hohen Affinität für die Phencyclidin-Bindungsstelle des NMDA-Ionenkanals ist (Klockgether et al., 1993). In Rezeptor-Bindungsuntersuchungen an humanem frontalem Kortex-Gewebe wurde ein K_i-Wert von 11,7 µM, der im Bereich von Amantadin liegt (10,5 µM), ermittelt (Kornhuber et al., 1995a). Zusätzlich wurde ein indirekter dopaminerger Effekt beschrieben (Biggs et al., 1998). Dieser wird u.a. auf eine erleichterte Dopamin-Freisetzung aus prä-synaptischen Vesikeln, auf eine selektive Hemmung der MAO-B und auf eine Blockade der Dopamin-Wiederaufnahme (Mihatsch et al., 1988) zurückgeführt (Eltze, 1999). Diese Mechanismen könnten die in der Klinik nachgewiesene antiakinetische Wirkung erklären, jedoch nicht dessen gute Tremor-bessernden Eigenschaften. Hierfür sind wahrscheinlich anticholinerge Wirkkomponenten verantwortlich.

4
Tiermodelle der Parkinson-Krankheit

Ein Parkinson-Syndrom scheint beim Tier nicht spontan vorzukommen. Durch Verabreichung von Neurotoxinen wie 6-Hydroxydopamin (6-OHDA), MPTP oder Amphetamin-Derivaten (Abb. 4.1) können jedoch zum Teil sehr selektiv dopaminerge Neurone in Laboratoriumstieren geschädigt und pathochemische Veränderungen sowie motorische Symptome hervorgerufen werden, wie sie bei der menschlichen Erkrankung beschrieben wurden (Gerlach et al., 1991b; Gerlach und Riederer, 1996). Ein Parkinson-Syndrom wurde jedoch auch bei einem Pferd beschrieben, das die gelbe Flockenblume *Centaurea solstitialis* L. gefressen hatte (Wang et al., 1991). Nach zwei bis drei Monaten entwickelten sich Symptome wie starre Gesichtsmuskulatur, sinnlose Kaubewegungen, Zungenzucken, später folgten Hypokinese und allgemeiner Verlust der Reaktionsfähigkeit, schließlich der Tod. Aufgrund der neuropathologischen Untersuchung des Gehirns, die beidseitige Nekrosen des GP und der SN nachwies, diagnostizierte man dieses Syndrom jedoch als nigro-pallidale Enzephalomalacie.

Neben den sog. Läsionsmodellen gibt es verschiedene pharmakologische Möglichkeiten, die dopaminerge Neurotransmission zu stören und ein funktionelles Parkinson-Syndrom zu induzieren. Auf die **molekularbiologischen Modelle**, deren Erforschung zur Zeit noch in den Anfängen steckt, die in der Zukunft aber verstärkt erforscht werden und möglicherweise die pharmakologischen Modelle ablösen, kann hier aus verständlichen Gründen nur kurz eingegangen werden. Wie im Kapitel 1 ausführlich beschrieben, gibt es bei der Parkinson-Krankheit neben den häufigen sporadischen Formen verschiedene, seltene genetische Formen mit Mutationen im α-Synuclein-, im Parkin- und UCH-L1-Gen. Es lag nahe, mithilfe molekularbiologischer Techniken entsprechend genmanipulierte Tiere zu erzeugen und hinsichtlich Parkinson-relevanter Störungen zu testen. Eine Möglichkeit ist die sog. **Knock-out-Strategie**, bei der man durch Entfernung eines bestimmten Gens aus dem Erbgut Mäuse mit einem klar definierten Gendefekt erzeugt; eine andere, die sog. **transgene Strategie**, erhöht durch eine gentechnische Manipulation den Gehalt an bestimmten Genen. Der Vorteil dieser Methoden gegenüber traditionellen pharmakologischen Läsionsmodellen liegt darin, dass man die Merkmale der räumlichen und zeitlichen Entwicklung sowie die toxischen Eigenschaften mutierter Proteine untersuchen kann. Ein ganz entscheidender Nachteil dieser Strategien ist jedoch, dass die Aktivierung der Genexpression durch komplex regulierte Prozesse erfolgt und mehrere, kompensatorisch wirkende Gene lebenswichtige Vorgänge beeinflussen. Weiterhin gelingt es zur Zeit diese Technologien nur an Mäusen anzuwenden, deren spontanes und pharmakologisch-induziertes motorisches Verhalten ist jedoch nur wenig untersucht.

Mäuse mit einem **Gendefekt im Dopamin-D_2-Rezeptor** zeigten in Verhaltensexperimenten Akinese und Bradykinese, und reduzierte spontane Bewegungen (Baik et al., 1995).

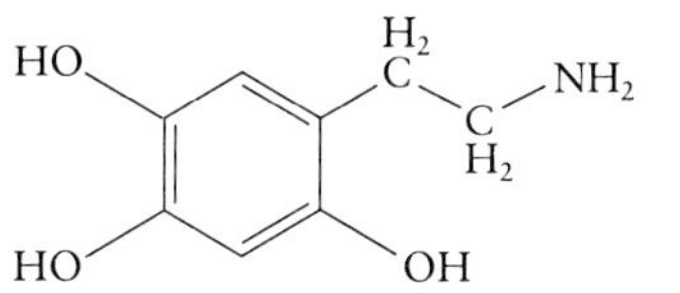

6-Hydroxydopamin (6-OHDA)

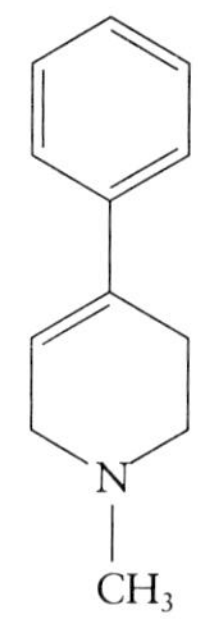

1-Methyl-4-phenyl-1,2,3,6-tetrahydro-pyridin (MPTP)

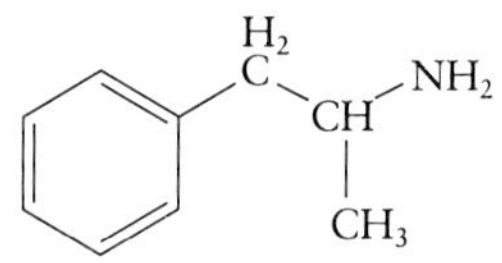

Amphetamin

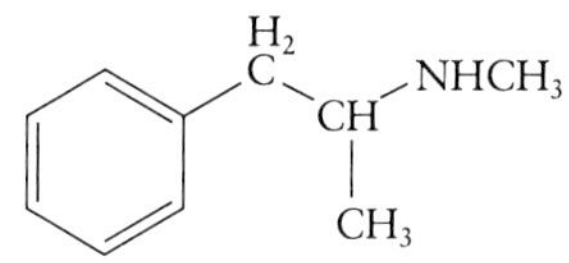

Methamphetamin

Abb. 4.1. Strukturformeln dopaminerger Neurotoxine.

Transgene Mäuse, die den Wildtyp des **α-Synuclein-Gens** überexprimierten, zeigten eine mit dem Alter zunehmende Anhäufung α-Synuclein- und Ubiquitin-immunreaktiver Einschlussverbindungen im Neokortex, Hippocampus und der SN. Diese waren mit dem Verlust dopaminerger Nervenendigungen in den Basalganglien und motorischen Störungen vergesellschaftet (Masliah et al., 2000). Die Autoren folgerten aus ihren Ergebnissen, dass α-Synuclein eine ursächliche Bedeutung an der Pathogenese der Parkinson-Krankheit hat. Trotz dieser ersten vielverspechenden Befunde ist dieser Optimismus jedoch nicht gerechtfertigt, da noch nicht alle Parkinson-charakteristischen neuropathologischen Veränderungen, wie beispielsweise der Verlust TH-immunreaktiver Neuronen in der SN und der striatale Dopamin-Mangel, überzeugend nachgewiesen wurden. Des weiteren ist noch nicht die spezifische Vulnerabilität nigro-striataler dopaminerger Neuronen erklärbar, da α-Synuclein ubiquitär in Neuronen, Astroglia und Oligodendrozyten vorkommt.

4.1 Pharmakologisch-induzierte funktionelle Störungen der dopaminergen Neurotransmission durch Reserpin und Neuroleptika

Wie bereits im vorgehenden Kapitel erwähnt, war der Ausgangspunkt für die Entwicklung von L-DOPA als Antiparkinson-Medikament die von Carlsson und Mitarbeitern (1957) beobachtete Auslösung eines akinetischen Zustandes bei Ratten durch systemische Gabe von Reserpin und dessen Aufhebung durch L-DOPA. Reserpin induziert bei der Ratte neben einer Reduktion der motorischen Aktivität (Akinese, Hypokinese, Katalepsie) auch einen Tremor, der allerdings nicht systematisch pharmakologisch untersucht wurde (Haefely, 1978).

Reserpin verhindert die vesikuläre Speicherung von Dopamin

In den 60- und 70er Jahren war die Reserpin-induzierte Akinese bei Nagetieren ein häufig angewandtes experimentelles Verfahren zur Erprobung symptomatischer Antiparkinson-Therapien. Um den Reserpin-Effekt noch zu verstärken, wurde zusätzlich der TH-Hemmstoff α-Methyl-para-tyrosin, der die Dopamin-Synthese verhindert, verabreicht. Neben L-DOPA erwiesen sich Amphetamin und -Derivate sowie Dopamin-Rezeptoragonisten als wirksam (Haefely, 1978). Das Reserpin-Modell wird heute jedoch kaum noch verwendet, da Reserpin unselektiv alle monoaminergen Neurotransmitter (Adrenalin, Noradrenalin, Dopamin, Histamin und 5-HT) freisetzt und dieser Effekt nicht nur auf das nigro-striatale dopaminerge System beschränkt ist.

Der die Akinese verursachende Wirkmechanismus von Reserpin ist nicht vollständig bekannt; man geht davon aus, dass hohe Dosen die vesikuläre Speicherung von monoaminergen Neurotransmittern durch Mg^{2+}- und ATP-abhängige Mechanismen beeinflussen, wobei primär Dopamin, aber auch Adrenalin, Noradrenalin, Histamin und 5-HT aus den Vesikeln entleert werden und dann deren prä-synaptische Wiederaufnahme kurzzeitig blockiert wird.

Neuroleptika-induzierte Reduktion motorischer Aktivität durch Blockade dopaminerger Rezeptoren

Klassische Neuroleptika wie Haloperidol rufen nach systemischer Gabe bei Nagetieren ähnliche Symptome hervor wie Reserpin. Im Gegensatz zu Reserpin, das die prä-synaptische dopaminerge Neurotransmission hemmt, blockiert Haloperidol jedoch post-synaptische Dopamin-Rezeptoren. Katalepsie wird bei Ratten durch hohe Dosen Haloperidol (0,5 mg/kg i.p.) erzeugt, während niedrigere Dosierungen (0,15 bzw. 0,3 mg/kg i.p.) in bestimmten Versuchsanordnungen Verhaltensformen hervorrufen, die den Parkinson-Symptomen **Akinese** und **Bradykinese** ähneln (siehe Schmidt et al., 1992). In einer Versuchsanordnung, bei der eine schnelle Initiierung lokomotorischer Aktivität als Antwort auf einen Stimulus gefordert wird, um Futter als Belohnung zu erhalten, wird Akinese als verzögerte Initiierung von Bewegung definiert und als Erhöhung der Reaktionszeit gemessen, während Bradykinese als verlangsamte Ausführung der Bewegung bezeichnet wird und als verlängerte Bewegungszeit sowie verminderte initiale Beschleunigung gemessen wird (Hauber, 1990).

Unter **Katalepsie** versteht man im engeren Sinne die verzögerte oder fehlende Korrektur einer abnormalen Haltung der Extremitäten, die dem Tier aufgezwungen wird (Sanberg et al., 1988). Eine der vielen Varianten des Katalepsie-Tests ist z.B. der Test der gekreuzten Extremitäten, der von Boissier und Simon (1963) beschrieben wurde: Dabei werden die homolateralen Extremitäten durch den Experimentator gekreuzt; als kataleptisch gilt ein Tier dann, wenn es innerhalb zehn Sekunden diese unnatürliche Stellung nicht korrigiert. Antikataleptisch wirksam sind in diesem Modell mit abnehmender Effizienz: Anticholinergika, Dopamin-freisetzende Substanzen, Dopamin-Rezeptoragonisten und L-DOPA (Haefely, 1978). Neuere pharmakologische Untersuchungen zeigten, dass auch NMDA-Rezeptorantagonisten wie MK-801 (Dizocilpin) und Memantin antikataleptisch wirksam sind (Schmidt et al., 1992).

Im weiteren Sinne ist Katalepsie jedoch ein komplexer Verhaltenszustand, der nur unzureichend durch die klassischen Verhaltenstests beschrieben werden kann (De Ryck et al., 1980). Man vermutet, dass dieser Verhaltenszustand durch eine experimentell erzeugte Störung der dopaminergen Neurotransmission im nigro-striatalen System ausgelöst wird und sich aus **Akinese, Rigor und Tremor der Extremitäten** zusammensetzt (Sanberg et al., 1988). In diesem Zustand sind diejenigen Neuronensysteme des Gehirns, die an der willentlichen Initiierung von motorischen Programmen beteiligt sind, nicht mehr funktionsfähig, wohingegen die Systeme des Gehirns, die an der reflexiven Kontrolle, der statischen Haltung und des Gleichgewichts involviert sind, funktionsfähig sind (Schallert und Teitelbaum, 1981). Obwohl die Auslösung von motorischen Programmen bei kataleptischen Tieren gestört ist, kommt es unter starken externen Stimuli, wie Schweifzwicken, kaltes Wasser oder monotone Reize der angeborenen Auslösemechanismen, zu einer Aktivierung des kataleptischen Tieres (siehe Schmidt et al., 1992).

4.2 Experimentell-induzierte Degeneration von nigro-striatalen dopaminergen Neuronen

Die Läsionsmodelle der Parkinson-Krankheit sind heute ein wichtiges Hilfsmittel der experimentellen Parkinson-Forschung, um pathophysiologische Mechanismen von funktionellen Störungen der menschlichen Erkrankung (Symptome) zu untersuchen und entsprechende therapeutische Prinzipien zu deren Behandlung zu entwickeln. Darüber hinaus können mithilfe dieser Modelle neuronenschädigende Mechanismen untersucht werden und kausale Behandlungsstrategien, die den Untergang dopaminerger Neuronen verhindern, experimentell erprobt werden.

Das katecholaminerge Neurotoxin 6-OHDA wirkt nur nach zentraler Verabreichung

Das Neurotoxin 6-OHDA wurde ursprünglich als experimentelles Werkzeug verwendet, um Nervenfasern in sympathisch innervierten Organen auszuschalten. Dort führt es zu einer mehrere Monate anhaltenden Noradrenalin-Verarmung (Porter et al., 1963), die durch die selektive Zerstörung adrenerger Nervenendigungen (Thoenen und Tranzer, 1968) und die verminderte Noradrenalin-Synthese infolge reduzierter Aktivitäten der TH (Mueller et al., 1969) und Dopamin-β-Hydroxylase (Molinoff und Axelrod, 1971) hervorgerufen wird.

Systemisch verabreichtes 6-OHDA kann die Blut-Hirn-Schranke nicht überwinden. Durch direkte Injektion in den lateralen Ventrikel oder in verschiedene Gehirnbereiche, wie SN, Striatum oder mediales Vorderhirnbündel, werden jedoch auch selektiv katecholaminerge Neuronen im ZNS geschädigt (Ungerstedt, 1968; Bloom et al., 1969; Uretsky und Iversen, 1970). Diese Schäden manifestieren sich durch eine histologisch nachweisbare Degeneration katecholaminerger Neuronen, durch verringerte Konzentrationen an Dopamin, Noradrenalin und Adrenalin in den jeweiligen Projektionsarealen, durch reduzierte Mengen der Katecholamin-Metabolite und Tetrahydrobiopterin (Kofaktor der TH), durch eine verminderte TH-Aktivität sowie durch eine verminderte Anzahl von Katecholamin-Wiederaufnahmestellen (zur Übersicht: Zigmond und Stricker, 1989). Neuronen, die mit ACh, 5-HT oder GABA als Neurotransmitter arbeiten, werden nicht durch 6-OHDA zerstört. Obwohl viele der in Literatur beschriebenen Befunde zu 6-OHDA an erwachsenen Ratten erhoben wurden, können dessen relevante neurotoxischen Effekte auch bei anderen

Nagetieren (z.B. Mäuse) und Tierfamilien (wie Katzen, Hunden und Affen) hervorgerufen werden (Zigmond und Stricker, 1989).

6-OHDA schädigt selektiv dopaminerge Neuronen nach vorheriger Gabe von Desipramin

6-OHDA wird durch katecholaminerge Wiederaufnahme-Mechanismen prä-synaptisch aufgenommen. Durch vorherige Applikation (i.a. 30 min vor der 6-OHDA-Injektion) eines Hemmstoffes des hoch-affinen Noradrenalin-Transporters (z.B. Desipramin) wird die Aufnahme von 6-OHDA in noradrenerge Neuronen verhindert; man erreicht dadurch, dass vorwiegend dopaminerge Neuronen zerstört werden (Breese und Traylor, 1970).

Da bei der Parkinson-Krankheit vornehmlich das nigro-striatale System betroffen ist, hat man im Tierexperiment prinzipiell die Auswahl, 6-OHDA stereotaktisch in die SN oder das Striatum zu injizieren. Zusätzlich hat man die Möglichkeit, es unilateral (d.h. nur in eine Gehirnhemisphäre) oder bilateral (d.h. in beide Hemisphären) zu verabreichen und in Abhängigkeit von der gewählten Konzentration verschiedene Stadien der menschlichen Erkrankung zu imitieren. Ein Nachteil des unilateralen Modells ist allerdings die Tatsache, dass auch in der nicht-läsionierten Seite, die in vielen Untersuchungen als Kontrolle verwendet wird, Veränderungen hervorgerufen werden, da zum einen Querverbindungen der dopaminergen Nervenbahnen existieren und zum anderen dort Kompensationsmechanismen auftreten (siehe Schwarting und Huston, 1996).

Injektion von 6-OHDA in das Striatum induziert langsame retrograde Neurodegeneration

In Untersuchungen an der unilateral 6-OHDA-läsionierten Ratte konnte man nachweisen, dass die Injektion in das Striatum zu einer verzögerten und progredienten retrograden Degeneration von nigro-striatalen dopaminergen Neuronen führt – die Degeneration beginnt ca. eine Woche nach der 6-OHDA-Verabreichung (Sauer und Oertel, 1994; Przedborski et al., 1995) –, während die Injektion in die SN einen raschen Nervenzellverlust hervorruft (Jeon et al., 1995). Da bei der Parkinson-Krankheit ein chronisch-progredienter Verlauf vorliegt, zieht man i.a. die Läsion des Striatums vor. Allerdings ist bisher nicht eindeutig geklärt, ob dieses Läsionsmodell langfristig chronisch-progredient verläuft und die hervorgerufenen Schäden irreversibel sind. In einer über 18 Wochen verlaufenden Langzeituntersuchung konnte jedenfalls kein langfristiger progredienter Effekt einer einmaligen striatalen Injektion von 8 µg 6-OHDA – dies war die Konzentration, die von Przedborski et al. (1995) verwendet wurde – nachgewiesen werden (Opacka-Juffry et al., 1996).

Die bilaterale intraventrikuläre Injektion von wesentlich höheren Konzentrationen 6-OHDA (75 µg je Seite) führte bei erwachsenen Ratten akut zu beträchtlichen Funktionsstörungen wie Aphagie, Adipsie und Akinese, die wahrscheinlich durch den massiven Verlust dopaminerger Neuronen in der SN (>95 Prozent) verursacht werden (Onn et al., 1986); langfristig wurde jedoch eine funktionelle Erholung beobachtet, die durch neurochemische Kompensationsmechanismen überlebender dopaminerger Neuronen (erhöhte Dopamin-Synthese) und Adaptionen post-synaptischer Dopamin-Rezeptoren erklärt wird (Zigmond und Stricker, 1989). Alternativ könnte hierfür auch die Hyperinnervierung des Striatums verantwortlich sein, die durch das Einwachsen von 5-HT-Neuronen (*sprouting*) verursacht wird (siehe Reader und Dewar, 1999). Bei neugeborenen Tieren führten diese hohen 6-OHDA-Konzentrationen allerdings zu einer irreversiblen Zerstörung dopaminerger Neuronen, denn 60 Tage nach der 6-OHDA-Gabe wurde ein unverändert hoher Verlust dopaminerger Neuronen nachgewiesen (>99 Prozent; siehe Reader und Dewar, 1999). Einen nicht mehr rückgängig zu machenden Neuronenuntergang kann man auch bei erwachsenen Tieren, die empfindlicher als junge Tiere auf 6-OHDA reagieren, mit kleineren Mengen an 6-OHDA (12,5 µg pro Seite) erzeugen: noch drei Monate nach der 6-OHDA-Gabe konnten unverändert erniedrigte Dopamin-Konzentrationen gemessen werden (Lindner et al., 1999).

Bilaterale stereotaktische Injektionen von 6-OHDA (8 µg pro Seite) in das Striatum der Ratte führen zu einem massiven Absterben von dopaminergen Nervenzellen der SN (>90 Prozent) und zu einer drastischen Reduktion der Dopamin-Konzentration im Striatum; die Tiere werden akinetisch, unterlassen jegliche Nahrungs- und Wasseraufnahme und sind nur schwer am Leben zu halten (Ungerstedt, 1971). Dies war der Hauptgrund dafür, dass das bilaterale 6-OHDA-Modell bisher nur wenig in der experimentellen Parkinson-Forschung angewendet wurde. Die mehrfache bilaterale Applikation kleinerer Mengen von 6-OHDA (z.B. viermal je 5 µg pro Seite) führt jedoch nicht zu dieser schwerwiegenden Beeinträchtigung des Allgemeinzustandes der Tiere und imitiert ein **Parkinson-Syndrom im frühen Stadium** der Erkrankung (Pedersen et al., 2000): Man findet hier nur eine mäßige Reduktion der dopaminergen Nervenzellen in der SNc (TH-immunreaktive Neuronen: 54 Prozent der Kontrollwerte, Nissl-gefärbte Neuronen: 58 Prozent der Kontrollwerte) und einen etwa 50-prozentigen Verlust der Dopamin-Konzentration im Striatum, die jedoch schon Parkinsonähnliche Symptome wie Akinese und Rigidität im Katalepsie-Test hervorrufen.

Die unilateral 6-OHDA-läsionierte Ratte zeigt charakteristisches Drehverhalten

Unilaterale stereotaktische Injektion von 6-OHDA in das Striatum (Andén et al., 1966; Ungerstedt und Arbuthnott, 1970) bzw. die SN (During et al., 1992) der Ratte erzeugt ein massives Absterben dopaminerger Nervenzellen in der ipsilateralen SN und führt zu einer Reduktion der Dopamin-Konzentration im ipsilateralen Striatum. Die Ratte mit diesem Schädigungsmuster stellt ein interessantes und auch heute noch häufig verwendetes experimentelles Modell zur Erprobung symptomatisch wirkender Substanzen dar (Abb. 4.2). Die Tiere zeigen unmittelbar nach dem Eingriff für kurze Zeit eine Asymmetrie der Motorik, die sich dann normalisiert und nur noch bei extremem psychischem Stress zum Vorschein kommt. Nach systemischer Gabe von Dopamin-Rezeptoragonisten, L-DOPA und Dopamin-freisetzenden Wirkstoffen tritt jedoch eine ausgeprägte Asymmetrie in der Längsachse des Körpers auf und ein charakteristisches Drehverhalten, das in automatisierten Rotationsboxen quantifiziert wird (Hefti et al., 1980; During et al., 1992). **L-DOPA** und **Dopamin-Rezeptoragonisten** wie Apomorphin und Bromocriptin führen zu einer **kontralateralen** (hin zur nicht-läsionierten Seite) **Rotation; Dopamin-freisetzende Wirkstoffe** wie D-Amphetamin und Amantadin induzieren dagegen eine **ipsilaterale** (in Richtung zur läsionierten Seite) **Rotation**. Die Anzahl der Drehungen hängt vom Schädigungsgrad des dopaminergen nigro-striatalen Systems ab: Eine Ratte mit einem mehr als 90-prozentigen striatalen Dopamin-Verlust zeigt beispielsweise nach 1 mg/kg Apomorphin (i.p.) mehr als 20 kontralaterale Drehungen pro fünf Minuten (Hefti et al., 1980).

Das chararakteristische Drehverhalten der unilateral 6-OHDA-läsionierten Ratte wird folgendermaßen erklärt: Post-synaptische Dopamin-Rezeptoren in der läsionierten Seite werden infolge der fehlenden prä-synaptischen Denervierung supersensitiv; d.h. die Rezeptoren in der ipsilateralen Seite reagieren empfindlicher auf Dopamin und -Rezeptoragonisten als die in der

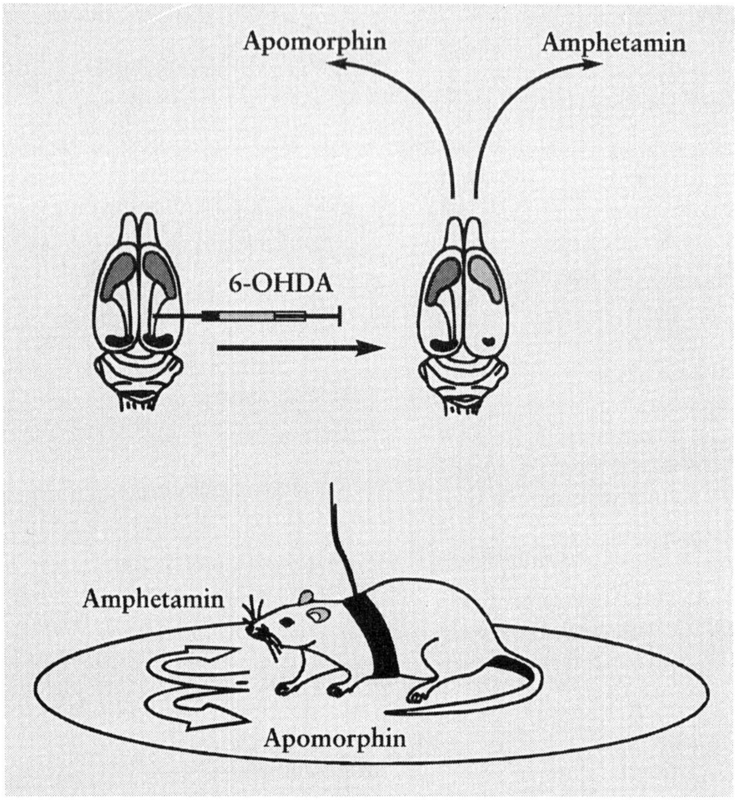

Abb. 4.2. Das unilaterale 6-OHDA-Rotationsmodell. 6-OHDA, 6-Hydroxydopamin.

noch intakten kontralateralen Seite. Dies hat zur Konsequenz, dass nach systemischer Gabe von Dopamin-Rezeptoragonisten in der läsionierten Seite eine im Vergleich zur nicht-läsionierten Seite stärkere motorische Aktivierung stattfindet; die läsionierte Seite „läuft" der intakten Seite quasi davon und es kommt zu einer Rotation gegen die nicht-läsionierte (kontralaterale) Gehirnhälfte. Da auf der 6-OHDA-läsionierten Seite keine prä-synaptischen dopaminergen Nervenendigungen mehr vorhanden sind, können Dopamin-freisetzende Wirkstoffe nur auf der noch intakten Seite Dopamin freisetzen und dort Dopamin-Rezeptoren stimulieren; damit „läuft" die intakte Gehirnhälfte der läsionierten davon und es resultiert ein Drehen gegen die läsionierte (ipsilaterale) Seite.

Durch Feststellen des Drehverhaltens in der unilateral 6-OHDA-läsionierten Ratte kann man Wirkstoffe, die Dopamin-Rezeptoren direkt stimulieren von denen die diese indirekt durch Freisetzung von Dopamin stimulieren, unterscheiden. Interessanterweise kann man in diesem Modell den Effekt von Apomorphin durch die systemische Gabe einer Kombination geringer Mengen L-DOPA, die selbst keinen Effekt zeigen, und Glutamat-Rezeptorantagonisten wie 6-Nitro-sulfamoyl-benzo-quinoxalin-dion (NBQX, ein Antagonist des AMPA-Rezeptors) oder 3-Carboxy-piperazin-propyl-phosphonylsäure (CPP, ein kompetitiver Antagonist des NMDA-

Rezeptors) noch verstärken (Wachtel et al., 1992). Systemische Gabe des nicht-kompetitiven NMDA-Rezeptorantagonisten MK-801 induziert dagegen ipsilaterale Rotationen (Goto et al., 1993). Dieses Drehverhalten kann man allerdings nicht plausibel erklären.

Amphetamin und -Derivate sind in hohen Dosen neurotoxisch für dopaminerge Neuronen

Amphetamin und -Derivate (Abb. 4.1) wie Methamphetamin und 3,4-Methylendioxymethamphetamin (MDMA, „Ecstasy") haben eine psychostimulierende Wirkung mit einem suchterzeugenden Potential, die vor allem durch den Dopamin-freisetzenden Mechanismus erklärt wird (Heikkila und Cohen, 1972). Untersuchungen am Menschen und Laboratoriumstieren wie Mäusen, Ratten, Meerschweinchen und nicht-menschlichen Primaten zeigten, dass nach systemischer Applikation von Amphetaminen auch dopaminerge und serotonerge Neuronen geschädigt werden (Seiden et al., 1975; Wagner et al., 1979, 1980): Methamphetamin ist vorwiegend ein dopaminerges, MDMA dagegen ein serotonerges Neurotoxin. Die neurotoxischen Effekte der Amphetamine sind jedoch noch relativ wenig systematisch untersucht (Tabelle 4.1): Es gibt keine guten Untersuchungen zu den funktionellen Störungen, keine Langzeituntersuchungen zur Progredienz der neurotoxischen Wirkungen und nur wenige Untersuchungen zu Auswirkungen auf nicht-katecholaminerge Neurotransmittersysteme.

Systemische Applikation (i.p. oder s.c.) von Methamphetamin führt dosisabhängig zu einer Schädigung dopaminerger Neuronen, die durch Zählung TH-immunreaktiver Neuronen, Messung der Dopamin- und

Tabelle 4.1. Relevanz der experimentellen Parkinson-Modelle für die menschliche Erkrankung

Modell	Pathologischer Effekt	Symptomatik	Progression
Reserpin	–	Akinese, Hypokinese, Katalepsie, Tremor	–
Neuroleptika	–	Akinese, Bradykinese, Katalepsie	–
6-Hydroxydopamin (6-OHDA)	Degeneration dopaminerger Neuronen in der Substantia nigra reduzierte Dopamin-Konzentrationen im Striatum	Akinese und Katalepsie charakteristische Drehungen bei unilateraler Läsion	?
Methamphetamin	Degeneration dopaminerger Neuronen in der Substantia nigra reduzierte Dopamin-Konzentrationen im Striatum	–	–
1-Methyl-4-phenyl-1,2,3,6-tetrahydropyridin (MPTP)	Degeneration dopaminerger Neuronen in der Substantia nigra reduzierte Dopamin-Konzentrationen im Striatum	Akinese, Rigor, Tremor	ja?
Fe^{3+}	Degeneration dopaminerger Neuronen in der Substantia nigra reduzierte Dopamin-Konzentrationen im Striatum	ipsilaterale Drehungen bei unilateraler Läsion	ja?

–, keine, nicht vorhanden bzw. nicht untersucht; ?, nicht sicher.

-Metaboliten-Konzentrationen sowie Bestimmung der TH-Aktivität und Dopamin-Wiederaufnahmestellendichte quantifiziert werden kann. Generell sind die durch Methamphetamin herbeigeführten Schädigungen im dopaminergen System nur relativ geringfügig ausgeprägt. Selbst sehr hohe Dosen D-Methamphetamin (täglich je 100 mg/kg s.c. über vier Tage) erzeugten bei der Ratte zwei Wochen nach der letzten Gabe Methamphetamin nur eine 54-prozentige Reduktion der Dopamin-Konzentration im Nucleus caudatus; dieser Verlust scheint irreversibel zu sein, da er bis 30 Tage nach der letzten Gabe Methamphetamin nachweisbar war (Wagner et al., 1980). Ein ähnlicher Effekt konnte auch durch kleinere Gesamtmengen Methamphetamin (30 mg/kg, die in vier Dosen á 7,5 mg/kg in zweistündigen Intervallen verabreicht wurden) hervorgerufen werden (Ohmori et al., 1993).

Ähnlich wie für MPTP (siehe unten) scheint jedoch die neurotoxische Wirkung von Methamphetamin abhängig zu sein von der verwendeten Tierspezies, der applizierten Dosis, der Verabreichungsart (s.c. oder i.p) und dem -zyklus. Interessanterweise scheinen Mäusestämme wie die Swiss-Webster- und C57Bl/6-Maus ähnlich empfindlich auf beide Neurotoxine zu reagieren, denn bei beiden Stämmen fand man nach viermaliger i.p. Gabe von je 20 mg/kg Methamphetamin bzw. MPTP (in zweistündigen Intervallen) ähnliche Effekte (Sonsalla et al., 1996): nämlich ca. 40 Prozent Verlust an dopaminergen Neuronen in der SN und eine etwa 90-prozentige Reduktion der Dopamin-Konzentration im Striatum.

Bei der Ratte scheint zusätzlich zur Schädigung dopaminerger Neuronen eine Störung bei den serotonergen ähnlich Neuronen vorzukommen, da verminderte Konzentrationen sowohl für 5-HT als auch Dopamin nachgewiesen wurden (Ohmori et al., 1993). Die Dopamin-Verluste beschränken sich nur auf das Striatum, denn in extra-striatalen Regionen wie frontaler Kortex, Nucleus accumbens, Nucleus amygdalae, Hippocampus oder Hypothalamus wurden unveränderte Dopamin-Konzentrationen nachgewiesen (siehe Gerlach und Riederer, 1996). Extrastriatale Regionen sind zwar ebenso wie das Striatum dopaminerg innerviert, jedoch könnte die Innervierungsdichte und damit die Menge an durch Amphetamine freisetzbarem Dopamin ausschlaggebend sein für den neurotoxischen Effekt. In Mikrodialyse-Untersuchungen an der lebenden Ratte konnte man tatsächlich zeigen, dass die systemische Injektion von Methamphetamin akut zu einer massiven Freisetzung von Dopamin ins Striatum führt und die Menge des freigesetzten Dopamins mit dem histologisch nachgewiesenen Verlust TH-immunreaktiver Neurone korreliert (O'Dell et al., 1991). Zusätzlich beobachtete man jedoch auch eine Erhöhung der extrazellulären Glutamat-Konzentrationen (Nash und Yamamoto, 1992).

MPTP induziert ein Parkinson-Syndrom beim Menschen und bei nicht-menschlichen Primaten

In den Jahren 1979 bis 1982 wurden in Kalifornien bei mehreren jugendlichen Drogenabhängigen, die sich ein neuartiges „synthetisches Heroin" injiziert hatten, ein schweres und irreversibles Parkinson-Syndrom beobachtet (Davis et al., 1979). Diese Patienten zeigten alle Parkinson-typischen Symptome und sprachen auf eine Therapie mit L-DOPA und Dopamin-Rezeptoragonisten gut an. Die neuropathologische Untersuchung des Gehirns eines verstorbenen „Heroin"-Süchtigen, der an einem MPTP-induzierten Parkinson-Syndrom erkrankt war, zeigte eine selektive Zerstörung dopaminerger Neuronen der SNc (Davis et al., 1979). Bei der Analyse des „synthetischen Heroins" wurden neben dem eigentlichen Wirkstoff 1-Methyl-4-phenyl-4-propionoxypiperidin (Meperidin), der zu ca. 25 Prozent enthalten war, bis zu

2,9 Prozent MPTP nachgewiesen (Langston et al., 1983).

Die Parkinson-auslösende Wirkung von MPTP war jedoch lange Zeit nicht bekannt, da man diese anfänglich nur an Ratten, den typischen Laboratoriumstieren, untersuchte und bei diesen keine bzw. nur sehr geringfügige neurotoxische Effekte von MPTP fand (Tab. 4.2). Erst nachdem man nicht-menschliche Primaten verwendete und ein Parkinson-Syndrom, das dem des Menschen ähnelte, nach systemischer MPTP-Gabe beobachten konnte, war die Ursache des Parkinsonismus bei den jungen Drogenabhängigen geklärt (Burns et al., 1993; Langston et al., 1993).

In späteren Untersuchungen wurde dann auch die Parkinson-auslösende Wirkung von MPTP bei bestimmten Mäusestämmen, Hunden, Katzen, Schafen und sogar Goldfischen nachgewiesen. Auffallend sind jedoch die markanten **Suszeptibilitäts-Unterschiede** gegenüber der neurotoxischen Wirkung von MPTP (zur Übersicht: Gerlach et al., 1991b; Gerlach und Riederer, 1996). Nagetiere reagieren generell wesentlich weniger empfindlich als Affen (Tab. 4.2). Beispielsweise führt die systemische Injektion von relativ großen Mengen MPTP (kumulative Dosis 151 mg/kg Körpergewicht) nur zu einem etwa 20-prozentigen Dopamin-Verlust im Striatum der Ratte, ein Hunderstel dieser Dosis genügt dagegen, um beim Rhesus-Affen eine nahezu vollständige Reduktion der Dopamin-Konzentration hervorzurufen. Die Gründe für diese großen Suszeptibilitäts-Unterschiede sind nicht bekannt. Man nimmt an, dass vor allem die unterschiedliche Geschwindigkeit der MPTP-Metabolisierung verantwortlich ist. Weiterhin wird diskutiert, dass die Anwesenheit von Neuromelanin, das z.B. bei Primaten vorhanden ist und den neurotoxischen Hauptmetaboliten von MPTP, das MPP^+, bindet, die unterschiedliche Verteilung und Lokalisation der MAO-Subtypen im Gehirn, und der unterschiedliche Gehalt des nigrostriatalen Systems an Antioxidantien auch eine Rolle spielen.

Beträchtliche Suszeptibilitäts-Unterschiede gegenüber der neurotoxischen Wirkung von

Tabelle 4.2. Suszeptibilität unterschiedlicher Tierfamilien gegenüber der MPTP-Neurotoxizität (Modifiziert nach Gerlach und Riederer, 1996)

Tierfamilie	Kumulative Dosis (mg/kg)	Dopamin-Verlust (Prozent)
Nagetiere		
Sprague-Dawley-Ratte	151	23 (Nucleus caudatus)
Meerschweinchen	105	20 (Striatum)
Maus		
C57Bl/6	80	80 (Striatum)
CF/1	80	40 (Striatum)
Swiss-Webster	410	65 (Striatum)
Nicht-menschliche Primaten		
Common Marmoset	8	99 (Striatum)
Rhesus-Affe	1,5	97 (Striatum)
	2,1–6,5	99,6 (Nucleus caudatus)
		99,5 (Putamen)
Eichhörnchen-Affe	2	70 (Nucleus caudatus)
		85 (Putamen)

Die MPTP-Dosierungen sind auf die freie Base bezogen.

MPTP treten jedoch auch bei einzelnen Tieren (insbesonders bei nicht-menschlichen Primaten) auf, wozu die intraindividuell verschiedene genetische Ausstattung mit detoxifizierenden Enzymen und die unterschiedlich ausgeprägten Kompensationsmechanismen beitragen. Ältere Tiere reagieren allgemein empfindlicher auf MPTP als jüngere und sind weniger regenerationsfähig.

Die systemische Gabe von MPTP erzeugt auch bei Affen (wie Rhesus- und Eichhörnchen-Affen, Makaken, Pavianen, Common Marmosets) ein motorisches Syndrom, das dem des Menschen vergleichbar ist und mithilfe modifizierter Parkinson-Skalen quantifiziert werden kann. Im Vordergrund stehen **Akinese und Rigor; Ruhetremor** wird dagegen nur vereinzelt beobachtet. Die Symptome sind in Abhängigkeit von Spezies, Alter und MPTP-Dosierung unterschiedlich ausgeprägt und können mit L-DOPA und Dopamin-Rezeptoragonisten symptomatisch behandelt werden (Burns et al., 1983; Close et al., 1990). Keinen Effekt zeigte der nicht-kompetitive NMDA-Rezeptorantagonist MK-801 nach systemischer Applikation (Crossman et al., 1989), der kompetitive NMDA-Rezeptorantagonist CGP40.116 hingegen potenzierte die L-DOPA-Wirkung (Wüllner et al., 1992). Interessanterweise kann man durch chronische Gabe von L-DOPA bei MPTP-geschädigten Affen, ähnlich wie beim Menschen, **Dyskinesien** hervorrufen (Blanchet et al., 1995; Pearce et al., 1995).

MPTP-geschädigte Mäuse zeigten nach den akuten Intoxikationserscheinungen wie Mydriasis, Piloarrektion, Hypersalivation und klonischen Krämpfen relativ schnell wieder (15–30 min) ein normales spontanes Verhalten; Hypokinese wurde kaum beobachtet, obwohl zumindest kurzfristig auch eine verminderte lokomotorische Aktivität beschrieben wurde (Sundström et al., 1990). Auffallend ist allerdings das motorische Verhalten von MPTP-geschädigten Mäusen, denen geringe Dosen Haloperidol (0,2 mg/kg) i.p. injiziert wurden (Weihmuller et al., 1989). Diese Menge Haloperidol rief beim nicht MPTP-geschädigten Tier keine motorischen Verhaltensänderungen hervor; beim MPTP-läsionierten Tier hingegen wurde eine deutliche Verschlechterung der somatosensorischen Orientierung gemessen, die sich wieder – parallel mit dem striatalen Dopamin-Gehalt – innerhalb von drei bis fünf Monaten normalisierte. Beim MPTP-geschädigten Tier wurden zudem eine Akinese und Katalepsie beschrieben, die noch nach fünf Monaten vorhanden waren. Zurückgeführt werden können diese Veränderungen im motorischen Verhalten auf die durch MPTP hervorgerufene Supersensitivierung dopaminerger Rezeptoren (Weihmuller et al., 1989). Diese konnte tatsächlich bei MPTP-geschädigten Affen ([^{3}H]Spiperone-Bindungsdichte –40 Prozent im Putamen, –25 Prozent im Nucleus caudatus) nachgewiesen werden (Alexander et al., 1991).

MPTP zerstört vorwiegend dopaminerge Neuronen

Im Gehirn von MPTP-behandelten Tieren findet man ähnliche Schädigungsmuster wie im Gehirn verstorbener Parkinson-Kranker. Vorwiegend betroffen sind dopaminerge nigrostriatale, aber auch mesolimbische Neuronen und noradrenerge Nervenzellen im Locus coeruleus. Dies konnte man sowohl bei Affen als auch bei der C57Bl/6-Maus mithilfe histochemischer (Nissl-Färbung), immunhistochemischer (TH) und neurochemischer Verfahren nachweisen (Tabelle 4.3). Beispielsweise fand man bei Makaken dosisabhängig (1,75–4,59 mg/kg MPTP) Zellverluste in der SNc zwischen 46–93 Prozent und in der VTA zwischen 28–57 Prozent, die zu einer 99-prozentigen Erniedrigung der Dopamin-Konzentration im Striatum führten (German et al., 1988). Bei der C57Bl/6-Maus wies man dagegen nach einer kumulativen Dosis von 80 mg/kg MPTP (viermal 20 mg/kg s.c. in Ab-

Tabelle 4.3. Neurochemische Effekte von MPTP bei nicht-menschlichen Primaten (Nach Gerlach und Riederer, 1996)

Neurochemischer Parameter	**Gehirnregion** (Prozent der Normalwerte)				
	Nucleus caudatus	Putamen	Globus pallidus	Nucleus accumbens	Area tegmentalis ventralis
Dopamin	19	4	50	28	41
3,4-Dihydroxyphenylessigsäure	26	9	46	23	23
Homovanillinsäure	20	7	14	26	38
Tyrosin-Hydroxylase-Aktivität	–	–	25	26	43
[^{3}H]Mazindol-Bindungsdichte	16	15	–	65	–
Noradrenalin	100	43	150 (ns)	103 (ns)	128 (ns)
Serotonin	36	19	148 (ns)	165	94 (ns)
5-Hydroxyindolessigsäure	19	13	–	–	–

–, nicht bestimmt; ns, nicht signifikant verschieden von den Normalwerten.

ständen von zwei Stunden) Zellverluste in der SN und VTA von 40 bzw. 17 Prozent nach, die eine Reduktion der Dopamin-Konzentration im Striatum von 85 Prozent zur Folge hatten (Date et al., 1990; Kupsch et al., 1995).

Das Vorkommen von **Lewy-Körperchen**, einem ebenfalls charakteristischen neuropathologischen Marker der Parkinson-Krankheit, im Gehirn MPTP-geschädigter Affen ist nicht gesichert. Bei alten MPTP-behandelten Affen wurden zwar eosinophile Einschlusskörperchen in Gehirnstrukturen beschrieben, in denen beim Menschen auch Lewy-Körperchen auftreten. Da diese Einschlusskörperchen jedoch sowohl morphologisch als auch immunhistochemisch von Lewy-Körperchen unterscheiden (Forno et al., 1993), muss man davon ausgehen, dass sie nicht mit Lewy-Körperchen identisch sind. Eine kürzlich veröffentlichte neuropathologische Untersuchung von Gehirnen verstorbener Patienten mit einem MPTP-induzierten Parkinson-Syndrom zeigte keinerlei Hinweise für das Vorliegen von Lewy-Körperchen, jedoch eine Degeneration dopaminerger Nervenzellen in der SNc und freies extrazelluläres Neuromelanin (Langston et al., 1999).

MPTP erzeugt eine irreversible, wahrscheinlich jedoch keine chronisch-progrediente Degeneration

Da die Parkinson-Krankheit sich allmählich über einen langen Zeitraum bis zur vollständigen Ausprägung der typischen Symptomatik (fünf bis 15 Jahre) entwickelt und chronisch-progredient verläuft, war es aus theoretischen Überlegungen naheliegend, chronische MPTP-Modelle zu entwickeln, in denen subtoxische Dosen an MPTP über einen langen Zeitraum verabreicht wurden. Konsequenterweise wurden auch Untersuchungen mit dem Ziel durchgeführt, einen chronisch-progredienten Verlauf der Schädigung dopaminerger Neuronen nachzuweisen. Trotz vieler Untersuchungen ist diese Frage jedoch nicht eindeutig beantwortbar; insbesondere ist nicht sicher, ob der neurotoxische Mechanismus auch nach dem Absetzen der MPTP-Behandlung selbständig weiterläuft und die Neuronenschädigung chronisch zunimmt. Bei Common Marmosets (*Callithrix jacchus*), nicht-menschlichen Primaten mit einer niedrigen Entwicklungsstufe, konnten zwar nach langfristiger Gabe kleiner Mengen MPTP (1 mg/kg i.p., zweimal wöchentlich über vier

Monate) dauerhafte Schäden im nigro-striatalen dopaminergen System nachgewiesen werden, doch erholten sich die so behandelten Tiere wieder in ihrem motorischen Verhalten (Colosimo et al., 1992) aufgrund von kompensatorischen (Plastizität des Gehirns) und/oder regenerierenden Prozessen wie Wiedernachwachsen zerstörter Nervenendigungen oder Kollateralenbildung intakter Neuronen (Gaspar et al., 1993). Ähnliche Phänomene fand man auch bei der C57Bl/6-Maus und bei Katzen.

Langzeitstudien mit höher entwickelten nicht-menschlichen Primaten, die einen enormen experimentellen Aufwand – da die MPTP-geschädigten Tiere aufgrund der massiven Beeinträchtigung in ihrem motorischen Verhalten intensiv gepflegt werden müssen – erfordern, liegen nur wenige vor und sind nur bedingt aussagekräftig. Nicht-menschliche Primaten zeigten zudem eine große interindividuelle Suszeptibilität, die dazu führte, dass die Tiere auf die gleiche Dosis MPTP ganz unterschiedlich ansprachen; einige Tiere entwickelten sogar eine Resistenz gegenüber der neurotoxischen Wirkung von kleinen Mengen MPTP.

Die wenigen Langzeitversuche mit höher entwickelten Affen (wie Pavianen oder Rhesus-Affen) zeigten allerdings, dass man bei einigen Tieren mit kleinen Mengen MPTP ein irreversibles Parkinson-Syndrom erzeugen kann. Beispielsweise entwickelten Paviane, denen man bis zu 20 Monate einmal wöchentlich 0,4–0,5 mg/kg MPTP intravenös injizierte, ein **stabiles Parkinson-Syndrom**, das auch noch 16 Monate nach dem Absetzen von MPTP vorhanden war (Hantraye et al., 1993). Nicht eindeutig geklärt ist dagegen die Frage, ob die MPTP-Neurotoxizität chronisch-progredient wirkt. In einer Langzeitstudie an Makaken, denen einmalig 2,5–3,5 mg/kg MPTP in die Carotiden infundiert wurde, konnte keine Progression beobachtet werden (Emborg-Knott und Domino, 1998): die motorische Beeinträchtigung, die anhand einer modifizierten Parkinson-Skala vier Monate, ein Jahr und dann jährlich nach der MPTP-Gabe quantifiziert wurde, zeigte über einen Zeitraum von sechs bis acht Jahren keine wesentlichen Veränderungen. Im Gegensatz hierzu stehen die Ergebnisse einer ebenfalls an Makaken durchgeführten PET-Studie mit ^{11}C-CFT (^{11}C-markiertes 2β-carbomethoxy-3β-(4-fluorophenyl)tropan, das Dopamin-Wiederaufnahmestellen markiert), die nach chronischer Gabe kleiner Mengen MPTP (0,6 mg/kg intravenös jede zweite Woche) eine Progression aufzeigte (Brownell et al., 1998).

MPTP ist nicht das eigentliche neurotoxische Agens

Der Wirkungsmechanismus von MPTP ist größtenteils aufgeklärt (zur Übersicht: Gerlach et al., 1991b, Gerlach und Riederer, 1996). Als lipophile Substanz gelangt es nach systemischer Injektion rasch in das ZNS, wo es in Gliazellen durch die MAO-B zum eigentlich toxischen MPP^+-Kation oxidiert wird (Abb. 4.3 und 4.4). Ein weiteres toxisches Zwischenprodukt ist 1-Methyl-4-phenyl-1,6-dihydropyridin (MPDP, Abb. 4.3). Injiziert man diese Substanzen direkt in die SN oder das mediale Vorderhirnbündel der Ratte, so kann man auch eine Zerstörung dopaminerger nigro-striataler Neuronen hervorrufen. Durch unselektive Hemmung der MAO-B mittels hoher Dosen Selegilin, Rasagilin und Pargylin kann man den neurotoxischen Effekt von MPTP vollständig verhindern. Ebenso wirken selektive Dopamin-Wiederaufnahmehemmstoffe wie Nomifensin.

MPP^+ verlässt die Gliazellen auf einem noch nicht endgültig geklärten Weg: sehr wahrscheinlich geht es über den extraneuronalen Monoamin-Transporter, für den es eine sehr hohe Affinität hat (Russ et al., 1996). MPP^+ wird anschließend über den **Dopamin-Transporter** selektiv in dopaminergen Neuronen akkumuliert (Abb. 4.4). Dort blockiert

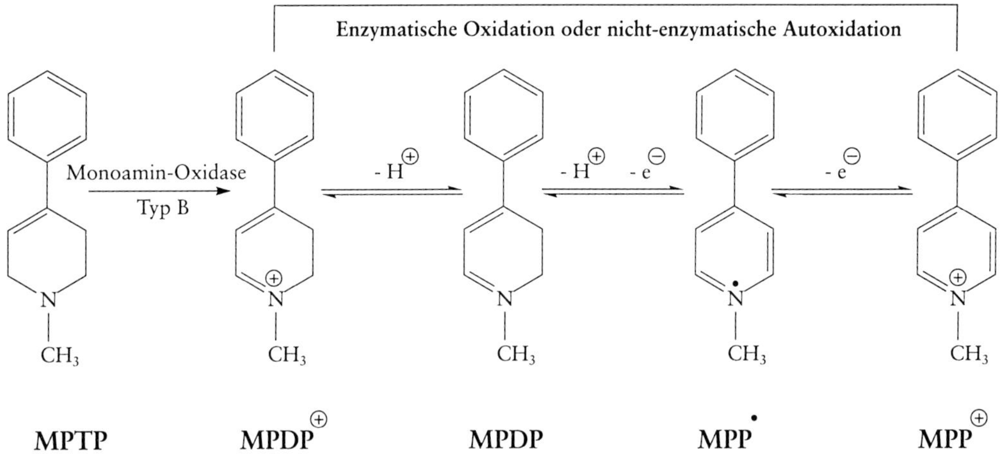

Abb. 4.3. Metabolismus von MPTP. MPDP, 1-Methyl-4-phenyl-1,6-dihydropyridin; MPP^+, 1-Methyl-4-phenylpyridinium-Ion; MPTP; 1-Methyl-4-phenyl-1,2,3,6-tetrahydropyridin.

MPP^+ die mitochondriale Atmungskette und löst eine Störung der Ca^{2+}-Homeostase und „oxidativen Stress" aus (siehe auch Kapitel 5). Es kommt daraufhin zu einem ATP-Mangel, zu DNS-Schäden und -Mutationen, zu Lipid-Peroxidationen (Membranschäden) und Proteinveränderungen, wodurch schließlich die dopaminergen Neuronen zugrunde gehen.

Da man mit MPTP beim Menschen ein Parkinson-ähnliches Syndrom mit einer Schädigung des dopaminergen nigro-striatalen Nervensystems erzeugen kann und die molekularen Ursachen dieser Degeneration größtenteils kennt, verwendet man das MPTP-geschädigte Tier als Modell, um **neuroprotektive Strategien** zur Behandlung der Parkinson-Krankheit zu entwickeln und zu validieren (Gerlach et al., 2000a). Von der Fülle der bisher an diesem Modell untersuchten Wirkstoffe sollen hier nur einige kurz erwähnt werden. Die neuroprotektiven Effekte von Dopamin-Rezeptoragonisten werden ausführlich im übernächsten Kapitel beschrieben.

Obwohl in einigen Untersuchungen an Nagetieren, die aber im Gegensatz zu Primaten selbst Vitamin C synthetisieren können, ein partieller neuroprotektiver Effekt von Vitamin C und E aufgezeigt wurde (siehe Gerlach et al., 1991b), ist die neuroprotektive Wirkung dieser Antioxidantien nicht gesichert. In Untersuchungen an Common Marmosets, die chronisch mit hohen Dosen beider Vitamine (52 Tage täglich 100 mg/kg Vitamin C und 2350 mg/kg α-Tocopherol) behandelt wurden, konnten wir keinen protektiven Einfluss auf die MPTP-induzierte Reduktion der Dopamin-Konzentration im Striatum feststellen (Mihatsch et al., 1991). Salizylsäure und Aspirin® zeigten dagegen eine nahezu vollständige Neuroprotektion am MPTP-Modell der Maus, die nicht auf deren Cyclooxygenase-Hemmung, sondern auf deren antioxidative Wirkung zurückgeführt wird (Aubin et al., 1998). Die neurotoxischen Effekte von MPTP können auch durch vorherige Gabe von SH-haltigen Antioxidantien wie Cysteamin und Dimercaprol (Oishi et al., 1993), von Coenzym Q_{10} und Nicotinamid (Schulz et al., 1995), des Radikalfängers N-tert-Butyl-α-(2-sulphophenyl)-nitron (S-PBN; Schulz et al., 1995) und des Eisen-Chelators Cytisin (Ferger et al., 1998) partiell verhindert werden. Partiell wirksam sind auch Hemmstoffe der neuronalen Form

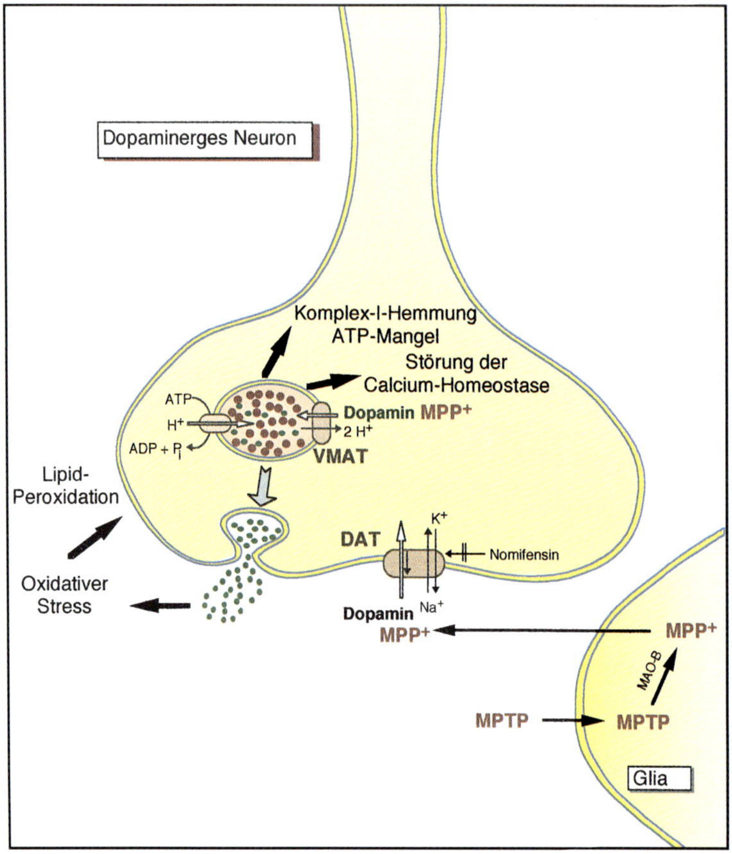

Abb. 4.4. Neurotoxischer Wirkmechanismus von MPTP. DAT, Dopamin-Transporter; MAO-B, Monoamin-Oxidase, Typ B; MPP^+, 1-Methyl-4-phenylpyridinium-Ion; MPTP; 1-Methyl-4-phenyl-1,2,3,6-tetrahydropyridin; VMAT, Vesikulärer Monoamin-Transporter.

der NOS (Hantraye et al., 1996), selektive Ca^{2+}-Kanal-Blocker des L-Typs wie Nimodipin (Kupsch et al., 1995, 1996), Riluzol, das nicht an Glutamat-Rezeptoren bindet, jedoch die prä-synaptische Freisetzung von Glutamat antagonisiert (Boireau et al., 1994), und der kompetitive NMDA-Rezeptorantagonist CPP (Lange et al., 1993). Nicht neuroprotektiv wirksam ist dagegen der NMDA-Rezeptorantagonist MK-801 (Kupsch et al., 1992).

MPTP ist das Modelltoxin zur Suche Parkinson-auslösender exogener und endogener Neurotoxine

Die Entdeckung, dass eine synthetische organische Verbindung wie MPTP einen Parkinson-ähnlichen Phänotyp bei Mensch und Tier auslösen kann, führte zu der Annahme, dass endogene und exogene MPTP-ähnliche Neurotoxine ursächlich verantwortlich sein könnten für die Entstehung der Parkinson-Krankheit (Snyder und D'Amato, 1985; Tanner, 1987; Gerlach und Riederer, 1996; Gerlach et al., 1998). 4-Phenylpyridin, das ein Bestandteil von bestimmten Gewürzen ist, und Paraquat, das als Herbizid Verwendung findet, werden als potentielle exogene Neurotoxine diskutiert (Abb. 4.5). Mögliche endogene Kandidaten sind 1,2,3,4-Tetrahydroisoquinolin-Derivate wie 1-Methyl-6,7-dihydroxy-1,2,3,4-tetrahydroisoquinolin (Salsolinol) oder β-Carboline (Norharmane) wie das 1,2,3,4-Tetrahydro-β-carbolin (THBC) und TaClo. Salsolinol und Tetrahydropapaverolin, die aus Dopamin und Acetaldehyd bzw. dem Dopamin-Metabolit DOPAC-Aldehyd gebildet werden, konnten im Gehirn und in verschiedenen Nahrungsmitteln (z.B. Gemüse) und Getränken (z.B. Rotwein) nachgewiesen werden. β-Carboline können im Organismus aus Tryptamin, -Metaboliten und Aldehyden synthetisiert werden.

Von besonderem Interesse ist derzeit TaClo, dessen Abkürzung sich aus Tryptamin und Chloral ableitet. TaClo konnte im Organismus von Ratten nachgewiesen werden, denen man Chloral, das immer noch therapeutisch als Schlafmittel Verwendung findet, oder Trichlorethylen (Tri), das als Lösungsmittel in der Industrie verwendet wird, verabreichte (Bringmann et al., 1995). Aufgrund seiner hohen Lipidlöslichkeit kann TaClo sehr leicht ins Gehirn gelangen, wo es allerdings schnell metabolisiert wird. Kürzlich wurde von einer Frau berichtet, die nach beruflicher Exposition mit Trichlorethylen ein akutes Parkinson-Syndrom entwickelte (Guehl et al., 1999).

Obwohl für einige dieser Substanzen in dopaminergen Zellkulturen und nach direkter Injektion in das Gehirn der Ratte neurotoxische Effekte beobachtet wurden, liegen bisher jedoch keine eindeutigen Befunde an nicht-menschlichen Primaten vor, die einen MPTP-ähnlichen Effekt aufzeigen.

Intrazerebral verabreichtes Eisen ist neurotoxisch für dopaminerge Neuronen

Wie im nächsten Kapitel näher beschrieben wird, fand man selektiv in der SNc von verstorbenen Parkinson-Kranken erhöhte Eisen-Konzentrationen. Weiterhin wurden erhöhte Eisen-Konzentrationen in Gehirnen MPTP-

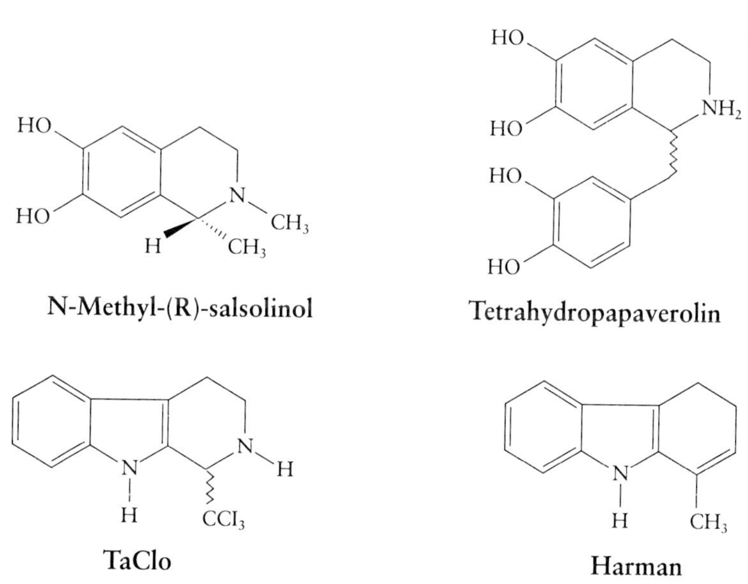

Abb. 4.5. Strukturformeln endogener und exogener MPTP-ähnlicher Verbindungen.

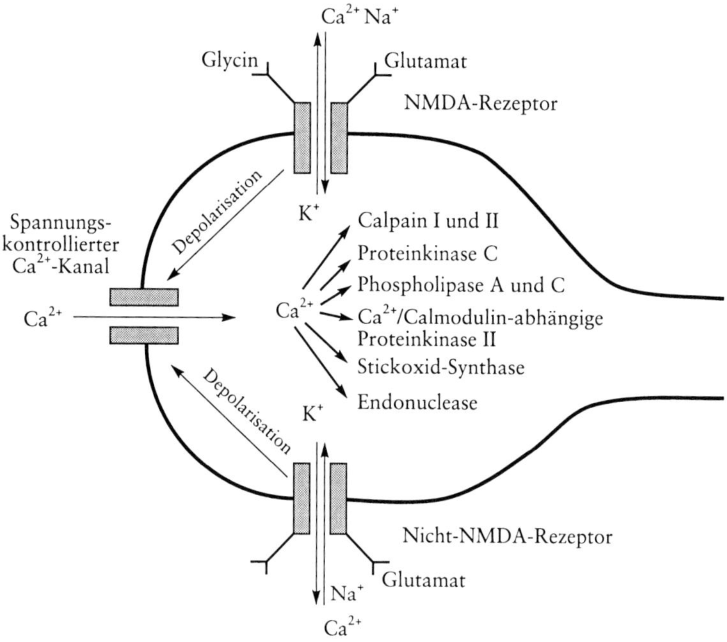

Abb. 5.6. Konsequenz der Störung der Ca^{2+}-Homeostase: unkontrollierte Aktivierung Ca^{2+}-abhängiger Enzyme. Die Aktivierung von Calpain I und II ruft eine Veränderung des Zytoskeletts hervor; die Aktivierung der Protein-Kinase-C und Stickoxid-Synthase erzeugt vermehrt Sauerstoff-Radikale; die Aktivierung der Phospholipase A_2 führt zum Abbau von Phospholipid-Membranen, die dabei freiwerdenden Fettsäuren (insbesonders die Arachidonsäure) gelangen dann in den extrazellulären Raum, wo sie in im Verlaufe ihres weiteren Abbauprozesses in Radikale umgewandelt werden: dies hält im Sinne eines *Circulus vitiosus* die Zellschädigungsprozesse aufrecht oder verstärkt sie sogar noch.

kinson-Patienten und gesunden Individuen transformiert waren. Die Zellen mit Mitochondrien von Parkinson-Patienten brauchten wesentlich länger, eine pharmakologisch herbeigeführte zytosolische Ca^{2+}-Erhöhung zu normalisieren als Zellen mit Mitochondrien von gesunden Individuen. Auch Ergebnisse von tierexperimentellen Modellen der menschlichen Krankheit weisen auf eine Störung der Ca^{2+}-Homeostase hin. So schützt Nimodipin, ein Ca^{2+}-Kanal-Blocker der selektiv spannungskontrollierte Ca^{2+}-Kanäle vom L-Typ hemmt, dopaminerge nigro-striatale Neuronen von C57Bl/6-Mäusen und Common Marmosets vor der neurotoxischen Wirkung von MPTP (Kupsch et al., 1995, 1996).

Apoptose, ein Pathomechanismus gegensätzlich zur Nekrose

Aufgrund morphologischer Kriterien wurden bereits 1951 von Glücksmann verschiedene Formen des Zelltodes klassifiziert. Mehr als ein Jahrzehnt danach beschrieben Lockshin und Williams (1964) eine Regelmäßigkeit, in der bestimmte Zellen in einer wahrscheinlich vorher bestimmten Abfolge sterben und schlugen deshalb den Begriff **„programmierter" Zelltod** vor. Kerr und Kollegen verwendeten dann 1972 erstmals den Begriff Apoptose, um anhand morphologischer Kriterien den apoptotischen vom nekrotischen Zelltod zu unterscheiden. Dieser Ausdruck kommt aus dem

Altgriechischen und steht für das Abfallen des Laubes vom Baum. Nach diesem Konzept werden Zellen, die aufgrund eines natürlichen Todes im Rahmen eines normalen biologischen Prozesses sterben (Apoptose), von denen unterschieden, die aufgrund bestimmter endogener oder exogener Einwirkungen (Nekrose) absterben. Hiernach sterben Zellen, die sich im Entwicklungsstadium befinden, oder verletzte Zellen im erwachsenen Organismus einen programmierten oder apoptischen Zelltod. Der Begriff programmierter Zelltod brachte später die Neurobiologen auf die Idee, dass der neuronale Zelltod durch die Auslösung der Expression von Genen, die für sog. Todes- oder Suizid-Proteine kodieren, verursacht wird (Altman, 1992).

Apoptose scheint keine Rolle bei der Pathogenese der Parkinson-Krankheit zu spielen

Heute gibt es verschiedene morphologische und biochemische Kriterien, um Apoptose und Nekrose zu unterscheiden (Tabelle 5.4). Unter Anwendung dieser Kriterien gelang es jedoch nicht eindeutig, Apoptose als Pathomechanismus der Parkinson-Krankheit nachzuweisen. In einigen Post-mortem-Untersuchungen fand man zwar für Apoptose charakteristische morphologische Veränderungen, doch gibt es nun vermehrt Befunde, die diese nicht bestätigen und auf das Vorliegen falsch-positiver Resultate durch Artefakte hinweisen (Graeber et al., 1999; Wüllner et al., 1999; Jellinger, 2000). Nicht im Einklang mit den morphologischen und biochemischen Kriterien der Apoptose sind auch die Resultate, die auf entzündliche Reaktionen im Gehirn von Parkinson-Kranken hinweisen. So wurden in der SN von verstorbenen Parkinson-Kranken Gliazellen nachgewiesen, die aufgrund ihrer Immunreaktivität gegenüber dem Histokompatibilitäts-Antigen HLA-DR (für *human leukocyte antigen*) als reaktive Mikroglia (Macrophagen) bezeichnet wurden (McGeer et al., 1988b). Weiterhin fanden

Tabelle 5.4. Kriterien zur Unterscheidung von apoptotischen und nekrotischen Zelluntergängen (Nach Gerlach et al., 1996d)

	Apoptose	Nekrose
DNS	Frühe internukleosomale Fragmentierung (Leiterförmig)	Späte, zufällige DNS-Verdauung
Zellkern	Chromatin-Kondensation	Frühe Zusammenballung der Zellkernmasse
	Frühe nukleäre Spaltung	Späte nukleäre Degeneration
Membran-Integrität	Bleibt solange erhalten, bis sie als Ganzes von der phagozytierenden Zelle aufgenommen wird Abschnürung kleiner Vesikel (*Blebbing*)	Wird sehr früh zerstört
Mitochondrien	Sehen normal aus	Sind angeschwollen, enthalten abnormale Ca^{2+}-Konzentrationen
Entzündliche Reaktionen	Nein	Ja
Abhängigkeit von Protein-Synthese	Ja	Nein

wir, aber auch andere Gruppen, im CSF und Autopsiehirn von Parkinson-Kranken erhöhte Konzentrationen der entzündungsfördernden Zytokine Interleukine IL1β, IL-2, IL-4 und IL-6 (Blum-Degen et al., 1996; Mogi et al., 1996). Nicht in dieses ursprüngliche Konzept passen auch die tierexperimentellen Befunde an Modellen der Parkinson-Krankheit. So wies man nach 6-OHDA- und MPTP-Gabe – je nach Dosierung des Neurotoxins und des Zeitpunktes der Beobachtung – sowohl apoptotische als auch nekrotische Veränderungen nach (siehe Gerlach und Riederer, 1996; Gerlach et al., 1996d).

Auch aufgrund theoretischer Überlegungen kann man die Apoptose als auslösenden Mechanismus der Parkinson-Krankheit anzweifeln. Es stellt sich vor allem die entscheidende Frage nach dem Sinn eines apoptotischen oder programmierten Neuronentodes im erwachsenen ZNS. Im embryonalen ZNS ist es vernünftig, dass in bestimmten Phasen nur die Nervenzellen überleben, die ein neurotrophes Signal erhalten, während diejenigen, die dieses nicht erhalten durch apoptotische Prozesse absterben und beseitigt werden. Im erwachsenen ZNS dagegen, wo ausdifferenzierte Neuronen sich nicht mehr teilen können, kann ein programmierter Zelltod unserer Meinung überhaupt gar keine Bedeutung haben. Im Gegenteil! man sollte eher erwarten, dass zellschützende Mechanismen vorhanden sind. Schließlich muss man die Frage nach der primären Ursache des apoptotischen Zelltodes stellen. In Zellkulturexperimenten kann man jedenfalls apoptotische Neurodegeneration durch eine Reihe von Faktoren auslösen. Hierzu gehören der Entzug von neurotrophen Wachstumsfaktoren, die Hemmung der mitochondrialen Atmungskette, die Zugabe von Dopamin und Exzitotoxinen, die Erzeugung von „oxidativem Stress“ und die Erhöhung intrazellulärer Ca^{2+}-Konzentrationen (Thompson, 1995).

6
Präklinische- und klinische Befunde zur Neuroprotektion

6.1 Präklinische Untersuchungen

Primäres Ziel einer neuroprotektiven Strategie ist es, präventiv Neuronen vor neurotoxischen Prozessen zu schützen und die Integrität vulnerabler Neuronen sicherzustellen. Eine pharmakologische Intervention ist dabei um so gezielter möglich, je besser die ursächlichen molekularen und zellulären Pathomechanismen oder die auslösenden Faktoren bekannt sind. Bei Morbus Wilson, einem seltenen rezessiven Erbleiden, bei dem es durch eine Kupfer-Stoffwechselanomalie zu degenerierenden Prozessen im extrapyramidalen System und zum Auftreten von Parkinson-Symptomen kommt, ist durch Eliminierung und Neutralisierung des in verschiedenen Organen pathologisch angereicherten Kupfers mittels Chelatbildnern (wie z.B. D-Penicillamin) eine wirkungsvolle neuroprotektive Therapie sowohl bei bereits Erkrankten als auch bei prä-symptomatischen Homozygoten möglich. Für die Parkinson-Krankheit gab es aufgrund mangelnder Kenntnisse der krankheitsauslösenden Mechanismen lange Zeit keine neuroprotektiven Interventionsmöglichkeiten. Erst das Verständnis der Wirkungsweise von Neurotoxinen hat molekulare Mechanismen der Neurodegeneration aufgezeigt und zur Entwicklung neuroprotektiver Therapiestrategien geführt (siehe Tabelle 5.1).

Neuroprotektive versus neuronenheilende und neuronenrettende Wirkung

Entsprechend obiger Definition wirken neuroprotektive Substanzen nur präventiv; Wirkstoffe, die als neuronenheilend (englisch *neurorestorative*) oder neuronenrettend (englisch *neurorescuing*) bezeichnet werden, entfalten ihren Effekt nach der Schädigung des Neurons; im präklinischen Experiment werden sie nach der Neurotoxin-induzierten Läsion verabreicht. Die unterschiedlichen Begriffsbedeutungen können am besten am Beispiel des Einflusses von Selegilin auf die neurotoxische MPTP-Wirkung erklärt werden. Der MAO-B-Hemmstoff Selegilin wirkt gegenüber MPTP **neuroprotektiv**, wenn er prophylaktisch gegeben wird: dadurch wird die Umwandlung in das neurotoxische MPP^+ durch die MAO-B verhindert; MPTP kann keine neurotoxische Wirkung entfalten.

Wenn Selegilin drei Tage nach der MPTP-Injektion verabreicht wird, wird eine abgeschwächte neurotoxische MPTP-Wirkung beobachtet (Tatton und Greenwood, 1991). Da zu diesem Zeitpunkt bereits alles MPTP zu MPP^+ metabolisiert war, und Selegilin in einer Dosierung verwendet wurde, die keine MAO-B-Hemmung zur Folge hatte, konnte die MAO-B-Hemmung nicht für den beobachteten Effekt verantwortlich sein. Die

Autoren ordneten dem Selegilin eine weitere, **neuronenrettende** Eigenschaft zu, die in der Tat auch in anderen experimentellen Versuchsanordnungen (Axotomie von Motoneuronen; MPP^+-Schädigung von primären dopaminergen Neuronenkulturen) bestätigt werden konnte (Salo und Tatton, 1992; Koutsilieri et al., 1994). Neuronenrettend bedeutet also, dass der Wirkstoff Neurone nach einer schädigenden Wirkung vor dem letalen Ereignis rettet.

Der Begriff **neuronenheilend** wurde aufgrund von Beobachtungen aus Zellkulturexperimenten geprägt. Primäre dopaminerge Neuronenkulturen wachsen wieder bzw. überleben besser, wenn man Selegilin ein Tag nach der MPP^+-Exposition zum Nährmedium gibt (Koutsilieri et al., 1996). Übertragen auf das ZNS würde dies bedeuten, dass neuronenheilende Substanzen Neuronen nach einem schädigenden Ereignis besser überleben helfen oder aber sogar bereits abgestorbene wieder in ihrer Funktion herstellen (Neuroregeneration); solche Substanzen sind auch noch einige Zeit nach der Läsion der Nervenzelle wirksam. Der neuronenheilende Effekt wird auf einen Neurotrophin-artigen Wirkmechanismus zurückgeführt. Im Gegensatz zu fast allen anderen Geweben unseres Körpers gilt das ZNS aber generell als nicht regenerationsfähig, d.h. Neuronen und Axone können nicht regenerieren: Verletzungen des ZNS können nur durch interne Umorganisation des neuronalen Netzwerks, nicht aber durch echte zelluläre Regeneration „heilen“.

Neurotrophine sind lösliche Proteine, die embryonale, periphere Nervenzellen am Leben halten. Erste Hinweise auf einen Überlebensfaktor für Neuronen kamen aus Versuchen von Rita Levi-Montalcini, die vor über 40 Jahren sympathische und sensorische Ganglien mit Tumorextrakten kultivierte: Sie beobachtete dabei ein Auswachsen von Nervenfasern. In späteren Untersuchungen stellte sich heraus, dass es sich bei der aktiven Substanz um ein Protein handelt, dem sie den Beobachtungen nach den Namen Nervenwachstumsfaktor NGF (englisch *nerve growth factor*) gab. Bald zeigte es sich jedoch, dass der Begriff „Wachstumsfaktor” irreführend war, denn bei NGF handelt es sich nicht um ein Mitogen, sondern um einen Faktor, der für das Überleben von Neuronen unerlässlich ist: Nach einem allgemeinen Prinzip der Vertebratenentwicklung werden in der frühen Embryonalzeit Neuronen im Überschuss gebildet. Sobald ihre Axone jedoch das Zielgebiet erreicht haben, sterben, je nach Größe, 40 bis 60 Prozent durch einen apoptotischen Mechanismus wieder ab. Welches Neuron überlebt und welches nicht, entscheiden neurotrophe Faktoren wie NGF. Während die überlebensfördernde Funktion der Neurotrophine während der Entwicklung des peripheren Nervensystems eindeutig nachgewiesen ist, gibt es bis jetzt keine eindeutigen Befunde für eine Neurotrophin-Abhängigkeit der adulten, ausdifferenzierten Neuronen im ZNS. In Zellkulturexperimenten konnte man nachweisen, dass aktivierte Astrozyten eine Reihe von neurotrophen Faktoren sezernieren, die läsionierten Neuronen zum Überleben helfen und das Wiederwachstum von Neuronen fördern (Giulian et al., 1993). Selegilin ist in der Lage, die Genexpression einer Reihe von Enzymen, Transkriptionsfaktoren und neurotrophen Faktoren zu stimulieren (siehe unten), wodurch dessen neuronenheilende Wirkung erklärt werden könnte. Jedenfalls konnte man zeigen, dass primäre dopaminerge Neuronenkulturen nach der Entfernung von MPP^+ aus dem Nährmedium und Zusatz von GDNF (englisch: *glial cell line-derived neurotrophic factor*) wieder wachsen; GDNF ist aber nicht in der Lage, diese vor dem MPP^+-induzierten Zelltod zu bewahren: d.h. es ist nicht neuroprotektiv (Hou et al., 1996).

Antioxidantien, Eisen-Chelatoren und NOS-Hemmstoffe schützen dopaminerge Neuronen in Tiermodellen der Parkinson-Krankheit

Entsprechend der „oxidativen Stress"-Hypothese des dopaminergen Nervenzelltodes sollten Antioxidantien, die die Kettenreaktion der Radikalen-Bildung unterbrechen, neuroprotektiv wirksam sein. Effektiv sein sollten auch Eisen-Chelatoren, die die Bildung der hoch-toxischen Hydroxyl-Radikale durch Vermeidung der Fenton-Reaktion verhindern. Dies konnte tatsächlich für eine Reihe solcher Wirkstoffe in Tiermodellen der Parkinson-Krankheit nachgewiesen werden (Tabelle 6.1). Ratten, die prophylaktisch mit Vitamin E oder Desferrioxamin (Desferal, ein Eisen-Chelator) behandelt waren, drehten sich nach unilateraler Gabe von 6-OHDA weniger spontan um ihre eigene Körperachse als Tiere, die nicht mit diesen Wirkstoffen behandelt waren. Zusätzlich wurden bei diesen Tieren geringfügigere Dopamin-Verluste im Striatum nachgewiesen als bei unbehandelten (Ben-Shachar et al., 1991). Diese Befunde legen nahe, dass Vitamin E und Desferal dopaminerge nigro-striatale Neuronen vor der neurotoxischen Wirkung von 6-OHDA schützen. Es gibt viele Belege dafür, dass 6-OHDA durch die Erzeugung von „oxidativem Stress" wirkt (Gerlach und Riederer, 1996). 6-OHDA kann Eisen aus dem Eisen-speichernden Protein Ferritin freisetzen (Double et al., 1998), was auch am lebenden Tier mithilfe von Magnet-Resonanz-Untersuchungen gezeigt werden konnte (Hall et al., 1992).

Viele derzeit zur Verfügung stehende Eisen-Chelatoren, wie u.a. auch Desferal, haben jedoch einen entscheidenden Nachteil, der einen klinischen Einsatz bei neurodegenerativen Erkrankungen limitiert: nämlich die sehr geringe Blut-Hirn-Schranken-Permeabilität. Scavestrogene (der Name leitet sich von <u>*scav*</u>*enger* und <u>*estrogene*</u> ab), die Eisen-chelatierende und antioxidative Eigenschaften aufweisen, können dagegen sehr leicht die Blut-Hirn-Schranke überwinden und sind in Zellkulturexperimenten neuroprotektiv wirksam (Blum-Degen et al., 1998).

Selektive NOS-Hemmstoffe, die vor allem die neuronale Isoform des Enzyms blockieren, und damit die Bildung von NO unterdrücken, verhindern partiell die durch Methamphetamin und MPTP hervorgerufene Schädigung dopaminerger Neuronen (Tabelle 6.1). Nichtselektive Hemmstoffe scheinen dagegen unwirksam zu sein.

Die neuroprotektive Wirksamkeit typischer Antioxidantien wie Vitamin C und E ist nicht eindeutig bewiesen

Legt man bei der Beurteilung der neuroprotektiven Wirksamkeit der typischen Antioxidantien Vitamin C und E harte Kriterien, wie bespielsweise Messung des Dopamin-Gehalts oder Zählung der Anzahl TH-immunreaktiver Neuronen, zugrunde, dann muss man diese als nicht gesichert einstufen. Für Mäuse wurde zwar in frühen Untersuchungen ein partieller neuroprotektiver Effekt von Vitamin C und E gegenüber der neurotoxischen Wirkung von MPTP berichtet, doch konnte dieser in späteren Untersuchungen nicht bestätigt werden (siehe zur Übersicht: Gerlach und Riederer, 1996; Gerlach et al., 2000a). In eigenen Untersuchungen an nicht-menschlichen Primaten konnte kein diesbezüglicher Effekt nachgewiesen werden (Mihatsch et al., 1991): Selbst hohe Dosen an Vitamin C (100 mg/kg Körpergewicht täglich) und E (2350 mg/kg Körpergewicht täglich), die über einen Zeitraum von 52 Tagen peroral verabreicht wurden, hatten keinen Einfluss auf den Gehalt an Dopamin im Striatum MPTP-behandelter Common Marmosets.

Vitamin C (Synonym: Ascorbinsäure) ist eines der wichtigsten wasserlöslichen, zytosolischen Antioxidantien. Es ist im menschlichen Gehirn in relativ hohen Konzentrationen vorhanden (281–331 µg/g Feucht-

Tabelle 6.1. Wirkstoffe, die in experimentellen Modellen der Parkinson-Krankheit neuroprotektiv wirksam sind

Stoffgruppe	Wirkstoff	Wirksam gegen			
		MPTP	6-OHDA	Methamphetamin	Andere
Antioxidantien	Coenzym Q/Nicotinamid	ja	–	–	
	Cysteamin	ja	–	–	
	Dimercaprol	ja	–	–	
	Ginkgo biloba	ja	–	–	
	OPC-14117	ja	–	–	
	Salizylsäure, Aspirin	ja	–	–	
	S-PBN	ja	–	–	
	Vitamin C	nicht sicher	–	–	
	Vitamin E	nicht sicher	ja	–	
Eisen-Chelatoren	Desferrioxamin	–	ja	–	–
	Cytisin	ja	–	–	–
	Scavestrogene	–	–	–	Hydroxyl-Radikale
NOS-Hemmstoffe	7-Nitroindazol	ja	–	ja	
MAO-B-Hemmstoffe	Selegilin (L-Deprenyl)	ja	ja	–	DSP-4
	Lazabemid	ja	–	–	
	Rasagilin (TV-1012)	ja	–	–	
Dopamin-Rezeptoragonisten	α-Dihydroergocryptin	ja	–	–	
	Apomorphin	ja	ja	–	
	Bromocriptin	ja	–	–	L-DOPA-Toxizität, NO
	Cabergolin	–	ja	–	
	Lisurid	–	ja	–	L-DOPA-Toxizität, MPP^+
	Pergolid	nein	ja	–	MPP^+, NO
	Pramipexol	ja	–	ja	L-DOPA-Toxizität, MPP^+
	Ropinirol	–	ja	–	
Immunsuppressiva	Cyclosporin A	nein	ja	–	
Immunophiline	FK-506	ja	–	–	
	GPI-1046	ja	–	–	

Tabelle 6.1. (Fortsetzung)

EAS-Rezeptorantagonisten	Budipin	–	–	–	MPP^+
	CPP	ja	ja	–	MPP^+
	Memantin	–	–	–	Glutamat, NMDA
	MK-801	nein	–	ja	MPP^+
Hemmung der Glutamat-Freisetzung	Lamotrigin	ja	–	nein	
	Riluzol	ja	–	nein	
Ca^{2+}-Kanal-Blocker	Nimodipin	ja	nein	–	NMDA
Anti-apoptotische Substanzen	Selegilin bzw. Desmethyl-selegilin	ja	ja	–	
	GDNF	ja	ja	–	

–, nicht untersucht, CPP, 3-((±)-2-Carboxypiperazin-4-yl)-propyl-1-phosphonylsäure; DSP-4, N-(2-chlorethyl)-N-ethyl-2-brombenzylamin; EAS; Exzitatorische Aminosäure; FK-506, Tacrolimus; GDNF, *glia derived nerve growth factor*; GPI-1046, 3-(3-Pyridyl)-1-propyl-(2S)-1-(3,3-dimethyl-1,2 dioxopentyl)-2-pyrrolidincarboxylat; MAO-B, Monoamin-Oxidase, Typ B; MK-801, Dizocilpin; MPP^+, 1-Methyl-4-phenylpyridinium-Ion; NMDA, N-Methyl-D-aspartat; NO, Stickoxid; NOS, NO-Synthase; OPC-14117, 7-Hydroxy-1-[4-(3-methoxyphenyl)-1-piperazinyl]acetylamino-2,2,4,6-tetramethylindan; S-PBN, N-tert-Butyl-(2-sulfophenyl)-nitron.

gewicht), wobei keine wesentlichen Unterschiede in der regionalen Verteilung vorkommen; nur im frontalen Kortex wurden geringfügig niedrigere Mengen gefunden (166 µg/g Feuchtgewicht). Vitamin C kommt sowohl in Neuronen als auch in der Glia vor. Im Rattenhirn wurde es darüber hinaus auch extrazellulär nachgewiesen. Die Ascorbinsäure ist ein starkes Reduktionsmittel, das in Gegenwart von Radikalen rasch in das wenig reaktive Semidehydroascorbinsäure-Radikal (bedingt durch die Delokalisation des ungepaarten Elektrons) übergeht (Abb. 6.1). Prinzipiell gibt es zwar Enzymsysteme, die dieses Radikal auf Kosten von NADH- oder GSH-Verbrauch (NADH-Semidehydroascorbat-Reduktasen bzw. Dehydroascorbat-Reduktasen) wieder in Ascorbinsäure zurückreduzieren können: diese sind jedoch überwiegend intrazellulär lokalisiert, sodass unter Bedingungen des „oxidativen Stresses" die antioxidative Wirkung der Ascorbinsäure rasch erschöpft ist. Nagetiere wie Mäuse und Ratten können nun die Ascorbinsäure ausgehend von D-Glucuronsäure immer wieder neu synthetisieren. Primaten und das Meerschweinchen sind dazu aber nicht in der Lage, da sie im Laufe der Evolution die Fähigkeit verloren haben, diese selbst zu synthetisieren – es fehlt das letzte Enzym in der Ascorbinsäure-Synthese, die Gulonolacton-Oxidase; sie müssen deshalb dieses Vitamin immer wieder durch die Nahrungsaufnahme ergänzen. Allerdings sind Zellmembranen nur wenig durchlässig für die Ascorbinsäure und nach systemischer Injektion wird sie nur sehr langsam durch einen aktiven Transport-Mechanismus ins Gehirn aufgenommen. Dies könnte der Hauptgrund dafür sein, dass man bei nicht-menschlichen Primaten keine neuroprotektive Wirksamkeit gegenüber der durch MPTP hervorgerufenen Neurotoxizi-

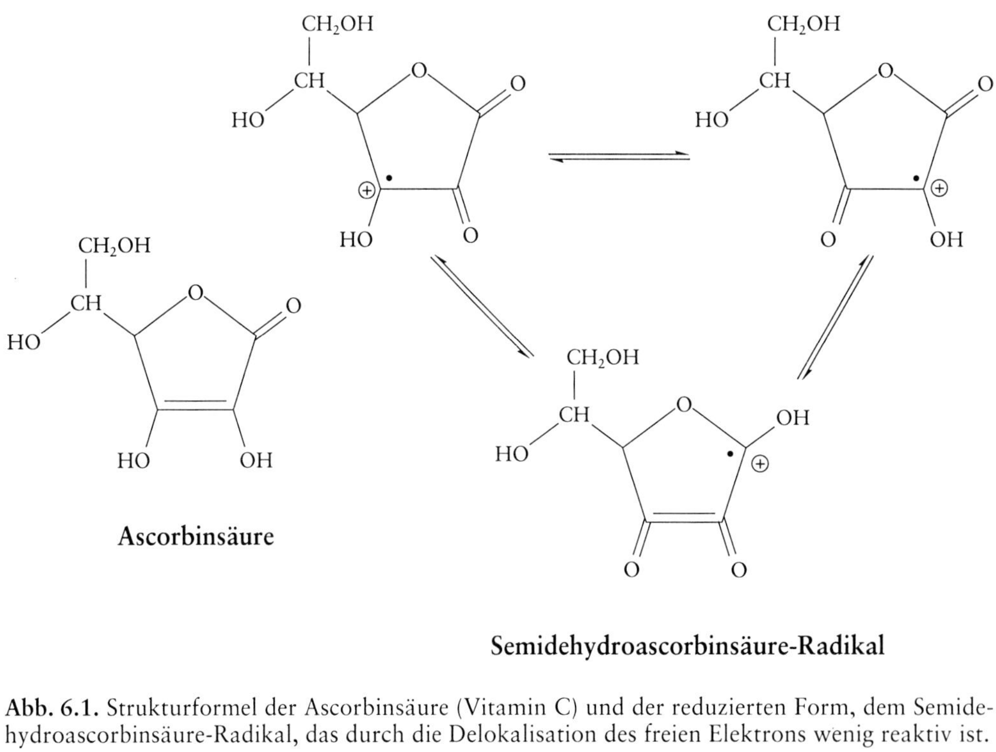

Abb. 6.1. Strukturformel der Ascorbinsäure (Vitamin C) und der reduzierten Form, dem Semidehydroascorbinsäure-Radikal, das durch die Delokalisation des freien Elektrons wenig reaktiv ist.

tät gefunden hat. Ähnliche Argumente gelten auch für Vitamin E.

Vitamin E gehört zu den wichtigsten lipophilen Antioxidantien, es kann ebenso wie das Vitamin C nicht im menschlichen Organismus synthetisiert werden. Vitamin E ist der Überbegriff für acht natürlich vorkommende, fettlösliche, essentielle Verbindungen. Vier Vertreter enthalten eine gesättigte Phytyl-Seitenkette (α,β,γ,δ -Tocopherol), im Gegensatz zu den dreifach ungesättigten Tocotrienolen. Durch den Methylierungs-Grad des Chromanolringes lassen sich alle Vertreter unterscheiden (Abb. 6.2). Gegen Oxidationsreaktionen sind Tocopherole weitgehend geschützt, wenn die phenolische OH-Gruppe als Ester der Essig-, Succin- oder Nikotinsäure vorliegt. Diese Ester sind bioaktiv und kommen relativ selten vor. Im Körper werden sie im Gastrointestinal-Trakt durch Esterasen gespalten. Von den acht möglichen Stereoisomeren ist lediglich das R,R,R-Isomer (D-α-Tocopherol) weit verbreitet und wird bevorzugt in das Gehirn aufgenommen.

Die Resorption von Vitamin E aus dem Gastrointestinal-Trakt in den Blutkreislauf erfolgt passiv und diffusionskontrolliert durch sog. Chylomikronen. Chylomikronen sind kleine Eiweiß- und Phosphatid-haltige Fetttröpfchen mit einem Triglyceridgehalt von etwa 90 Prozent. Sie sind die Transportform des größten Teiles der Nahrungsfette in Lymphe und Blut. Von dort kommt Vitamin E

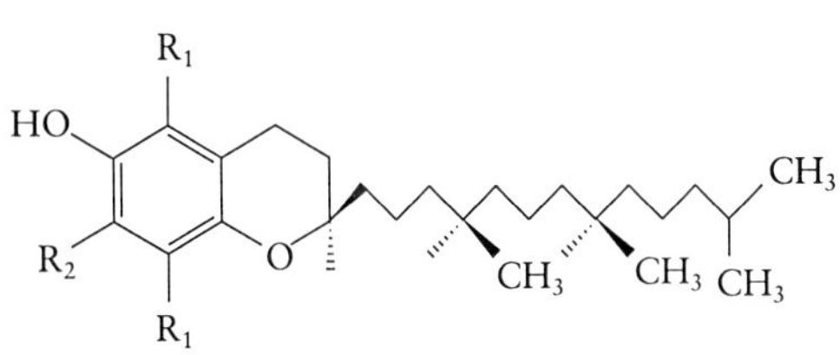

α- Tocopherol	$R_1 = R_2 = R_3 = CH_3$
β- Tocopherol	$R_1 = R_2 = CH_3$, $R_2 = H$
γ- Tocopherol	$R_1 = R_2 = CH_3$, $R_3 = H$
δ- Tocopherol	$R_1 = CH_3$, $R_2 = R_3 = H$

Abb. 6.2. Strukturformeln der Tocopherole.

durch einen noch unbekannten Transportmechanismus ins Gehirn. Hier liegt es hauptsächlich in Membranfraktionen der Mitochondrien, Mikrosomen und Synaptosomen vor, wobei die Phytyl-Seitenkette zur Verankerung in den Membranen dient. Als physiologische Hauptwirkung von Vitamin E wird die Verhinderung radikalischer Oxidationen mehrfach ungesättigter Fettsäuren und SH-Gruppen-reicher Membranproteine angesehen. Dies bestätigen Versuche an Vitamin-E-defizienten Tieren, deren neurologische Krankheitssymptome, die mit neuronaler Degeneration und Astroglia-Infiltration einhergingen, durch Gabe anderer Antioxidantien größtenteils wieder kompensiert werden konnten, während die Verfütterung mehrfach ungesättigter Fettsäuren (Substrate der Lipid-Peroxidation), die Manifestation der Vitamin-E-Mangelerscheinungen verschlimmerte (Nelson, 1987). Vitamin E kann besonders effektiv Radikal-Kettenreaktionen unterbrechen, da es z.B. mit zwei Peroxy-Radikalen reagieren kann. Es geht dabei in das unreaktive α-Tocopheryl-Radikal über: Sowohl GSH als auch Vitamin C sind in der Lage, α-Tocopherol wieder aus dem α-Tocopheryl-Radikal zu regenerieren.

Coenzym Q ist ein weiteres endogenes, lipophiles Antioxidans, das durch Radikale leicht reduziert werden kann (Abb. 6.3). Im Gegensatz zu GSH findet man nahezu gleiche Mengen an oxidierter und reduzierter Form des Coenzyms Q. Dies weist auf einen vom GSH abweichenden Redoxzustand des Coenzym Q und eine unterschiedliche physiologische Funktion hin (Götz, 1994). Coenzym Q ist ein Chinon-Derivat mit einer langen Isoprenoid-Kette, das man wegen seines ubiquitären Vorkommens in biologischen Systemen auch als Ubichinon bezeichnet. Die Anzahl der Isopren-Einheiten ist speziesabhängig. Die in Säugern häufigste Form enthält zehn Isopren-Einheiten (Q_{10}, Abb. 6.3). Coenyzm Q wird endogen hauptsächlich in Lebermikrosomen aus 4-Hydroxy-

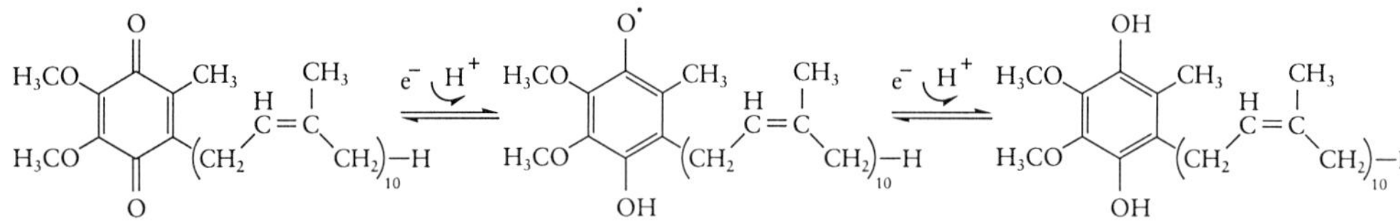

Abb. 6.3. Strukturformel von Ubichinon, das über ein intermediär auftretendes Semichinon-Radikal zu Ubichinol sowohl enzymatisch (z.B. durch NADH- und NADPH-abhängige Reduktasen in Mitochondrien und Mikrosomen oder Cytochrom-c-, NADH- und Succinat-Dehydrogenasen der inneren Mitochondrienmembran) als auch chemisch reduziert werden kann.

benzoat und Solanesylpyrophosphat, welches aus Mevalonat gebildet wird, synthetisiert. Es wird in zelluläre Membranen eingebaut, aber auch im Blut an Lipoproteine gebunden und in die Galle sezerniert. Die wahrscheinlich wichtigste und bislang am besten erforschte Funktion von Coenzym Q ist seine Rolle als Elektronenüberträger und Protonentransporter in der inneren Mitochondrienmembran, die der zellulären Energieversorgung in Form der ATP-Synthese dient. Diese Eigenschaft ist wahrscheinlich für die beobachtete neuroprotektive Wirksamkeit am MPTP-Modell (Schulz et al., 1995) verantwortlich, da MPTP die Funktion der Atmungskette beeinflusst und zu einer geringen Reduktion der Ubichinon-Konzentration in den betroffenen Gehirnregionen führt (Gerlach et al., 1996a).

MAO-B-Hemmstoffe hemmen nicht nur die MAO-B, sondern haben weitere neuroprotektive Eigenschaften

Die MAO-B metabolisiert Dopamin zu einer Reihe von potentiell toxischen Verbindungen (siehe Gleichung 5, Seite 105). Ein Reaktionsprodukt, Wasserstoffperoxid, ist in Anwesenheit von Fe^{3+} in neurotoxische Hydroxyl-Radikale umwandelbar. Der Dopamin-Aldehyd, ein weiteres Reaktionsprodukt, ist wie Aldehyde generell hoch-reaktiv, und beeinträchtigt durch irreversible chemische Reaktionen mit Proteinen deren physiologische Funktion. Ammoniak, das schließlich auch noch bei dieser Reaktion gebildet wird, ist besonders für Glia-Zellen toxisch. Sollte dieser Stoffwechselweg mitverantwortlich sein für den Untergang dopaminerger Nervenzellen, dann müssten MAO-B-Hemmstoffe, die diese Reaktion unterdrücken, neuroprotektiv wirksam sein.

Für Selegilin konnte man tatsächlich einen neuroprotektiven Effekt gegenüber der Wirkung dopaminerger Neurotoxine (wie 6-OHDA und MPTP) und des noradrenergen Neurotoxins N-(2-Chlorethyl)-N-ethyl-2-brombenzylamin (DSP-4) nachweisen (Gerlach et al., 1992). Jedoch ist noch unklar, welche pharmakologischen Mechanismen dafür verantwortlich sind. Zumindest im Fall des MPTP ist der MAO-B-hemmende Wirkmechanismus offensichtlich, da die Umwandlung in das neurotoxische MPP^+ durch die MAO-B verhindert wird. Eine ähnliche Wirkung wurde auch für Lazabemid, einen reversiblen MAO-B-Hemmstoff, und Rasagilin, einen irreversiblen Hemmer ohne Amphetamin-ähnlicher Struktur, nachgewiesen (Gerlach et al., 2000a). Ob die MAO-Hemmung aber die neuroprotektive Wirkung von Selegilin gegenüber der neurotoxischen Wirkung von 6-OHDA und DSP-4 erklärt, ist unklar. Sehr wahrscheinlich spielen hier noch andere Effekte eine Rolle. So konnte in verschiedenen Untersuchungen gezeigt werden, dass Selegilin (2,0 mg/kg s.c. oder i.p. verabreicht) eine **erhöhte Expression der SOD** im Striatum von Ratten hervorruft (Gerlach et al., 1992). Dieser Effekt wird in Zusammenhang gebracht mit der bei Mäusen und Ratten beobachteten verlängerten Lebensspanne nach chronischer Selegilin-Gabe (Freisleben et al., 1994). Es gibt eine Reihe von Befunden aus der Literatur, die einen Zusammenhang zwischen erhöhter SOD-Aktivität und der Langlebigkeit verschiedener Tierarten und Rassen derselben Tierart aufzeigen (z.B. Tolmasoff et al., 1980; Sohal et al., 1987). SOD-transgene Mäuse, die eine erhöhte SOD-Aktivität haben, sind auch resistenter gegenüber den neurotoxischen MPTP-Effekten (Przedborsky et al., 1992).

Eine erhöhte Aktivität der SOD allein genügt jedoch nicht, um einen neuroprotektiven Wirkeffekt zu erklären. Erst wenn gleichzeitig vermehrt Wasserstoffperoxid durch die Katalase oder Glutathion-Peroxidase inaktiviert wird, ist ein effektiver Schutzmechanismus gewährleistet. In der Tat führt die Selegilin-Behandlung auch zu einer gesteigerten Aktivität der Katalase und Glutathion-Peroxidase (siehe Gerlach et al., 1996e). Diese Wirkung ist sehr wahrscheinlich auf die erhöhte Expression der jeweiligen Proteine zurückzuführen. In Zellkulturexperimenten führt die Anwesenheit von Selegilin zur **Aktivierung** einer Reihe **zellulärer Gene**. Hierzu gehören u.a. auch die Gene für die SOD, den neurotrophen Faktor CNTF (englisch *ciliary neurotrophic factor*) und die Transkriptionsfaktoren c-fos und c-jun (Tatton und Chalmers-Redman, 1996; Tatton et al., 1997). Ein erhöhter Gehalt an den entsprechenden Proteinen könnte auch die antiapoptotische Wirkung von Selegilin in PC12-Zellen (Tatton et al., 1997) erklären, die häufig verwendete In-vitro-Modelle von dopaminergen Neuronen sind. PC12-Zellen, die aus dem Nebennierenmark von Ratten kultiviert werden, sind als katecholaminerge Zelllinien in der Lage, Dopamin zu synthetisieren, zu speichern und freizusetzen.

Dopamin-Rezeptoragonisten haben vielerlei antioxidative Eigenschaften

Dopamin-Rezeptoragonisten können direkt prä- und post-synaptische Rezeptoren stimulieren; sie sind damit nicht auf die prä-synaptische Dopamin-Synthese angewiesen. Aufgrund dieser Eigenschaft haben sie *per se* schon ein neuroprotektives Potenzial, da sie den durch den Dopamin-Metabolismus hervorgerufenen „oxidativen Stress“ herabsetzen. Darüberhinaus reduzieren sie den präsynaptischen Dopamin-Metabolismus durch Stimulation der Autorezeptoren. In Untersuchungen an der Ratte konnte gezeigt werden, dass Pramipexol, Pergolid und Lisurid *in vivo* die Entladungsfrequenz dopaminerger Neuronen vermindern (Piercey et al., 1996). Aufgrund von theoretischen Überlegungen führt die Verwendung von Dopamin-Rezeptoragonisten bei Parkinson-Patienten auch zur Reduktion von „oxidativem Stress“, da dadurch L-DOPA eingespart wird (siehe Kapitel 7).

Darüber hinaus haben Dopamin-Rezeptoragonisten, wie eine Reihe präklinischer Untersuchungen gezeigt hat, direkte antioxidative und neuronenrettende Eigenschaften (zur Übersicht: Gerlach et al., 2000b). Das Redoxpotential von etwa -320 mV für Pramipexol (Baczynskyj et al., 1996) weist auf eine antioxidative Wirkung unter physiologischen Bedingungen hin. Bromocriptin ist in pharmakologischen Konzentrationen ein effektiver Hydroxyl- und Superoxid-Radikalfänger *in vitro* und verhindert die Bildung von Hydroxyl-Radikalen und die Lipid-Peroxidation *in vivo*. Für Pergolid wurde gezeigt, dass es rasch mit NO reagiert und die Aktivität der SOD in den Basalganglien steigert. Mithilfe von Mikrodialyse-Untersuchungen konnte man für einige Dopamin-Rezeptoragonisten direkt eine **Wirkung als Hydroxyl-**

Parkinson Study Group, 1996) für den reversiblen MAO-B-Hemmer Lazabemid nachgewiesen. Aber auch für die Dopamin-Rezeptoragonisten Lisurid (Runge und Horowski, 1991) und Ropinirol (Sethi et al., 1998) wurde ein ähnlicher Effekt berichtet.

Weitere Befunde aus klinischen Studien zur Neuroprotektion von Selegilin, Dopamin-Rezeptoragonisten und NMDA-Rezeptorantagonisten

Obwohl in verschiedenen präklinischen Modellen der Parkinson-Krankheit eindeutig der Nachweis erbracht werden konnte, dass man dopaminerge Neuronen vor dem experimentell herbeigeführten Zelltod durch prophylaktische Gabe von MAO-B-Hemmern, Dopamin-Rezeptoragonisten oder NMDA-Rezeptorantagonisten bewahren kann, steht der einwandfreie klinische Nachweis noch aus. Es gibt jedoch schon einige eindeutige Ergebnisse aus klinischen Studien, die auf eine neuroprotektive Wirkung dieser Wirkstoffe schließen lassen. So zeigten verschiedene Studien an De-novo-Parkinson-Patienten, dass die Wahrscheinlichkeit des Auftretens von Dyskinesien deutlich herabgesetzt wird, wenn man die Parkinson-Therapie mit Dopamin-Rezeptoragonisten anstelle von L-DOPA beginnt (z.B. Schrag et al., 1998) oder L-DOPA einspart (Rinne, 1999). Langzeitversuche an Parkinson-Patienten im fortgeschritteneren Stadium ergaben, dass eine Kombinationstherapie von L-DOPA mit dem NMDA-Rezeptorantagonist Amantadin (Verhagen-Metman et al., 1999) oder den Dopamin-Rezeptoragonisten α-Dihydroergocryptin (Battistin et al., 1999), Bromocriptin (Przuntek et al., 1996), Cabergolin (Rinne et al., 1998), Lisurid (Rinne, 1999), Pergolid (Sharma und Ross, 1999) und Ropinirol (Lieberman et al., 1998), die Entwicklung motorischer Fluktuationen verringert und verzögert. Schließlich lässt sich mit der Kombinationstherapie von L-DOPA mit Dopamin-Rezeptoragonisten oder dem MAO-B-Hemmstoff Selegilin (z.B. Lees, 1995; Przuntek et al., 1996) kontinuierlich und langfristig L-DOPA einsparen.

Sogar für Patienten, die aufgrund starker Hyper- und Dyskinesien neurostimuliert werden müssten, bieten Dopamin-Rezeptoragonisten eine wertvolle Option. Wir und andere haben erste Erfahrungen mit der sog. Dopamin-Rezeptoragonisten-Hochdosistherapie gewonnen. Darunter versteht man einen Therapieansatz, bei dem Patienten mit starken Hyper- und Dyskinesien mit Dopamin-Rezeptoragonisten mit weit über der vom Hersteller angegebenen Höchst mengen behandelt werden. Wir konnten Ergebnisse von 15 Patienten publizieren, die bis zu 40 mg Ropinirol pro Tag erhielten und dabei unter Reduktion von L-DOPA nicht nur besser bezüglich der Hyperkinesien wurden, sondern sich auch im UPDRS-Score deutlich verbesserten (Müngersdorf et al., 1999). Es bleibt zu prüfen, ob so hohe Dosierungen von Dopamin-Rezeptoragonisten auch neuroprotektiv sind.

Klinische Studien zum neuroprotektiven Nachweis auf zellulärer Ebene scheinen vielversprechend zu sein

In noch laufenden Studien werden [^{18}F]-L-DOPA-PET-Aufnahmen und die daraus berechneten [^{18}F]-L-DOPA-Einstrom-Konstanten für das Putamen verwendet, um die neuroprotektive Wirksamkeit der Dopamin-Rezeptoragonisten Pergolid, Pramipexol und Ropinirol auf zellulärer Ebene nachzuweisen. In einer ersten Serie wurde bei 28 Patienten, die eine Ropinirol-Monotherapie erhielten, und bei neun Patienten, die ausschließlich L-DOPA einnahmen, eine solche PET-Analyse zu Beginn der Therapie und genau zwei Jahre später durch geführt (Rakshi et al., 1998). Es wurden die Konstanten für die Einstromrate jeweils für die schwerer und leichter betroffene Seite im Putamen und Nucleus caudatus ermittelt. Für die stärker betroffene Seite ergab sich im Dopamin-Rezeptoragonisten-Arm eine signifikant bessere Überlebensrate nigraler Zellen als im L-DOPA-Arm. So nahm z.B. die Funktion im Putamen unter Ropinirol nur um 3,6 Prozent ab, während im L-DOPA-Arm eine Abnahme um 13,2 Prozent gemessen wurde. Wichtig ist zu betonen, dass nur bei Patienten, die schon möglichst bald nach Auftreten der ersten Symptome therapiert wurden, ein signifikanter positiver Effekt durch die Dopamin-Rezeptoragonisten-Therapie zu erzielen war, wohingegen dies bei Patienten, deren Krankheitsdauer schon zwei Jahre und mehr betrug, nicht der Fall war.

Obwohl ein Zusammenhang zwischen dem dopaminergen Neuronenverlust und der berechneten [^{18}F]-L-DOPA-Einstromkonstanten angenommen wird, ist die Beziehung zum Krankheitsprozess unklar. Man nimmt an, dass die berechnete Einstromkonstante die Aktivität der striatalen DOPA-Decarboxylase und weniger den dopaminergen Zellverlust widerspiegelt (Morrish et al., 1996). Ein Nachteil der PET-Technik ist, dass die Auflösung (auflösbares Volumen etwa 60 mm^3) nicht dazu ausreicht, die bei der Parkinson-Krankheit geschädigte SNc darzustellen. Dennoch ist die Verwendung der PET-Technik immer noch der Verwendung klinischer Skalen bei der Beurteilung einer neuroprotektiven Wirkung einer Prüfsubstanz vorzuziehen. Bedingt durch die hohen Kosten, die mit einer PET-Untersuchung verbunden sind, kann dieses Verfahren jedoch immer nur für eine geringe Patientenzahl angewendet werden. Alternativ könnte man in zukünftigen Studien andere kostengünstigere bildgebende Verfahren, wie die SPECT-Methode (Brücke et al., 1993) oder die sonographische Untersuchung der SN mittels transkranieller Farb-Duplex-Sonographie anwenden (Becker et al., 1995).

Zur Problematik des klinischen Nachweises der Neuroprotektion

Wenngleich die Hoffnung besteht, dass für Ropinirol oder Pergolid erstmals klinisch eindeutig ein neuroprotektiver Effekt nachgewiesen wird, so würde auch ein negativer Befund nicht bedeuten, dass Neuroprotektion unmöglich ist. Bei allen der bisher initiierten oder bereits durchgeführten klinischen Studien wurden folgende Überlegungen nicht bedacht, die ein mögliches negatives Ergebnis erklären könnten:

1. Die Ursache der Parkinson-Krankheit ist nicht bekannt. Es könnte deshalb sein, dass der angenommene molekulare Mechanismus der Neurodegeneration und das daraus abgeleitete neuroprotektive Therapiekonzept gar keine Bedeutung für den pathologischen Prozess der Parkinson-Krankheit haben. Demzufolge könnte das geprüfte Pharmakon auch gar nicht neuroprotektiv wirksam sein. Es gibt außerdem vermehrt Hinweise darauf, dass die Parkinson-Krankheit multifaktorielle Ursachen hat und die Degeneration dopaminerger Neuronen durch synergistische neurotoxische Mechanismen ausgelöst wird (Abb. 5.5). Die neuroprotektive Potenz der Prüfsubstanzen könnte deshalb nicht ausreichen, um einen entsprechenden klinischen Effekt herbeizuführen. Eine **Kombination aus Präparaten** mit verschiedenen neuroprotektiven Wirkmechanismen (z.B. hydrophile und lipophile Antioxidantien, NMDA-Rezeptorantagonisten plus Ca^{2+}-Kanal-Blocker) könnte deshalb wesentlich wirksamer sein und synergistische Effekte zeigen.
2. Aufgrund der Dynamik der neurodegenerativen Prozesse – insbesondere bei der Annahme eines exponentiellen Verlaufes (Abb. 6.5) – steht nur ein **schmales therapeutisches Fenster** zur neuroprotektiven Behandlung der Parkinson-Krankheit zur Verfügung: Die neuroprotektiven und

neuronenrettenden Eigenschaften selbst eines hoch potenten Wirkstoffes könnten deshalb innerhalb dieser Zeitspanne nicht ausreichen, um den Degenerationsprozess aufzuhalten. Überhaupt ist im besten Fall nur ein Stillstand der Erkrankung auf dem zu diesem Zeitpunkt vorhandenen Neuronenzahlniveau zu erzielen. Entsprechend dem Konzept der Neuroprotektion ist eine neuroprotektive Wirkung nur in der Latenzphase der Erkrankung oder allenfalls in sehr frühen Stadien erreichbar. Trotz vieler Bemühungen, objektive biochemische und apparative Untersuchungsmethoden zur Frühdiagnose der Parkinson-Krankheit zu entwickeln, steht bislang kein Verfahren zur Verfügung, das es erlaubt, die Erkrankung sicher vor der klinisch-symptomatischen Manifestation zu diagnostizieren (Gerlach und Riederer, 1993c). Folglich stehen auch weiterhin für die klinische Erprobung neuroprotektiver Strategien nur in frühen Stadien diagnostizierte Parkinson-Patienten zur Verfügung. Geht man von einer durchschnittlichen SNc-Neuronenzahl von 450 000 bei Geburt aus (McGeer et al., 1977), dann hat ein Parkinson-Patient am Beginn der Erkrankung noch maximal 180 000 dopaminerge Neuronen. Nimmt man ferner an, dass die Parkinson-Krankheit durch einen aktiven Degenerationsprozess verursacht wird, bei dem pro Jahr etwa 23 000 Neuronen zugrunde gehen (McGeer et al., 1988a), dann wird bereits nach sieben Jahren der Zeitpunkt erreicht (weniger als zehn Prozent der ursprünglich vorhandenen Neuronen sind noch vorhanden), bei dem keine neuroprotektiven Therapieerfolge mehr möglich sind (Abb. 6.5). Dieser Zeitpunkt wird bei Patienten mit einer höheren Progressionsrate noch viel früher erreicht. Da bisher Patienten mit unterschiedlichen Progressionsverläufen in die Studien eingeschlossen wurden, könnte dadurch ein möglicher neuroprotektiver Effekt der Prüfsubstanz maskiert

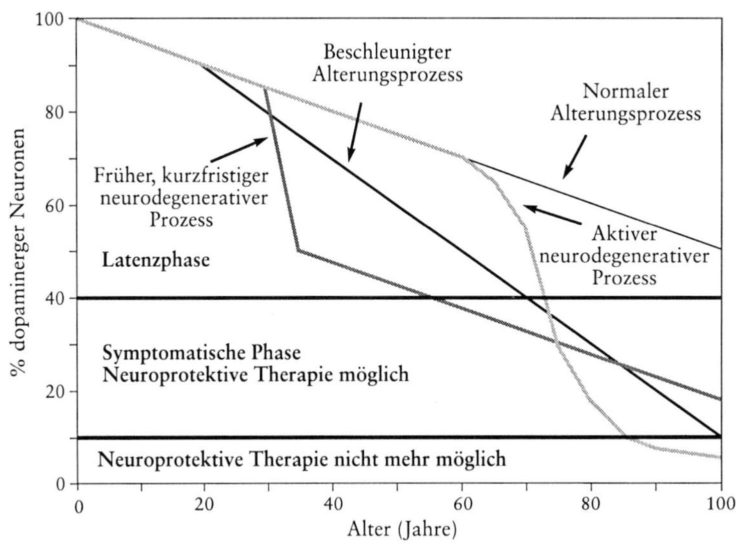

Abb. 6.5. Mögliche zeitliche Verläufe der die Parkinson-Symptomatik auslösenden dopaminergen Neurodegeneration (nach McGeer et al., 1988a) und Konsequenzen für die neuroprotektive Therapie.

worden sein. Berücksichtigt man ferner die Tatsache, dass viele der an klinischen Studien teilnehmenden Patienten sich sogar in fortgeschritteneren Stadien befinden, kann man davon ausgehen, dass bei einem Großteil der Patienten im Verlauf von Langzeitstudien kein neuroprotektiver Therapieerfolg mehr erzielt werden kann, da der überwiegende Teil der dopaminergen Nervenzellen bereits unwiederbringlich degeneriert ist.

Konsequenzen für zukünftige klinische Untersuchungen zum Nachweis von Neuroprotektion

1. Man sollte zukünftig berücksichtigen, dass die Wahrscheinlichkeit eine neuroprotektive Wirkung nachzuweisen, höher ist, wenn man eine **Kombination aus Wirkstoffen mit verschiedenen Wirkmechanismen** oder eine **Substanz mit vielfältigen Wirkmechanismen** verwendet.
2. Man sollte möglichst nur Parkinson-Patienten mit einem **ähnlichen Progressionsverlauf** in die Studien einschließen. Geeignete Kandidaten sind unserer Ansicht nach Parkinson-Patienten vom Rigor-Akinese-Typ. Da diese Patienten zudem eine stärkere klinische Progredienz aufweisen als Patienten vom Tremor-Dominanz-Typ (Poewe und Gerstenbrand, 1985), sollte in diesem Fall der Nachweis des Effektes in einem kürzeren Untersuchungszeitraum erbracht werden können.
3. Es sollten in zukünftigen Studien verstärkt **neuronenrettende und neuronenheilende** Pharmaka (d.h. Substanzen, die in präklinischen Untersuchungen nach einem neuronenschädigenden Ereignis wirksam waren) geprüft werden, da bei der erstmaligen Diagnose der Parkinson-Krankheit bereits ein Großteil der dopaminergen Neuronen degeneriert ist und deshalb nicht mehr durch Neuroprotektiva geschützt werden kann.
4. Man sollte das neuroprotektive Konzept bei anderen neurodegenerativen Erkrankungen, die präklinisch diagnostizierbar sind, prüfen. Die **Chorea Huntington** ist ein solches Beispiel, mithilfe des Nachweises erhöhter CAG-Repeats kann sie präsymptomatisch diagnostiziert werden (The Huntington's Disease Collaborative Research Group, 1993). Bei solchen Erkrankungen könnte deshalb modellhaft der klinische Effekt neuroprotektiver Strategien untersucht werden.

7
Die Therapie des idiopathischen Parkinson-Syndroms

Vorbemerkung:
In diesem Kapitel werden zunächst die relevanten Substanzgruppen vorgestellt und dann in den nächsten Kapiteln unsere Therapiestrategie bei verschiedenen Formen und Stadien der Parkinson-Krankheit dargestellt und diskutiert.

7.1 Anticholinergika

Nachdem die Parkinson-Krankheit neben einem Dopamin-Mangel im Striatum auch durch ein funktionelles cholinerges Übergewicht gekennzeichnet ist, liegt es nahe, den Nutzen von Anticholinergika in der Parkinson-Therapie zu diskutieren.

Bevor wir die publizierten Daten vorstellen, müssen wir schon an dieser Stelle betonen, dass wir aufgrund der nicht zu seltenen kognitiven Störungen bei Parkinson-Patienten mit dem Einsatz von Anticholinergika im Vergleich zu anderen Kollegen eher zurückhaltend sind. Weltweit sind die Anticholinergika aber nach wie vor die meist verwandten Antiparkinson-Mittel. Wir selbst setzen Anticholinergika (unter enger klinischer Kontrolle der kognitiven Funktionen) nur beim anders nicht zu beherrschenden Tremor (was nach Einführung von Budipin und Pramipexol und aufgrund der operativen Methoden ein immer selteneres Indikationsfeld geworden ist) und bei nicht zu beherrschenden Fluktuationen ein.

Geht man in die Historie, so sind die Anticholinergika als erste der uns heute bekannten und bewährten Antiparkinson-Medikamente von Ordenstein 1867 als Mittel gegen die Salivation bei Parkinson-Patienten eingesetzt worden. Ordenstein stellte auch bereits die **anti-tremoröse Wirkung** der Belladonna fest. Die heute zur Anwendung kommenden synthetischen Anticholinergika wurden in der Hoffnung entwickelt, weniger kognitive Störungen als Belladonna zu verursachen, was aber wohl bis heute nicht gelungen ist. Die Anticholinergika, die bei der Parkinson-Therapie in erster Linie verwendet werden, sind Biperiden (Akineton®, Akineton Retard®), Trihexyphenidyl (Artane®), Metixen (Tremarit®) und Bornaprin (Sormodren®). Sie haben allesamt insbesondere eine antimuscarinerge Wirkung und sind reversible ACh-Antagonisten. Die wichtigsten antimuscarinergen **Nebenwirkungen** sind Mundtrockenheit, Verschwommensehen, Obstipation, Harnverhalt, Übelkeit und Tachykardie. Kontraindikationen stellen Prostatahypertrophie und Engwinkelglaukom dar. Es ist aufgrund von Studien davon auszugehen, dass Anticholinergika bei längerer Anwendung die Entwicklung von L-DOPA-induzierten Dyskinesien bewirken. Wichtig ist zu betonen, dass zumindest bei Biperiden und Trihexyphenidyl davon auszugehen ist, dass aufgrund ihrer Affinität zu muscarinischen ACh-Rezeptorsubtypen keine erheblichen kardiogenen Risiken zu erwarten sind. Beide Substanzen wurden schon in den 40er und 50er Jahren des 20. Jahrhunderts entwickelt. Die anti-tremoröse Wirkung von Bornaprin war im Tiermodell viermal so stark wie unter Biperiden (Kreiskott und Kretzschmar, 1986), dagegen war Biperiden gegen Rigor und Hypokinese besser wirksam. Leider gibt es aber weder für Bornaprin noch für Biperiden Studien, die den heutigen Anforderungen Stand halten.

Versucht man sich aus den vielen kleinen Fallbeobachtungsstudien ein Bild zu machen, wird man zu dem Schluss kommen, dass Biperiden und Trihexyphenidyl gegen Rigor und Hypokinese (wofür es aber bessere Alternativen gibt) und Bornaprin und eventuell Metixen gegen Tremor, Hypersalivation und Hyperhydrosis wirksam sind. Letztere Wirkung kann durchaus im Einzelfall genutzt werden.

Anticholinergika sollen nur **langsam abgesetzt** werden, da sonst mit einer Verschlimmerung der Parkinson-Symptome und mit Entzugseffekten zu rechnen ist.

7.2 L-DOPA

Auch heute noch wird die L-DOPA-Therapie von den meisten Parkinson-Experten als „Goldstandard" der Parkinson-Therapie bezeichnet. Damit soll ausgedrückt werden, dass L-DOPA die höchste Ansprechrate und die beste initiale Verträglichkeit aufweist. Unstrittig ist auch, dass seit Einführung von L-DOPA die Parkinson-Patienten eine nahezu normale Lebenserwartung haben, was vor dieser Ära ganz anders war. Schon 1961 begannen die beiden Wiener Professoren **Birkmayer** (Neurologe) und **Hornykiewicz** (Grundlagen-Wissenschaftler) mit der intravenösen (i.v.) Applikation von 20–50 mg L-DOPA und sahen darunter eine deutliche Besserung der Parkinson-Symptomatik.

Ein Jahr später setzte Barbeau 100–200 mg L-DOPA peroral mit gutem Erfolg ein. Danach folgten aber einige, zum Teil schon doppelblinde Studien, die keinen sichtbaren Erfolg zeigten. Man darf an dieser Stelle somit festhalten, dass nach heutigen Kriterien oder nach den Standards der „Guten klinischen Praxis" (im angelsächsischen Sprachraum „*evidence-based medicine*") das meist genutzte und von vielen als „Goldstandard" bezeichnete Medikament, L-DOPA, aufgrund der doppelblinden placebokontrollierten Studien nie zum Einsatz gekommen wäre. Ein Grund für den Misserfolg der erwähnten Studien lag sicherlich darin, dass noch kein DOPA-Decarboxylase-Hemmer zur Verfügung stand. Man hatte auch häufig Pyridoxalphosphat mit verabreicht, das ein Kofaktor der DOPA-Decarboxylase ist und den L-DOPA-Abbau beschleunigte.

Der Durchbruch der L-DOPA-Therapie gelang dann durch die Arbeiten des Amerikaners Cotzias, der 1969 mit peroralen Dosen von 4–16 Gramm/Tag eine erfolgreiche Therapie betrieb. Der entscheidende Fortschritt war die Einführung von **peripheren DOPA-Decarboxylase-Hemmern** (Benserazid, Carbidopa), die zu einer deutlich besseren Verträglichkeit des L-DOPA führten (vgl. Kapitel 3). Die bei uns gebräuchlichen L-DOPA-Präparate enthalten durchweg L-DOPA und DOPA-Decarboxylase-Hemmer, meist in einem Verhältnis von 4:1. In ganz seltenen Fällen kommen allerdings auch noch L-DOPA als Reinsubstanz sowie DOPA-Decarboxylase-Hemmer als Reinsubstanz zusätzlich zur normalen Formulierung zum Einsatz. Die komplette Hemmung der peripheren DOPA-Decarboxylase erfordert 75 mg der gebräuchlichen Hemmstoffe, sodass diese Menge initial oder bei sehr niedriger L-DOPA-Dosierung (bei manchen Patienten sind das < als 200 mg L-DOPA) nicht erreicht wird und es daher zu Übelkeit, Erbrechen und Hypotonie kommen kann. Hier wäre dann der zusätzliche Einsatz eines DOPA-Decarboxylase-Hemmers (z.B. Carbidopa = LODOSYN® von DuPont/USA; von Hoffmann La Roche kann Benserazid erworben werden) nützlich. Es wurden Patienten beschrieben, die bis zu 300 mg Carbidopa (USA) benötigten, in solchen Fällen würde man in Deutschland dann aber doch eher zusätzlich Domperidon (Motilium®) einsetzen. Patienten, die trotz Hemmung der peripheren DOPA-Decarboxylase und Gabe von Domperidon L-DOPA nicht tolerieren, sind äußerst selten. Bemerkenswert ist in diesem Zusammenhang die Tatsache, dass Patienten die verschiedenen L-DOPA-Präparate unterschiedlich gut tolerieren.

Auf die Darstellung von Studien, die die Wirksamkeit von L-DOPA unterstreichen, muss hier nicht weiter eingegangen werden. Niemand wird an der Wirksamkeit von L-DOPA zweifeln. Dagegen sollen die neuen Formulierungen in Form von löslichem oder retardiertem L-DOPA diskutiert werden. Während die Standardformulierung einen Wirkeintritt von L-DOPA innerhalb von 45 bis 90 Minuten erwarten lässt, erhöht sich der Zeitpunkt bis zum Erreichen der c_{max} (t_{max}) bei den Retard-Formulierungen auf 60 bis 150 Minuten. Dagegen kann bei den **löslichen Formen** (Madopar® LT, isicom®) der Wirkeintritt schon nach 15–30 Minuten erzielt werden.

Es ist zwar richtig, dass auch die anderen L-DOPA-Präparate in Wasser löslich und somit für viele Patienten damit besser einzunehmen sind, man muss aber darauf hinweisen, dass durch eine besondere Galenik bei den neu-entwickelten löslichen Formen ein noch rascheres Anfluten von L-DOPA im Blutkreislauf (t_{max} 15–30 Minuten) erreicht wird. Dies wurde im Fall von Madopar® LT durch die Anwendung mikrokristalliner Zellulose erreicht. Insbesondere Patienten mit morgendlicher Akinese schätzen es, die Madopar®-LT-Tablette noch im Bett liegend aufzulösen und dann nach Einnahme dort auf den Wirkeintritt zu warten. Madopar® LT eignet sich auch hervorragend, um täglich wiederkehrende Wearing-off-Episoden oder Off-Fluktuationen aufzufangen. Eigene Beobachtungen an Patienten, die wir komplett auf das LT-Präparat umstellten, unterstreichen eine hohe Verträglichkeit und überzeugende Verbesserung der klinischen Symptomatik: Es kommt unter diesem Präparat nicht nur zu einer schnelleren Anflutung von L-DOPA ins Blut und folglich am Dopamin-Rezeptor, sondern auch zu einer gleichlangen Wirkdauer, ohne dass es zu höheren c_{max}-Werten (der minimal effektive Plasmaspiegel liegt um 1000 ng/ml) kommt. Die schnelle Anflutung bei gleichlanger Wirkdauer konnten auch in einer offenen Studie Csoti et al. (1999) für gelöstes isicom® feststellen. Ähnliche Erfahrungen wie wir machten Ziegler und Kollegen (1994), die bei 13 Patienten in einer offenen Studie nach Umstellung des Madopar®-Standardpräparates auf die LT-Formulierung (1:1) bei zehn Patienten eine Verkürzung der Off-Perioden nachweisen konnten. Diese Autoren empfehlen insbesondere nachmittags bei Patienten mit Off-Symptomatik die LT-Formulierung einzusetzen. Die Verbesserung der On-Latenz und die gute klinische Wirksamkeit konnte in einigen Studien gezeigt werden. Besonders profitieren auch Patienten mit Schluckstörungen und Patienten mit Wearing-off, wenn sie die häufig gesehenen nachmittäglichen End-of-dose-Hypokinesien aufweisen.

Die löslichen L-DOPA-Präparate können somit morgens neben der Standard-Formulierung oder, noch wichtiger, neben der Retard-Formulierung zum Einsatz kommen, um den notwendigen morgendlichen „Kick“ zu erzielen. Letzteres konnten z.B. Stocchi und Kollegen (1994) zeigen, die bei Kombination von Madopar® HBS und Madopar® LT die besten klinischen Ergebnisse in der Behandlung des Wearing-off-Phänomens erzielen konnten. Die Patienten zeigten eine bessere motorische Antwort als auf Madopar® HBS allein. Nicht ganz so gut war die Kombination von Madopar® Standard und Madopar® HBS. Ein weiterer Grund, warum wir lösliche L-DOPA-Präparate schätzen, ist die Tatsache, dass diese in der Parkinson-Sprechstunde, wo Patienten mit fraglichem Parkinson-Syndrom diagnostiziert und beraten werden müssen, **zur Diagnosefindung eines IPS eingesetzt werden können.** Es werden dem Patienten in der Regel zwei in Wasser gelöste LT- oder andere lösliche L-DOPA-Tabletten appliziert, wonach der Patient noch einmal für 30 Minuten im Wartezimmer Platz nehmen muss und danach erneut untersucht wird, um nach dem subjektiven Eindruck des Patienten zu fragen, ob er sich lockerer und beweglicher fühle, was sich dann meist auch vonseiten des klinischen Untersuchungsbefundes verifizieren lässt. Auch auf Station hat der **„Madopar®-LT-Test“** den früher meist verwandten Apomorphin-Test abgelöst.

Ein wichtiger praktischer Tipp ist, dass der Patient die L-DOPA-Tablette nicht schon am Vorabend auflösen sollte, um sie griffbereit neben seinem Bett zu haben, da dann nicht mehr mit der vollen Wirkung zu rechnen ist, weil L-DOPA oxidiert und eine schwarze Lösung entsteht. Man muss dem Patienten somit sagen, dass er die Tablette immer erst morgens vor dessen Einsatz auflösen darf. Man kann aber auch eine **„Stammlösung“ aus L-DOPA/Carbidopa** herstellen, indem man die gesamte täglich einzunehmende L-DOPA-Dosis in ein Liter Trinkwasser unter der Zugabe von zwei Gramm Ascorbinsäure löst und im Kühlschrank aufbewahrt (J Schwarz, persönliche Mitteilung). Der Patient kann dann besonders genau austarieren, wieviel Medikament er zu seinen einzelnen Einnahmezeiten zu sich nehmen will. Wir selbst haben uns dieses Verfahren bisher allerdings nicht zu Eigen gemacht.

Pappert et al. (1996) konnten nachweisen, dass eine solche Applikationsform sowohl die Motorik verbessert als auch die Fluktuationen und die On-off-Phasen reduziert, was man mit dem Modell der tonischen Dopamin-Rezeptorstimulation erklären kann (Papa und Chase, 1996). Um eine tonische Dopamin-Rezeptorstimulation zu erreichen, müssen die Patienten allerdings etwa alle 30 bis 60 Minuten die Lösung einnehmen.

Man geht nach Studien der Arbeitsgruppe um Chase davon aus, dass zur Vermeidung von Fluktuationen die **kontinuierliche Dopamin-Rezeptorstimulation** günstig ist (tonische Stimulation) und dass demgegenüber durch die übliche L-DOPA-Gabe eine phasische Stimulation hervorgerufen wird. Beim Gesunden sollen drei Moleküle Dopamin pro Sekunde die Dopamin-Rezeptoren stimulieren.

Die beiden Marktführer der L-DOPA-Therapie haben uns mittlerweile auch die Möglichkeit eröffnet, **Retard-Präparate** anzuwenden, was unter Berücksichtigung des gerade beschriebenen Konzeptes der tonischen Stimulation auf den ersten Blick eine vielversprechende Erweiterung der Therapie-Optionen bedeutet: Neben dem bereits erwähnten Madopar® HBS (jetzt Madopar® Depot) steht CR-Sinemet® (jetzt Nacom® Retard) zur Verfügung. Obwohl die unter den jeweiligen Retard-Formulierungen zu erwartenden wirksamen Plasmaspiegel eine Wirkzeit von bis ca. sechs Stunden pro 100- bzw. 200-mg-Tablette garantieren sollten, ist dies aufgrund der komplizierten Pharmakokinetik von L-DOPA nur in seltenen Fällen zu erreichen (siehe Kapitel 3).

Klinische Erfahrungen mit Retard-Präparaten liegen auf Studienebene mit Beobachtungszeiträumen von bis zu fünf Jahren vor. Rinne hat 1990 eine Studie publiziert, in der er 40 De-novo-Patienten mit Madopar® Standard bzw. Madopar® HBS behandelte und zwei Jahre lang beobachtete. Er wählte dabei eine um 15 Prozent höhere HBS-Dosierung im Vergleich zur Standardformulierung. Unsere eigene Erfahrung spricht sogar für eine noch höhere HBS-Dosierung, wenn man davon ausgeht, dass die Retardformulierung beider Anbieter ca. 60 Prozent der Wirkstärke der entsprechenden Standardformulierung ausmacht. Wichtigste Erkenntnis der Rinne-Studie war die Tatsache, dass bei gleicher Wirksamkeit unter HBS weniger Fluktuationen und Dyskinesien auftraten. Kinnunen konnte in einer offenen Studie mit De-novo-Patienten, die er drei Jahre lang beobachtete, bestätigen, dass die Fluktuationen unter HBS geringer waren, während die Dyskinesien in beiden Gruppen ähnlich waren (Kinnunen et al., 1997)

In einer neuen großen, multizentrischen (36 Zentren), amerikanischen Studie verglichen Koller und Kollegen (1999) die Wirkung von einem Standard-L-DOPA-Präparat gegen ein Retardpräparat-L-DOPA (CR-Sinemet®) über fünf Jahre. Diese Untersuchung wurde unter dem Gesichtspunkt durchgeführt, dass die CR-Formulierung zu weniger Langzeitkomplikationen führen würde. Es wurden nur Patienten in die Studie aufgenommen, die nie Dopamin-Rezeptoragonisten oder L-DOPA eingenommen hatten. Selegilin, Anticholinergika und Amantadine waren als Vor- oder Komedikation erlaubt, durften aber während der Studie nicht bezüglich ihrer Dosis verändert werden. Die Patienten gehörten den Hoehn-und-Yahr-Stadien I bis III an, waren zwischen 30 und 75 Jahre alt und durften noch kein schweres klinisches Bild bieten, da die UPDRS-Werte für Bradykinese, Tremor und Rigor jeweils nicht mehr als drei sein durften. Psychiatrische Erkrankungen, Melanome, Neuroleptika und schwere Organerkrankungen waren die wichtigsten Ausschlusskriterien. 618 Patienten wurden weltweit rekrutiert, wovon 306 in den Standard-L-DOPA-Arm und 312 in den CR-Arm randomisiert wurden. Fünf Jahre lang wurden die Patienten alle drei Monate bezüglich der Effektivität und der Nebenwirkungen befragt und untersucht. Motorische Fluktuationen und Dyskinesien wurden aufgrund von Patienten-Tagebüchern und einem neu entwickelten „*Motor Fluctuation Questionnaire*" beurteilt. Die Qualitäten des täglichen Lebens wurden entsprechend des „*Nottingham Health Profile*" (NHP) bewertet. Ca. 60 Prozent der Patienten blieben in der Fünfjahres-Studie, 187 Patienten mit Standard-Formulierung und 193 Patienten mit CR-Formulierung. Am Ende der fünf Jahre nahmen die Patienten im Standard-Formulierung-Arm 426 mg/Tag L-DOPA/Carbidopa ein, während die im CR-Formulierung-Arm 736 mg/Tag einnahmen, was einer Bioverfügbarkeit von 510 mg/Tag (laut Koller) entspricht. Motorische Fluktuationen waren nach fünf Jahren bei 20,6 Prozent der Patienten im Standard-Formulierung-Arm und bei 21,8 Prozent im CR-Arm festzustellen. Laut Fragebogen hatten jeweils 16 Prozent der Patienten motorische Komplikationen. Der primäre Endpunkt der Studie war die Entwicklung von Fluktuationen. Die untersuchten Scores für krankheitsbedingte Behinderungen und der Motorscore der UPDRS verbesserten sich zunächst, um dann nach fünf Jahren wieder den Ausgangswert zu erreichen. Die CR-Gruppe war bezüglich der „Aktivitäten des täglichen Lebens" (Tab. 7.1) und kognitiver und sozialer Kompetenz besser, wobei das daran liegen könnte, dass sie insgesamt etwas mehr L-DOPA erhalten hatte.

Diese Studie zeigt somit, dass beide Formulierungen fünf Jahre trotz Krankheitsprogression wirksam sind und relativ wenig Fluktuationen oder Dyskinesien verursachten. Überraschenderweise (aufgrund der längeren und kontinuierlichen L-DOPA-Anflutung hätte man einen Vorteil der Retardformulierung erwarten können) gab es diesbezüglich zwischen den beiden Gruppen keinen Unterschied. Verantwortlich für die niedrige Dyskinesie-Rate um 20 Prozent ist am ehesten die relativ niedrige applizierte L-DOPA-Do-

Tabelle 7.1. „Aktivitäten des täglichen Lebens" (im Englischen: *Activities of daily living*, Teil der *unified Parkinson's disease rating scale*) Deutsche Übersetzung (H.R.)

Sprache

0 normal
1 leicht beeinträchtigt, keine Schwierigkeit, verstanden zu werden
2 mittelgradig beeinträchtigt, manchmal wird um Aussagewiederholung gebeten
3 schwer beeinträchtigt, manchmal wird um Aussagewiederholung gebeten
4 die meiste Zeit unverständlich

Speichelfluss

0 normal
1 wenig aber sicher zuviel Speichel im Mund, möglicherweise feuchtes Kopfkissen
2 etwas zuviel Speichel, leichtes Speicheltröpfeln
3 deutlich zuviel Speichel mit Speichelfluss
4 deutlich vermehrter Speichelfluss, der den Einsatz von einem Taschentuch bedingt

Schlucken

0 normal
1 seltenes Würgen
2 gelegentliches Würgen
3 benötigt weiches Essen
4 benötigt Nasensonde oder PEG (Percutane endoskopische Gastrostomie)

Handschrift

0 normal
1 etwas verlangsamt und Mikrographie
2 mittelgradig verlangsamt und Mikrographie
3 schwer beeinträchtigt, nicht alle Worte sind lesbar
4 die Mehrzahl der Worte kann nicht gelesen werden

Speisen schneiden und Umgang mit Utensilien

0 normal
1 etwas langsam und schwerfällig, noch keine Hilfe notwendig
2 kann die meisten Speisen schneiden, obwohl ungeschickt und langsam, etwas Hilfe notwendig
3 Speisen müssen vorgeschnitten werden, kann aber noch langsam essen
4 muss gefüttert werden

Ankleiden

0 normal
1 etwas langsam aber ohne fremde Hilfe
2 manchmal wird Hilfe beim Knöpfen gebraucht oder beim in einen Ärmel schlupfen
3 benötigt viel Hilfe, kann einige Dinge noch selbst machen
4 hilflos

Hygiene

0 normal
1 etwas langsam, keine Hilfe notwendig
2 benötigt Hilfe beim Duschen oder Baden, oder sehr langsam beim Säubern
3 benötigt Hilfe beim Waschen, Zähneputzen, Haare kämmen und Toilettengang
4 Katheter oder andere mechanische Hilfen

Tabelle 7.1. (Fortsetzung)

Im Bett drehen und Schlafzeug ordnen

0 normal
1 etwas langsam und ungeschickt, aber keine Hilfe benötigt
2 kann sich selbstständig wenden oder die Betttücher ordnen, allerdings mit großer Mühe
3 kann sich in Ansätzen drehen, benötigt aber Hilfe beim Drehen und Betttücher ordnen
4 hilflos

Fallen (nicht im Zusammenhang mit Freezing)

0 kein Fallen
1 seltenes Fallen
2 fällt gelegentlich, seltener als einmal am Tag
3 fällt durchschnittlich einmal am Tag
4 fällt häufiger als einmal am Tag

Freezing beim Gehen

0 nicht vorhanden
1 seltenes Freezing beim Gehen, kann Startschwierigkeiten haben
2 gelegentliches Freezing beim Gehen
3 häufiges Freezing, gelegentliches Hinfallen nach Freezing
4 häufiges Fallen wegen Freezing

Gehen

0 normal
1 leichte Schwierigkeiten, schwingt evtl. die Arme nicht oder schleppt das Bein nach
2 mittelgradige Schwierigkeiten, benötigt aber wenig oder keine Hilfe
3 schwere Beeinträchtigung beim Gehen, benötigt Hilfe
4 kann nicht gehen, auch nicht mit Hilfe

Tremor

0 fehlt
1 leicht und nur teilweise vorhanden
2 mittelschwer, aber lästig für Patienten
3 schwergradig, behindert viele Aktivitäten
4 schwergradig, behindert die meisten Aktivitäten

Sensible mit Parkinsonismus verknüpfte Beschwerden

0 keine
1 hat manchmal Taubheitsgefühl, Kribbeln oder leichte Schmerzen
2 häufiges Taubheitsgefühl, Kribbeln oder Schmerzen, aber nicht qualvoll
3 häufige schmerzhafte Sensationen
4 peinigende Schmerzen

sis. Unerwartet war in dieser Studie, dass Patienten die ersten fünf Jahre ihrer Erkrankung auf einer niedrigen L-DOPA-Dosis gehalten werden konnten und erst nach fünf Jahren wieder ihr motorisches Ausgangsniveau erreichten. Unerwartet niedrig war auch die Dyskinesie-Rate von etwa 20 Prozent, da man aus anderen Studien eine Rate von 50 Prozent hätte erwarten müssen (Fahn, 1992).

Erwähnt werden muss, dass CR-Sinemet® in dieser Studie nur zwei- bis dreimal pro Tag gegeben wurde, sodass eher eine pulsatile und keine tonische Stimulation der Dopamin-Rezeptoren resultierte. Eine weitere bemerkenswerte Beobachtung ist die relativ niedrige L-DOPA-Dosis nach fünf Jahren. Zwanzig Prozent der Patienten hatten nach fünf Jahren sogar noch ihre Ausgangsdosis. Es scheint damit belegt, dass die L-DOPA-Dosis bei Patienten mit IPS möglichst niedrig gehalten werden muss, um Dyskinesien zu vermeiden. Nebenwirkungen traten in beiden Gruppen selten auf und nur jeweils neun Prozent der Patienten verließen deswegen die Studie. Übelkeit war die zahlenmäßig häufigste Nebenwirkung, die teilweise bei 30 Prozent der Patienten vorlag. Schwindel trat bei zehn Prozent, neuropsychiatrische Komplikationen bei vier Prozent der Patienten auf, was erneut die gute Tolerabilität von L-DOPA unterstreicht. Man darf also davon ausgehen, dass beide Formulierungen bei De-novo-Patienten wirksam sind.

Eine weitere Domäne der Retard-Präparate sind ihr Einsatz bei Patienten, die nachts schlecht beweglich sind oder die morgens besonders hypokinetisch sind oder eine „*early morning dystonia*“ im Sinne einer Fußdystonie aufweisen. Bei letzteren kann man, wie später noch ausgeführt werden wird, natürlich auch ein lösliches L-DOPA-Präparat anwenden. Sowohl in einer deutschen Studie (Baas et al., 1988) als auch in einer englischen Studie (Lees, 1990) konnte gezeigt werden, dass Patienten mit nächtlichen Fluktuationen nach Umstellen auf eine Retard-Präparation am späten Abend eine deutlich bessere Schlafqualität hatten, da sie sich nachts wenden konnten, weniger schmerzhafte Krämpfe hatten und weniger Schlafmittel einnahmen. Die morgendliche Fußdystonie hatte sich aber kaum gebessert, was unseres Erachtens mit der doch verhältnismäßig kurzen Wirkdauer von Retard-Präparaten zu erklären ist. Lees hatte demgegenüber unter der Applikation von durchschnittlich 250 mg Madopar® HBS zur Nacht auch eine günstige Beeinflussung der frühmorgendlichen Hypokinesien gesehen.

Man muss bei der spätabendlichen Gabe von hohen Dosierungen an Retard-Präparaten allerdings beobachten, ob die Patienten nicht zwei Stunden nach Einnahme Peak-dose-Dyskinesien oder Verwirrtheitszustände (finden Toilette nicht mehr) oder sogar Halluzinationen entwickeln. Es gibt auch Hinweise dafür, dass Patienten auf die erste Standard-Präparation am nächsten Morgen nicht mehr wie gewohnt ansprechen. Von der Pharmakokinetik ausgehend sollten die Retard-Präparate ideal für Patienten mit Fluktuationen, insbesondere Wearing-off sein. Man führte aus diesem Grunde mehrere „Switch-Studien“ durch, in denen die Standardformulierung durch eine Retard-Formulierung ersetzt wurde. Während man anfangs 1:1 umsetzte und dabei eine Verschlechterung der Parkinson-Symptomatik beobachtete, konnte man bei vergleichsweise höherer Dosierung der Retard-Präparate insbesondere bei Patienten mit Fluktuationen eine Stabilisierung der Motorik erzielen. Diese Studien dienten auch dazu, zu zeigen, dass bei Gabe von Retard-Präparaten morgens eine Standardformulierung hinzugefügt werden muss, da sonst der Patient eine zulange morgendliche Anlaufzeit aufweist. Ob nun die Gabe von Retard-Präparaten oder von Standard-Formulierungen günstiger ist, ist noch nicht abzusehen. Wir haben allerdings den Eindruck, dass die Retard-Formulierung nicht das hält, was man von der Galenik erwarten konnte (siehe Kapitel 3). Ein zweiter wichtiger Punkt ist die verminderte und **nicht vorhersagbare Bioverfügbarkeit**. Unsere Patienten fühlten sich trotz einer adäquaten Umrechnung entsprechend den Angaben des Herstellers eher unterdosiert, d.h. schlechter beweglich. Die Steuerbarkeit ist unter reiner Retard-Gabe schwieriger, um nicht zu sagen schlechter. Wir verwenden somit die Retard-Formulierung bevorzugt am späten Abend, um dem Patienten über die Nacht zu helfen und dosieren eher zurückhaltend, um die nächtlichen Komplikationen zu vermeiden.

Die bisher dargestellten Befunde sind die stark komprimierten Ergebnisse von Studien, die an einer Vielzahl von Patienten durchgeführt wurden und die immer wieder bestätigten, dass L-DOPA ein gut verträgliches und hoch potentes Therapeutikum ist. Trotzdem beinhaltet der **frühe, ausschließliche und hochdosierte Einsatz von L-DOPA** einige Probleme. Während man bislang nicht sicher war, ob die schon nach fünf Jahren auftretenden Komplikationen, wie Fluktuationen und Hyperkinesien, Ausdruck der Grundkrankheit oder dem Medikament L-DOPA zuzuschreiben sind, ist man heute davon überzeugt, dass es therapiebedingte Probleme sind, die daher auch als **L-DOPA-Spätsyndrom** zusammengefasst werden. Man versteht darunter zunehmende Dyskinesien (Dystonie, Hyperkinesien), Wirkungsschwankungen im Sinne von End-of-dose-Wirkungsverlust, On-off-Phasen und Freezing sowie auftretende Verwirrtheitszustände und Psychosen (Tab. 7.2).

In einer Studie von Cedarbaum und Mitarbeitern (1991) konnte gezeigt werden, dass innerhalb der ersten fünf Jahre 45 Prozent der Parkinson-Patienten Dyskinesien entwickelten, dass es innerhalb der ersten zehn Jahre schon bei 66 Prozent und nach einer L-DOPA-Therapie von mehr als 15 Jahren bei 88 Prozent zum Auftreten von Dyskinesien kommt (Abb. 7.1). Geht man davon aus, dass ein Patient von unter 40 Jahren erkrankt, wird dieser im 55. Lebensjahr bei L-DOPA-Monotherapie mit 90 Prozent Wahrscheinlichkeit Dyskinesien aufweisen. Leider sind es insbesondere die jungen Patienten, die sehr rasch motorische Komplikationen unter L-DOPA entwickeln (Kostic et al., 1991).

Fachkollegen vertreten die Meinung, dass es auch einen **„Priming"-Effekt für L-DOPA** bei Patienten gibt, der jedenfalls im Tierexpe-

Tabelle 7.2. Das L-Dopa-Spätsyndrom

1. **Wirkungsfluktuationen**
   - Vorhersehbare Fluktuationen
   - End-of-dose-Akinese
   - Wearing-off
   - Peak-dose-Überbeweglichkeit
   - Nächtliche, fühmorgendliche Akinese
   - Unverhoffte Fluktuationen
   - On-off- oder Yo-yoing-Phänomen
2. **Dyskinesien**
   - Peak-dose-Dyskinesie
     z.B. im Sinne choreatischer, zum Teil ballistischer oder dystoner Bewegungen, zum Teil Verstärkung des Tremors
   - Biphasische Dyskinesie
     in der An- und Abflutphase von L-DOPA auftretende Dyskinesien
   - Off-period-Dystonie
     meist am frühen Morgen bei 20–30 Prozent der chronisch therapierten Patienten mit IPS
   - On-Chorea oder Dystonie
3. **Psychiatrische Nebenwirkungen**
   - Visuelle Halluzinationen
   - Verwirrtheitszustände
   - Medikamenten-Delir

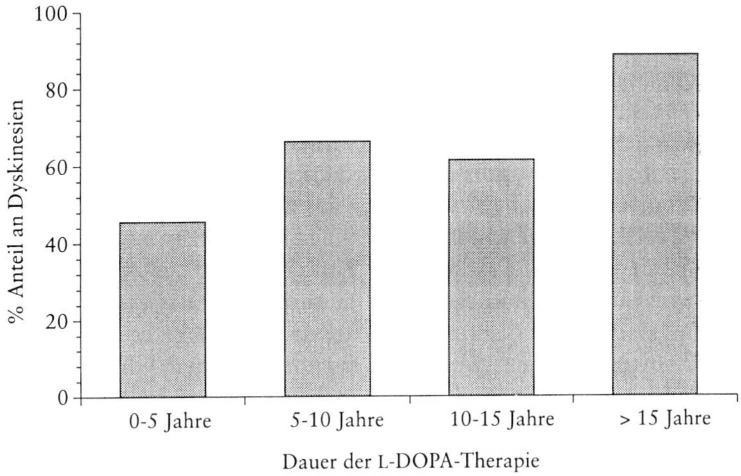

Abb. 7.1. Entwicklung von L-DOPA-induzierten Hyper- und Dyskinesien im Laufe der Jahre nach L-DOPA-Monotherapie. (Nach Cedarbaum et al., 1991.) Der prozentuale Anteil an Dyskinesien nimmt über die Jahre zu und erreicht nach einer L-DOPA-Therapie von mehr als 15 Jahren den Wert von 88 Prozent, wobei junge Patienten wesentlich schneller Dyskinesien entwickeln als alte. Die Beobachtung, dass zwischen 5–10 und 10–15 Jahren der Prozentsatz nicht zunimmt, ist durch die Therapiemaßnahmen zu erklären, die darauf abzielten, die Dyskinesie-Rate zu drücken. Eine konsequente Dopamin-Rezeptoragonisten-Therapie wurde hier allerdings noch nicht durchgeführt.

riment eindeutig vorhanden ist. Damit will man zum Ausdruck bringen, dass es Beobachtungen gibt, wonach meist junge Parkinson-Patienten, die L-DOPA kurzzeitig z.B. auch nur bis zur ausreichenden Wirksamkeit anderer Antiparkinson-Medikamente einnahmen, darunter Hyperkinesien entwickelten und dann bei zeitversetztem Wiederansetzen von L-DOPA sofort mit Hyperkinesien und Dyskinesien reagierten. Man hat aus diesen Gründen und natürlich auch wegen des L-DOPA-Spätsyndroms, das auch unabhängig vom „Priming" auftreten würde, die Regel etabliert, dass **L-DOPA so spät wie möglich, so niedrig wie möglich und so hoch wie nötig** einzusetzen ist. Diese Empfehlung ist auch ohne allzu große therapeutische Nachteile einzuhalten, da wir im Gegensatz zu früher viel mehr überzeugende Alternativen und Ergänzungen zum L-DOPA besitzen. Das ausschlaggebende Argument, dass L-DOPA die genannten Spätkomplikationen verursacht, beruht auf der Beobachtung, dass Patienten mit erheblichen Hyperkinesien unter der kontinuierlichen Applikation von Dopamin-Rezeptoragonisten (z.B. i.v. Gabe von Apomorphin oder Lisurid) eine deutliche Besserung der Symptomatik aufweisen, was bei krankheitsbedingten Störungen nicht zu erwarten wäre.

Etwas polarisierend wird derzeit auch eine Diskussion über eine **mögliche toxische Wirkung von L-DOPA** auf dopaminerge Neuronen geführt. Der interessierte Leser sei in diesem Zusammenhang auf eine sehr schöne Übersichtsarbeit von Fahn (1996) verwiesen. Wir behandeln dieses Problem ausführlich in Kapitel 9.

Verständlicherweise führten diese Befunde zu der Frage, ob L-DOPA für Parkinson-Patienten neurotoxisch werden kann. Wichtigstes Gegenargument ist dabei, dass es nach Ansicht der Parkinson-Kliniker weiterhin kein Medikament gibt, das so erfolgreich für die

Aufnahmeuntersuchung und der Poststudien-Untersuchung fünfmal vom Prüfarzt gesehen. Geprüft wurden dabei die UPDRS, die On-off-Zeiten, die L-DOPA-Dosis und die Zahl der L-DOPA-Gaben. Bezüglich der Sicherheit von Entacapon wurden „*Adverse events*", Blutdruck, EKG und Herzfrequenz sowie Laborparameter bestimmt. Die Wirksamkeit von Entacapon zeigte sich darin, dass es zu einer signifikanten Verbesserung der UPDRS kam, wobei es sich dabei nicht um einen Placeboeffekt handeln konnte, da dieser Effekt nach Absetzen von Entacapon wieder verschwand. Auch Patienten mit Fluktuationen erreichten eine signifikante Verbesserung der UPDRS-Skala-III (*motor scores*). Die On-Zeit nahm unter Entacapon um ca. zehn Prozent, d.h. ca. zwei Stunden im Schnitt, zu. Dementsprechend verringerte sich die Off-Zeit. Weder die Dauer der Dyskinesien noch deren Schmerzhaftigkeit veränderte sich unter Entacapon im Vergleich zur Placebogruppe.

An **Nebenwirkungen** waren Hyperkinesien, Dyskinesien, die allerdings in der Placebogruppe fast so oft auftraten, Übelkeit, Erbrechen, Halluzinationen, Schlafstörung, Hypokinese, Diarrhoe, Tremor, Obstipation, Bauchschmerzen, Rückenschmerzen und Müdigkeit vorhanden. Zum Absetzen von Entacapon kam es insbesondere wegen Übelkeit und Halluzinationen, wobei der jeweilige Prozentsatz nur vier und zwei Prozent ausmachte. Negative Veränderungen von Laborparametern wurden nicht gesehen. Erneut traten auch in dieser Studie keine Leberenzym-Veränderungen oder Rhabdomyolysen auf.

Zusammenfassend zeigt diese Studie, dass Entacapon die Parkinson-Symptomatik signifikant bessert (UPDRS), die On-Zeit signifikant verlängert und dass die Sicherheit von Entacapon als hoch einzustufen und die Verträglichkeit gut ist.

Um eine phasische Überflutung der Dopamin-Rezeptoren zu verhindern und damit nicht die Entstehung von Fluktuationen auszulösen, muss bei Patienten, die Entacapon erhalten, die L-DOPA-Dosis gesenkt werden, falls sie zuvor ausreichend hoch dosiert war. **Nebenwirkungen** muss man in L-DOPA-assoziierte und Substanz-assoziierte unterteilen. Durch den gehemmten peripheren Abbau von L-DOPA kann es zu den bekannten Nebenwirkungen wie Dyskinesien, Nausea, Schlafstörungen und Anorexie kommen. Dies unterstreicht, dass unter COMT-Hemmer-Therapie eine **Reduktion der L-DOPA-Dosis dringend ratsam** ist. Besonders einschneidend können massive Diarrhöen sein, die bei bis zu sechs bis zehn Prozent der Patienten auftreten können und sogar schon zur stationären Aufnahme führten. Letztere Nebenwirkung ist unter Entacapon signifikant seltener als unter Tolcapon. Trotz dieses einschneidenden Erlebnisses lohnt es sich, nach Absetzen und einer Pause von mehreren Wochen einen erneuten Behandlungsversuch zu starten, da dann einige Patienten keine Durchfälle mehr aufweisen. Vergleicht man die Nebenwirkungen von Entacapon mit denen von Tolcapon fällt positiv ins Gewicht, dass zwar auch dopaminerge Nebenwirkungen beobachtet werden und auch leichte gastrointestinale Nebenwirkungen, sowie eine Verfärbung des Urins gesehen wurden, dass aber die schweren Diarrhöen nicht auftreten und auch keine Transaminasen-Anstiege gesehen wurden.

7.4 Dopamin-Rezeptoragonisten

Dopamin-Rezeptoragonisten haben sich in den letzten Jahren zunehmend als wichtige Säule in der Therapie der Frühphase des IPS durchgesetzt. Dies liegt zum einen daran, dass man den Einsatz von L-DOPA mit mehr Vorsicht und Zurückhaltung vornimmt und daran, dass fortwährend neue Dopamin-Rezeptoragonisten mit vorteilhaften Eigenschaften entwickelt wurden. Dopamin-Rezeptoragonisten haben gegenüber dem L-DOPA den großen Vorteil, dass sie kein intaktes präsynaptisches dopaminerges Neuron benötigen, um am post-synaptischen Rezeptor im Striatum aktiv zu sein. Sie sind somit unabhängig vom Neuronenuntergang in der SN applikabel, da sie nicht erst im prä-synaptischen Neuron in ein wirksames Molekül umgewandelt werden müssen.

Die Dopamin-Rezeptoren wurden ursprünglich aufgrund ihrer unterschiedlichen Wirkung gegenüber der Adenylat-Cyclase in D_1- (aktivieren die cAMP-Bildung) und D_2-Subtypen (inhibieren die c-AMP-Bildung) eingeteilt (Kapitel 2). Obwohl man aufgrund molekularbiologischer Unterscheidungsmerkmale mindestens fünf Subtypen von Dopamin-Rezeptoren kennt (siehe Kapitel 2), ist die Bedeutung der D_{3-5}-Subtypen an den Dopamin-vermittelten Wirkungen im ZNS nicht bekannt. Dies liegt vor allem darin begründet, dass für diese Subtypen keine selektiven Agonisten und Antagonisten zur Verfügung stehen. Man teilt deshalb die Subtypen pharmakologisch in D1- (D_1,D_5) und D2-Familien (D_2, D_3, D_4) ein.

Chase geht davon aus, dass Dopamin-Rezeptoragonisten besser als L-DOPA die tonische Stimulation von D_1- und D_2-Rezeptoren erreichen können (Papa und Chase, 1996), wodurch auch erklärt werden kann, warum sie signifikant seltener Hyperkinesien und Fluktuationen auslösen. Der Hauptgrund für diese Annahme ist die im Vergleich zu L-DOPA, das in der Standardformulierung eine Halbwertszeit von 60–90 Minuten hat, deutlich längere Halbwertszeit der meisten Dopamin-Rezeptoragonisten. Die Dopamin-Rezeptoragonisten werden, unabhängig davon ob sie Ergot- oder Nicht-Ergot-Derivate sind, nicht oxidativ abgebaut, sodass hier mit keiner Radikalen-Produktion zu rechnen ist. Die modernen Dopamin-Rezeptoragonisten sind hoch spezifische Substanzen, d.h. sie stimulieren Dopamin-Rezeptoren und beeinflussen andere Neurotransmittersysteme des Gehirnes kaum. Eine Ausnahme diesbezüglich stellt Lisurid dar, das stimulierende Effekte auf serotonerge 5-HT_{2A}-Rezeptoren hat.

Vor der Besprechung der einzelnen Dopamin-Rezeptoragonisten, muss noch einmal betont werden, dass bislang Konsensus darüber bestand, dass durch die Kombinationstherapie von L-DOPA mit Dopamin-Rezeptoragonisten weitaus seltener und später motorische Komplikationen auftreten.

Montastruc et al. (1994) konnten zeigen, dass Patienten mit einer L-DOPA-Monotherapie nach 2,7 Jahren zu 90 Prozent motorische Komplikationen und Patienten mit Bromocriptin und L-DOPA nach fünf Jahren nur zu 56 Prozent diese ernst zu nehmende Nebenwirkung zeigten. Mittlerweile propagieren viele Parkinson-Spezialisten sogar den alleinigen Einsatz von Dopamin-Rezeptoragonisten in der Frühphase (vgl. Fünfjahres-Studie mit Ropinirol, Seite 155). Durch die Kombinationstherapie können End-of-dose-Symptome kupiert werden, die somit später auftreten; die Inzidenz von Dyskinesien ist signifikant reduziert, da wohl die natürlichen Verhältnisse (tonische Stimulation) am Dopamin-Rezeptor besser verwirklicht werden; die Produktion von freien Radikalen wird gemindert und erste Untersuchungen deuten auf Neuroprotektion unter Dopamin-Rezeptoragonisten-Therapie hin. So waren Dopamin-Rezeptoragonisten bei Nagern neuroprotektiv wirksam im 6-OHDA-Modell und hielten den Alterungsprozess auf. Es gibt auch bereits Hinweise darauf, dass Dopamin-Rezeptoragonisten selbst antioxidative Eigenschaften haben und Superoxid- und Hydroxyl-Radikale sowie NO, das *per se* ein Radikal ist, neutralisieren können (Ogawa, 1997).

Neuerdings werden mit vielen Dopamin-Rezeptoragonisten sog. **Hochdosis-Therapi-**

en durchgeführt. Sorgfältig ausgewählte Patienten, die keine kardiologischen Besonderheiten, keine kognitiven Defizite, Halluzinationen oder Alpträume haben dürfen und möglichst einen normalen Blutdruck haben, werden mit sehr hohen Dosen von Dopamin-Rezeptoragonisten therapiert (Facca et al., 1996; Müngersdorf et al., 1999; Oehlwein et al., 2000), um z.B. schwere L-DOPA-Nebenwirkungen zu korrigieren. Mit hohen Dosen von Pergolid (bis 13 mg) konnten so Einsparungen von L-DOPA von 90 Prozent, manchmal von deutschen Autoren sogar von 100 Prozent (z.B. Oehlwein et al., 2000) mit konsekutiver Verbesserung der motorischen Komplikationen erzielt werden. Man muss die Patienten über diese Vorgehensweise jedoch sorgfältig aufklären, wobei wir solche Hochdosistherapien mit einigen Dopamin-Rezeptoragonisten derzeit in einem Ethik-Kommissions-geprüften Modell durchführen. Wir können somit folgende Anforderungen an moderne Dopamin-Rezeptoragonisten stellen:

- guter Effekt auf Kardinalsymptome,
- Verhinderung/Reduktion von Fluktuationen und Dyskinesien,
- gesicherte Langzeiteffektivität,
- günstiges Haupt-/Nebenwirkungsprofil,
- Retardierung des degenerativen Prozesses und
- möglichst vertretbare niedrige Behandlungskosten.

Im folgenden Abschnitt sollen diese Forderungen geprüft und die einzelnen Dopamin-Rezeptoragonisten kurz charakterisiert werden.

7.4.1 Apomorphin

Apomorphin ist der **stärkst wirksame Dopamin-Rezeptoragonist**, der in Deutschland aber nur als Emetikum zugelassen ist, was auch bereits seine Problematik im Einsatz gegen die Parkinson-Krankheit zeigt. Apomorphin ist nämlich ein äußerst starkes Emetikum. Weiterhin problematisch ist seine kurze Halbwertszeit von 20 Minuten. Trotz dieser Einschränkungen gibt es auch für Apomorphin wichtige Indikationen beim IPS. Es ist davon auszugehen, dass diese Substanz auch in Deutschland wieder häufiger angewandt werden wird.

Neueste Untersuchungen unterstreichen, dass Apomorphin eine antioxidative Wirkung aufweist, die der des Pergolid, Vitamin C, Lisurid und Bromocriptin überlegen ist (Youdim et al., 1998). Einnehmend für das Apomorphin ist auch, dass sein Rezeptorwirkprofil dem des Dopamin am ähnlichsten ist und dass es wie Cabergolin und Pergolid, sowohl D_1- als auch D_2-Rezeptoraffinität aufweist. Apomorphin wird nach s.c. Injekton oder Infusion rasch resorbiert, es wird durch Glucuronierung verstoffwechselt und die Metabolite werden renal ausgeschieden. Bei peroraler Applikation ist der hepatische First-pass-Effekt so groß, dass derzeit nur die s.c. Applikation propagiert werden kann. Im Rahmen eines Heilversuches ist es somit möglich, Patienten mit Pen-Jets zu versorgen, die die s.c. Applikation von zwei bis sechs mg Apomorphin gestatten. Die Wirkung wird dann innerhalb von ca. 20 Minuten eintreten und für etwa zwei Stunden anhalten. **Indikation** für dieses Vorgehen wäre die Behandlung von rasch einsetzenden Off-Phasen, falls die Applikation schnell wirksamer, löslicher L-DOPA-Präparate nicht möglich ist oder nicht gewünscht wird. Apomorphin führt aber nicht nur zu einer Besserung der Hypokinese, sondern auch die beiden anderen Kardinalsymptome Rigor und Tremor werden positiv beeinflusst. Wichtig ist, dass zumindest in der Anfangszeit die Applikation von Apomorphin nur unter dem Schutz des peripheren D_2-Rezeptorantagonisten Domperidon (drei mal 20 mg Motilium®) erfolgt, wobei die erste Gabe von Motilium® schon am Vortag vorzunehmen ist. Problematisch ist die Apomorphin-Injektion bei Patienten mit Hyperkinesien, welche durch die Bolusgabe verstärkt werden. Dies kann aber, wie in einer neuen Studie von Lees gezeigt wurde, durch die kontinuierliche Applikation mittels Pumpe unterdrückt werden (Colzi et al., 1998). Diese Autoren konnten bei 19 Patienten mit L-DOPA-induzierten Dyskinesien gute Erfolge unter der kontinuierlichen Infusion von Apomorphin während der Wachzeit der Patienten nachweisen. Neben dem guten Ansprechen der Dyskinesien kam es unter Apomorphin auch zu einer Reduktion der Off-Zeiten von 35 auf zehn Prozent. Besonders günstig ist diese Applikationsform bei Patienten mit anders nicht beherrschbaren On-off-Fluktuationen. Sicherheitshalber sollte man bei diesen Patienten regelmäßige **EKG-Kontrollen** durchführen, da es selten zu Herzrhythmusstörungen kommen kann. Hinzuweisen ist in diesem Zusammenhang auch auf die Tatsache, dass bei manchen Patienten neben lokalen eitrigen Infektionen bei unsauberer Applikationstechnik auch s.c. granulomatöse Knötchen entstehen, die zum Teil das Absetzen des Präparates erzwangen, da sich bisher trotz aller Versuche kein überzeugendes Gegenmittel fand.

Neben Amantadin-Sulfat stellt der s.c. Einsatz von Apomorphin auch eine Möglichkeit zur Therapie der **akinetischen Krise** sowie der **perioperativen Phase** bei IPS dar. Oben wurde bereits der **Apomorphin-Test** erwähnt, der nicht standardisiert ist und von den meisten Arbeitsgruppen trotz des Vorliegens von Empfehlungen individuell durchgeführt wird. Wir bereiten unsere Patienten, bei denen wir das spätere Ansprechen auf L-DOPA prüfen wollen am Tag vor diesem Test mit Motilium®, zum Teil zusätzlich mit Ondansetron auf den Test vor, um die gefürchtete Emesis zu verhindern. Am Testtag erhält der Patient vier mg Apomorphin s.c., bei fehlendem Ansprechen ca. eine Stunde später noch einmal dieselbe Dosis. Laut Literaturangaben ist dieser Test in ca. 70–90 Prozent der Fälle prädiktiv korrekt (Gasser et al., 1992).

7.4.2 Bromocriptin

Bromocriptin könnte man als das **„Standard-Vergleichspräparat" unter den Dopamin-Rezeptoragonisten** bezeichnen, da es schon lange eingesetzt wird und alle modernen Dopamin-Rezeptoragonisten bezüglich ihrer Verträglichkeit und Effizienz mit Bromocriptin verglichen werden. Bromocriptin ist aber eventuell auch für die Zurückhaltung der Fachkollegen gegenüber Dopamin-Rezeptoragonisten mitverantwortlich, da man sehr langsam eindosieren muss, mit Nebenwirkungen wie Übelkeit, Erbrechen, Schwindel oder Hypotonie zu tun bekommt, und auf die Wirkung lange warten muss.

Bromocriptin wurde von Bedard und Mitarbeitern in einer wichtigen Kontrollstudie mit L-DOPA in MPTP-behandelten Affen eingesetzt (Bedard et al., 1986). In dieser Studie konnten die Autoren zeigen, dass beide Substanzen bezüglich der motorischen Symptome gleich effektiv waren, dass aber alle zehn mit L-DOPA behandelten Tiere dyskinetisch wurden, was dagegen nur in einem von 14 mit Bromocriptin behandelten Affen der Fall war. Somit hatte man schon vor über zehn Jahren Hinweise auf neue Therapiestrategien, die man aber erst in den letzten Jahren ernsthaft diskutiert und letztendlich nun auch einsetzt.

Bromocriptin ist neben Ropinirol, α-Dihydroergocriptin und Pergolid der einzige Dopamin-Rezeptoragonist, der für den Einsatz in der **Frühphase des IPS die Zulassung** besitzt. Bromocriptin hat D_2-Rezeptorspezifität und wirkt auf den D_1-Rezeptor nicht aktivierend, sondern schwach antagonisierend (Tabelle 3.2). Entsprechend der D2-Spezifität werden auch D_3 und D_4 Rezeptoren durch Bromocriptin stimuliert. Seine Halbwertszeit ist mit drei Stunden anzunehmen. Wegen seiner schwach

D_1-antagonistischen Wirkung sollte Bromocriptin bevorzugt nur zusammen mit L-DOPA verabreicht werden. Trotz dieser Empfehlung gibt es aber eine englische Studie von Lees und Stern (1981), in der Bromocriptin in Monotherapie geprüft wurde und ein ausreichender Effekt gezeigt werden konnte. Nach einem Jahr hatten noch 60 Prozent der Patienten eine Bromocriptin-Monotherapie, nach drei Jahren waren es noch 40 Prozent, wohingegen nach fünf Jahren schon 90 Prozent der Patienten die Monotherapie verlassen und zusätzlich L-DOPA benötigt hatten. Vorteilhaft war die Erkenntnis, dass im Vergleich zur L-DOPA-Monotherapie oder zur Kombinationstherapie von L-DOPA mit Selegilin der Prozentsatz von motorischen Komplikationen deutlich mittels Bromocriptin gesenkt werden konnte. So gingen Dyskinesien von 27 Prozent unter L-DOPA, bzw. von 34 Prozent unter L-DOPA mit Selegilin auf zwei Prozent unter Bromocriptin-Monotherapie zurück. Bezüglich von Oszillationen (rasches Schwanken zwischen On- und Off-Phasen) betrugen die entsprechenden Prozentzahlen 33, 35 und lediglich fünf Prozent unter Bromocriptin. Wie oben schon angedeutet, war nicht nur der fehlende symptomatische Wirkeffekt für das Ausscheiden aus dem Bromocriptin-Monotherapie-Arm verantwortlich, sondern es waren insbesondere die Nebenwirkungen wie Übelkeit und Hypotension, die den Therapieabbruch verursachten.

Es gibt mittlerweile aber eine ganze Reihe von Studien (z.B. Montastruc et al., 1994), die die Wirksamkeit von Bromocriptin sowohl als Monotherapeutikum als auch als Komedikation bestätigen. Besonderen Bekanntheitsgrad hat die **PRADO-Studie** (Pravidel® und L-DOPA) erzielt, in der insgesamt 674 Patienten doppelblind placebokontrolliert in zwei Therapie-Arme randomisiert wurden, wovon die eine Gruppe nur L-DOPA, die andere Gruppe L-DOPA sowie Pravidel® (Bromocriptin) erhielt (Przuntek et al., 1996). Ähnlich wie in der englischen Studie fanden sich deutlich weniger motorische Komplikationen unter der Kombination beider Präparate. Przuntek und Kollegen (1996) konnten auch nachweisen, dass je mehr Bromocriptin gegeben werden konnte, desto weniger motorische Komplikationen auftraten. Um dieses Ziel zu erreichen, müssen laut diesen Autoren mindestens 30 Prozent des L-DOPA durch Bromocriptin ersetzt werden. Betont werden muss, dass die Studie abgebrochen wurde, weil die Studienleiter unter der Kombinationstherapie eine signifikant **erniedrigte Mortalitätsrate** feststellten (Przuntek et al., 1992).

Neben der Therapie von Frühstadien des IPS hat sich Bromocriptin auch in der **Kombinationstherapie** in späteren Phasen der Erkrankung bewährt. In Studien konnte nachgewiesen werden, dass die Krankheitsprogression vermindert wird, die motorischen Symptome verbessert werden, weniger motorische Komplikationen auftreten und dass Bromocriptin beim späten Hinzufügen die bereits bestehenden L-DOPA-induzierten Hyperkinesen bessert.

Schon 1994 wurde von einer japanischen Arbeitsgruppe bei Mäusen gezeigt, dass Bromocriptin gegen 6-OHDA-induzierte Schäden wirksam war und Hydroxyl-Radikale binden konnte (Ogawa et al., 1994). Diese **neuroprotektive Wirkung** von Bromocriptin wurde durch die Radikalen-abfangende Wirkung von Bromocriptin und die Reduktion und Harmonisierung der Dopamin-Freisetzung durch die Stimulation prä-synaptischer Dopamin-Rezeptoren erklärt.

7.4.3 Lisurid

Lisurid ist D_2-stimulierend und hat eine partiell agonistische Wirkung am D_1-Rezeptor. Darüberhinaus weist es einen 5-HT-Antagonismus auf. Problematisch scheint auf den ersten Blick seine **kurze Plasmahalbwertszeit** von zwei Stunden zu sein, die sich aber im klinischen Alltag nicht dadurch negativ bemerkbar macht, dass Patienten ständig Lisurid einnehmen müssen. Erklärung dafür ist die sehr **hohe Affinität** von Lisurid an den D_2-Rezeptor, die die der anderen Dopamin-Rezeptoragonisten deutlich übertrifft (Piercey et al., 1996, siehe auch Kapitel 3). Es bleibt somit festzuhalten, dass die Plasmahalbwertszeit eines Dopamin-Rezeptoragonisten nicht seiner Wirkzeit entspricht.

In Deutschland ist Lisurid zur **Kombinations-Behandlung** mit L-DOPA beim IPS unter dem Markenname Dopergin® zugelassen. Lisurid ist ein 8-α-Ergolin und bindet wesentlich stärker an die D_2-, D_3- und D_4-Rezeptoren als z.B. Pergolid oder Bromocriptin. Lisurid erreicht bereits nach 30–60 Minuten seinen Wirkungsgipfel wobei aber klinischer Effekt und Plasmahalbwertszeit nicht miteinander übereinstimmen und eine drei- oder viermalige Gabe von Lisurid pro Tag ausreicht. Die Elimination erfolgt renal und hepatisch.

Ähnlich wie für die anderen Dopamin-Rezeptoragonisten liegen auch für Lisurid Studien vor, die dessen Wirkung in der Früh- und Spätphase der Erkrankung und seine Wirkung in der Mono- und Kombinationstherapie nachgewiesen haben. In der **Monotherapie** konnte bis zu zwei Jahre lang der Einsatz von L-DOPA verzögert werden. Die erforderliche Tagesdosis dafür liegt zwischen 0,8–1,6 mg/Tag. Bezüglich der **Wirksamkeit** bei Kombinationstherapie oder auch Monotherapie gibt es eine Zehnjahres-Studie (Rinne, 1999). Teilnehmer dieser Studie waren 90 De-novo-Parkinson-Patienten. Die Monotherapie wurde über die Zeit von zunehmend weniger Patienten toleriert. Die Patienten, die mit der Monotherapie nicht ausreichend eingestellt werden konnten, erhielten zusätzlich L-DOPA. Lisurid führte dabei im Vergleich zu Patienten, die eine Monotherapie mit L-DOPA durchführten, zu einem eindeutigen Spareffekt. So nahm die Gruppe mit ausschließlich L-DOPA nach zehn Jahren 777 ± 80 mg L-DOPA/Tag ein. Die Gruppe, die zunächst nur Lisurid und erst später L-DOPA erhielt, benötigte nach zehn Jahren nur 577 ± 68 mg L-DOPA pro Tag und die Patienten, die gleich eine Kombinationstherapie erhalten hatten, benötigten 653 ± 55 mg L-DOPA pro Tag. Die verspätete Gabe von L-DOPA war bezüglich der Verzögerung des Auftretens von motorischen Fluktuationen, End-of-dose-Akinesien und Dyskinesien von Vorteil. Somit war der Langzeitverlauf unter Kombinations-Therapie günstiger als unter Monotherapie mit L-DOPA.

Auch in der späten Kombinations-Therapie war Lisurid wirksam und konnte bereits bestehende motorische Fluktuationen bessern. Selbst in späten Phasen des Parkinson-Syndroms konnte die L-DOPA-Dosis um 50 Prozent reduziert werden, ohne einen Wirkverlust bezüglich der Motorik zu riskieren. Die Nebenwirkungen waren bei Patienten, die eine Kombinationstherapie erhielten, allerdings höher als bei denen, die nur L-DOPA einnahmen. Die **empfohlene Dosis** beträgt 0,6 bis zwei mg Lisurid pro Tag, d.h. wesentlich mehr als die meisten Neurologen einsetzen. Überhaupt muss schon an dieser Stelle betont werden, dass die Dopamin-Rezeptoragonisten häufig unterdosiert werden. Bei guter Toleranz gibt es keinen Grund, nicht deutlich über 0,6 mg/Tag zu gehen. Im übrigen gilt, dass eine Applikation von weniger als 0,6 mg/Tag nahezu wirkungslos ist. Die i.v. Darreichungsform kann zur Notfall-Behandlung bei sonst nicht zu behandelnden Parkinson-Symptomen bei der Schering AG, Berlin, angefordert werden.

Vonseiten des **Nebenwirkungsprofils** ist wie immer vor einer zu raschen Aufdosierung zu warnen. Wichtige Nebenwirkungen sind Übelkeit, Erbrechen (Domperidon!), Hypotonie, Schwindelgefühl, Kopfschmerzen und Müdigkeit. Bei zu hoher Dosierung bzw. bei zu rascher Aufdosierung kann es zu Verwirrtheitszuständen, Alpträumen und Halluzinationen kommen. Wie bei allen Ergolin-Derivaten kommen selten Fibrosen und Raynaud-Phänomen vor. Darüberhinaus wurden Ödeme und selten Exantheme beobachtet.

7.4.4 α-Dihydroergocriptin

α-Dihydroergocriptin (a-DHEC) ist ein D_2-Rezeptoragonist, der zusätzlich partielle D_1-agonistische Wirkung aufweist. Seine Plasmahalbwertszeit ist mit 16 Stunden sehr günstig, sodass eine zwei- bis dreimalige Gabe pro Tag für diese Substanz im Allgemeinen ausreichend ist. Almirid® bzw. Cripar® sind für die **Kombinationstherapie** mit L-DOPA in Deutschland zugelassen und seit kurzem ist Almirid® auch für die **Monotherapie** in Deutschland freigegeben.

Die klinische Wirksamkeit von α-DHEC wurde in mehreren kontrollierten Doppelblindstudien sowohl gegen Placebo als auch im Vergleich zu Bromocriptin und Lisurid belegt. Battistin et al. (1999) führten eine **kontrollierte Vergleichsstudie α-DHEC versus Lisurid** durch. Bei ansonsten vergleichbarer Wirksamkeit zeigte α-DHEC einen signifikant günstigeren Effekt auf die Fluktuationen der Beweglichkeit sowie eine insgesamt bessere Verträglichkeit. So waren die Anzahl und der Schweregrad der Nebenwirkungen signifikant niedriger in der α-DHEC-Gruppe. Eine neue Studie von Bergamasco et al. (2000) mit 123 De-novo-Patienten unterstreicht den erfolgreichen Einsatz von α-DHEC auch als Monotherapeutikum.

α-DHEC ist ebenso wie Pergolid, Cabergolin, Lisurid und Bromocriptin ein Ergot-Derivat (Abb. 3.8). Es wird hepatisch metabolisiert und über die Galle ausgeschieden. Gerade bei kardiovaskulären Erkrankungen setzen wir nach Nutzen-Risiko-Abwägung α-DHEC bevorzugt ein, da es uns als besonders gut verträglicher Dopamin-Rezeptoragonist erscheint. Ähnliche Resultate erzielte eine von Jörg publizierte Anwendungsbeobachtung mit 564 Patienten, die neben einer deutlichen Verbesserung des Webster-Scores auch eine sehr niedrige Nebenwirkungsrate aufwies (Jörg, 1998). Besonders hob er die niedrige Inzidenz von schweren psychiatrischen Nebenwirkungen (3,2 Prozent) hervor, die aber auch mit der relativ niedrigen Dosierung erklärt werden könnte.

Typische **Nebenwirkungen** beim Einsatz von α-DHEC sind Übelkeit und Erbrechen, Schlaflosigkeit, Dyskinesien, Schwindel, Orthostase-Probleme, Halluzinationen, Kopfschmerzen und Mundtrockenheit. Die Titration von α-DHEC ist vergleichsweise einfach. Wir empfehlen eine langsame Aufdosierung um wöchentlich 10 mg. Dies ist schneller als vom Hersteller empfohlen, da aus unserer Sicht die angegebene mittlere Aufdosierungszeit auf 60 mg mit sieben Wochen in Mono- und elf Wochen in Kombinationstherapie im Vergleich mit den anderen Dopamin-Rezeptoragonisten zu lang ist. Wir sind der Meinung, dass aufgrund der besonders guten Verträglichkeit der Substanz der Dosierungsspielraum bis zur maximalen Tagesdosis von 120 mg öfter ausgeschöpft werden sollte.

Der Beginn einer Pilotstudie zur Hochdosistherapie mit α-DHEC im Bereich über 120 mg/Tag ist nach Herstellerangaben noch für dieses Jahr geplant.

Die **neuroprotektive Wirkung** von α-DHEC wurde im experimentellen MPTP-Parkinson-Tiermodell nachgewiesen (Bernocchi et al., 1993). Neusch und Mitarbeiter (2000) konnten zeigen, dass α-DHEC über die Modulation spannungsabhängiger Na^+-Kanäle den prä-synaptischen Autorezeptor des dopaminergen Neurons im Striatum der Ratte beeinflusst. Die Ergebnisse stellen eine Rationale für die mögliche neuroprotektive Wirkung von α-DHEC dar. Derzeit wird in einer interessanten Pilot-Studie anhand serieller ^{123}I-IPT-SPECT-Messungen überprüft, ob α-DHEC bei De-novo-Parkinson-Patienten einen neuroprotektiven Effekt zeigt.

7.4.5 Pergolid

Pergolid (Parkotil®), das ein Ergolin-Derivat ist, ist ein besonders interessanter Dopamin-Rezeptoragonist, da es nicht nur eine D_2-stimulierende Wirkung hat, sondern auch einen relativ starken agonistischen Effekt auf den D_1-Rezeptor besitzt und damit der Wirkung von Dopamin wohl besonders nahe kommt. Diese positive Beeinflussung des D_1-Rezeptors weist von den anderen Dopamin-Rezeptoragonisten nur noch Apomorphin und wahrscheinlich auch Cabergolin auf. Die **Plasmahalbwertszeit,** die nach neuesten Analysen 16 Stunden beträgt, garantiert eine tonische Dopamin-Rezeptorstimulation. Pergolid wird aus dem Gastrointestinal-Trakt rasch resorbiert. Nach ein bis zwei Stunden ist der Wirkgipfel erreicht. Der **Abbau** von Pergolid erfolgt in der Leber und die Elimination zu etwa gleichen Teilen durch die Nieren und in den Fäzes. Fünf Prozent werden über die Lunge ausgeschieden.

Pergolid kann gut mit sämtlichen Antiparkinson-Medikamenten kombiniert werden, da es keine Interaktionen aufweist. Gleiches gilt auch für Antidepressiva. Während bislang insbesondere Studien zur Effizienz von Pergolid als Add-on-Therapeutikum vorliegen, läuft zur Zeit eine besonders interessante Studie, die mittels PET prüft, ob der frühe Einsatz von Pergolid in der Monotherapie den Untergang der nigro-striatalen Neurone verhindern oder doch zumindest verlangsamen kann. Letzteres konnte zumindest im Tiermodell bereits gezeigt werden (Felten et al., 1992).

In einer großen nach modernen Kritierien bei 376 Patienten durchgeführten Studie konnten Olanow und Kollegen (1994) zeigen, dass Pergolid im Vergleich zu Placebo als **Add-on-Medikament** zu L-DOPA bei Patienten mit Fluktuationen und nicht zufriedenstellender Motorik deutliche Verbesserungen erreichte. Die L-DOPA-Dosis konnte um 25 Prozent gesenkt werden, die Off-Zeit war um 33 Prozent geringer und die Einstufung entsprechend der Hoehn-und-Yahr-Skala verbesserte sich um 0,36 Punkte. **Nebenwirkungen** waren Übelkeit, Halluzinationen, Müdigkeit, Schlaflosigkeit, verstopfte Nase, Dyspepsie und Dyspnoe sowie Dyskinesien, die aber unter L-DOPA-Reduktion geringer wurden und auf eine potentiell zu rasche Aufdosierung zurückgeführt wurden.

Im Vergleich zu Bromocriptin zeigte Pergolid in einigen Studien entweder gleich gute oder meist sogar bessere Wirkung. Obwohl Pergolid schon über zehn Jahre auf dem Markt ist, gibt es leider keine international publizierte Vergleichsstudie zwischen Pergolid und einem der drei neuen Dopamin-Rezeptoragonisten wie Cabergolin, Ropinirol und Pramipexol. Nachdem Pergolid gleiche Nebenwirkungen wie die übrigen Ergolin-Derivate hat, muss es andere Gründe für die Tatsache geben, dass Pergolid in Deutschland einer der Marktführer unter den Dopamin-Rezeptoragonisten ist. Es kann sicherlich nicht die komplizierte Aufdosierung sein, die vom Hersteller erkannt wurde und glücklicherweise durch die Einführung einer **„Start-Packung“** kompensiert wurde. Ohne diese „Start-Packung“ war in der Eindosierungs-Phase eine sehr enge Zusammenarbeit zwischen Patient und Therapeut notwendig. Die besonders gute Wirksamkeit von Pergolid rechtfertigt stets auch einen Wechsel von einem anderen Dopamin-Rezeptoragonisten, mit dessen Wirkung Patient und Therapeut nicht zufrieden sind. Für uns war die **Wirkpotenz** von Pergolid deshalb besonders überzeugend, weil es mit Pergolid gelang, Patienten mit Lisurid-Pumpen (nachdem Lisurid i.v. nur im Notfall zur Verfügung steht) auf perorale Gabe von Pergolid umzustellen.

Für die gute Akzeptanz von Pergolid ist sicherlich das überzeugende Konzept der D_1-Stimulation verantwortlich. D_1-Knock-out-Mäuse zeigen ein sehr differenziertes Verhalten u.a. mit Hypermobilität, so dass die fehlende Stimulation des D_1-Rezeptors durchaus

Nachteile für den Patienten beinhalten könnte. Man geht davon aus, dass durch den Wegfall der nigro-striatalen Stimulation des D_1-Rezeptors der Organismus eine Hochregulation der direkten motorischen Schleife induziert (siehe Kapitel 2.3), was durch Pergolid wieder korrigiert wird. Die D_1-Stimulation ist eine synergistische Verbesserung des Antiparkinson-Effektes vonseiten der D_2-Stimulation, sie hat eine positive Wirkung auf bestehende Dyskinesien und hat einen interessanten therapeutischen Effekt auf Komplikationen der Krankheit wie „Reizblase“ und Harninkontinenz.

Seit der zweiten Hälfte des Jahres 1999 ist auch Pergolid für die **Monotherapie** in Deutschland zugelassen. Dies beruht auf einer Arbeit von Barone et al. (1999), in der gezeigt werden konnte, dass Pergolid in der Monotherapie effektiv ist. In einer Multicenter-Studie (19 europäische Zentren) wurde doppelblind randomisiert in Parallelgruppen in einem Dreimonats-Zeitraum im Vergleich zu Placebo die Tolerabilität und Effektivität von Pergolid getestet. Es wurden Patienten in die Studie aufgenommen, die Hoehn-und-Yahr-Stadium I bis III hatten und in der „Motor-score“-Subskala der UPDRS (Teil III) zu Beginn der Untersuchung eine Punktzahl von größer 14 hatten. Insgesamt wurden 53 Patienten mit Pergolid und 52 Patienten mit Placebo behandelt. Die Patienten durften nicht länger als drei Jahre Parkinson-krank sein, sie durften keinerlei andere Antiparkinson-Medikamente einnehmen und falls sie das vor der Studie getan hatten, wurden die Präparate konsequent abgesetzt. Die demographischen Charakteristiken waren für beide Gruppen gleich. Auch war der Schweregrad in beiden Gruppen bei Aufnahme in die Studie gleich. Die Pergolid-therapierten Patienten zeigten eine signifikant höhere *Responder*-Rate mit 57 gegen 17 Prozent in der Placebo-Gruppe. *Responder* waren alle Patienten, die eine über 30-prozentige Verbesserung der UPDRS-Teil-III-Skala erzielten. Darüber hinaus waren die Pergolid-behandelten Patienten auch bezüglich der UPDRS-Skala (Teil II und III), Schwab-und-England-Skala, und „*Clinical Global Impression*“-Skala signifikant besser als die Placebo-Gruppe. Diese Verbesserungen wurden unter einer mittleren Pergolid-Dosis von 2,06 mg/Tag bei Studienende erreicht. Die Studie hatte eine Höchstdosis von drei mg Pergolid/Tag vorgesehen. Die Enddosis hatte zu Studienende zwei Wochen konstant zu sein, bevor die Endauswertung erfolgte. Alle Patienten hatten aus „Blindungsgründen“ Domperidon erhalten. Sechs Patienten aus dem Pergolid-Arm und zwei Patienten aus dem Placebo-Arm beendeten die Studie wegen Nebenwirkungen. Diese Studie ist somit Grundlage zur Annahme, dass Pergolid als Monotherapie beim IPS in den Frühstadien sicher, gut verträglich und hoch wirksam ist.

Erste Erfahrungen mit der **Hochdosis-Therapie** mit Pergolid sammelten Facca und Kollegen (1996) als sie bei 13 Patienten mit einem Durchschnittsalter von 70 Jahren und einer mittleren Krankheitsdauer von 13 Jahren Pergolid auf 6,5 ± 2,1 mg hochdosierten. Dabei wurde die Off-Zeit von 27 auf 16 Prozent reduziert, die Dyskinesien, die im Schnitt seit ca. sechs Jahren bestanden, von 71 auf 13 Prozent des Tages reduziert. Die L-DOPA-Dosis konnte von durchschnittlich 825 mg auf 98 mg/Tag reduziert werden. In Deutschland waren Schwarz und Kollegen die ersten, die eine Hochdosistherapie systematisch bei Patienten mit schweren L-DOPA-induzierten Dyskinesien durchführten (Schwarz et al., 1997; Oehlwein et al., 2000). Ihre Patienten erhielten bis zu einer Dosis von drei mg alle ein bis drei Tage 0,25 bis 0,5 mg mehr Pergolid, danach wurde alle ein bis drei Tage um ein mg gesteigert. Sobald die Dyskinesien zunahmen, wurde L-DOPA um 100 bis 200 mg pro Tag reduziert. In Off-Phasen wurde mit Apomorphin s.c. therapiert. Neunzehn von 23 Patienten, die in die Studie initial eingeschlossen worden waren, tolerierten die

Hochdosistherapie. Vier Patienten mussten wegen gravierender Nebenwirkungen (eine Patientin entwickelte eine starke Nausea und drei eine Psychose) die Studie abbrechen. Die mittlere L-DOPA-Dosis konnte bei den 19 Patienten von 561 ± 309 mg/Tag auf 239 ± 295 mg/Tag reduziert werden. Pergolid wurde entsprechend von 0,77 ± 0,57 mg/Tag auf 9,1 ± 4,0 mg/Tag gesteigert, wobei drei Patienten bis zu 14 mg Pergolid am Tag tolerierten. Eine Verbesserung der Dyskinesien konnte bei 42 Prozent der Patienten, eine Verschlechterung dagegen bei 10,5 Prozent gesehen werden. Zusammenfassend kamen Schwarz und Mitarbeiter (1997) zum Schluss, dass die hochdosierte Therapie mit Dopamin-Rezeptoragonisten bei der Mehrzahl der Patienten zu einer deutlichen Reduktion der Off-Zeit führt, dass L-DOPA im Mittel um ca. zwei Drittel reduziert werden und bei ein Drittel der Patienten ganz abgesetzt werden kann und es zu einer Reduktion der Dyskinesien kommt. Oft ist die Umstellung bei Patienten mit fortgeschrittenem Krankheitsbild schwierig, da es in der Umstellungsphase häufig auch zur Verschlechterung der Symptomatik mit Zunahme der Dyskinesien oder der Off-Zeiten kommt. Somit empfiehlt Schwarz die Umstellung stationär vorzunehmen. Injektionen von Apomorphin und eine Begleittherapie mit niedrig-affinen NMDA-Rezeptorantagonisten (Amantadin-Sulfat) können notwendig werden.

7.4.6 Cabergolin

Cabergolin (Cabaseril®) hat seit der Zulassung im Mai 1997 in Deutschland eine sehr gute Akzeptanz erfahren, was wohl am ehesten auf seine besonders lange Plasmahalbwertszeit von etwa 65 Stunden und die relativ einfache und rasche Aufdosierung zurückgeführt werden kann. Aufgrund der **langen Plasmahalbwertszeit** ist eine Einmalgabe pro Tag möglich, was sonst kein Dopamin-Rezeptoragonist leisten kann. Der zunächst befürchtete kumulative Effekt bei täglicher Einnahme von ein bis vier mg hat sich zumindest klinisch nicht gezeigt. Das Präparat ist zur **Monotherapie** zugelassen, wird nicht hepatisch metabolisiert und kann mit den anderen Antiparkinson-Medikamenten gut kombiniert werden. Cabergolin wird zu 80 Prozent biliär ausgeschieden. Cabergolin hat eine sichere D_2-Affinität, aber zusätzlich auch eine leichte D_1-Affinität, sodass eine besonders günstige Wirkung erzielt werden sollte. Die Affinität gegenüber serotonergen und adrenergen Rezeptoren ist dagegen sehr gering, sodass eine geringe Nebenwirkungsrate zu erwarten ist (Dubini et al., 1990). Durch die lange Wirkdauer von ca. 30 Stunden ist die Einmalgabe möglich (Ahlskog et al., 1994, 1996), die Wirkung erlaubt eine gute Kontrolle der Motorik zur Nacht, die Patienten werden nicht in den frühen Morgenstunden in ein Tief fallen und die von Chase postulierte notwendige tonische Stimulation von Dopamin-Rezeptoren sollte garantiert sein, womit das Auftreten von Dyskinesien unter Cabergolin besonders selten sein sollte (Grondin et al., 1996). Dies konnte am MPTP-Affenmodell überzeugend gezeigt werden, wo schon nach 18 Tagen Dyskinesien verschwunden waren.

Als moderner Dopamin-Rezeptoragonist liegen selbstverständlich ebenfalls Studien zur Effizienz in der initialen Mono-, frühen und späten Kombinationstherapie vor. Rinne und Mitarbeiter (1997) publizierten die ersten Zwischenergebnisse einer auf **fünf Jahre** angelegten **Monotherapie-Studie**, in die 419 Patienten eingeschlossen wurden. Im Vergleich zur mit L-DOPA behandelten Gruppe wies die Cabergolin-Gruppe nach einem Jahr bezüglich Wirksamkeit und Verträglichkeit ähnliche Werte auf. Wie für die oben schon zitierten Dopamin-Rezeptoragonisten konnte auch Cabergolin seine Wirksamkeit bezüglich Verlängerung der On-Zeit, Verkürzung der Off-Zeit, Minderung der notwendigen L-DOPA-

Dosis und Reduktion der Dyskinesierate (z.B. Lieberman et al., 1993) nachweisen.

In einer offenen, von Ulm und Mitarbeitern präsentierten Studie (Ulm et al., 1999), schien Cabergolin dem Pergolid überlegen, wobei die „Auswasch"-Phasen beim gewählten Cross-over-Design unseres Erachtens nach zu kurz waren und wir die Kernaussage der Studie erst noch einmal in einer größeren Studie bestätigt sehen wollen.

Die Aufdosierung von Cabergolin auf bis zu vier mg (höhere Dosen sind in ausgesuchten Fällen aber durchaus möglich) erfolgt innerhalb von vier Wochen, also relativ rasch, wobei wöchentlich um ein mg gesteigert wird. Initial kommt es dabei zur Kumulation, bevor dann vier Wochen nach Erreichen der gewünschten Dosis ein *steady state* erreicht wird. Aus den Studien kann man die Empfehlung ableiten, dass in der frühen Monotherapie etwa drei mg ausreichend sind, während bei fortgeschrittenen Stadien eher vier mg/Tag zum Einsatz kamen.

Es gibt erste Berichte, wonach bei ausgesuchten Patienten bis zu 20 mg als Einmalgabe täglich gegeben wurden (vergleiche Ausführungen zur Hochdosistherapie bei Pergolid und Ropinirol). Will man von einem anderen Dopamin-Rezeptoragonisten auf Cabergolin umstellen, sollte das bisherige Präparat zunächst beibehalten werden, bis Cabergolin wirksame Spiegel erreicht und erst dann reduziert werden. Ansonsten hat sich der rasche Austausch von Dopamin-Rezeptoragonisten untereinander gut bewährt. Eine interessante und pharmakokinetisch nicht nachvollziehbare Erfahrung ist die Tatsache, dass manche Patienten das Präparat bevorzugt in zwei täglichen Dosen und nicht in einer einzigen am Morgen einnehmen. Dieses Phänomen wurde von mehreren Arbeitsgruppen in Deutschland studiert, ohne dass eine verbindliche Empfehlung aufgrund der dabei gewonnenen Daten ausgesprochen werden könnte. Sowohl Verträglichkeit als auch das beobachtete **Nebenwirkungsprofil** entsprechen den bisher besprochenen Dopamin-Rezeptoragonisten.

7.4.7 Ropinirol

Ropinirol (ReQuip®)ist im Unterschied zu den bisher diskutierten Dopamin-Rezeptoragonisten **kein Ergolin-Derivat**, woran sich bezüglich des Nebenwirkungsprofils große Hoffnungen knüpfen. Man könnte es somit zusammen mit Pramipexol auch als Dopamin-Rezeptoragonist der zweiten Generation bezeichnen. Besonders erwähnenswert ist seine Zulassung als **Monotherapeutikum** in der Frühphase des IPS. Ropinirol ist vom Rezeptor-Profil besonders rein, da es ausschließlich an die **D2-Rezeptor-Familie** mit hoher Affinität bindet (Tabelle 3.3). Auch dies spräche für eine niedrige Nebenwirkungsrate. Da Ropinirol auch eine starke Bindungsaffinität für den D_3-Rezeptor aufweist, wäre auch eine antidepressive Wirkung anzunehmen. Leider wurde in den bisher durchgeführten Sudien versäumt, nach diesem Effekt zu schauen.

Bei peroraler Gabe werden ca. 88 Prozent der Substanz rasch resorbiert mit einer maximalen Plasmakonzentration nach etwa eineinhalb Stunden. Bei den üblichen Dosen geht man von einer **Plasmahalbwertszeit** von sechs bis neun Stunden aus (Tabelle 3.2), sodass eine dreimalige Gabe pro Tag anzustreben ist. Durch die niedrige Plasma-Eiweiß-Bindung (10–40 Prozent) ist keine Interaktion mit anderen Medikamenten zu erwarten. Man muss lediglich erwähnen, dass Ropinirol von Hemmern des Isoenzyms 1A2 des Cytochromkomplexes P450, das auch für den Abbau von Ropinirol verantwortlich ist, dahingehend beeinflusst wird, dass Fluvoxamin und Ciprofloxazin zu einem Anstieg des Ropinirol-Plasmaspiegel führen könnten. Ropinirol wird **in der Leber metabolisiert** und nur fünf Prozent der verabreichten Dosis werden über die Niere ausgeschieden.

Ropinirol gehört nach den Standards der „Guten klinischen Praxis" zu den best untersuchten Dopamin-Rezeptoragonisten mit bisher acht Phase-II- und Phase-III-Studien sowie zwei sehr interessanten neue Studien. Ropinirol wurde sowohl in der Frühphase als auch in der Spätphase, sowohl in der Monotherapie als auch in der Kombinationstherapie mit Erfolg eingesetzt.

Zur **Monotherapie** gibt es vier Studien, wobei gegen Placebo, gegen Bromocriptin und gegen L-DOPA getestet wurde. In den Studien gegen Placebo wurde die Wirksamkeit und Sicherheit des Medikamentes nachgewiesen. Die Bromocriptin-kontrollierte Studie ist auf drei Jahre angelegt. Eine Zwischenauswertung nach sechs Monaten erbrachte für Ropinirol ein besseres Ansprechen bezüglich der UPDRS-„*motor scores*" (Korczyn et al., 1998). Bei Zugabe von Selegilin zu Ropinirol bzw. Bromocriptin war die Ansprechrate aber gleich. 1999 wurden die Daten der Dreijahres-Studie veröffentlicht (Korczyn et al., 1999). In dieser prospektiven Doppelblind-Studie wurden 335 Patienten auf Ropinirol oder Bromocriptin randomisiert. Initial wurden entweder 0,75 mg Ropinirol oder 1,25 mg Bromocriptin gegeben. Maximal hätten 24 mg Ropinirol bzw. 40 mg Bromocriptin verabreicht werden können. Patienten, die trotz dieser Höchstdosis keine zufriedenstellende Symptom-Kupierung erreichten, durften zusätzlich offen L-DOPA erhalten, aber bezüglich des Dopamin-Rezeptoragonisten geblindet bleiben. Etwa je ein Drittel der Patienten schied in beiden Gruppen vorzeitig aus, da sie Nebenwirkungen entwickelt hatten. Trotzdessen schlossen 60 Prozent in der Ropinirol-Gruppe und 53 Prozent in der Bromocriptin-Gruppe die Studie ab. Nach drei Jahren nahmen die Ropinirol-Patienten im Mittel zwölf mg und die mit Bromocriptin behandelten Patienten 24 mg ihres Medikamentes ein. Die Rate an Nebenwirkungen war in beiden Gruppen gleich, sodass die Nicht-Ergolin-Struktur des Ropinirol wider Erwarten diesbezüglich keinen Vorteil bedeutete. Dyskinesien entwickelten jeweils sieben Prozent der Patienten in beiden Gruppen, wobei in mehr als der Hälfte der Fälle Dyskinesien erst nach Zugabe von L-DOPA auftraten. Patienten mit Ropinirol waren in den UPDRS-Subskalen II und III nach drei Jahren um 31 und die Bromocriptin behandelten Patienten um 22 Prozent gebessert. Einen signifikanten Vorteil hatte die Ropinirol-Gruppe bezüglich der „Aktivitäten des täglichen Lebens" (Tabelle 7.1). Somit unterstreicht diese Studie, dass ein nicht unerheblicher Teil an Patienten drei Jahre lang unter Monotherapie mit Dopamin-Rezeptoragonisten bei guter Effektivität verbleiben kann, funktionell war dabei Ropinirol dem Bromocriptin leicht überlegen.

Die „**L-DOPA-kontrollierte Studie**" wurde zunächst auf fünf Jahre angelegt und auch hier gab es eine Zwischenauswertung nach sechs Monaten (Rascol et al., 1998), die bei Patienten mit Hoehn-und-Yahr-I bis -II für Ropinirol, in der Frühphase als Monotherapeutikum gegeben, ein gleichgutes Ansprechen erbrachte, wohingegen in Hoehn-und-Yahr-Grad II,5 und -III L-DOPA überlegen war. Die Nebenwirkungsrate war in beiden Studien-Armen gleich, wobei jeweils Übelkeit das Hauptproblem darstellte. Ernste Nebenwirkungen traten in der Ropinirol-Gruppe nicht öfter auf als in der L-DOPA-Gruppe.

Auf mehreren Kongressen wurden zwischenzeitlich die Endergebnisse der Fünfjahres-Studie vorgestellt (Rascol, persönliche Mitteilung). Diese Studie hatte zum Ziel, Ropinirol mit dem bisherigen „Goldstandard" L-DOPA in der Langzeittherapie zu vergleichen. Es wurden 268 De-novo-Patienten im Verhaltnis 2:1 für fünf Jahre mit Ropinirol bzw. L-DOPA behandelt. Bei ungenügendem Ansprechen war eine L-DOPA-Add-on-Therapie erlaubt. Die klinische Wirkung wurde mit den beiden UPDRS-Subskalen II und III geprüft. Besonderes Augenmerk wurde auf die Entwicklung von Dyskinesien und dopaminergen Nebenwirkungen gerichtet. Von den ursprünglich rekrutierten Patienten beendeten 47 Prozent der Ropinirol- und 51 Prozent der L-DOPA-Patienten diese Langzeit-Studie. Es gelang, 34 Prozent der Patienten auf Dopamin-Rezeptoragonisten-Monotherapie zu halten. 64 Prozent erhielten zusätzlich L-DOPA. Patienten mit Ropinirol und L-DOPA nahmen im Schnitt 16,5 und 427 mg/Tag der beiden Substanzen ein, während die Patienten mit L-DOPA-Monotherapie im Mittel 753 mg/Tag einnahmen, was unterstreicht, dass Ropinirol geeignet ist, L-DOPA zu sparen. Durch die Kombination von Ropinirol und L-DOPA konnte somit die L-DOPA-Dosis um 43 Prozent reduziert werden.

In der Ropinirol-Gruppe traten nur bei fünf Prozent der Patienten **Dyskinesien** auf, während in der L-DOPA-Monotherapie-Gruppe 36 Prozent der Patienten nach fünf Jahren Dyskinesien hatten. Diese Differenz fiel hoch signifikant zu Gunsten von Ropinirol aus ($p < 0{,}001$). In der Kombinations-Gruppe lag der Anteil von Patienten mit Dyskinesien bei 20 Prozent, somit konnte auch hier Ropinirol zu einer überzeugenden Reduktion der Dyskinesien führen.

Die Werte für die „Aktivitäten des täglichen Lebens" waren in beiden Gruppen gleich, sodass die Patienten, die Ropinirol als Monotherapie tolerierten, eine gleich gute Symptom-Kupierung erreichten, umso mehr als sich auch in den beiden UPDRS-Subskalen keine Unterschiede zeigten. Studien-Abbrüche wegen Nebenwirkungen traten im Ropinirol-Arm bei 27 Prozent und im L-DOPA-Arm bei 29 Prozent auf. Halluzinationen und wesentliche dopaminerge Nebenwirkungen waren in beiden Monotherapie-Armen vergleichbar häufig.

Diese Studie ist die erste doppelblinde Fünfjahres-Studie, die einen modernen Dopamin-Rezeptoragonisten mit L-DOPA vergleicht. Das Risiko, Dyskinesien zu entwickeln ist unter Ropinirol-Monotherapie 15fach niedriger als unter L-DOPA. Am Ende betrug die Ropinirol-Dosis 15 und 16,5 mg/Tag in der Monotherapie- bzw. Kombinationstherapie-Gruppe.

Nachdem aus Grundlagen-Experimenten bekannt ist, dass Dopamin-Rezeptoragonisten gute Radikalenfänger sind (siehe Kapitel 6) und in der Fünfjahres-Studie mit Ropinirol überzeugend dargestellt werden konnte, dass L-DOPA eingespart werden kann, wodurch weniger Radikale entstehen dürften, lag es nahe, sich zu fragen, ob der Einsatz von **Ropinirol neuroprotektiv** ist. Dies wurde bei 45 De-novo-Patienten untersucht. Es wurde mithilfe serieller PET-Messungen [^{18}F]-L-DOPA-Einstrom-Konstanten als Marker für das Nachlassen der prä-synaptischen dopaminergen Funktion im nigro-striatalen System bestimmt (Rakshi et al., 1998). Der erste Scan wurde innerhalb eines Jahres nach Randomisierung und der zweite genau zwei Jahre später erstellt. Bisher liegen die Daten von neun mit L-DOPA und von 28 mit Ropinirol behandelten Patienten vor. Es wurden die Konstanten der Einstromrate jeweils für die schwerer und leichter betroffene Seite im Putamen und Nucleus caudatus bestimmt. Für die stärker betroffene Seite ergab sich im Ropinirol-Arm im Vergleich zur L-DOPA-Gruppe eine relative Erhaltung der dopaminergen Funktion. So nahm die Funktion im Putamen unter Ropinirol nur um 3,6 und unter L-DOPA um 13,2 Prozent ab. Die entsprechenden Werte lagen im Nucleus caudatus bei 2,6 bzw. acht Prozent. Besonders signifikant waren die Unterschiede bei Patienten, die weniger als zwei Jahre an IPS erkrankt waren, wohingegen bei Patienten, die schon länger erkrankt waren, die Unterschiede nicht signifikant waren (Abb. 7.2). Im nächsten Jahr werden die Daten von wesentlich mehr Patienten und die Ergebnisse von ähnlichen Untersuchungen mit α-DHEC, Pergolid und Pramipexol vorliegen.

Auch für die **Kombinations-Therapie** liegen bereits vier große Studien vor. Untersucht

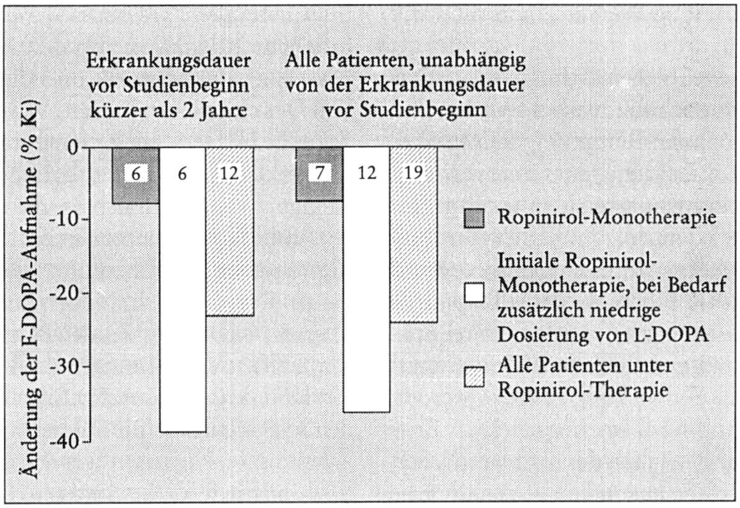

Abb. 7.2. Änderungen der ^{18}F-L-DOPA-Aufnahme im Putamen nach 5-jähriger Ropinirol- bzw. L-DOPA-Therapie in Abhängigkeit von der Erkrankungsdauer (2 Jahre versus 5 Jahre) vor Studienbeginn. (Nach Rakshi et al., 1998.) Aus der verlangsamten Abnahme unter Ropinirol könnte eine neuroprotektive Wirkung abgeleitet werden. Wichtig scheint, dass nur Patienten, die früh therapiert werden, diesen Effekt aufweisen.

wurde hier die Wirksamkeit von Ropinirol als Adjuvans zu L-DOPA in fortgeschrittenen Stadien der Parkinson-Krankheit. In allen Stadien kam es zu einer Reduktion der Off-Zeiten unter Ropinirol (Brooks et al., 1995; Kreider et al., 1996) von 1,5 bis drei Stunden. Zwischen Ropinirol und Bromocriptin als Add-on-Therapeutikum zu L-DOPA waren geringe Unterschiede zu Gunsten von Ropinirol zu erkennen. In einer Subgruppe von Patienten konnten insbesondere die motorischen Fluktuationen unter Ropinirol im Vergleich zu Bromocriptin deutlich besser reduziert werden. Die Verbesserung der On-Zeit unter Add-on-Therapie mit Ropinirol betrug in diesen kontrollierten Studien zwischen 1,5 und drei Stunden. Mittels molekularbiologischer Techniken konnte auch gezeigt werden, dass Ropinirol die Hochregulation von Preproenkephalin (Vorstufe von Enkephalin, das in der motorischen Schleife mit bestimmten GABAergen Neuronen kolokalisiert ist) im Tiermodell verhindert, womit seine geringe Dyskinesie-Induktion erklärt werden kann (Pearce et al., 1996). Wichtig in diesem Zusammenhang ist wohl die günstige Plasmahalbwertszeit von Ropinirol, die eine tonische Stimulation des D_2-Rezeptors erlauben. Allerdings kam es im Tiermodell bei Tieren, die zuvor L-DOPA-induzierte Dyskinesien erfahren hatten und denen mit Latenz Ropinirol appliziert wurde, zum Teil ebenfalls zu Dyskinesien. Dopamin-Rezeptoragonisten sind somit zumindest im Tiermodell dann besonders günstig, wenn sie Tieren in Form einer Monotherapie gegeben werden. Besonders interessant könnten diesbezüglich die oben erwähnten, jedoch erst in Abstraktform (Rakshi et al., 1998) vorliegenden Ergebnisse von PET-Untersuchungen sein, die mit dem Ziel angelegt wurden, die neuroprotektive Wirkung von Ropinirol zu zeigen. Es ist noch unklar, ob die signifikant niedrigere (indirekt berechnete) Absterberate dopaminerger Neuronen eine neuroprotektive Wirkung von Ropinirol oder

und andere Dopamin-Rezeptoragonisten zu ***„sudden sleep attacks"*** führen. In einem wenig detaillierten Artikel hatten Frucht und Mitarbeiter (1999) darauf hingewiesen, dass sie acht Patienten gesehen haben, die am Steuer ihres Wagens plötzlich eingeschlafen seien und insgesamt neun Unfälle verursacht hätten. Nach Absetzen von Pramipexol sei das nicht mehr passiert. Beim Umstellen von Pramipexol auf Ropinirol sei ein Patient auch kurz nach der Umstellung noch eingeschlafen. Die Firma Boehringer Ingelheim reagierte daraufhin und empfahl, bei allen Patienten mit Pramipexol vom Lenken eines Fahrzeuges abzusehen. Ähnliches legte die Firma SmithKline Beecham in einem „rote Hand Brief" dar, in dem sie ebenfalls dazu auffordert, dass Patienten unter Ropinirol nicht Autofahren sollen. Zu diesem Schritt kam es, weil bei 17 Ropinirol-Patienten hauptsächlich in den USA und Kanada „plötzliches Einschlafen" beschrieben wurde. Zum Teil sei dieses Ereignis beim Autofahren aufgetreten. Angeblich hätten sich nur einige Patienten schon vor dem Einschlafen schläfrig gefühlt, andere hätten zuvor keine Warnzeichen im Sinne ausgeprägter Müdigkeit verspürt. In den Fällen, von denen die Firma ausreichendes Datenmaterial besitzt, sei es nach Absetzen des Präparates oder nach Dosisreduktion zur vollständigen Genesung gekommen. Problematisch ist die Tatsache, dass dieses Einschlafen nicht an Dosierungen, Länge der Behandlung, Schwere der Erkrankung u.a. Bedingungen gebunden ist. Festzuhalten ist aber, dass wohl alle Patienten zu dem Dopamin-Rezeptoragonisten zusätzlich andere potentiell sedierende Medikamente erhielten. Wichtig erscheint auch, auf die Relation von 17 berichteten Einschlafattacken im Vergleich zu 68 200 Patientenjahre Behandlungszeit mit Ropinirol hinzuweisen.

Die Firma Boehringer Ingelheim bat führende amerikanische Schlafforscher um Stellungnahmen, die bemängelten, dass eine eindeutige Relation zwischen Pramipexol-Einnahme und Einschlafen aufgrund der Komedikation nicht vorliege, dass die Daten aus der Frucht'schen Arbeit nicht eindeutig belegten, dass alle Patienten hinter dem Steuer einschliefen und falls ja, warum. Ferner sei nicht ersichtlich, ob es einen Zusammenhang zwischen der Dauer und Höhe der Pramipexol-Gabe und den Schlafattacken gebe.

Widersprüchlich sind die Meinungen zunächst einmal zum Phänomen des plötzlichen Einschlafens, das bisher im Diagnosen-Katalog der Schlafkrankheiten nicht existierte. Führende amerikanische Schlafforscher haben darauf hingewiesen, dass doch eher anzunehmen sei, dass ähnlich wie bei der Narkolepsie vor dem Einschlafen eine auch subjektiv festzustellende Müdigkeit auftrete, die bei monotonen Tätigkeiten, wie Autofahren auf amerikanischen Highways, zum Einschlafen führt. Poewe und Kollegen gehen in einer gutachterlichen Stellungnahme noch weiter und lehnen den Terminus Schlafattacke ab und schlagen eher vor, von vermehrter Einschlafneigung (*„increased sleep propensity"*) zu sprechen. Sie halten es für unphysiologisch, dass jemand aus vollständiger Wachheit in Tiefschlaf gerät. Auch wir schließen uns dieser Meinung an. Einschlafen am Steuer ist ein großes Problem und führt in Europa und Nordamerika zu ca. 20 Prozent der Verkehrsunfälle. In einer Publikation von Factor und Kollegen (1990) konnte gezeigt werden, dass bis zu 50 Prozent der Parkinson-Patienten in Situationen, die monoton sind und wenig Interesse wecken, zum Einschlafen neigen. Diese **vermehrte Neigung einzuschlafen hängt** zum einen **mit der Grundkrankheit zusammen**, wird aber doch wohl auch durch die umfangreiche Medikation mitverursacht. Unseres Erachtens nach neigen Parkinson-Patienten noch mehr als ihre Altersgenossen zum Schlafapnoe-Syndrom, womit sie vonseiten der Alertheit weiter eingeschränkt werden.

Derzeit bleibt uns wohl kein besserer Ausweg, als den Patienten unter Ropinirol und

Pramipexol zu raten, in den ersten drei Monaten der Einnahme nicht Auto zu fahren und sich in keine Situationen zu begeben, wo ihnen ihre verstärkte Einschlafneigung gefährlich werden könnte. Besorgniserregend ist aber die Tatsache, dass auch L-DOPA und wohl alle anderen Dopamin-Rezeptoragonisten aufgrund ihres dopaminergen Wirkmechanismus zum vermehrten Einschlafen führen und wir dringend nach Auswegen aus diesem therapeutischen Dilemma suchen müssen. Nachdem gerade junge Patienten moderne Dopamin-Rezeptoragonisten erhalten sollen und diese oft berufstätig sind und auf das Auto angewiesen sind, muss rasch geprüft werden, ob es „plötzliches Einschlafen" wirklich gibt, ob es nur die neuen Nicht-Ergolin-Derivate betrifft, ob die Erhebung einer sorgfältigen Schlaf-Anamnese und gegebenenfalls sogar die Untersuchung im Schlaflabor ausreichen würde, die richtigen Patienten vom Autofahren abzuhalten.

Eine pragmatische Vorgehensweise könnte darin bestehen, allen Patienten, die neu auf Pramipexol und Ropinirol eingestellt werden, das Autofahren für drei Monate zu untersagen und bei allen Patienten, die schon länger die beiden Dopamin-Rezeptoragonisten einnehmen auf die Gefahr des plötzlichen Einschlafens hinzuweisen und eine sehr sorgfältige Schlaf-Anamnese zu erheben. Die relativ geringe Gefahr, plötzlich einzuschlafen, ist geringer anzusetzen als die Probleme beim Umsetzen von einer effektiven Dopamin-Rezeptoragonisten-Therapie. Eine ausführliche Würdigung dieses Problemes wurde anlässlich eines Workshops einer deutsch-österreichischen Expertengruppe erarbeitet (Lachenmayer, 2000).

Fazit:

Durch die neuen Überlegungen zur L-DOPA-Einsparung sind die Dopamin-Rezeptoragonisten wieder mehr in den Vordergrund gerückt. Dopamin-Rezeptoragonisten haben den Vorteil, dass sie kein intaktes prä-synaptisches Neuron benötigen, und dass beim IPS die striatalen Dopamin-Rezeptoren intakt bleiben. Grundlagenwissenschaftliche Daten sprechen dafür, dass durch Gabe von Dopamin-Rezeptoragonisten in idealer Weise die natürlichen Verhältnisse am Dopamin-Rezeptor nachgeahmt werden können, indem sie eine tonische Stimulation bewirken. Erste PET-Untersuchungen lassen einen neuroprotektiven Effekt von Ropinirol (und wohl auch anderer Dopamin-Rezeptoragonisten) erhoffen. Die breite Palette von Dopamin-Rezeptoragonisten kann in Ergolin-Derivate und in die zweite Generation von Agonisten, die keine Ergolin-Struktur haben und daher ein günstigeres Nebenwirkungsprofil erwarten lassen, eingeteilt werden. Nur wenige Dopamin-Rezeptoragonisten haben eine D_1-agonistische Wirkung (Apomorphin, Cabergolin, Pergolid), was ein Vorteil sein könnte, da nicht nur die zur Wirksamkeit unabdingbare D_2-Stimulation gewährleistet wird. Weiterhin gibt es große Unterschiede bezüglich der Plasmahalbwertszeit der Dopamin-Rezeptoragonisten. Aufgrund ihrer tonischen Stimulation von Dopamin-Rezeptoren sind sie gut geeignet, um Hyperkinesien und Dyskinesien möglichst lange nicht auftreten zu lassen. Eine neue Therapie-Option ist die Hochdosistherapie, die ihre Indikation in der Verbesserung von Dyskinesien hat. Problematisch sind derzeit die Beobachtungen vermehrten Einschlaf-Bedürfnisses unter dopaminerger Medikation.

7.5 Selegilin

Selegilin ist ein irreversibler MAO-B-Hemmer, der durch die ihm zugeschriebene **neuroprotektive Wirkung in Zellkultur- und Tiermodellen** besondere Aufmerksamkeit verdient. Darüber hinaus muss betont werden, dass **MAO-B-Hemmung** durchaus eine symptomatische Wirkung für den Patienten hat, da es ja den Abbau von Dopamin hemmt und so zu einer längeren Verfügbarkeit des Neurotransmitters an den Dopamin-Rezeptoren führt. Zusätzlich wurde auch die Hemmung der Dopamin-Wiederaufnahme und des prä-synaptischen Autorezeptors nachgewiesen. Daraus resultiert ebenfalls eine erhöhte endogene Dopamin-Konzentration im synaptischen Spalt durch eine höhere Freisetzung von Dopamin. Man kann somit bereits in der Frühphase der Parkinson-Krankheit diesen Effekt nutzen und wird die Zugabe anderer dopaminerger Substanzen in der Regel um ca. sechs Monate (in der DATATOP-Studie waren es neun Monate, siehe unten und Kapitel 6) verschieben können.

Selegilin wird gastrointestinal resorbiert und kann die Blut-Hirn-Schranke durchdringen. Es wird in der Leber metabolisiert, 68 Prozent einer 10-mg-Dosis sind innerhalb von 24 Stunden im Urin nachweisbar. Wie oben schon ausgeführt, wirkt Selegilin im MPTP-Modell neuroprotektiv, sodass die Hoffnung entstand, dass es auch andere potentiell neurotoxische Stoffe bezüglich ihrer zellschädigenden Wirkung auf dopaminerge Neuronen hemmen könnte. Es ist unstrittig, dass Selegilin zu einer Stimulation Radikale-abfangender Systeme führt, sodass ihm im Hinblick auf das Modell des „oxidativen Stresses" schon dadurch eine interessante therapeutische Option zukommt. Es gibt aber auch Arbeiten, die zeigen, dass Selegilin selbst **antioxidativ wirksam** ist. Interessant sind auch neue Arbeiten, die dem Selegilin eine neurotrophe Wirkung zuschreiben. Müller und andere (1998) beschrieben, dass Selegilin darüber hinaus eventuell ein Immunostimulanz ist und auf die Zytokine-Biosynthese im Sinne einer möglichen neuroprotektiven Wirkung Einfluss nimmt. Obgleich wir keine einheitliche Literaturlage zur Frage der Apoptose-Frequenz in der SN bei IPS haben, ist es von Interesse, dass Selegilin ein **Apoptose-hemmendes Medikament** ist.

Während die neuroprotektive Potenz von Selegilin im Tiermodell oder in der Zellkultur unumstritten ist, ist die Diskussion, ob es auch beim Menschen eine neuroprotektive Wirkung hat, noch offen und nicht entschieden (Olanow, 1996). Es gibt eine Studie von Rinne und Mitarbeitern (1991), die in Gehirnen von Patienten, die mit IPS verstorben waren, die Anzahl an SN-Neuronen zählten und dabei in der medialen Region der SN bei Patienten, die Selegilin erhalten hatten, signifikant mehr Neurone als bei altersentsprechenden Patienten ohne Selegilin fanden, was man durchaus als Indiz für eine **Neuroprotektion** werten kann. Da es sich aber um eine so wichtige Frage handelt, sollten diese Ergebnisse erst auch noch von anderen Arbeitsgruppen reproduziert werden. Nach diesen Vorüberlegungen sollen nun die **Daten der wichtigsten klinischen Studien** vorgestellt werden.

Als unumstrittene Ergebnisse der bisher vorliegenden Studien kann gelten, dass Selegilin den **Einsatz von L-DOPA um sechs bis neun Monate hinauszögert** (The Parkinson Study Group, 1993) und dass in allen Studien die Patienten mit Selegilin signifikant weniger L-DOPA einnehmen mussten als die, die kein Selegilin eingenommen hatten. Als Beispiele sei die Studie von Myllylä et al. aus dem Jahre 1993 angeführt, in der Patienten mit Selegilin initial im Durchschnitt 272 mg/Tag L-DOPA und nach zwei Jahren 358 mg/Tag einnehmen mussten, wohingegen ohne Selegilin die Patienten im Schnitt 543 mg/Tag L-DOPA benötigten. Lees und Mitarbeiter (1995) konnten in einer Fünfjahres-Studie ohne Selegilin einen Anstieg der benötigten L-DOPA-Dosis von 375 mg/Tag auf 625 mg/Tag und mit Selegilin ein Beibehalten von 375 mg/Tag nachweisen (Lees et al., 1995). Somit ist ein **L-DOPA-Spareffekt** vorhanden, der sich durch die intra- und extraneuronale Abbauhemmung von Dopamin erklären lässt.

Eine **besonders interessante Studie** wurde 1995 von **Olanow** vorgestellt (SINDEPAR-Studie), in der Patienten 14 Monate lang beobachtet wurden (Olanow et al., 1995). Diese vierarmige Studie wurde an De-novo-Patienten durchgeführt und umfasste Patienten mit Selegilin/L-DOPA, Selegilin/Bromocriptin, Placebo/L-DOPA und Placebo/Bromocriptin (Abb. 6.4). Nach zwölf Monaten wurde Selegilin bei allen Patienten abgesetzt. Sieben Tage vor der Abschlussuntersuchung wurde dann noch L-DOPA abgesetzt und die Verschlechterung der Patienten nach der UPDRS gemessen. Alle Patienten, die Selegilin erhalten hatten, wiesen eine signifikant geringere Verschlechterung im Vergleich zur Placebo-Gruppe auf. Nachdem Selegilin aber schon zwei Monate vor Studienende abgesetzt worden war, weist das möglicherweise auf einen neuroprotektiven Effekt zumindest bei De-novo-Patienten und für das erste Jahr der Behandlung hin, da eine symptomatische Wirkung ja zwei Monate nach Absetzen des Medikamentes nicht mehr anzunehmen ist. Im Durchschnitt verschlechterten sich die Patienten ohne Selegilin um 5,8 und die mit Selegilin nur um 0,4 Punkte entsprechend der UPDRS.

Die Gruppe um **Myllylä publizierte 1997 eine Fünfjahres-Studie**, die 44 Patienten enthielt und den Langzeit-L-DOPA-Spareffekt unter Selegilin zeigen sollte. In einer doppelblinden Studie erhielten Patienten initial Placebo oder Selegilin und bei Bedarf zusätzlich L-DOPA. Dass diese Anpassung von L-DOPA gut gelang, zeigte nach Entblindung die „*Columbia University Rating Scale*" (CURS), die bei beiden Gruppen nahezu deckungsgleich über die fünf Jahre blieb. In der Selegilin-Gruppe befanden sich initial 27 Patienten, in der Placebo-Gruppe 25 Patienten. Im Durchschnitt waren die 44 Patienten, die die Studie komplett absolvierten, 61 Jahre alt. Nach fünf Jahren benötigten Patienten ohne Selegilin 725 mg/Tag L-DOPA und Patienten mit Selegilin nur 405 mg/Tag. Wie aus Abb. 7.3 zu ersehen ist, klaffte der Unterschied in der notwendigen L-DOPA-Dosis über die Jahre immer weiter auseinander, d.h. Selegilin blieb über den gesamten Zeitraum wirksam und verlor seinen Effekt nicht, sondern verstärkte ihn noch eher über die Jahre. Auch dieses Ergebnis könnte man als einen Indikator für eine mögliche neuroprotektive Wirkung von Selegilin werten. Vonseiten der Nebenwirkungsrate gab es unter Selegilin keinen Unterschied zu den Placebo-Patienten, was die gute Verträglichkeit von Selegilin unterstreicht. Als Nebenwirkungen wurden, in absteigender Reihenfolge bezüglich der Häufigkeit, Müdigkeit, Schwindel, Obstipation, Schlaflosigkeit, trockener Mund, Depression, Übelkeit, Schwitzen, Orthostase-bedingter Schwindel, unwillkürliche Bewegungen, Ängstlichkeit und Palpitation, wohlgemerkt ohne Unterschied zur Placebo-Gruppe, berichtet. Nachdem die Diskussion im folgenden bezüglich einer möglichen kardiotoxischen Wirkung von Selegilin zu führen sein wird, sei hier bereits erwähnt, dass es in der Selegilin-Gruppe nicht signifikant mehr Todesfälle als in der Placebo-Gruppe gab.

Von besonderer Bedeutung ist die **DATATOP-Studie**, in der nach einer neuroprotektiven Wirkung von Selegilin und Tocopherol (Vitamin E) gesucht wurde. Diese Studie wurde in Nordamerika 1987 begonnen, und es wurden 800 Patienten in die Studie eingeschlossen. Patienten wurden doppelblind in folgende Therapiearme randomisiert: Placebo, To-

keit (UPDRS) eine Kombinationstherapie von Selegilin und L-DOPA günstiger ist als eine L-DOPA-Monotherapie. Die Notwendigkeit der L-DOPA-Dosissteigerung ist unter Selegilin deutlich geringer, was sich schon im zweiten Behandlungsjahr zeigte. Die maximal benötigte L-DOPA-Dosis ist in der Selegilin-Gruppe deutlich niedriger. Eine besonders ausgeprägte Dosiseinsparung konnte bei Patienten in frühen Krankheitsstadien (Hoehn-und-Yahr-Stadium I) und bei De-novo-Patienten gezeigt werden. Die Verträglichkeit von Selegilin ist ausgezeichnet. L-DOPA-assoziierte Fluktuationen sind unter Selegilin deutlich seltener (insbesondere Freezing). Ab dem vierten Behandlungsjahr benötigten signifikant mehr Patienten der Selegilin-freien Gruppe zusätzlich einen Dopamin-Rezeptoragonisten.

Auch **Larsen et al. (1999)** untersuchten den Effekt von Selegilin auf die Progression von neu erkrankten Parkinson-Patienten in einer doppelblinden Fünfjahres-Studie, in der Patienten neben L-DOPA entweder Selegilin oder Placebo erhielten. Insgesamt wurden 163 Patienten in diese Studie eingeschlossen. Wesentliche Ergebnisse dieser Studie waren die Beobachtungen, dass Patienten mit Selegilin einen milderen Krankheitsverlauf aufwiesen und weniger L-DOPA benötigten. Auch nach einer Wash-out-Phase von einem Monat verschlechterten sich die Patienten, die Selegilin erhalten hatten, nicht, was wiederum nicht durch einen alleinigen symptomatischen Effekt von Selegilin erklärt werden kann.

In einer aufsehenerregenden Studie unter Federführung von **A. Lees**, London, wurde in statistisch unsauberer Art behauptet, dass Patienten unter Selegilin eine höhere **Mortalität** als andere Parkinson-Patienten aufweisen (Lees, 1995). Die Fehler dieser Studie wurden vielfach dargestellt (z.B. Gerlach et al., 1996), sie kann als widerlegt gelten. Auf dem internationalen Parkinson-Kongress 1997 in London errechnete Heinonen aus sechs klinischen Langzeitstudien mit Selegilin bei einem durchschnittlichen Auswertungszeitraum von 3,8 Jahren, dass bei Parkinson-Patienten, die die Kombination Selegilin/L-DOPA erhalten hatten, 4,9 und bei den Patienten mit der L-DOPA-Monotherapie sieben Prozent verstorben waren. Es käme daraufhin ja hoffentlich auch niemand auf den Gedanken, zu behaupten, dass L-DOPA für Parkinson-Patienten gefährlich sei. Gleiches gilt aber auch für Selegilin. In der oben schon zitierten finnischen Langzeitstudie waren Patienten in der Selegilin-Gruppe aufgrund folgender Ursachen verstorben (in Klammer die Anzahl der Patienten, die aus gleicher Ursache verstarben, aber Placebo erhalten hatten): Pneumonie 4 (1), Myokardinfarkt 1 (2), Schlaganfall 1 (1), Brustkrebs 0 (1), Sepsis 0 (1), zerebrale Kontusion 1 (0). Es kamen somit im Beobachtungszeitraum sieben Patienten unter Selegilin und sechs ohne Selegilin zu Tode.

Zur **idealen täglichen Dosis von Selegilin** gibt es eine neue Untersuchung von Rascol und Montastruc, die dafür spricht, mindestens fünf mg Selegilin täglich, besser aber wie bisher empfohlen, weiter dem Patienten ein mg Selegilin/zehn kg Körpergewicht zu verschreiben, sodass im Normalfall 7,5 bis zehn mg/Tag appliziert werden sollten (Riederer et al., 1978b; Andreu et al., 1997). Die Gabe kann sowohl als Einmalgabe morgens als auch als Zweimalgabe morgens und nachmittags erfolgen. Wegen seiner aktivierenden Wirkung sollte Selegilin abends nicht eingenommen werden. Eine Kombination mit MAO-A-Hemmern, wie z.B. Moclobemid, sollte vermieden werden. Kombinationen mit einem der neuen 5-HT-selektiven Wiederaufnahme-Hemmer, die zur antidepressiven Therapie verabreicht werden, müssen ebenfalls sehr kritisch abgewogen werden.

Die häufigsten **Nebenwirkungen** unter Selegilin (Prozentsatz in Klammern) sind Schlaflosigkeit (5,1), weswegen das Medikament morgens eingenommen werden sollte, Übelkeit/Erbrechen (4,9), was aber unter Motilium® sistiert und auch über die Dauer der Behandlung immer seltener wird, Schwindel (3,9), der ebenfalls, wenn der Patient die Therapie lang genug tolerieren kann, immer seltener wird, Mundtrockenheit (4,2), orthostatische Reaktionen (3,7), Müdigkeit (2,9), Dyskinesien (2,2), Hyperkinesien (2,1), wobei hier wohl eine L-DOPA-Dosisreduktion zur Symptomkupierung ausreicht, und psychotische Erscheinungen/Halluzinationen (2). Die übrigen Nebenwirkungen bewegen sich unter der Zweiprozentgrenze und sind Kopfschmerzen, Herzklopfen, Dyspnoe, Ödeme, Verwirrtheit, Miktionsstörungen, Appetitlosigkeit, Hauterscheinungen und Angst.

7.6 NMDA-Rezeptorantagonisten

7.6.1 Amantadin

Amantadine haben eine **Renaissance in der Parkinson-Therapie** erlebt, da ihr Wirkmechanismus nunmehr geklärt ist und zunehmend Studien zu besonderen Indikationen, wie z.B. die Behandlung von motorischen Fluktuationen durch Amantadine, vorliegen. Amantadine wurden für die Parkinson-Therapie zufällig entdeckt. Man kannte ihre antivirale Wirkung und beobachtete bei einer Patientin mit Parkinson-Tremor, die einen grippalen Infekt hatte, dass unter Amantadin der Tremor sistierte und nach Abklingen der Grippe und Absetzen des Amantadin der Tremor wieder auftrat. Amantadin wurde 1969 erstmals von Schwab bei Patienten mit IPS eingesetzt. Näheres zum Wirkmechanismus von Amantadin wurde im Kapitel 3 beschrieben, die wichtigste Entdeckung war, dass Amantadin ein niedrig affiner NMDA-Rezeptorantagonist mit schneller Rezeptorkinetik (Kornhuber et al., 1989; 1991) ist.

Amantadin-Sulfat mit einer Halbwertszeit von zehn bis 30 Stunden, kann beim leichten IPS in einer Dosierung von zwei mal 100 mg bereits zu Beginn der Erkrankung eingesetzt werden, um das **Dopamin-Glutamat-Ungleichgewicht** auszugleichen und um seine symptomatische Wirkung zu nutzen. Basierend auf den Arbeiten von Chase geht man davon aus, dass im Striatum aufgrund der geringeren dopaminergen Stimulation ein Überwiegen der glutamatergen Neurotransmission entsteht, was u.a. für das Entstehen von Dyskinesien verantwortlich ist. Somit wäre sowohl aus Gründen der **Neuroprotektion** als auch aufgrund der **Verhinderung von Dyskinesien** der Einsatz von Amantadin zu empfehlen (vergleiche Therapie-Empfehlungen). Beobachtungen von Danielczyk (1995), Wien, und von Uitti et al. (1996) weisen darauf hin, dass Patienten, die mit Amantadin behandelt wurden, eine höhere Wahrscheinlichkeit aufweisen, die ersten 15 Beobachtungsjahre zu überleben. Obwohl die Uitti-Studie retrospektiv und nicht prospektiv angelegt war, kommt ihr doch hohe Bedeutung zu, da sie für viele Experten den Einsatz von Amantadin nahelegt. In der Frühphase des IPS reichen meist zwei mal 100 mg Amantadin peroral aus, während bei mäßig bis schwerem IPS bis zu drei mal 200 mg bzw. vier mal 150 mg eingesetzt werden.

Unbestritten ist die hohe therapeutische Potenz von Amantadin-Sulfat i.v. bei der **akinetischen Krise**. Hier werden 200 mg Amantadin-Sulfat (PK-Merz®) in 500 ml NaCl-Lösung innerhalb von drei bis vier Stunden infundiert. Maximal können bis zu sechs solcher Infusionen pro Tag zum Einsatz kommen. Da wir in der heutigen Zeit kaum mehr wirklich schwere akinetische Krisen erleben, genügt es meist, je eine solche Infusion über drei bis fünf Tage zu applizieren. Man sollte die Infusions-Geschwindigkeit nicht zu hoch wählen, um als mögliche Nebenwirkung Halluzinationen zu vermeiden. Bei Nierenfunktionsstörung ist eine Dosisanpassung notwendig.

Nebenwirkungen von Amantadin-Sulfat bestehen in Schlafstörungen, Nervosität und allgemeiner Unruhe, Übelkeit und abdominellen Beschwerden mit Appetitstörungen, Livedo reticularis, Knöchelödeme, delirante Symptome (meist optische Halluzinationen), selten epileptische Anfälle (bei zerebraler Vorschädigung), supraventrikuläre Tachykardien. Sollten Amantadine abgesetzt werden müssen, muss das langsam durch Ausschleichen erfolgen. Amantadine können mit den üblichen Antiparkinson-Medikamenten gut kombiniert werden. Lediglich der zeitgleiche Einsatz von Anticholinergika kann Psychosen potenzieren.

Ein relativ neues wichtiges Anwendungsgebiet für Amantadine ist ihr Einsatz bei L-DOPA-induzierten **Fluktuationen**. Sowohl im Tiermodell als auch in klinischen Studien konnte ihr Effekt nachgewiesen werden. Während bisher nur Fallstudien vorlagen, gibt es jetzt von Rajput et al. (1997b) und von Chase's Arbeitsgruppe (Verhagen Metman et al., 1998) kontrollierte Studien, die die Wirkung von 200 mg Amantadin-Hydrochlorid bei Patienten mit L-DOPA-induzierten Dykinesien zeigten. Die Studie von Rajput schloss prospektiv 19 Patienten (sechs Männer und 13 Frauen) mit hyperkinetischen Symptomen ein, wovon 13 choreatische Peak-dose-Hyperkinesien aufwiesen. Vierzehn von 19 Patienten mit Dyskinesien zeigten innerhalb von zwei Wochen eine Besserung (sieben eine deutliche, fünf eine moderate und zwei eine leichte Besserung). Sieben wiesen darüber hinaus eine Verbesserung der Parkinson-Symptomatik auf. Verhagen Metman et al. (1998) wiesen unter peroraler Amantadin-Therapie eine Reduktion der Peak-dose-Hyperkinesen um 60 Prozent nach; in der nachfolgenden, einjährigen Kontrolluntersuchung wurde die anhaltende Wirkung von Amantadin bestätigt; durch die Amantadin-Behandlung war die Dyskinesie-Rate um 56 Prozent reduziert und die On-Zeiten deutlich verlängert (Verhagen Metman et al., 1999). Eigene Erfahrungen sprechen eher für den Einsatz von Amantadin-Sulfat (z.B. PK-Merz®) und nicht für Amantadin-Hydrochlorid, da die Verträglichkeit und auch das klinische Ansprechen auf Amantadin-Sulfat uns besser erscheint.

Somit kann zusammengefasst werden, dass Amantadin beim IPS symptomatisch insbesonders bezüglich der Hypokinese und des Rigors wirkt und keine motorischen Fluktuationen induziert. Es konnte gezeigt werden, dass Amantadin das glutamaterge-dopaminerge Ungleichgewicht ausgleicht und daher schon zu Beginn der Therapie gegeben werden sollte, um bei L-DOPA-Pflichtigkeit Fluktuationen zu reduzieren. Der frühe Einsatz von Amantadin verzögert und reduziert den Einsatz von L-DOPA. L-DOPA-induzierte Fluktuationen können mit Amantadin therapiert werden. Durch die antiglutamaterge Wirkung könnte Amantadin neuroprotektiv wirken und scheint entsprechend der oben zitierten Studien eventuell sogar lebensverlängernd zu wirken.

7.6.2 Budipin

Es wurde schon mehrfach betont, dass es falsch wäre, das IPS als ein reines Dopamin-Mangelsyndrom anzusehen. Ganz im Gegenteil sind das glutamaterge und cholinerge System überaktiv, und es bestehen auch Veränderungen im serotonergen und noradrenergen Neurotransmitter-System (siehe Kapitel 2). Im Gegensatz zu den anderen Antiparkinson-Medikamenten, die eine einzelne Neurotransmitter-Störung korrigieren, scheint Budipin wohl in der Lage zu sein, mehrere Neurotransmitter-Störungen günstig zu beeinflussen. Obwohl es somit eine sog. „*dirty drug*“ ist, bietet es gerade deshalb einen neuartigen Therapieansatz, da es die komplexen Neurotransmitter-Störungen beim IPS auszugleichen scheint. Wie im Kapitel 3 ausführlich dargestellt, hat Budipin anticholinerge Eigenschaften (allerdings nicht so stark ausgeprägt wie bei den reinen Anticholinergika), es kann Dopamin aus prä-synaptischen Vesikeln ausschütten, hemmt die MAO B reversibel und die Wiederaufnahme von Dopamin in das prä-synaptische Neuron, wodurch Dopamin länger am Rezeptor aktiv sein kann. Darüber hinaus werden das serotonerge und noradrenerge System günstig beeinflusst. Neueste Untersuchungen stellen jetzt die **anti-glutamatergen** Eigenschaften von Budipin, das ein nieder-affiner NMDA-Rezeptorantagonist ist (Klockgether et al., 1993; 1995a), in den Vordergrund und es besteht die Hoffnung, dass durch diese Eigenschaft Budipin sogar neuroprotektiv sein könnte, da es die gesteigerte glutamaterge Stimulation am Striatum und den konsekutiven Zelltod mindern oder gar verhindern könnte. Leider existieren zu dieser Fragestellung noch keine PET-Untersuchungen.

Budipin durchdringt die Blut-Hirn-Schranke, wird durch Hydroxylierung metabolisiert und zu gleichen Teilen renal und in den Fäzes innerhalb von 24 Stunden ausgeschieden. Nachdem Budipin in Tierversuchen den Tremor dämpfte und man seine anti-cholinergen Eigenschaften kannte, fokussierte sich das Interesse an dieser Substanz zunächst auf die Therapie des **Tremor-dominanten IPS.** Bislang existieren zwei Doppelblind-Untersuchungen und eine offene Studie, an denen unsere Arbeitsgruppe (H.R.) jeweils mitwirkte, sodass uns die Substanz schon zehn Jahre vor der Zulassung (in Deutschland erfolgte die Zulassung 1997 unter dem Handelsname Parkinsan®) bekannt war. Die erste Studie (FK 004) sollte die Sicherheit und Effizienz von Budipin nachweisen. Budipin wurde in einer Dosierung von 40–60 mg/Tag bei Patienten im **frühen Stadium des IPS**, die entweder L-DOPA oder Bromocriptin eingenommen hatten, zugegeben und nach 16 Wochen Therapie die CURS verwendet, um die Wirkung von Budipin zu prüfen. Interessanterweise wurden nicht nur der Tremor, sondern signifikant auch die beiden anderen Kardinalsymptome **Rigor** und **Hypokinese** bei den Patienten **gebessert**. Budipin wirkte unabhängig von der eingesetzten L-DOPA-Dosis oder vom Lebensalter der Patienten. Sollte Budipin aufgrund seiner anti-glutamatergen Eigenschaften neuroprotektiv sein (was noch nachgewiesen werden muss), gehört sein Einsatz schon in die Frühphase der Erkrankung. Es war daher folgerichtig, dass eine zweite doppelblinde Studie den Einsatz von Budipin in Monotherapie in der Frühphase gegen Placebo (Studie 290191) prüfte. Es wurden erneut zwischen 40 und 60 mg Budipin eingesetzt. Primärer Zielpunkt war der notwendige Einsatz von L-DOPA. Nach sechs Monaten mussten 55,4 Prozent der Patienten unter Placebo, dagegen nur 24,6 Patienten der Budipin-Patienten auf L-DOPA eingestellt werden.

Eine insgesamt 2 234 Patienten einschließende offene Studie mit Budipin zeigte dessen klinische Effizienz gegen alle Kardinalsymptome des IPS und seine gute Verträglichkeit. Wichtig ist, dass die **Aufdosierung** nicht zu schnell erfolgt. Steigert man wöchentlich um zehn mg, ist man auf der sicheren Seite. Man sollte 60 mg nur in Ausnahmefällen überschreiten. Budipin benötigt bei manchen Patienten eine Vorlaufzeit von bis zu acht Wochen, bevor es positive Effekte zeigt und häufig wird die optimale Wirkung erst nach 16 Wochen erreicht. Viele andere Patienten bemerken aber bereits in der Eindosierungsphase eine erste Verbesserung ihrer Parkinson-Symptomatik. Das langsame Aufdosieren ist auch deshalb wichtig, weil die einschneidenste Nebenwirkung von Budipin Halluzinationen und Verwirrtheitszustände sind, die wir (H.R.) selbst bei zu raschem Aufdosieren oder später ambulant im Hochdosisbereich von 80 mg und mehr erlebt haben und die mit Reduktion des Budipins wieder zu beheben waren.

Im Jahre 1999 wurde in Einzelfällen unter Budipin Verlängerung der QT-Zeit und Kammertachykardien vom Typ *„Torsades de pointes“* beobachtet. Meist sind diese Rhythmusstörungen ohne Risiko, da sie aber auch zu lebensgefährlichen Arrhythmien führen können, sollte vor dem Einsatz von Budipin ein EKG abgeleitet werden und möglichst auch während der Therapie mit Budipin, wie dies auch für Dopamin-Rezeptoragonisten gilt, EKG-Kontrollen erfolgen. Beim Auftreten von Palpitationen, Schwindel oder Synkopen sollte die Budipin-Einnahme unterbrochen werden, bis ein innerhalb von 24 Stunden abzuleitendes EKG ein Wiederansetzen aufgrund einer normalen QT-Zeit und fehlender Rhythmusstörungen erlaubt.

8

Stereotaktische operative Verfahren

8.1 Thermokoagulation

Vor der Etablierung von L-DOPA zur Parkinson-Therapie waren operative, destruktive Verfahren, insbesondere die **Pallidotomie**, in den 40er Jahren bereits im Einsatz. Nachdem Cooper (1956) bei einem Patienten versehentlich die Arteria chorioidea anterior unterbunden hatte und so einen Thalamus-Infarkt verursachte, wobei der Patient seinen Parkinson-Tremor verlor, war auch die **Thalamotomie** ein wichtiges Verfahren geworden, das z.B. in der Neurochirurgischen Universitätsklinik Freiburg mit großem Erfolg eingesetzt wurde. Aufgrund der medikamentösen Therapie-Optionen ging die Bedeutung der operativen destruktiven Verfahren aber stetig zurück. Erst in den letzten Jahren kamen operative Verfahren wieder als letzte Option bei unbeherrschbaren Parkinson-Syndromen oder auch bei unbeherrschbaren Dyskinesien in Frage. Dies beruht auf den besseren anästhesiologischen Verfahren, den besseren Bildgebungsverfahren mit sicherer Lokalisation des Zielgebietes, der neurophysiologischen Charakterisierung der wichtigen Kerngebiete der Basalganglien, der Grenzen der medikamentösen Therapie und neuer Methoden wie Neurostimulation und Transplantation. Es bleibt abzuwarten, ob die destruktiven Verfahren sich weiter als Therapie-Option halten werden.

Obwohl einige der angewandten Läsionsverfahren empirisch sind (vergleiche die Arbeit von Cooper, 1956), versucht man die verschiedenen Läsionsorte entsprechend der Erarbeitung der motorischen Schleife im Primaten neurophysiologisch in ihren Auswirkungen auf die Motorik zu erklären (siehe Kapitel 2.3). Durch das Wegfallen der dopaminergen Stimulation des Striatums kommt es zu einer Überstimulation des GP durch den Nucleus subthalamicus und dadurch zu einer starken Hemmung des Thalamus. Aufgrund des Modells der motorischen Schleife wird verständlich, warum man neben der bekannten Thalamotomie und Pallidotomie zunehmend den Nucleus subthalamicus als Zielgebiet auswählt.

Die Pallidotomie (Tabelle 8.1) ist potentiell wegen der Nachbarschaft zur Sehschleife und inneren Kapsel gefährlich und beidseitige Pallidotomien bergen das zusätzliche **Risiko** der Dysarthrie, Dysphagie und kognitiven Schädigung. Aus diesem Grunde führen die meisten Zentren nur einseitige Pallidotomien durch, die dann kontralateral zu einer Verbesserung von Dyskinesien führen. Die Kardinalsymptome der Parkinson-Krankheit, Rigor, Tremor und Hypokinese werden durch die Pallidotomie nur leicht gebessert. Diesbezüglich ist der **Nucleus subthalamicus** wohl das bessere Zielgebiet, wobei neben der Verbesserung der Parkinson-Symptomatik auch sekundär medikamentös das Auftreten von Dyskinesien reduziert wird. Noch sind die Pallidotomie und **Thalamotomie**, die insbesondere bei kontralateralem starken, me-

Tabelle 8.1. Aktuelle Synopsis über die Indikation von stereotaktischen operativen Verfahren bei medikamentös nicht ausreichend behandelbaren Parkinson-Patienten

	Tremor	Rigor	Bradykinese	Dyskinesien	Wirkungsfluktuationen
Thalamus (VIM)	+++	0	0	0	0
Globus pallidus (GPm)	+	++	+(+)	+++	++
Nucleus subthalamicus	++	++	++	sekundär +++	+++
Transplantation	0	+	++	++	++

Wirkung: + gering, ++ gut +++ ausgezeichnet, 0 keine, ? nicht berichtet bzw. umstritten. GPm, Globus pallidus pars medialis; VIM, ventrointermedius.

dikamentös nicht beherrschbarem Tremor eingesetzt werden sollten, in mehr Zentren etabliert als die Neurostimulation, es ist aber anzunehmen, dass bei immer weniger Patienten dieses destruktive Verfahren angewandt wird. Neben den Gefahren der Läsion wichtiger benachbarter Gehirnstrukturen, besteht bei allen Verfahren die allerdings geringe Gefahr der Hämorraghie, da man ja eine Nadel zur Thermokoagulation relativ tief ins Gehirn vorführen muss. Bei den Kerngebieten ist die optimale Läsionsstelle noch nicht gefunden. Beim GP hat sich nach Arbeiten von Laitinen et al. (1992) der posteroventrale Teil und beim Thalamus der VIM (ventrointermedius) durchgesetzt.

Die Modelle der Funktionsweise motorischer Schleifen erleichtern zwar unser Verständnis, warum die destruktiven Verfahren in den gewählten Kerngebieten erfolgreich sind (siehe Abb. 2.12), sie sind aber nicht unumstritten und erklären nicht alle klinisch beobachteten Phänomene (siehe auch Kapitel 2.3); man steht also neurophysiologisch noch auf dünnem Eis. Die wesentlichsten Vorbehalte gegen destruktive Therapieverfahren sind die Möglichkeit der Neurostimulation und die Tatsache, dass destruktive Verfahren vielleicht in nicht zu ferner Zukunft aufgrund neuer medikamentöser oder stereotaktischer Therapieverfahren nicht mehr indiziert sein werden.

8.2 Neurostimulation

Natürlich haben die Neurochirurgen alle oben genannten Bedenken gegen destruktive Verfahren gekannt und sehr ernst genommen und seit Jahren versucht, durch Stimulation derselben Kerngebiete nicht destruktiv zu arbeiten. Es ist aber allein der Arbeitsgruppe um Benabid in Grenoble zu verdanken, dass dies letztendlich auch gelang (Benabid et al., 1991). Benabid und Kollegen haben nicht nur die besten Elektroden entwickelt, sondern insbesondere die besten **Stimulationsparameter** erarbeitet. Durch Hochfrequenz-Stimulation gelingt es, neurophysiologisch eine Depolarisation und somit Inhibierung eines Kerngebietes zu erreichen. Die **Vorteile** der tiefen Gehirnstimulation sind:

- bilaterale Plazierung der Elektroden,
- leichtere Korrigierbarkeit des Stimulationsortes,
- Variabilität der Stimulationsparameter,
- die Möglichkeit auf der Gegenseite z.B. einer Pallidotomie mittels Neurostimulation zu therapieren und

- insbesondere das Vermeiden definitiver struktureller Läsionen des Gehirnes.

Als **Nachteile** können genannt werden:

- die theoretische Möglichkeit der Hämorrhagie bei Vorschieben der Elektrode,
- die dauerhafte Implantierung eines Fremdkörpers,
- die Störanfälligkeit des Systemes durch elektromagnetische Felder, wie man sie heute bei Sicherheitskontrollen in Flughäfen und Kaufhäusern sowie aufgrund des immer größer werdenden Einsatzes von Handys hat, sowie
- Kosten von ca. 12 000 DM für ein Stimulationssystem.

Technisch wird die Neurostimulation so durchgeführt, dass der Patient in einer ersten Sitzung bei erhaltenem Bewusstsein und im Beisein eines Parkinson-Spezialisten und neurophysiologisch ausgewiesenen Neurologen die Elektrode implantiert bekommt. Danach wird dann zunächst die optimale Einstellung gesucht und eventuell noch einmal eine Korrektur der Lage der Elektrode durchgeführt. Danach wird s.c. eine Verbindung der Elektrode zu einem infraklavikulär gelegenen „Schrittmacher" gelegt, der so gestaltet ist, dass man danach von außen die Stimulationsparameter variieren kann. Ein Auswechseln der Batterie des Stimulationsgenerators ist operativ nach vier bis sechs Jahren erforderlich. Ähnlich wie bei den destruktiven Verfahren wählt man den VIM-Anteil des Thalamus, um gegenseitigen Tremor zu bessern und den GP, wenn man Dyskinesien beherrschen möchte und weniger die Parkinson-Symptomatik im Blick hat.

Technisch besonders anspruchsvoll und trotzdem wohl die Therapie der Zukunft ist die **Neurostimulation des Nucleus subthalamicus.** Durch diese Stimulation gelingt es, alle wichtigen Parkinson-Symptome zu kontrollieren und durch die Möglichkeit, die medikamentöse Therapie signifikant zu reduzieren, auch die Dyskinesien merklich zu bessern.

Nachdem vor einiger Zeit die **Autopsie** eines Patienten mit Neurostimulation möglich wurde, der aus anderen Gründen als der Parkinson-Krankheit zu Tode gekommen war und die Stimulationselektrode schon länger als ein Jahr getragen hatte, weiß man, dass zumindest bei diesem Patienten um die Elektrode keine Entzündungszeichen festgestellt werden konnten und dass auch keine Fibrosierung oder andere Reaktion an der Elektrodenspitze zu finden war. Trotz dieser Einzelbeobachtung bleibt aber die Sorge, wie lange Neurostimulation positive Effekte garantiert und nicht durch das Fortschreiten der Krankheit an Wirkung nachlässt. Unseres Wissens nach tragen die längsten in Grenoble therapierten Patienten ihre Elektrode mit gleichbleibend gutem Erfolg seit mehr als sieben Jahren.

8.2.1 Nachsorge bei Patienten mit Tiefenhirnstimulation

Wie soll sich der Arzt bei einem Notfall bei einem Patienten mit implantiertem Elektrodensystem verhalten?

Ähnlich wie Patienten mit einem Herzschrittmacher erhalten Patienten mit Tiefenhirnstimulations-Elektroden einen Ausweis, in dem alle wichtigen technischen Daten erfasst sind. Diesen sollten sie stets bei sich tragen, dies dient z.B. auch in Notsituationen der raschen Information von Helfern und Ärzten. Bei Patienten mit Schädel-Hirn- oder Thorax-Traumata sollte der Not- oder später Klinikarzt an die Möglichkeit einer Dislokation der Sonde oder an einen extrakraniellen Kabelschaden denken, was entweder zu Nebenwirkungen (Stimulation an falscher Stelle) oder zu akinetischen Zuständen (Stimulationsstop) führen kann, die eine Erhöhung der oralen Antiparkinson-Medikation erfordern. Als erste Orientierung, ob die Elektrode intakt ist, kann mit einem Transistorradio (Mittelwelle, 540 Hz) überprüft werden, ob sich bei Heranführen an den Elektrodenverlauf von außen ein Brummton erzeugen lässt. Bei Verdacht auf eine Störung im Stimulationssystem sollte baldmöglichst eine ambulante Vorstellung oder eine Verlegung in ein erfahrenes Zentrum erfolgen. Die Operations- und damit vor allem Narkosefähigkeit des Patienten wird durch die implantierten Elektroden bzw. den Impulsgenerator nicht beeinflusst.

Welche diagnostischen Zusatzuntersuchungen sind bei Patienten mit implantiertem Elektrodensystem erlaubt?

Diagnostische Röntgenaufnahmen sind problemlos durchführbar, bei Mammographien ist wegen des in der Regel subklavikulär implantierten Impulsgenerators eventuell eine spezielle Einstellung des Röntgengerätes erforderlich. Unmittelbar über der Implantationsstelle sollte Ultraschall wenn möglich vermieden werden. Kernspintomographische Untersuchungen sollten nur bei dringlicher Indikation durchgeführt werden, da das starke Magnetfeld den Impulsgenerator beeinflussen kann. Vor der Untersuchung ist darauf zu achten, dass die Magnet- und Normalamplitude auf die gleichen Werte eingestellt sind. So vermeidet man bei „Umspringen“ des Gerätes durch das Magnetfeld abrupte Stimulations-Intensitätsschwankungen. Nach der Untersuchung sollte ein erfahrener Arzt alle Stimulationsparameter überprüfen und eventuelle Veränderungen korrigieren.

Was sollte der Arzt bezüglich der Antiparkinson-Medikation wissen?

Unmittelbar präoperativ (ca. zwei Tage vorher) werden die Patienten auf eine reine L-DOPA-Medikation umgestellt, Dopamin-Rezeptoragonisten werden nach einer Umrechnungstabelle durch Äquivalenzdosen von L-DOPA ersetzt. Der Dopamin-Rezeptoragonist Lisurid sollte aufgrund seiner Thrombozyten-aggregationshemmenden Nebenwirkung bereits zehn Tage präoperativ abgesetzt werden. Am Vorabend vor der Operation erhält der Patient seine letzte Medikation, unmittelbar postoperativ wird die L-DOPA-Gabe fortgesetzt. Während der ersten Woche werden die Stimulationsparameter langsam je nach klinischem Effekt erhöht und parallel hierzu erfolgt eine Reduktion der L-DOPA-Dosis. Circa zwei bis drei Wochen postoperativ wird der Patient – ein stabiler klinischer Zustand vorausgesetzt – nach Hause entlassen. Eine Wiedereinführung von Dopamin-Rezeptoragonisten – möglichst in Monotherapie – ist nach ca. drei Monaten anzustreben.

Wie häufig soll der Patient zur Nachsorge kommen?

In den ersten zwei bis drei Wochen nach der Operation ist in der Regel eine tägliche Untersuchung des Patienten mit Modifizierung der Medikation sowie der Stimulationsparameter erforderlich, die stationär erfolgen sollte. Ist eine stabile Einstellung erreicht, ist eine ambulante Weiterbetreuung möglich. Die Häufigkeit der Arztbesuche variiert hierbei je nach klinischem Effekt und Vertrautheit des Patienten mit dem Gerät, initial sollte jedoch ein wöchentlicher Kontakt stattfinden (gegebenenfalls auch telefonisch). Drei, sechs, 12, 18 und 24 Monate postoperativ wird der Patient erneut stationär aufgenommen zur Durchführung eines ausführlichen klinischen und apparativen Untersuchungsprogrammes (entsprechend den Empfehlungen des Arbeitskreises Tiefenhirnstimulation im Rahmen des Kompetenznetzwerks Parkinson). Im weiteren Verlauf erfolgen dann viertel- bis halbjährliche ambulante Kontrolluntersuchungen.

Was muss der Patient im Umgang mit technischen Geräten wissen?

Im täglichen Umgang mit gängigen elektronischen Geräten wie z.B. Mikrowelle, HiFi-Geräte, Küchenmaschinen, Föne, Rasierapparate, Waschmaschinen, Staubsauger, PC, Kopierer, Faxgeräte oder Festnetztelefone bestehen keine Einschränkungen für Patienten nach Tiefenhirnstimulation. Der Gebrauch oder die Nähe der folgenden Geräte sollte jedoch wegen möglicher Störung des Impulsgenerators gemieden werden: Mobilnetztelefone, Bohrmaschinen, elektrische Bogenschweißgeräte, große Lautsprecherboxen mit Magneten, elektrische Hochöfen, Hochspannungsleitungen, Umspannwerke, Stromgeneratoren und Diebstahldetektoren z.B. in Kaufhäusern. Bei Sicherheitsprüfungssystemen wie z.B. Flughafenkontrollen sollte der Patient seinen Ausweis vorzeigen und die Geräte möglichst umgehen, um Störungen zu vermeiden.

Ist der gleichzeitige Einsatz eines Herzschrittmachers möglich?

Ein Herzschrittmacher stellt keine absolute Kontraindikation zur Tiefenhirnstimulation dar. Allerdings sind hierbei bipolare Schrittmacher erforderlich, sodass gegebenenfalls ein Geräteaustausch erfolgen muss.

Was ist nach dem Tod eines Patienten zu beachten?

Patienten, die mit einem Tiefenhirnstimulator zu Tode kommen, müssen bei einer Feuerbestattung eine Explantation der Stimulatoreinheit erfahren, weil es sonst zu Explosionen kommen könnte.

8.3 Transplantation

Das dritte invasive Verfahren ist die Transplantation von fetalem nigralen Gewebe in das Striatum von Parkinson-Kranken. Dieses Verfahren hat die nicht erfolgreiche Transplantation von Nebennierenmark in das Gehirn von Parkinson-Patienten abgelöst. Letzteres hat sich als unwirksam erwiesen, u.a. auch deshalb, weil beim Parkinson-Patienten auch im Nebennierenmark die TH-Aktivität deutlich reduziert ist und weil die Überlebensrate der chromaffinen Zellen sehr begrenzt war. Diese Autotransplatation hätte aber nicht die ethischen Probleme beinhaltet, die man hat, wenn man weiß, dass für eine Transplantation dopaminergen Materials sechs bis acht Frauen gleichzeitig ihre Schwangerschaft unterbrechen müssen. Es werden zumindest drei bis vier Embryonen für jede Seite benötigt, um so ca. 100 000 bis 150 000 überlebende dopaminerge Zellen ins Striatum transplantieren zu können. Leider überleben mit den heutigen Methoden nur fünf bis 20 Prozent der transplantierten dopaminergen Neurone. Man muss sicher stellen, dass die Ärzte, die die neurologische und neurochirurgische Betreuung des Parkinson-Patienten innehaben, nicht in Kontakt mit den Frauen, die eine Unterbrechung ihrer Schwangerschaft anstreben, kommen.

Die seriösesten Pionierarbeiten wurden an der Universität in Lund durchgeführt, wo an MPTP- oder 6-OHDA-läsionierten Tieren zunächst geprüft wurde, ob die Transplantation dopaminergen Gewebes therapeutisch sinnvoll ist. Nachdem diese Voruntersuchungen im Tierexperiment positiv waren, führten die schwedischen Ärzte und Grundlagenwissenschaftler auch Transplantationen von dopaminergem Gewebe in das Striatum von anders nicht therapierbaren Parkinson-Patienten durch (u.a. auch von MPTP-geschädigten Patienten, vergleiche oben). Durch diese Therapiemaßnahme konnte bei einigen Patienten ca. vier bis sieben Monate nach Transplantation in etwa sechs Areale im Striatum erste klinische Verbesserungen nachgewiesen werden. Diese Verbesserungen beinhalteten eine Verkürzung der Off-Zeiten, eine Verlängerung der On-Zeiten sowie eine Verbesserung der Bradykinese und des Rigors kontralateral zur operierten Seite. Die Off-Phasen waren nicht mehr so schwer und die Medikamenten-Verträglichkeit wurde besser, da auch mit der L-DOPA-Reduktion die Dyskinesien und Dystonien weniger wurden. Bei manchen Patienten konnte L-DOPA sogar komplett abgesetzt werden (Lindvall et al., 1997; Olanow et al., 1997). Auf den Ruhetremor hatte die Transplantation allerdings keinen therapeutischen Einfluss. Bemerkenswerterweise konnte im PET eine Zunahme der striatalen Aufnahme von ^{18}F-L-DOPA gezeigt werden. Dies konnte bei den ersten Patienten nun schon konstant sechs Jahre lang beobachtet werden (Lindvall et al., 1997).

Bisher konnten zwei dieser Patienten nach ihrem Tod untersucht werden (Kordower et al., 1998). Dabei fand man, dass die transplantierten Neurone in ausreichender Zahl überlebt hatten und eine überzeugende axonale Verbindung zum Putamen entstanden war. Immunologische Abstoßungsreaktionen traten auch Jahre nach Absetzen der immunsuppressiven Therapie nicht auf. Trotzdem fand man in den beiden **Autopsiefällen** vermehrt Makrophagen sowie T- und B-Lymphozyten bei ansonsten gesund erscheinendem Hirngewebe. Diese Patienten hatten vor 18 Monaten ihre Transplantation und hatten sechs Monate lang Cyclosporin A erhalten (Kordower et al., 1997). Tierexperimentelle Studien weisen darauf hin, dass die Zugabe von neurotrophen Faktoren, Caspase-Inhibitoren und Radikalenfänger das Überleben der transplantierten dopaminergen Zellen und die Menge der überlebenden Zellen um das zwei- bis dreifache anheben würde (Zawada et al., 1998).

Man wird aber weiter die **optimalen Transplantations-Bedingungen** etablieren müssen: wie

- Festlegen des optimalen Transplantationsortes,
- Festlegen der optimalen Menge an Neuronen,
- die beste Methode zur Unterdrückung von Abstoßungsreaktionen oder
- den geeigneten Transplantationszeitpunkt.

Um die doch sehr belastenden ethischen Probleme zu vermeiden, ist die Suche nach **alternativen Quellen für dopaminerge Zellen** gestartet worden. Man hat damit begonnen, fetale dopaminerge Zellen vom Schwein zu benutzen (Deacon et al., 1997) und noch vielversprechender sind sicherlich Anstrengungen, künftig immortalisierte dopaminerge Zellen, deren Gene gezielt manipuliert wurden, zu transplantieren (siehe Kapitel 17). Problematisch bezüglich der immunologisch nicht allzu schwierigen Transplantation von Schweine-Gewebe könnte allerdings die Möglichkeit sein, tierische Retroviren ins Gehirn von Patienten zu transferieren. Gelingt es diese Zellen zur Überexpression von TH und/ oder neurotrophen Faktoren zu bringen, wäre dies sicherlich der Anfang einer neuen Therapieoption. In diesem Zusammenhang gibt es bereits einige interessante Ansätze. Während bisher post-mitotische differenzierte Neurone transplantiert wurden, sollen künftig Vorläuferzellen aus früheren Stadien der Entwicklung transplantiert werden, da diese in ihrer Proliferationsphase wohl noch effektiver wären. Man müsste diese Stammzellen *in vitro* vermehren und in Richtung der Ausbildung dopaminerger Neurone lenken, womit die Zahl der transplantablen Zellen deutlich zunähme. Stammzellen scheinen auch im Nervensystem vorhanden zu sein und zwar sowohl im sich entwickelnden als auch im adulten ZNS. Man kann diese Zellen *in vitro* heranzüchten, sich vermehren lassen und dann transplantieren. Eine sehr schöne Übersicht über diese faszinierenden Therapieansätze findet der interessierte Leser in Svendsen et al. (1999). Solche Transplantationen sind unter dem Einsatz von neurotrophen Faktoren bereits gelungen (Studer, 1999). Im Tiermodell musste allerdings bisher eine erhebliche Absterberate dieser Zellen festgestellt werden (95–98 Prozent). Ähnlich wie die chromaffinen Zellen aus dem Nebennierenmark könnte es auch andere nicht neuronale Zellen geben, die Dopamin oder L-DOPA nach Transplantation sezernieren könnten. Diese Zellen würden das dann nicht gequantelt, wie vonseiten der Neurone, sondern eher kontinuierlich, d.h. tonisch machen, was eventuell sogar günstig zur Vermeidung von Dyskinesien wäre. Biologische Minipumpen könnten dabei Dopamin-freisetzende Polymere (Winn et al., 1989; Becker et al., 1990) oder Dopamin- und L-DOPA-produzierende PC12-Zellen sein (Aebischer et al., 1994). Alternativ gibt es Arbeiten zu Zellen aus dem Glomus caroticus oder Fibroblasten, die genetisch so manipuliert wurden, dass sie Dopamin produzieren (Fisher et al., 1991; siehe auch Kapitel 17). Für die Neurotrophine GDNF und BDNF gibt es diesbezüglich im Rattenmodel bereits positive Ansätze.

Trotz dieser vielversprechenden Ansätze wird es vor dem Einsatz beim Menschen noch Fragen der Immunantwort, der Optimierung der Überlebenszeit der Neurone und deren Verfügbarmachung in großer Zahl zu lösen geben. Wir gehen daher davon aus, dass es doch noch Jahre dauern wird, bis solche Therapieansätze in größerem Maßstab klinisch durchgeführt werden.

9

Reflexionen zu möglichen neurotoxischen Nebenwirkungen von L-DOPA

Die Initialtherapie der Parkinson-Krankheit mit L-DOPA wird heute zunehmend kritisch gesehen. Dies liegt vor allem daran, dass unter der Langzeittherapie eine nachlassende Wirkung, Wirkungsschwankungen im Sinne eines End-of-dose-Effektes, motorische Komplikationen wie die besonders gefürchteten Dyskinesien, und pharmakotoxische Psychosen sowie Verwirrtheitszustände auftreten. Diese bleiben bei früher Monotherapie mit Dopamin-Rezeptoragonisten oder dem MAO-B-Hemmer Selegilin aus oder werden zumindest hinausgezögert und abgemildert. Aber auch durch die frühe Kombinationstherapie von L-DOPA mit Dopamin-Rezeptoragonisten, NMDA-Rezeptorantagonisten oder Selegilin treten motorische Komplikationen weitaus seltener und später auf. Etwas polarisierend wird derzeit auch eine Diskussion über eine mögliche neurotoxische Nebenwirkung von L-DOPA geführt. Der interessierte Leser sei an dieser Stelle auf die sehr ausführliche Übersichtsarbeit von Fahn (1997) verwiesen.

Man wird zunächst überrascht sein, dass eine im Organismus vorkommende Aminosäure für eine dopaminerge Nervenzelle schädlich sein soll. Jedoch wird ein ähnliches Phänomen auch bei der Exzitotoxizität diskutiert (siehe Kapitel 5): in diesem Fall wird der endogene Aminosäure-Neurotransmitter Glutamat für die Schädigung von Neuronen verantwortlich gemacht. Die experimentellen Befunde genügten hier, um in den USA die FDA (*Food and Drug Administration*) auf den Plan zu rufen, da das Mononatriumglutamat als Geschmacksverstärker in Fertiggerichten Verwendung findet. Obwohl diese nicht dazu ausreichten, die Verwendung dieser Substanz als Nahrungsmittelzusatzstoff zu verbieten, verzichteten die Nahrungsmittelhersteller freiwillig darauf, diese in Baby- und Kindernahrungsmitteln zu verwenden. Aufgrund möglicher neurotoxischer Wirkungen ist in Deutschland auch der Vertrieb stark Taurin- (das ebenfalls exzitotoxisch wirken kann) und Glutamat-haltiger Erfrischungsgetränke nicht erlaubt.

Im Fall von L-DOPA muss man sich vergegenwärtigen, dass diese Aminosäure im Organismus zu Dopamin verstoffwechselt wird und unphysiologische Mengen an Dopamin in der SN, der Gehirnregion, die bei der Parkinson-Krankheit betroffen ist, „oxidativen Stress" hervorrufen kann. Wie im Kapitel 5 ausführlich erörtert wurde, ist „oxidativer Stress" ein wesentlicher molekularer Pathomechanismus, der unter bestimmten zellulären Voraussetzungen den dopaminergen Nervenzelluntergang verursachen bzw. verstärken kann.

Definition einer neurotoxischen L-DOPA-Nebenwirkung

Bevor wir im Einzelnen auf experimentelle und klinische Befunde zu möglichen toxischen Nebenwirkungen von L-DOPA eingehen, wollen wir hier zunächst einmal beschreiben, was wir unter Neurotoxizität in Zusammenhang mit der L-DOPA-Therapie verstehen (Abb. 9.1). In der einschlägigen Literatur wird der Begriff L-DOPA-Toxizität zwar häufig verwendet, jedoch kommt es uns vor, dass die jeweiligen Autoren den Begriff unterschiedlich definieren und interpretieren. Entsprechend dem Lehrbuch für „Allgemeine und spezielle Pharmakologie und Toxikologie" (Henschler, 1996) sind **Giftwirkungen** (Synonym: toxische Effekte) **gesundheitsschädliche Folgen biologischer Wechselwirkungen** von chemischen Stoffen mit körpereigenen Strukturen, gleichviel ob im gesunden oder kranken Organismus. Diese sind nicht nur an chemische Stoffe und deren Strukturmerkmale gebunden, sondern auch abhängig von der Dosis (bzw. Konzentration), der Einwirkungsart (Kontaktort bzw. Aufnahmeweg), der Einwirkungshäufigkeit und der Einwirkungs(gesamt)zeit. Beim Abschätzen des toxischen Risikos von Arzneimitteln kommt Beobachtungen am Menschen eine besondere Bedeutung zu. Die vom Gesetzgeber geforderte tierexperimentelle Prüfung, die vor allem auf Organschädigungen prüft, soll mögliche toxische Nebenwirkungen (schädliche Nebenwirkungen bei bestimmungsgemäßen Gebrauch) voraussagen helfen. Alle wirksamen Arzneimittel können abhängig von der Dosis, seltener oder häufig Nebenwirkungen entfalten. Sie werden vielfach in Kauf genommen, wenn der therapeutische Nutzen überwiegt: kalkuliertes Risiko aufgrund einer **Nutzen-Schaden-Abwägung.**

Bei der Abschätzung des Nutzen-Schaden-Verhältnisses der L-DOPA-Therapie ist für die Befürworter des frühen Einsatzes das wichtigste Argument, dass es kein Medikament gibt, das so erfolgreich für den Parkinson-Patienten eingesetzt werden kann wie L-DOPA: insofern könne man das geringe Schadensrisiko vernachlässigen. Da es aber heute bereits Alternativen gibt, mit denen man auch das L-DOPA-Langzeitsyndrom hinausschieben kann, muss die **Nutzen-Schaden-Abwä-**

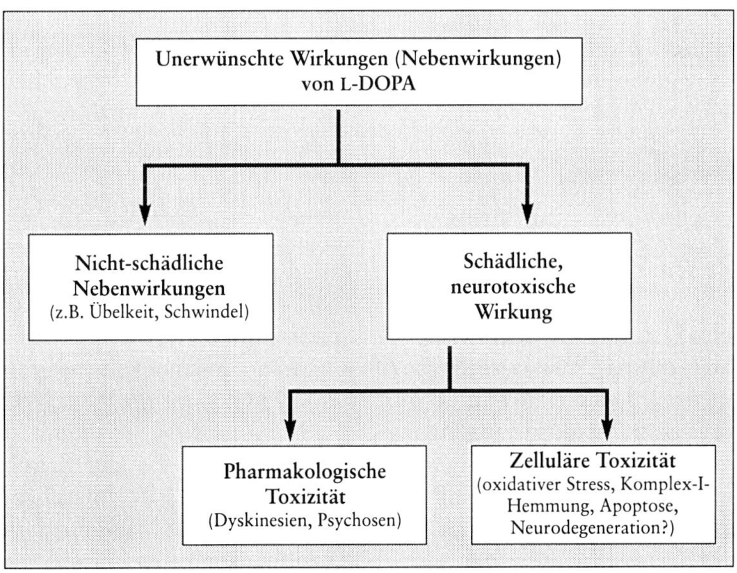

Abb. 9.1. Unerwünschte Wirkungen der L-DOPA-Therapie. (Modifiziert nach Shulman, 2000.)

gung neu bewertet werden und die Bezeichnung der L-DOPA-Therapie als **„Goldstandard" überdacht werden.** Beispielsweise wurde in verschiedenen prospektiven, randomisierten und kontrollierten Studien gezeigt, dass eine Dopamin-Rezeptoragonisten-Therapie in der Frühphase der Parkinson-Krankheit ähnlich wirksam ist wie die L-DOPA-Therapie (z.B. Rinne et al., 1998; Sethi et al., 1998).

Obwohl heute schon im klinisch-pharmakologischen Versuch (Phase-I- und -II-Studien) die Prüfung auf klinische (therapeutische) Wirksamkeit stets mit der Suche nach Nebenwirkungen verbunden wird, werden toxische Effekte häufig erst bei der Anwendung der Arzneimittel im größeren Maßstab bzw. unter der Langzeittherapie entdeckt. Bei den chronisch mit L-DOPA behandelten Parkinson-Patienten treten innerhalb von fünf Jahren zunehmend Komplikationen wie die besonders gefürchteten Dyskinesien, Wirkungsschwankungen im Sinne von End-of-Dose-Wirkungsverlust, On-off-Phasen und Freezing sowie Verwirtheitszustände und Psychosen auf. Interessant ist in diesem Zusammenhang die unterschiedliche Begriffsverwendung für die psychiatrischen und motorischen L-DOPA-Spätkomplikationen. Während man erstere, ohne dass man den pathophysiologischen Mechanismus kennt, häufig auch als **pharmakotoxische Psychosen** bezeichnet, werden **Dyskinesien** niemals mit dem Begriff neurotoxisch in Verbindung gebracht; einige Kliniker bezeichnen dieses Phänomen sogar als reversibel, da das Auftreten und die Intensität von Dyskinesien nach dem Absetzen bzw. nach der Reduktion der L-DOPA-Dosis vermieden oder zumindest vermindert wird. Der Begriff ist jedoch in diesem Zusammenhang irreführend, denn sobald man wieder L-DOPA oder höhere Dosen verabreicht, treten Dyskinesien erneut auf: d.h. der durch die L-DOPA-Langzeittherapie hervorgerufene **funktionelle Schaden** ist nach wie vor **vorhanden.**

Die Pathogenese der Dyskinesien ist noch nicht endgültig geklärt. Man weiß jedoch, dass L-DOPA nur dann Dyskinesien hervorrufen kann, wenn das Striatum denerviert ist, d.h., wenn die nigrale dopaminerge Stimulation des Striatums kaum noch vorhanden ist (Verhagen Metman et al., 2000). Bei Individuen mit intaktem nigro-striatalen System wurden niemals Dyskinesien unter L-DOPA beobachtet (z.B. Hagenah et al., 1999). In tierexperimentellen Untersuchungen wurde ein Zusammenhang zwischen dem dopaminergen Nervenzellverlust und der Häufigkeit des Auftretens von Dyskinesien gefunden (Andersson et al., 1999). Die chronisch abnehmende Zahl dopaminerger nigro-striataler Nervenzellen als Ausdruck der Grundkrankheit und die damit verminderte vesikuläre Speicherfähigkeit für Dopamin ist in der einschlägigen Literatur eine häufig verwendete Erklärung, warum zunehmend unter L-DOPA-Therapie Dyskinesien auftreten. Jedoch gibt es heute vermehrt experimentelle Hinweise dafür, dass durch eine L-DOPA-Behandlung es zu langfristigen Änderungen der Expression von Genen im Striatum kommt, die für Neuromodulatoren und Transkriptionsfaktoren kodieren (siehe Andersson et al., 1999). In einer kürzlich publizierten Arbeit wurde erstmals bei der Ratte ein Zusammenhang zwischen den durch L-DOPA hervorgerufenen Dyskinesien und der Fos-B-Expression nachgewiesen. Die **langfristige Änderung der Genexpression durch L-DOPA** könnte der molekulare Mechanismus der funktionellen, durch L-DOPA verursachten Störung sein.

Ein toxischer Effekt wird in tierexperimentellen Untersuchungen anhand von Organschäden oder in Zellkulturexperimenten anhand von morphologisch nachweisbaren Zeluntergängen festgestellt. Solche Experimente dienen dazu, um den Mechanismus und den ursächlichen Zusammenhang der am Menschen beobachteten toxischen Wirkung aufzuklären.

Experimentelle Hinweise zur L-DOPA-Neurotoxizität

Es gibt mittlerweile eine Fülle von Hinweisen für eine neurotoxische Wirkung von L-DOPA in Zellkulturexperimenten und Ganztieruntersuchungen. In Tabelle 9.1 und 9.2 sind die wichtigsten Befunde zusammengefasst. Einen ausführlichen Überblick zu dieser Thematik und der Relevanz dieser Befunde für die Parkinson-Therapie findet man in dem bereits erwähnten Übersichtsartikel von Fahn (1997), sodass wir an dieser Stelle nur auf einige aus unserer Sicht wichtige Aspekte näher eingehen möchten.

Tabelle 9.1. In-vitro-Befunde zur L-DOPA-Toxizität

L-DOPA-Effekt	Autoren
• L-DOPA führt zur Erhöhung der GSSG-Konzentration auf Kosten von GSH in striatalen Synaptosomen	Spina und Cohen, 1989
• Dopamin und L-DOPA induzieren oxidative DNS-Schäden in Anwesenheit von Cu^{2+} und Wasserstoffperoxid	Spencer et al., 1994
• L-DOPA bewirkt Zelltod TH-immunreaktiver Neuronen, die aus dem Mesencephalon von Rattenfeten kultiviert wurden Ascorbinsäure wirkt neuroprotektiv	Mena et al., 1993 Pardo et al., 1995a
• Autoxidation von L-DOPA führt zum Zelltod von PC12-Zellen	Basma et al., 1995
• L-DOPA wird unter physiologischen Bedingungen in Anwesenheit von Fe^{2+} und Wasserstoffperoxid zum Exzitotoxin 2,4,5-Trihydroxyphenylalanin (TOPA) abgebaut	Newcomer et al., 1995
• L-DOPA hemmt den Komplex IV der Atmungskette in Neuroblastoma-Zellen	Pardo et al., 1995b
• L-DOPA, nicht aber Dopamin, führt zum apoptotischen Zelltod von PC12-Zellen	Walkinshaw und Waters, 1995
• Dopamin bewirkt apoptotischen Zelltod von PC12-Zellen	Offen et al., 1996
• L-DOPA führt zum Zelltod TH-immunreaktiver Neuronen, die aus dem Mesencephalon von Rattenfeten kultiviert wurden Gliazellen verhindern den Nervenzelltod	Mena et al., 1996
• L-DOPA bewirkt apoptotischen Zelltod von sympathischen Neuronen des Kükens	Ziv et al., 1997
• Chinon-Derivate von L-DOPA und Dopamin hemmen irreversibel die TH	Kuhn et al., 1999
• Chinon-Derivate von L-DOPA und Dopamin hemmen irreversibel die Tryptophan-Hydroxylase, das geschwindigkeitsbestimmende Enzym der Serotonin-Synthese	Kuhn und Arthur, 1999

TH, Tyrosin-Hydroxylase.

Tabelle 9.2. In-vivo-Befunde zur L-DOPA-Toxizität

L-DOPA-Effekt	Autoren
• In das Ratten-Striatum transplantierte Zellen, die aus dem Mesencephalon von Rattenfeten kultiviert wurden, überleben nach L-DOPA-Behandlung schlechter und zeigen weniger Verzweigungen	Steece-Collier et al., 1990 Yurek et al., 1991
• Chronische L-DOPA-Behandlung führt bei 6-OHDA-läsionierten Ratten zu einer zusätzlichen Verminderung TH-immunreaktiver Nervenzellen im VTA, nicht aber in der SN	Blunt et al., 1993
• Chronische L-DOPA-Behandlung in therapierelevanten Dosierungen führt in der SN und im Striatum der Ratte zu einer reversiblen spezifischen Hemmung des Komplexes I *ex vivo*	Przedborski et al., 1993
• In isolierten Mitochondrien hemmen sowohl L-DOPA als auch Dopamin den Komplex I	Przedborski et al., 1993
• Hydroxyl-Radikalbildung im Striatum der Ratte nach L-DOPA-Gabe	Smith et al., 1994
• Geringe Mengen Dopamin sind letal für Ratten, deren MAO unselektiv mit Pargylin gehemmt wurde (LD_{50} = 90 µg)	Ben-Shachar et al., 1995
• Dopamin hemmt den Komplex I von Mitochondrien-Präparationen	Ben-Shachar et al., 1995
• L-DOPA-Vorbehandlung potenziert die neurotoxische Wirkung von 6-OHDA	Naudin et al., 1995

LD_{50}, letale Dosis, bei der 50 Prozent der Tiere sterben; MAO, Monoamin-Oxidase; 6-OHDA, 6-Hydroxydopamin; SN, Substantia nigra; TH, Tyrosin-Hydroxylase; VTA, Area tegmentalis ventralis (english *ventral tegmental area*).

Obwohl es vor allem in Zellkulturexperimenten eindeutige Befunde gibt (Tabelle 9.1), die eine neurotoxische Wirkung des L-DOPA im Sinne eines Zelluntergangs belegen oder aber zeigen, dass dopaminerge Zellkulturen in Anwesenheit von L-DOPA schlechter wachsen, kann man dagegen einwenden, dass diese keine klinische Relevanz haben, da Zellkulturexperimente niemals die natürliche Umgebung einer Nervenzelle widerspiegeln. Bei der Kultivierung von Nervenzellen aus fetalem Gewebe des Mittelhirns wird üblicherweise durch die Auswahl der Zusammensetzung des Nährmediums das Wachsen von Gliazellen verhindert, sodass nur reine Neuronenkulturen gedeihen. In diesen Experimenten wurde gezeigt, dass L-DOPA neurotoxisch ist (Tab. 9.1). Sind jedoch auch Glia-Zellen vorhanden, die Dopamin mithilfe der MAO-B metabolisieren und neurotrophe Faktoren synthetisieren können, dann wird kein neurotoxischer L-DOPA-Effekt nachgewiesen.

Ein weiteres Problem – aber nicht nur – der Zellkulturexperimente ist, dass man bisher nicht genau weiß, ob Dopamin oder dessen Vorstufe L-DOPA neurotoxisch ist. In einigen Untersuchungen wurden ähnliche neurotoxische Effekte für Dopamin und L-DOPA beschrieben (Tabelle 9.1); andere Untersuchungen wiesen jedoch unterschiedliche schädigende Wirkungen nach (z.B. Cheng et al.,

1996). Prinzipiell können bei der nicht-enzymatischen Verstoffwechselung (Autoxidation) beider Wirkstoffe hoch-reaktive Verbindungen wie Chinon-Derivate und radikalische Zwischenstufen gebildet werden, die einen neurotoxischen Effekt hervorrufen können. Diskutiert wird auch, dass dabei das dopaminerge Neurotoxin 6-OHDA gebildet wird. 6-OHDA wurde im Urin von L-DOPA-behandelten Parkinson-Patienten nachgewiesen (Andrew et al., 1993) und wird *in vitro* aus Dopamin unter „oxidativen Stress"-Bedingungen gebildet (Napolitano et al., 1999). Die bisher vorliegenden Ganztieruntersuchungen zeigen, dass chronische L-DOPA-Gabe im naiven Tier keine Schäden im dopaminergen System hervorruft (Hefti et al., 1981; Perry et al., 1984). Jedoch lassen neurochemische Veränderungen, wie z.B. die chronische Hemmung des Komplexes I der Atmungskette oder der Verbrauch an GSH (Tabelle 9.1 und 9.2), auf **irreversible funktionelle Schäden** des dopaminergen nigrostriatalen Systems schließen. Im Gegensatz zu naiven Tieren wurden bei Tieren, deren nigro-striatales System durch die Läsion mit 6-OHDA bereits vorgeschädigt war, dopaminerge Zellverluste infolge chronischer L-DOPA-Gabe nachgewiesen (Tabelle 9.2), doch wird dies nicht in allen Untersuchungen bestätigt (z.B. Dziewczapolski et al., 1997). Kurioserweise wurde in einer Nachfolgearbeit der argentinisch-französischen Arbeitsgruppe sogar ein neuronenheilender Effekt von L-DOPA postuliert (Murer et al., 1998). Dies ist jedoch bis dato nicht bewiesen: Zum einen wurde dieses Resultat von keiner anderen Gruppe bestätigt. Zum anderen weist diese Arbeit erhebliche methodische Probleme auf. So wurden die Befunde, auf die diese Aussage gestützt wird, nur aufgrund semiquantitativer, jedoch nicht quantitativer Verfahren erhoben; weiterhin wurde bei der Berechnung der statistischen Signifanz der Ergebnisse keine entsprechende Bonferroni-Korrektur vorgenommen, die aber aufgrund der multi-variaten Berechnungen erforderlich gewesen wäre. Schließlich fällt auf, dass erhebliche Unterschiede in den absoluten Zahlen der Messgrößen zwischen den beiden Untersuchungen (Dziewczapolski et al., 1997; Murer et al., 1998) vorhanden sind.

All diese Befunde sind jedoch wenig hilfreich beim Abschätzen des Schadensrisiko beim Menschen, da bisher keine Untersuchungen an nicht-menschlichen Primaten vorliegen. Wie bereits in den Kapiteln 4 und 6 ausführlich erörtert, sind Nagetiere im Vergleich zu Primaten wesentlich weniger empfindlich gegenüber der neurotoxischen Wirkung von dopaminergen Giftstoffen. Dies hängt möglicherweise damit zusammen, dass diese im Gegensatz zu Primaten Antioxidantien wie Vitamin C endogen synthetisieren können. Andererseits ist in deren SN kein Neuromelanin vorhanden, das Neurotoxine wie MPP^+ und Eisen binden kann.

Die Beeinflussung des natürlichen Verlaufs der Parkinson-Krankheit durch die L-DOPA-Therapie ist derzeit weder bewiesen noch widerlegt

Verständlicherweise führten all die oben aufgeführten Befunde zu der Frage, ob die Gabe von L-DOPA für Parkinson-Patienten zu schädlichen, neurotoxischen Wirkungen führt und den natürlichen Verlauf der Erkrankung beschleunigt. Da es bisher keine gesicherten klinischen Daten aus der Vor-L-DOPA-Ära gibt, die einen Vergleich mit dem Krankheitsverlauf nach der Einführung von L-DOPA erlauben, ist dies bis jetzt weder bewiesen noch widerlegt.

Die experimentellen Befunde zur Neurotoxizität von L-DOPA sowie das klinische Problem des L-DOPA-Langzeitsyndroms waren der Anlass, diese Fragestellung in einer prospektiven, kontrollierten und randomisierten Studie klinisch zu prüfen. In der **ELLDOPA** (*earlier vs late L-DOPA*)-Studie werden ge-

genwärtig in den USA von der „Parkinson Study Group" drei Dosierungen von L-DOPA (150, 300 und 600 mg/Tag) im Vergleich zu Placebo an 360 De-novo-Patienten über einen Zeitraum von neun Monaten untersucht (Fahn, 1999). Hauptzielgröße ist die Progressionsrate der Parkinson-Krankheit, die zu Beginn und zwei Wochen nach Beendigung (die Patienten sind zu diesem Zeitpunkt ohne Medikamente) anhand des UPDRS-Wertes beurteilt wird. Es ist allerdings jetzt schon fraglich, ob die statistische Potenz ausreicht, um nach neun Monaten einen Effekt nachzuweisen: Dieser Zeitraum wurde aufgrund klinischer Überlegungen ausgewählt, da man vermeiden wollte, dass es in der Placebo-Gruppe vermehrt zu Studienabbrüchen aufgrund der Notwendigkeit zur symptomatischen Therapie kommt.

Das von den Befürwortern der frühen L-DOPA-Therapie verwendete Argument, dass seit Einführung von L-DOPA die Parkinson-Patienten wieder eine nahezu **normale Lebenserwartung** erreicht haben, kann jedenfalls nicht als Beweis dafür verwendet werden, dass L-DOPA den natürlichen Krankheitsverlauf aufhält. Vielmehr ist dieser Effekt auf die Besserung der Parkinson-Symptomatik infolge der L-DOPA-Therapie zurückzuführen. Eine kürzlich in den USA durchgeführte Untersuchung zur Mortalität bei über 65-Jährigen ergab, dass das Sterblichkeitsrisiko von Parkinson-Kranken zweifach höher liegt als bei Nichtkranken und mit dem Vorhandensein von Gangstörungen verknüpft ist (Bennett et al., 1996).

Da eine Therapie mit Dopamin-Rezeptoragonisten, Selegilin oder NMDA-Rezeptorantagonisten ebenfalls die Parkinson-Symptomatik bessert, sollte auch diese Therapie zu einer verlängerten Lebenserwartung der Parkinson-Patienten führen. Obwohl für die Monotherapie mit diesen Präparaten bisher keine entsprechenden Resultate vorliegen, kann man diesen Schluss aus Ergebnissen retrospektiver klinischer Untersuchungen zur Kombinationstherapie ziehen: denn eine Kombinationstherapie mit L-DOPA und Selegilin oder Amantadin führt im Vergleich zur L-DOPA-Monotherapie zu einer zusätzlichen Lebensverlängerung (Birkmayer et al., 1985; Uitti et al., 1996). Ein wesentliches Ergebnis der PRADO-Studie war, dass die Sterberate unter der L-DOPA-Monotherapie signifikant höher lag als unter der Kombinationstherapie mit L-DOPA und dem Dopamin-Rezeptoragonist Bromocriptin (Przuntek et al., 1992). Dieses Resultat war der Anlass, die Studie aus ethischen Gründen vorzeitig abzubrechen.

Die Entscheidung, mit der L-DOPA-Therapie so spät wie möglich zu beginnen und so niedrig wie möglich zu verwenden, ist im Sinne der Evidenz-basierten Medizin

Zusammenfassend zu diesem Kapitel kann man also sagen, dass man L-DOPA so spät und so niedrig wie möglich verwenden soll, da unter dieser Therapie zunehmend Spätkomplikationen auftreten und schädliche Wirkungen im Sinne einer Beeinflussung der Grunderkrankung noch nicht einwandfrei auszuschließen sind. Diese Handlungsweise ist im Sinne der Evidenz-basierten Medizin. Die im angelsächsischen Sprachraum mit *„evidence based medicine"* bezeichnete Denk- und Arbeitsrichtung erhebt den Anspruch, in der Patientenversorgung bewusst und ausdrücklich die jeweils beste wissenschaftliche Evidenz unter Integration klinischer Kenntnisse in die Entscheidung über die jeweilige Behandlung miteinzubeziehen (Sackett et al., 1996). Evidenz-basierte Medizin ist jedoch nicht nur auf randomisierte, kontrollierte Studien und Metaanalysen begrenzt, sondern schließt auch die in präklinischen, experimentellen Ansätzen gewonnenen Erkenntnisse ein. Dies gilt umso mehr dann, wenn keine kontrollierte Studie für die besondere Situation des zu behandelnden Patienten durchgeführt wurde.

10
Wann sollte mit der Parkinson-Therapie begonnen werden?

Die Frage, wann mit einer Parkinson-Therapie begonnen werden soll, wird von Experten sehr kontrovers diskutiert. Alle sind sich selbstverständlich einig, dass die Therapie dann begonnen werden sollte, wenn der Patient unter den Parkinson-Symptomen leidet bzw. bei einer funktionellen Behinderung. Dies kann wiederum sehr unterschiedlich sein. So werden schon ein leichter Tremor und eine leichte Hypokinese mit Rigor einer Hand für einen Uhrmacher, Zahnarzt oder Organisten ein ernst zunehmendes Problem sein, ein Gärtner oder LKW-Fahrer dagegen würde dies möglicherweise als nicht gravierend betrachten. Ein im öffentlichen Leben stehender Mensch oder ein Patient, dessen Arbeitsplatz bei Versagen oder Minderung der Leistungsfähigkeit zur Disposition steht, wird ebenfalls andere Anforderungen an die Schnelligkeit der Wirksamkeit und die Höhe der Symptom-Kupierung stellen als ein berenteter älterer Patient, der auf den Wirkeintritt auch Wochen geduldig warten kann. Es kommt auch sehr darauf an, ob die Krankheit die Gebrauchshand oder zuerst die Gegenhand befallen hat. Wenn man sich als Arzt und vielleicht auch als Patient nicht festlegen kann, ob die vorhandenen Symptome bereits funktionell behindernd sind, eignet sich die Evaluation mittels des Teiles der UPDRS, der die „Aktivitäten des täglichen Lebens" (Tabelle 7.1) prüft, sehr gut, um diese Entscheidung zu objektivieren. In Englisch kann die UPDRS unter www.wemove.org aus dem Internet abgerufen werden. Es ist somit keine Platitüde, wenn man sagt, dass die **Parkinson-Therapie höchst individuell** für jeden einzelnen Patienten zu gestalten ist.

Wer nicht daran glaubt, dass wir bereits Medikamente mit neuroprotektiven Eigenschaften besitzen, wird recht behalten, wenn er sagt, es sei für den Patienten, der unter seinen Symptomen nicht leidet, kein Fehler, wenn man mit dem Beginn der Therapie abwartet, um die motorischen Spätkomplikationen der L-DOPA-Therapie zu verzögern. Kollegen, die eine mögliche neurotoxische Wirkung von L-DOPA nicht ganz ausschließen wollen, werden mit dem Einsatz von L-DOPA möglichst lange warten und beim notwendigen Einsatz von L-DOPA nach dem Prinzip **„so spät wie möglich, so gering dosiert wie möglich aber so hoch wie nötig"** verfahren.

Andere Ärzte und Wissenschaftler, zu denen wir uns zählen, werden den Patienten in verständlicher Art von den Daten bezüglich **Neuroprotektion** und von den Nebenwirkungen der Medikamente berichten, denen neuroprotektive Eigenschaften zugeschrieben werden. Aus dem was wir oben diskutiert haben geht hervor, dass man überlegen muss, ob man dem Patienten Selegilin, NMDA-Rezeptorantagonisten und/oder Dopamin-Rezeptoragonisten anbieten muss/sollte. Es sollte bei dieser Diskussion **nicht die Kostenfrage im Vordergrund stehen**, da wir als Ärzte aufgerufen sind, im Sinne der Gesunderhaltung bzw. Verbesserung oder Wiederherstellung der Gesundheit zu agieren. Wir werden daher bei den folgenden Therapieempfehlungen in erster Linie die Prinzipien der Evidenz-basierten Medizin beachten; finanzielle Aspekte sind dem nachgeordnet, weil eine erfolgreiche Neuroprotektion in der Frühphase sogar im späteren Verlauf Kosten sparen kann.

11
Therapie der Frühphase der Parkinson-Krankheit

Die Therapie der Frühphase sollte **zwei Ziele** verfolgen. Zum einen muss sie den meist konsternierten und verzweifelten Patienten durch gute Wirkung davon überzeugen, dass er eine **therapierbare Krankheit** hat und sie sollte **nicht** den **schnellen Wirkerfolg zum Wert aller Dinge erheben**, sondern immer im Auge behalten, dass der Patient am Anfang einer langen Krankenkarriere steht. Aus heutiger Sicht wird man auch akzeptieren, dass es noch keinen endgültigen Beweis der Neuroprotektion für die einzelnen Medikamente gibt, dass man aber doch bei einigen Hinweise dafür hat und daher deren Anwendung zumindest in der Frühphase der Erkrankung vorsehen sollte. Weiterhin ist wichtig zu unterscheiden, ob man es mit einem jungen oder älteren Patienten zu tun hat, und ob es sich um einen Patienten mit einem Tremor-dominanten oder einem anderen Parkinson-Syndrom handelt. Im folgenden wollen wir eine arbiträre Unterscheidung zwischen dem therapeutischen Vorgehen bei Patienten unter bzw. über 65 Jahren anbieten, wohl wissend, dass nicht das chronologische, sondern das biologische Alter des Patienten ausschlaggebend sein muss.

11.1 Therapiestrategien bei Patienten unter 65 Jahre in der Frühphase

Wir raten unseren Patienten mit einem IPS vom rigor-akinetischen Typ bzw. vom Äquivalenz-Typ zur primären Einnahme von **Selegilin**, da es den Zeitpunkt bis zur L-DOPA-Therapie verzögert, symptomatisch wirksam ist und eventuell eine neuroprotektive Wirkung aufweist. Selbst wenn dann L-DOPA notwendig wird, reduziert Selegilin dessen einzusetzende Dosis. Aufgrund der von uns akzeptierten und angenommenen glutamatergen Überstimulation des Striatums und auch aufgrund der Hinweise auf eine günstige Wirkung bezüglich der Lebenserwartung setzen wir häufig zusätzlich in der Frühphase der Erkrankung einen NMDA-Rezeptorantagonisten (Amantadin) ein (Tabelle 11.1).

Mit dieser Maßnahme kann man den Einsatz von dopaminergen Substanzen noch weiter hinauszögern. Bisher warteten wir häufig mit dem Einsatz von Dopamin-Rezeptoragonisten, was wir jetzt aufgrund der Ropinirol-Daten nicht mehr tun. Die ersten PET-Studien zeigen ja eine Verlangsamung der Absterberate dopaminerger Neurone unter Ropinirol, sodass wir schon initial unseren Patienten die Einnahme eines **Dopamin-Rezeptoragonisten** empfehlen. Somit behandeln wir die Patienten in der Frühphase ih-

Tabelle 11.1. Therapie der Frühphase des idiopathischen Parkinson-Syndroms bei Patienten unter 65 Jahre

Akinese-Rigor-Typ	Tremor-Typ
1. Wahl: Dopamin-Rezeptoragonist Selegilin Amantadin (NMDA-Rezeptorantagonist)	1. Wahl: Budipin und Selegilin
2. Wahl: L-DOPA	2. Wahl: Dopamin-Rezeptoragonist mit Selegilin 3. Wahl: L-DOPA mit Selegilin 4. Wahl: Clozapin

rer Erkrankung mit **10 mg Selegilin/Tag, ca. 200–300 mg Amantadin-Sulfat oder 30 mg Budipin sowie einem Dopamin-Rezeptoragonisten mit guter Wirksamkeit.**

L-DOPA setzen wir nur bei Patienten ein, die eine sofortige Beherrschung ihrer Symptome verlangen oder bei Patienten, die die oben genannten Wirkstoffe nicht tolerieren können.

Leidet der Patient an einem Tremor-dominanten Parkinson-Syndrom oder sehen wir einen Patienten mit einem monosymptomatischen Parkinson-Tremor, wählen wir zuerst **Budipin,** da wir dessen tremorlytische Potenz bei vielen Patienten überzeugend fanden.

Anticholinergika versuchen wir aufgrund ihrer möglichen Störungen der kognitiven Funktionen zu vermeiden. Als Medikament der zweiten Wahl würden wir heute den Dopamin-Rezeptoragonisten **Pramipexol** einsetzen, der bei einigen unserer Patienten eine gute tremorlytische Wirksamkeit zeigte. Eine weitere Option wäre der Einsatz von **Clozapin,** das ebenfalls gut tremorlytisch ist, das aber aufgrund seiner gefürchteten Nebenwirkung (Agranulozytose) engmaschige Blutbildkontrollen verlangt und somit im Einsatz aufwendig ist. Es ist aber auch sicherlich möglich, mit L-DOPA oder mit einem ausreichend dosierten Dopamin-Rezeptoragonisten, den Parkinson-Tremor deutlich zu bessern. Sollten diese Maßnahmen versagen, wären operative Methoden indiziert.

Patienten, die unter 40 Jahre bei Diagnosestellung sind, versuchen wir dahingehend zu beraten, dass sie kein L-DOPA einnehmen, da gerade diese Patienten damit rechnen müssen, früher und zu einem höheren Prozentsatz als dies für ältere Patienten gilt, motorische Fluktuationen und Hyperkinesien zu entwickeln.

11.2 Therapiestrategien bei Patienten über 65 Jahre in der Frühphase

Bei diesen Patienten steht die Möglichkeit des Auftretens von Komplikationen in den nächsten Dekaden nicht ganz so im Vordergrund wie bei den Patienten mit Ausbruch der Krankheit in „jungen“ Jahren. Trotzdem wird man natürlich auch bei diesen Patienten Wert darauf legen müssen, durch eine gute Einstellung nicht nur symptomatisch, sondern auch neuroprotektiv zu therapieren, um die schweren und teuren Stadien der Krankheit möglichst weit hinaus zu schieben (Tabelle 11.2). Da viele dieser Patienten kardial oder pulmonal krank sind oder Blutdruckprobleme haben, wird man hier eher mit L-DOPA (bevorzugt allerdings mit einem Dopamin-Rezeptoragonisten kombiniert) beginnen. Damit wird man die motorischen Voraussetzungen zur Bewältigung des Alltags am ehesten erhalten können. Meist beginnen wir mit **L-DOPA** in einer Dosierung von **150–300 mg/Tag** und schleichen dann zusätzlich einen **Dopamin-Rezeptoragonisten** ein, um daraufhin L-DOPA möglicherweise wieder zu reduzieren. Dopamin-Rezeptoragonisten müssen langsam eindosiert werden. Auch bei diesen Patienten können **Amantadin** und **Selegilin** als L-DOPA-sparende Medikamente benutzt werden. Amantadin-Sulfat zeigte dabei auch in der Kombinationstherapie mit L-DOPA eine gute bis sehr gute Verträglichkeit. Durch seinen Glutamat-antagonistischen Wirkmechanismus am NMDA-Rezeptor hat es auch neuroprotektive Effekte. Wir versuchen, möglichst lange durch die beschriebene Kombinationstherapie die Dosis von L-DOPA nicht über 600 mg/Tag steigen zu lassen. Prinzipiell sollte eine L-DOPA-Einsparung von etwa 30 Prozent auch durch eine Behandlung mit einem COMT-Hemmer möglich sein. Diese Fragestellung wird zur Zeit in einer klinischen Studie geprüft.

Bei Patienten mit Tremor-dominantem Parkinson-Syndrom empfehlen wir ebenfalls den vorsichtigen Einsatz von **Budipin** (Cave: Halluzinationen). Ist dessen Einsatz nicht erfolgreich oder verbietet er sich aufgrund der möglichen Nebenwirkungen, versuchen wir den Tremor durch eine Kombinationstherapie von **Pramipexol** und **L-DOPA** zu bessern.

Tabelle 11.2. Therapie der Frühphase des idiopathischen Parkinson-Syndroms bei Patienten über 60 Jahre

Akinese-Rigor-Typ	Tremor-Typ
1. Wahl: L-DOPA mit Dopamin-Rezeptoragonist eventuell zusätzlich Selegilin und Amantadin (NMDA-Rezeptorantagonist) später Kombination mit COMT-Hemmer möglich	1. Wahl: Budipin-Versuch
	2. Wahl: L-DOPA mit Dopamin-Rezeptoragonist eventuell zusätzlich Selegilin

12

Therapie der Spätphase der Parkinson-Krankheit

In der Spätphase der Erkrankung wird man versuchen, beim rigor-akinetischen und beim Äquivalenz-Typ eine Kombinationstherapie zwischen **L-DOPA** und **Dopamin-Rezeptoragonisten** einzusetzen (Tabelle 12.1). Entsprechend der Ko-Morbidität und der Toleranz gegenüber Dopamin-Rezeptoragonisten wird die individuelle Menge an Dopamin-Rezeptoragonisten sehr variieren. Auch in der Spätphase sollte man natürlich eine **optimale Einstellung** des Patienten im Auge haben, aber auch weiterhin daran **denken**, dass **L-DOPA-assoziierte Komplikationen** für den Patienten, dessen Angehörigen und den Arzt eine schwer zu bestehende Herausforderung werden können. Man sollte somit versuchen, die Schwankungen der Dopamin-Rezeptorstimulation niedrig zu halten. Zu diesem Zweck wäre es sicherlich trotz der schlechten Steuerbarkeit aufgrund der neuen Untersuchung von Block und Kollegen (1997) und Koller et al. (1999) wichtig, den Einsatz von L-DOPA-Retard-Präparaten zu versuchen. Dabei sollte man aber den Einsatz der Standardformulierung am Morgen und frühen Nachmittag als kleinen „Kick" nicht vergessen. Beim Umrechnen von L-DOPA-Standard in -Retard sollte davon ausgegangen werden, dass die Retard-Formulierung nur etwa 50 Prozent der Bioverfügbarkeit und somit klinischen Potenz der Standard-Formulierung besitzt. In dieser Phase, insbesondere bei leichten Fluktuationen oder bei Wearing-off könnte Entacapon mit gutem Erfolg zum Einsatz kommen. Es ist innerhalb von nur wenigen Tagen klar, ob der COMT-Hemmer die klinische Situation verbessert oder nicht. Tut er es, sollte man versuchen, die bislang applizierte L-DOPA-Dosis um ca. 20 Prozent zu reduzieren.

Vonseiten der Dopamin-Rezeptoragonisten wären in dieser Phase die modernen Agonisten wegen ihrer wohl doch geringeren Nebenwirkungen oder auf die wohl schon bestehende Ko-Morbidität (Herz-Kreislauf-, Nieren- und Lebererkrankungen) abgestimmte Dopamin-Rezeptoragonisten zu favorisieren. Bei Fluktuationen kann auch mit 200–300 mg **Amantadin-Sulfat** eine Verbesserung der Symptomatik erzielt werden. Darüber hinaus ist Amantadin in der Mono- sowie in der Kombinationstherapie sehr gut verträglich, vermindert deutlich motorische Spätkomplikationen, ermöglicht eine L-DOPA-Einsparung und zeigt neuroprotektive Effekte. Ob in den Spätstadien der Erkrankung der Einsatz von Selegilin noch nützlich ist, ist schwer zu entscheiden. Man wird wohl eher auf seinen Einsatz verzichten, da ja immer weniger dopaminerge Zellen vorhanden sind, die vor dem Untergang geschützt werden könnten und die symptomatische Wirkung von Selegilin in den Spätstadien nicht mehr ausreichen wird.

Neben der Therapie von Komplikationen (siehe unten) wird man in dieser Phase auch kritisch den Einsatz von operativen Verfahren prüfen müssen. Welche Patienten von

Tabelle 12.1. Therapie der Spätphase des idiopathischen Parkinson-Syndroms

1. Wahl:	L-DOPA mit einem Dopamin-Rezeptoragonisten
2. Wahl:	zusätzliche Gabe des COMT-Hemmers Entacapon (da dieser nur zugelassen ist)
	eher kein Selegilin
	eventuell Amantadin (NMDA-Rezeptorantagonist)

stereotaktischen Eingriffen am meisten profitieren ist noch unklar. Man wird aber sicherlich bevorzugt solche Patienten auswählen, die biologisch jung genug sind, um die Vorteile der neurochirurgischen Therapien nutzen zu können und die kooperativ sind, wenn man z.B. an die notwendige Einstellung von Stimulationsparametern denkt. Zusätzlich sollten diese Patienten auch noch L-DOPA-sensibel sein. **Anticholinergika** verwenden wir in dieser Phase der Erkrankung, in der man zunehmend auch mit kognitiven Schäden rechnen muss, **nur mit größter Zurückhaltung.**

13
Therapie von L-DOPA-assoziierten motorischen Komplikationen der Parkinson-Krankheit

Nach einigen Jahren der Therapie kommt es nicht nur durch das Fortschreiten der Erkrankung zu motorischen Komplikationen, sondern auch durch die L-DOPA-Therapie zu:

- On-off-Phasen,
- Dyskinesien,
- Dystonien,
- Hyperkinesien,
- zunehmende kognitive Schäden und
- Störungen des autonomen Nervensystems.

Anhand von Zusammenhängen, die man aus der Messung von L-DOPA-Plasmaspiegeln und der klinischen Wirksamkeit gewonnen hat, unterteilt man die motorischen Komplikationen unter der L-DOPA-Therapie in verschiedene zeitliche Phasen (Abb. 13.1). Danach wird zunächst die Wirksamkeit des L-DOPA-Präparates unter der bisherigen Dosierung nachlassen, man wird höher dosieren müssen und/oder ein weiteres Medikament hinzufügen (Abb. 13.1). Danach wird man feststellen, dass die Wirkung der Medikation vor dem jeweils nächsten Einnahmezeitpunkt ab-

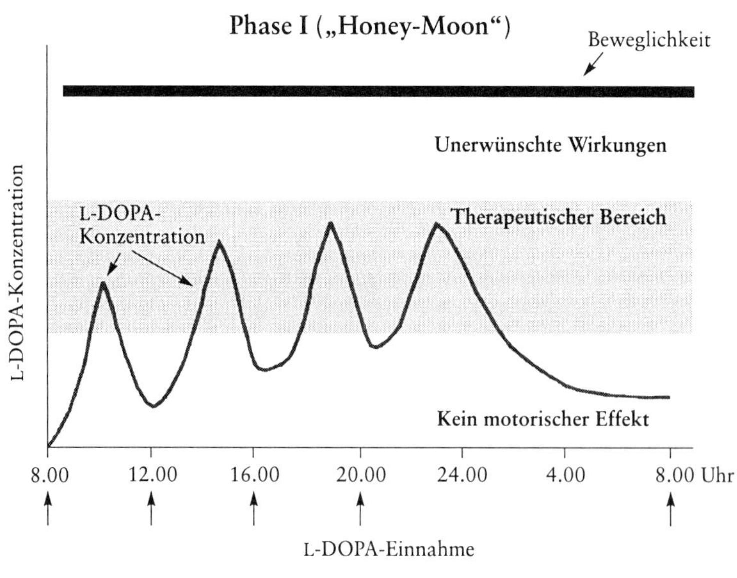

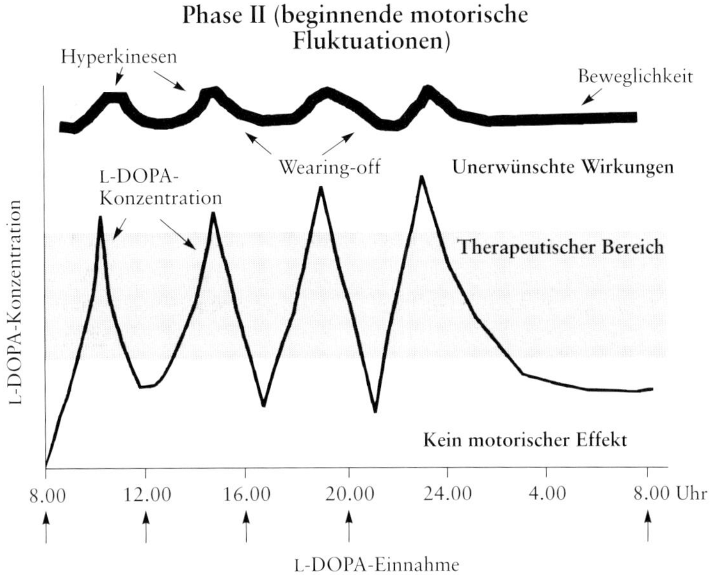

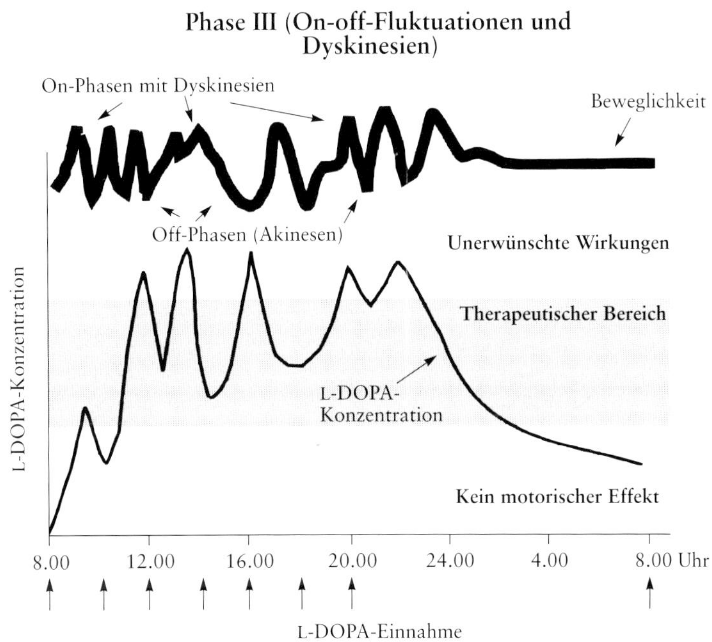

Abb. 13.1. Schematische Darstellung des Wirkverlustes von L-DOPA über die Dauer der Behandlung. In der ersten Phase ist die klinische Wirkung von L-DOPA bei ausreichend hoch substituiertem zentralem Dopamin-Spiegel gut. In der zweiten Phase kommt es gegen Ende der Dosis langsam zum Wirkverlust. In der dritten Phase spricht der Patient insgesamt nicht mehr so gut auf die bisherige L-DOPA-Therapie an, man muss die Gabe von L-DOPA adaptieren; es kommt schließlich zu vollkommen unvorhersehbaren Wirkungsschwankungen (On-off-Fluktuationen) und dem Auftreten motorischer Komplikationen.

fallen wird (Wearing-off, End-of-dose), später wird es zu Dyskinesien beim Anfluten und Abfluten des L-DOPA-Spiegels kommen (biphasische Dyskinesien). Zu dieser Zeit wird auch erstmals **Freezing** festzustellen sein, d.h., der Patient bleibt plötzlich wie angewachsen stehen und kann nur mit Tricks zum Weitergehen gebracht werden. Danach kommt die Phase der unverhofften pharmakokinetisch nicht mehr nachvollziehbaren **On-off-Fluktuationen** (*Yo-yoing, rapid oscillations*), die man durch Hypersensitivität der Dopamin-Rezeptoren vielsagend nichtssagend erklärt.

Um diese motorischen Komplikationen hinauszögern bzw. in ihrer Schwere abzuschwächen, sollte, wie schon mehrfach betont, immer dem Grundsatz der **L-DOPA-Sparpolitik**, solange sie nicht zum Nachteil des Patienten gereicht, als vorbeugende Maßnahme gefolgt werden. Allgemeine Lösungsstrategien könnten der möglichst **lange Einsatz von Dopamin-Rezeptoragonisten mit NMDA-Rezeptorantagonisten und Selegilin**, zumindest eine **Kombinationstherapie von Dopamin-Rezeptoragonisten und L-DOPA**, vielleicht aber auch der frühe Einsatz des COMT-Hemmers sein, wenn man sich zum Einsatz von L-DOPA entschließen muss. Alternativ oder zusätzlich käme auch der Einsatz von L-DOPA-Retard-Präparaten infrage. Wichtig ist, nie zu vergessen die gesamte Medikamentenpalette des Patienten auf Präparate zu prüfen, die eventuell Dyskinesien auslösen können (vgl. Tabelle 13.1).

Tabelle 13.1. Dyskinesien auslösende Medikamente

Antiparkinson-Medikamente
- L-DOPA
- Dopamin-Rezeptoragonisten
- Anticholinergika

Dopamin-Rezeptorantagonisten
- Butyrophenone
- Phenothiazine
- Tetrabenazine

Antikonvulsiva
- Carbamazepin
- Phenytoin

Weitere Medikamente
- Flunarizin
- Cimetidin
- Trizyklische Antidepressiva
- Selektive Serotonin-Wiederaufnahme-Hemmer
- Lithium
- Antihistaminika
- Benzodiazepine (Diazepam, Lorazepam)
- Buspirone
- Metoclopramid
- Digoxin
- Methadon

13.1 Suboptimale Peak-response von L-DOPA

Unter Peak-response versteht man eine ausreichend positive Wirkung von L-DOPA unter der Annahme des Vorliegens der C_{max}. Wenn die Wirkung der einzelnen L-DOPA-Gabe nicht mehr den gewünschten klinischen Effekt hat, d.h. weniger stark ist, verspätet und ohne Wirk-Gipfel auftritt, kann man die L-DOPA-Dosis erhöhen. Man sollte dabei Einzeldosen von **250 mg L-DOPA-Standard** oder **400 mg L-DOPA-Retard** nicht überschreiten. Durch diese hohen Dosierungen kommt man aber in die Gefahr, L-DOPA-induzierte Fluktuationen zu induzieren, sodass es spätestens jetzt richtig wäre, einen **Dopamin-Rezeptoragonisten** hinzufügen oder diesen zu erhöhen. Auch das Hinzufügen Selegelin oder Amantadin würde das klinische Ansprechen verbessern, wobei man sich darüber klar sein muss, dass diese Maßnahmen indirekte L-DOPA-Dosiserhöhungen bedeuten. Des Weiteren sollte man die Patienten dazu anhalten, ihre L-DOPA-Einnahme nicht mit eiweißreichem Essen zu kombinieren, da sonst die Resorption von L-DOPA nicht kalkulierbar ist.

13.2 Optimale Peak-response von L-DOPA, aber unvorhergesehenes Off

Dies könnte durch die Interaktion von L-DOPA und Aminosäuren am gemeinsamen Transportsystem im Dünndarm und an der Blut-Hirn-Schranke bedingt sein. Daneben wäre der Einsatz von **Madopar LT®** oder anderer löslicher L-DOPA-Präparate, in schweren Fällen von Apomorphin s.c., eine sicherlich erfolgreiche therapeutische Option, um die Off-Symptomatik abzufangen. Vonseiten des anzustrebenden positiven Langzeiteffektes wäre aber sicherlich die **Add-on-Therapie** mit einem **Dopamin-Rezeptoragonisten** günstig. Bei manchen Patienten würde man auch, wenn man keinen Dopamin-Rezeptoragonisten einsetzen kann, eine Verbesserung mit einem **COMT-Hemmer** erzielen.

13.3 Optimale Peak-response unter L-DOPA mit Wearing-off

In dieser Situation sinkt die L-DOPA-Konzentration (Dopamin-Konzentration) zu früh vor der nächsten Medikation im Gehirn unter die kritische Grenze, sodass die Patienten immer vor der nächsten Einnahme deutlich mehr Tremor aufweisen und/oder unbeweglicher sind. Folgerichtig ist es am einfachsten, die **Einnahmefrequenz von L-DOPA zu erhöhen** und vielleicht sogar die Einzelgaben im Gegenzug etwas zu senken. Damit wird man eine kontinuierlichere Stimulation der Dopamin-Rezeptoren erreichen. Man sollte unseres Erachtens allerdings vermeiden, zu häufige Medikamenten-Zeitpunkte für den Patienten festzulegen. Wenn ein Patient nach Einnahme seines Präparates sich schon wieder darauf konzentrieren muss, den nächsten schon wieder bald anstehenden Einnahmezeitpunkt nicht zu verpassen, wird er neurotisiert und dies trägt sicherlich nicht zur Stabilisierung bei.

Tabelle 13.2. Maßnahmen bei Wearing-off

- Häufigere L-DOPA-Gaben
- Füge L-DOPA-Retardpräparat hinzu (+30–50 Prozent)
- Verwende den COMT-Hemmer Entacapon (mindestens –20 Prozent der L-DOPA-Dosis!)
- Füge einen langwirksamen Dopamin-Rezeptoragonisten hinzu
- Verwende Madopar®-LT

Die heutigen modernen Medikamente rechtfertigen aus unserer Sicht in der Regel nicht, wenn ein Patient mehr als acht Einnahme-Zeitpunkte hat. Da weitere Einnahme-Zeitpunkte nicht günstig sind, ist das Wearing-off aus unserer Sicht die ideale Indikation für den Einsatz des **COMT-Hemmers** Entacapon. Man sollte dabei nicht verpassen, die L-DOPA-Dosis um mindestens 20 Prozent zu reduzieren. Sollten Gründe gegen den Einsatz eines COMT-Hemmers bestehen (wie z.B. Unverträglichkeit im Sinne von Diarrhoe oder andere), wäre auch das Umstellen auf L-DOPA-Retard-Präparate (plus 30–50 Prozent der bisherigen L-DOPA-Dosis) eine Möglichkeit. Auch in dieser Situation könnte unter Senkung der L-DOPA-Dosis ein Dopamin-Rezeptoragonist eindosiert werden, der eine Plasmahalbwertszeit im oberen Bereich haben sollte, um eine möglichst lange Wirkung zu garantieren (Tabelle 13.2).

13.4 Die L-DOPA-Antwort bleibt aus

Hier ist in erster Linie daran zu denken, dass der Patient kein IPS hat, sondern z.B. eher eine PSP oder eine MSA aufweist. Es wäre in dieser Situation sinnvoll, ein IBZM-SPECT zu veranlassen, um die Dopamin-Rezeptoren-Dichte zu prüfen (siehe Abb. 1.4, Seite 21). Bevor man zu dieser technischen Untersuchung greift, sollte man allerdings neben der nochmaligen genauen neurologischen Untersuchung des Patienten (zerebelläre Zeichen, Pyramidenbahn-Zeichen, im Vordergrund stehende autonome Störungen) einen L-DOPA-Test und bei Nichtansprechen ein Apomorphin-Test durchführen. Sprechen sowohl diese Tests als auch das SPECT für ein IPS, wäre die Gabe von **L-DOPA** in hoher Dosierung für einige Wochen auf **jeweils nüchternen Magen** ein Weg, um doch eine L-DOPA-Wirksamkeit zu erzielen. Nur ganz wenige Patienten mit IPS sprechen nicht auf L-DOPA an. Bei diesen Patienten könnte auch versucht werden, eine zusätzliche Gabe von Carbidopa oder Benserazid (muss beim Hersteller angefordert werden) zum L-DOPA beizugeben. Alternativ könnte es sich natürlich um einen Patienten handeln, der nicht mehr genügend dopaminerge Neurone hat, um L-DOPA in Dopamin umzuwandeln. Hier würde dann ein Dopamin-Rezeptoragonist wirken müssen.

13.5 Peak-dose-Dys-/Hyperkinesien

Um die verschiedenen Formen der Hyperkinesien richtig zu erkennen, benötigt man einen kooperativen Patienten oder muss sich auf eine gute Fremdanamnese stützen. Hierbei hat sich auch ein Patienten-Tagebuch mit Angaben zur Medikamenten-Einnahme, On- und Off-Perioden, Autreten von Hyperkinesien in einem 24-Stunden-Profil sehr bewährt. Die meisten Patienten sind zusammen mit ihren Angehörigen sehr gut in der Lage, nach einem gewissen Training solche Tagebücher zu führen. Ist dies nicht möglich, wäre es ein Grund, den Patienten zur Beobachtung und der daran anschließenden Neueinstellung stationär aufzunehmen. Wird eine Peak-dose-Dyskinesie (klinisch ca. eine Stunde nach L-DOPA-Gabe auftretend oder noch besser mittels der Plasmaspiegelkurve diagnostizierbar) festgestellt, muss die individuelle **L-DOPA-Dosis** unabhängig von der möglicherweise dann resultierenden Verschlechterung der Motorik reduziert werden. Man wird diesbezüglich mit den den Patienten betreuenden Personen kein Problem haben, da diese im Gegensatz zum Patienten sehr unter diesen Hyperkinesien leiden.

Viele Angehörige berichten, dass nicht so sehr die Parkinson-typische Hypokinese, sondern eher Hyperkinesien zur gesellschaftlichen Diskriminierung und Ausschluss führen. Jeder behandelnde Arzt wird immer wieder feststellen müssen, dass meist nicht nur der Patient, sondern in fortgeschrittenen Fällen eine ganze Familie unter Morbus Parkinson leidet. Man wird von dem Patienten erstaunlich häufig hören, dass er Hyperkinesien gerne auf sich nehme, wenn er die Akinese vermeiden könne. Es ist in dieser Situation daher sehr wichtig, dass man das Vertrauen des Patienten nicht verliert und ihm glaubwürdig auseinanderlegt, dass nach einer Phase der motorischen Verschlechterung man wieder eine Verbesserung durch den Einsatz von anderen Präparaten erzielen wird. Möchte der Patient bei L-DOPA bleiben, kann mit Retard-Präparaten gearbeitet werden, die keine so hohe Peak-response wie die Standard-Präparate bewirken.

Den Einsatz von COMT-Hemmern würden wir in dieser Situation nicht vorschlagen, da dieser zwar zu einer höheren Bioverfügbarkeit von L-DOPA führt, d.h. die Wirksamkeit von Dopamin am Rezeptor verlängert, aber kaum die c_{max} reduziert. Probatestes Mittel in dieser Situation ist nach unserer Erfahrung die **Eindosierung eines Dopamin-Rezeptoragonisten.** Man muss durch seine Aufklärung von Patient und Angehörigen erreichen, dass die initiale Verschlechterung unter L-DOPA-Reduktion nicht dem Dopamin-Rezeptoragonisten und dessen scheinbar fehlenden Wirkung angelastet wird. Nur wenn man das berücksichtigt, wird der Patient nicht wieder heimlich L-DOPA „naschen“ und den Dopamin-Rezeptoragonisten absetzen.

13.6 Dystone Dyskinesie

Dystonien treten bei Patienten mit IPS sehr häufig morgens im Sinne einer äußerst schmerzhaften Fußdystonie auf. Probates Mittel dagegen ist die rasche Gabe von **Madopar® LT** bzw. isicom® gelöst oder die s.c. Applikation von Apomorphin (Tabelle 13.3). Man kann auch versuchen, durch eine spät abends angesetzte Madopar® Depot oder Nacom®-Retard-Formulierung die Fußdystonie erfolgreich zu behandeln. Auch diese Patienten pro-

Tabelle 13.3. Behandlung von Dystonien beim idiopathischen Parkinson-Syndrom

	Morgendliche Fußdystonie	Peak-dose-Dystonie	End-of-dose-Dystonie
1. Wahl	lösliches L-DOPA-Präparat	weniger L-DOPA	COMT-Hemmer
2. Wahl	am Vorabend L-DOPA-Retard-Präparat		Dopamin-Rezeptoragonist mit langer Plasmahalbwertszeit
3. Wahl	Dopamin-Rezeptoragonist		häufigere L-DOPA- Gaben
4. Wahl	s.c. Apomorphin		lösliches L-DOPA-Präparat

Tabelle 13.4. Management von biphasischen Dyskinesien

- Häufigere L-DOPA-Dosen
- Eventuell Dopamin-Rezeptoragonisten-Monotherapie (vorwiegend mit langer Plasmahalbwertszeit und/oder hoher Rezeptoraffinität)
- COMT-Hemmer Entacapon
- Eventuell schnell lösliche L-DOPA-Präparate, z.B. Madopar® LT

fitieren aber vom Einsatz von **Dopamin-Rezeptoragonisten.**

Bei Peak-dose-Dystonien ist die Vorgehensweise wie oben beschrieben, man wird am schnellsten zum Ziel kommen, wenn man weniger L-DOPA gibt und eventuell häufigere Einnahme-Zeitpunkte mit dem Patienten vereinbart. Bei End-of-dose-Dystonien könnten neben Dopamin-Rezeptoragonisten, der COMT-Hemmer Entacapon oder lösliche L-DOPA-Präparate zum Einsatz kommen. Auch häufigere L-DOPA-Einnahmen müssten zum Ziel führen.

13.7 Biphasische Dyskinesien

Die Therapie biphasischer Dyskinesien gestaltet sich häufig recht schwer. Sind sie nur mild ausgeprägt, wird man durch **häufigere L-DOPA-Gaben** oder durch den Einsatz von Retard-Präparaten eine klinische Symptom-Kupierung erzielen können. Auch der **COMT-Hemmer** wäre hier indiziert. Sollte der Patient bereits viel L-DOPA einnehmen, wäre die Eindosierung eines **Dopamin-Rezeptoragonisten** ein erfolgversprechendes Mittel (Tabelle 13.4).

Sind die Dyskinesien schwer, sollte am ehesten eine Dopamin-Rezeptoragonisten-Monotherapie (Tabelle 13.4) angestrebt werden, um L-DOPA zu vermeiden. Gelingt dies mit Dopamin-Rezeptoragonisten nicht (man sollte in dieser Situation Pergolid, Cabergolin und einen Agonisten der zweiten Generation testen), bleibt nur die Option, doch viele kleine Dosen an L-DOPA einzusetzen. Ob in dieser Situation der COMT-Hemmer Entacapon das klinische Bild bessern kann, ist noch nicht ausreichend untersucht. Es gibt auch Berichte, dass in einer solchen Situation Biperiden-Retard eine Therapie-Option darstellt.

13.8 Freezing

Freezing ist ebenfalls nur sehr schwer medikamentös zu therapieren. Vielleicht wird es unter Apomorphin oder anderen löslichen L-DOPA-Präparaten gelingen, solche Phasen zu verhindern. Treten sie aber auf, kann man mit keinem Medikament eine sofortige Beweglichkeit garantieren. Patienten, die ihr Freezing mit der Peak-dose erfahren, sollten auf einen **Dopamin-Rezeptoragonisten umgestellt** werden. Kommt es in Off-Phasen zum Freezing, müssen L-DOPA und/oder der Dopamin-Rezeptoragonist höher dosiert werden. Das in Japan erhältliche L-DOPS (L-3,4-Dihydroxyphenylserin, eine Vorstufe des Noradrenalin) hat bei unseren Patienten nicht überzeugend angesprochen. Einfache Tricks im Freezing sind rhythmisches Zählen (1,2,3;1,2,3;...), rhythmisches Wippen in der Hüfte, das Umdrehen eines Spazierstockes, um darüber zu steigen oder das Vorhalten eines Laser-Strahls vor die Füße des Patienten. Hierzu ist krankengymnastisches Training wichtig, da der Patient lernen muss, nicht mit den Oberkörper zu weit nach vorne zu beugen (Fallgefahr) und mittels Willkürmotorik (Pyramidenbahn) lernen muss, den nächsten Schritt zu tun. Nicht immer wird dies allerdings zur Beherrschung des Freezing führen.

14
Therapie von autonomen Störungen

14.1 Blasenentleerungsstörungen

Parkinson-Patienten leiden insbesondere unter Nykturie, imperativem Harndrang und Störungen beim Wasserlassen. Für diese Störungen sind Beeinträchtigungen des zentralen Blasenzentrums, eine Detrusorhyperreflexie und eine Beeinträchtigung der zeitgerechten Erschlaffung des Blasenbodens verantwortlich. Bezüglich der Nykturie ist die einfachste Maßnahme, den Patienten zu raten, nach dem Abendessen nicht mehr zu trinken. Man darf in diesem Zusammenhang aber nicht vergessen darauf hinzuwirken, dass der Patient ansonsten, um kognitiven Störungen vorzubeugen, ausreichend trinken muss.

Die Detrusorhyperreflexie kann man mit peripher wirkenden Anticholinergika, so z.B. mit **Oxybutinin** (Dridase® oder Detrusitol®) therapieren. Besteht die Blasenentleerungsstörung auf einer Detrusorhyporeflexie kann man mit **α-Sympatholytika**, wie z.B. Dibenzyran®, erfolgreich behandeln. Für die genauere Analyse von Blasenentleerungsstörungen ist oft der Rat eines Urologen notwendig, da dieser mittels Urometrie zur richtigen Diagnose kommt.

14.2 Sexuelle Probleme

Über die sexuellen Veränderungen der Frau, die auf die Parkinson-Krankheit zurückgeführt werden können, gibt es kaum Literatur. Bei den Männern besteht häufig das Problem darin, dass manche Dopamin-Rezeptoragonisten sowie unserer Erfahrung nach auch COMT-Hemmer zu einer Anregung der Libido führen, und dabei aber eine Impotentia coeundi besteht. Die Therapie der Impotenz sollte damit beginnen, dass man das Medikamentenregime des Patienten sehr genau nach Medikamenten (Propanolol bei Tremor, Antihypertensiva etc.) durchgeht, die eventuell zur Impotenz beitragen und die vielleicht durch andere ersetzt werden können. Depression, Stress und Versagensangst sind weitere Gründe für die Entwicklung einer Impotenz. Ähnlich wie bei Nicht-Parkinson-Patienten stehen uns zur Therapie **Yohimbin**, intracavernöse Injektionen und **Sildenafil** (Viagra®) zur Verfügung.

14.3 Störungen der Verdauung

Da die Hypersalivation meist auf einer Dysphagie beruht, macht es Sinn die Dysphagie zu therapieren. Wichtig ist auch hierbei eine Verbesserung der Parkinson-Therapie anzustreben, um eventuell die Darmmotorik anzuregen oder der Einsatz von Schluck-Training. Sollte die Hypersalivation große Probleme bereiten, wäre der Einsatz eines peripher wirksamen Anticholinergikums zu prüfen. Wir selbst haben mit dem niedrig-dosierten Einsatz von **Pirenzepin** (Gastrozepin®) sehr gute Erfahrungen gemacht. Sollte der Patient zusätzlich an einer Depression leiden, wäre der Einsatz von trizyklischen Antidepressiva aufgrund deren hier gewünschten Nebenwirkung, Mundtrockenheit, häufig ausreichend. Die Dysphagie kann weiter durch den Einsatz von **Dopamin-Rezeptoragonisten und/oder L-DOPA** gut beherrscht werden. Anticholinergika sollten wegen möglicher kognitiver Nebenwirkungen unseres Erachtens nach nicht eingesetzt werden. Gelingt es mit der Antiparkinson-Medikation nicht, die Dysphagie zu beherrschen, können **Domperidon** oder **Cisaprid** (Alimix®, Propulsin®) (Cave: QT-Zeit darf nicht verlängert sein, Cisaprid ist in Deutschland bereits vom Markt genommen) zum Einsatz kommen.

Störungen der Magenentleerung können mit 10–50 mg Domperidon/Tag therapiert werden.

Obstipation kann häufig durch Veränderungen der Diät und des Trinkverhaltens reguliert werden. Bei Parkinson-Patienten muss man bemüht sein, einen geregelten Stuhlgang aufrecht zu erhalten, um eine gleichmäßige Medikamenten-Resorption zu gewährleisten. Man sollte den Patienten anhalten, möglichst zwei Liter Flüssigkeit täglich zu sich zu nehmen, was insbesondere im Sommer wichtig ist. Wir empfehlen unseren Patienten, diese Trinkmenge schon morgens bereitzustellen, um zu garantieren, dass sich die Patienten an die Empfehlung auch halten. Des Weiteren muss man die Einnahme einer faserreichen Kost propagieren. Diese Maßnahmen werden meist ausreichen, um für lange Zeit die Obstipation zu beherrschen. Natürlich sollte man auch nicht verpassen, **Anticholinergika abzusetzen**. Als nächster Schritt wäre die Verabreichung von **Laktulose** in einer Dosierung von 10 bis 20 g pro Tag anzuraten. Untersuchungen haben gezeigt, dass **Cisaprid** die Colon-Transitzeit signifikant verkürzt. Domperidon ist gegen Obstipation nicht wirksam. Das neue Präparat Movicol® (ein Gemisch von Na/K-Verbindungen und Macrogol, das Flüssigkeit im Darm bindet und so zu einer Eindickung des Stuhls führt) hat sich bei bei vielen unserer Parkinson-Patienten, bei denen wir es bisher einsetzten, gut bewährt.

14.4 Orthostatische Hypotension

Sollte eine orthostatische Hypotension schon in einer frühen Phase der Erkrankung im Vordergrund stehen, muss differentialdiagnostisch an eine MSA gedacht werden.

Die Störungen der Blutdruck-Regulation beruhen beim Patienten mit IPS auf Störungen des zentralen und peripheren autonomen Nervensystems. Sowohl im Hypothalamus, den autonomen Zentren im Hirnstamm als auch im Plexus myentericus und im sympathischen Gangliensystem des Herzens wurden Lewy-Körperchen gefunden. Die Hypotension beruht auf Volumenminderung (zu wenig getrunken), Anämie und insbesondere auf der fehlenden Vasokonstriktion nach Aufrichten aus dem Liegen oder Sitzen. Einfache Regeln der Lebensführung, die wir auch bei anderen Patienten mit idiopathischer Hypotension empfehlen, sollten am Anfang der therapeutischen Bemühungen stehen. Die Patienten sollten genügend trinken (zwei Liter am Tag, besonders an heißen Tagen), schwere Mahlzeiten sollten vermieden werden, da sonst zuviel Blut im Magen-Darm-Trakt zur Resorption verloren geht. Alkohol, der zur Vasodilatation führt, muss restriktiv gehalten werden, Kaffee zum Frühstück ist anzuraten, zu heiße Bäder (Vasodilatation) müssen vermieden werden, anstrengende Arbeit, selbst Singen und das Spielen eines Instrumentes, sollten bevorzugt im Sitzen erfolgen. Reichen diese Maßnahmen nicht aus und ist der Patient symptomatisch, kann in der kalten Jahreszeit z.B. mit Stützstrümpfen erfolgreich therapiert werden.

Medikamentös setzen wir primär meist den selektiven α_1-Agonisten **Midodrin** (Gutron®) ein. Dieser Agonist kann die Blut-Hirn-Schranke nicht passieren und wird daher nicht zu zentralen Nebenwirkungen führen. Die Wirkung tritt rasch ein, sodass wir Midodrin meist vor dem Frühstück, Mittagessen und am Nachmittag in einer Dosierung von 2,5 bis höchsten 10 mg dreimal am Tag einsetzen. Nur bei Patienten, die darunter keinen Wirkerfolg zeigen, verwenden wir das Fludrocortison **Astonin H**®. Dieses Cortison-Präparat führt zur Salzretention und damit zum Volumengewinn beim Patienten. Begonnen wird mit 0,1 mg/Tag und auf nicht mehr als 0,5 mg/Tag gesteigert. Man muss die Elektrolyte in regelmäßigen Abständen kontrollieren und wissen, dass der Patient ca. zwei bis drei kg an Gewicht zunehmen wird. Wichtig ist auch darauf hinzuweisen, dass die Wirkung von Astonin H® meist erst nach einer Woche eintritt. Angloamerikanische Autoren empfehlen beim Vorliegen einer Anämie den Einsatz von Erythropoetin s.c., worüber wir keine eigenen Erfahrungen haben. In Erprobung sind die Präparate L-DOPS und der MAO-A-Hemmer Moclobemid.

14.5 Schmerzen und Paraesthesien

Bei vielen unserer Patienten haben wir große Mühe, beklagte diffuse Schmerzen zuzuordnen und zu behandeln. Wie diese diffusen Schmerzen entstehen, ist unklar, die Experten sehen aber einen Zusammenhang mit der Parkinson-Krankheit. Einfach ist es, wenn die Schmerzen in der Off-Phase oder im Rahmen einer Fußdystonie auftreten. Diese Situationen wird man durch ein geeignetes Anpassen der Parkinson-Medikation gut therapieren können. Wir kennen aber auch Patienten, die Schmerzen beschreiben, die an Arthritis erinnern und bei denen wir trotz umfangreicher Abklärung auch mithilfe von Rheumatologen keine befriedigende Erklärung zur Entstehung der Schmerzen erzielen konnten. Mitunter gelang eine Schmerzlinderung unter **Flupirtin** (Katadolon®). Parästhesien im Sinne von Kribbeln der Hände, aber auch schmerzhafte Dysästhesien wurden bei Parkinson-Patienten bereits von Charcot beschrieben. Meist sind sie auf der Seite stärker, auf der auch die Parkinson-Krankheit dominiert. Hier haben wir in einer Einzelbeobachtung mit Citalopram (20 mg/Tag) gute Erfahrungen gemacht. Bei einem weiteren Patienten führte der Einsatz von Gabapentin (Neurontin®) in einer Dosierung von 300 mg zu einem kompletten Sistieren der diffusen Schmerzen.

14.6 Seborrhoe

Seborrhoe war bei wenigen unserer Patienten so stark ausgeprägt, dass eine therapeutische Intervention gewünscht wurde. Falls doch, haben sich **Kohleteer-Schampons** für die Kopfhaut (zweimal die Woche) oder Selenid-haltige Kopfwaschmittel bewährt. Die Gesichtshaut kann mit **Hydrocortison-haltigen Cremes** eingerieben werden.

14.7 Vermehrtes Schwitzen

Man geht davon aus, dass vermehrtes Schwitzen durch Parkinson-bedingte Schäden im Hypothalamus (Lewy-Körperchen nachgewiesen) und in den cholinergen sympathischen Nervenfasern hervorgerufen wird. Viele Patienten leiden insbesondere im Sommer unter heftigstem Schwitzen im Kopf- und Nackenbereich. Mitunter reicht hierfür zur Therapie die Einstellung mit **Dopaminergika** aus.

Manche Patienten haben vermehrtes Schwitzen in den Off-Phasen, hier kann ebenfalls der Einsatz von **L-DOPA oder Dopamin-Rezeptoragonisten** hilfreich sein. Bei Patienten, die vermehrtes Schwitzen in der On-Phase haben, kann die dopaminerge Therapie reduziert werden, was aber wohl meistens eine Verschlechterung der Motorik bedeuten würde, oder es können **β-Blocker** eingesetzt werden. Selbstverständlich sollte man nicht versäumen, auch an nicht mit Parkinson-assoziierte Krankheitsbilder zu denken, die für vermehrtes Schwitzen verantwortlich sein könnten.

15
Therapie von Schlafstörungen

Schlafstörungn treten bei 75 Prozent der Parkinson-Patienten auf und sind ein häufiges Thema in der ambulanten Betreuung von Parkinson-Patienten. Man sollte bei der Anamnese-Erhebung darauf bedacht sein, den Schlafpartner mit zu befragen, um sich ein möglichst klares Bild machen zu können. Im übrigen beschrieb James Parkinson selbst in seiner Erstbeschreibung, dass Schlafstörungen zu der nach ihm benannten Krankheit gehören. Trotzdem ist es nicht immer klar, ob die Schlafstörung krankheitsbedingt oder auf eine Depression, Medikamente, nächtliche Schmerzen oder eine Normvariante der typischerweise im Alter nachlassenden Schlafqualität zurückzuführen ist. Die Ursache der Schlafstörungen kann mannigfaltig sein. Durch den dopaminergen Verlust kommt es zu Hypokinese mit schlechtem nächtlichem Drehen im Bett, Nykturie und eventuell medikamentös bedingten Alpträumen. Das gestörte serotonerge und noradrenerge System werden zur Depression und Schädigung des Schlafzyklus führen. Ähnlich wie beim Restless-legs-Syndrom, das Parkinson-Patienten manchmal zusätzlich haben, konnten Störungen im REM-Verhalten bei polysomnographischen Ableitungen festgestellt werden.

Das häufigste Problem sind Ein- und Durchschlafstörungen. Man sollte zunächst die Möglichkeit prüfen, Parkinson-immanente Probleme zu beseitigen, d.h. nach Beweglichkeit im Bett und nach Nykturie fragen. Dies sollte mit einer **Anpassung der Parkinson-Medikation** beherrscht werden (Retard-L-DOPA-Präparat, Dopamin-Rezeptoragonist).

Des Weiteren sind Empfehlungen nützlich, wie man sie allen Patienten mit Schlafstörungen gibt, nämlich das genaue Einhalten von Zubettgeh- und Aufstehzeiten. Das Bett sollte nicht zum Ausruhen, Fernsehen oder Lesen benutzt werden. Stimulierende Getränke oder Rauchen sollten ab dem späten Nachmittag vermieden werden. Der kurzfristige Einsatz von **Sedativa** (eventuell auch hochdosierte Baldrianformulierungen) mit kurzer Halbwertszeit kann akzeptiert werden. Treten nachts Unruhe, Herumwandern oder Aggression auf, könnte es sich um ein REM-Schlaf-assoziiertes Phänomen handeln, das polysomnographisch gesichert werden sollte und mit niedrigen Dosen von **Clonazepam** (0,25–1 mg/Tag) behandelt werden kann. Parkinson-Medikamente, die zur Insomnie führen sind insbesondere Selegilin und NMDA-Rezeptorantagonisten. Depressions-assoziierte Schlafstörungen werden am besten mit **Amitriptylin, Trimipramin** oder **Nortriptylin** behandelt.

Viele Patienten beklagen nicht nur Schlafstörungen, sondern auch vermehrte Tagesmüdigkeit, die häufig auf die Antiparkinson-Medikamente zurückzuführen ist und mit der Zeit nach Ansetzen eines neuen Präparates in der Regel wieder nachlässt. Das Problem der „*sudden sleep attacks*“ wurde unter dem Stichwort Pramipexol bei der Besprechung der Dopamin-Rezeptoragonisten bereits ausführlich gewürdigt. Bei Patienten mit Schlafstörungen, wozu in Ergänzung zum oben Gesagten auch das Schlaf-Apnoe-Syndrom zu rechnen ist, müssen diese therapiert werden, um die Tagesmüdigkeit zu reduzieren. Eine Hypothyreose sollte ausgeschlossen werden und nach Symptomen einer Depression gesucht werden. Patienten mit Demenz sollten in den Heimen und in der Familie ein strukturierter Tagesablauf geboten werden.

Alpträume treten häufig bei Medikamenten-Umstellungen oder bei verminderter Flüssigkeitszufuhr bei Patienten mit IPS auf. Sie sind häufig auch als Warnzeichen für bevorstehende Halluzinationen zu werten. Zum Teil wird man die abendlichen Medikamente reduzieren und trizyklische Antidepressiva absetzen müssen. Ist dies wegen fehlender Kontrolle der Motorik nicht möglich, kann Clozapin in niedrigen Dosierungen eingesetzt werden.

16
Therapie neuropsychiatrischer Symptome

Zu den neuropsychiatrischen Problemen von Patienten mit IPS gehören Einschränkungen der kognitiven Leistungen wie:

- Merkfähigkeitsschwäche,
- Konzentrationsschwäche,
- zunehmende Vergesslichkeit,
- Delir,
- Alpträume,
- Halluzinationen im Rahmen von Psychosen,
- Suizidalität,
- Depression und
- Demenz.

Nahezu jeder Parkinson-Patient wird im Rahmen seiner Grunderkrankung eines dieser Symptome entwickeln. Schwere psychiatrische Syndrome werden bei 30–40 Prozent der Patienten beobachtet.

Kognitive Störungen mit späterer Demenz sind die Hauptgründe für die Unterbringung von Parkinson-Patienten in Alten- und Pflegeheimen. Bei Verdacht auf Demenz sollte eine neuropsychologische Absicherung erfolgen. Die Zahlen über die Häufigkeit einer Demenz bei Patienten mit IPS reichen von 16–30 Prozent. Kognitive Einbußen wird jeder fünfte Parkinson-Patient aufweisen. Erst der Neuropathologe könnte im übrigen später entscheiden, ob die beobachtete Demenz auf die Parkinson-Krankheit zurückzuführen war, oder ob sie nicht vielmehr Ausdruck einer zusätzlich bestehenden Alzheimer-Krankheit, einer frontotemporalen Demenz oder einer „diffusen Lewy-Körperchen-Krankheit" war. Bei diesen Patienten müssen Anticholinergika vermieden werden, da es sonst sehr leicht zu einem Delir kommen kann.

Die Therapie der kognitiven Funktionsstörungen und des Delirs sollten neben dem Ausschluss von zu geringer Flüssigkeitseinfuhr, Infektionen (Lunge, Blase), Elektrolytstörungen und Diabetes mellitus darin bestehen, alle potentiell ungünstigen Medikamente wie Anticholinergika, Sedativa und Anxiolytika abzusetzen. Sollte es zu einem Delir oder zu Halluzinationen kommen, muss die Regel gelten ***„last in, first out"***, d.h. das Medikament, das der Patient vor Auftreten dieser Symptome erhielt, muss als erstes wieder abgesetzt werden. Bei den Antiparkinson-Medikamenten setzen wir in folgender Reihenfolge ab: Anticholinergika, MAO-B-Hemmer, NMDA-Rezeptorantagonisten, Dopamin-Rezeptoragonisten. L-DOPA kann allenfalls reduziert aber nicht abgesetzt werden. Nachdem man den Patienten nicht in eine akinetische Krise geraten lassen kann, muss häufig neuroleptisch gegengesteuert werden. Man muss die Antiparkinson-Medikamente graduell absetzen, da sonst das Auftreten eines malignen neuroleptischen Syndroms nicht auszuschließen ist. Daraus ergibt sich, dass solche Patienten stationär eingewiesen werden sollten und zwar in eine Umgebung, in der ausgeschlossen ist, dass sich die Patienten selbst oder andere gefährden. Dies wird auf der neurologischen Allgemeinstation meist nicht gegeben sein. Auf die drohende Entwicklung schwerer Halluzinationen wird man dann aufmerksam, wenn man vom Patienten Alpträume oder lebhafte Träume berichtet bekommt. Später wird er davon erzählen, dass er nachts bekannte oder unbekannte Personen und Lebewesen gesehen hat. Werden die Halluzinationen bedrohlich und treten sie auch bei Tage auf, muss nach erfolgloser Reduktion der potentiell auslösenden Medikamente neuroleptisch therapiert werden. Die gebräuchlichen Antipsychotika wie Haloperidol kommen dafür eher nicht in Frage, da sie ja die D_2 Rezeptoren blockieren. In Deutschland wird in dieser Situation bevorzugt **Clozapin** (Leponex®) eingesetzt. Nachdem die Wirkung von Leponex® nicht sofort einsetzt, gilt auch beim Auftreten von Psychosen und Halluzinosen, dass der Patient nicht in einer offenen neurologischen Allgemeinstation betreut werden kann. In einem solchen Falle muss man sich der Hilfe der psychiatrischen Kollegen versichern, die den Patienten zu dessen Schutz auf einer geschlossenen Station mit unserer konsiliarischen Hilfe behandeln können. Bemerkenswerterweise benötigen Patienten mit IPS viel geringere Dosen an Leponex® als schizophrene Patienten.

Üblicherweise beginnt man abends mit 12,5 mg Leponex®, das der Patient im Liegen einnehmen sollte, da Clozapin zu einer Hypotension führen kann, die den Patienten im Stehen so treffen kann, dass er stürzt. Zum zweiten werden viele Patienten unter Clozapin zu Beginn der Therapie müde und benommen. Man wird Leponex® meist in einer Dosierung von 25–50 mg halten können, Dosen von über 100 mg sind nur dann notwendig, wenn der Patient eine Parkinson-unabhängige psychiatrische Krankheit hat. Besonders günstig ist auch, dass Leponex® den Parkinson-Tremor und -Rigor positiv beeinflusst. Es ist unabdingbar, dass unter Leponex® regelmäßige wöchentliche **Blutbildkontrollen** gemacht werden, da ca. jeder Hunderste Patient eine Agranulozytose entwickelt, die unabhänigig von Dosis und Behandlungszeit auftreten kann.

Olanzapin (Zyprexa®) ist ebenfalls ein atypisches Neuroleptikum, das von vielen deutschen Psychiatern sehr geschätzt wird. Überzeugende Studien zu seinem Einsatz bei Parkinson-Patienten liegen nur spärlich vor. In einer offenen, nur 15 Patienten mit IPS einschließenden Studie (Wolters et al., 1996) wurden allerdings ermutigende Ergebnisse erzielt. Die empfohlene Dosis liegt zwischen ein und 15 mg/Tag. Olanzapin wird in einer Einzeldosis zur Nacht appliziert, da es sehr müde macht. Mittlerweile wurden auch unter Olanzapin, allerdings ganz vereinzelt, Agranulozytosen beobachtet. Aufgrund einer israelischen Studie (Zoldan et al., 1993) setzten wir unter stationären Bedingungen Ondadansetron mehrfach mit gutem Erfolg ein. Auch hier dauerte es aber einige Tage bis der erhoffte Erfolg eintrat. **Risperidon** hat uns nicht überzeugt, da es eindeutig antidopaminerg ist und somit für diese Indikation nicht empfohlen werden kann. Meist unternehmen wir, wenn es klinisch noch tolerabel ist, einen ersten Versuch mit einem schwachen Neuroleptikum, wie z.B. **Melperon** (Eunerpan®).

Ein weiteres wichtiges neuropsychiatrisches Problem ist die Tatsache, dass ca. 40 Prozent der Patienten mit IPS zumindest einmal im Verlauf ihrer Krankheit eine leichte und zum Teil auch schwere **Depression** erfahren werden. Dabei sind die mit dem Off-Phänomen verknüpfte depressive Verstimmung und die reaktive depressive Verstimmung nicht gemeint, die beide auf eine adäquate Antiparkinson-Medikation gut ansprechen. Grund für die Parkinson-assoziierte endogene Depression ist das Defizit an Monoaminen. Die richtige Diagnose einer Depression beim Patienten mit IPS kann schwierig sein. Nachdem die Hypomimie, die verlangsamten Bewegungen, der geringere Appetit, die fehlende Libido zur Parkinson-Krankheit gehören, können diese Symptome leicht als depressive Symptome missgedeutet werden, andererseits wird man aufgrund dieser äußeren Hülle echte Depressionen leicht übersehen. Natürlich werden sich neu-erkrankte Patienten mit ihrer Krankheit auseinandersetzen und viele werden eine schwere reaktive depressive Verstimmung erfahren. Für einige Patienten ist es belastend im Wartezimmer oder in einer Parkinson-Spezialklinik mit schwerst erkrankten Patienten zusammenzutreffen. Hier wird ein Gespräch und das gute Ansprechen auf die Antiparkinson-Medikamente in der Regel ausreichen, den Patienten aus seiner depressiven Verstimmung zu lösen.

Es sollte zur Regel gemacht werden, vor dem Einsatz von Antidepressiva die Parkinson-spezifische Therapie zu prüfen und ggf. anzugleichen. Als Antidepressiva können die **trizyklischen Antidepressiva** mit ihren anticholinergen Nebenwirkungen sowie die selektiven 5-HT-Wiederaufnahme-Hemmer (**SSRI**) Citalopram (Cipramil®), Fluoxetin (Fluctin®), Fluvoxamin (Fevarin®), Paroxetin (Seroxat®, Tagonis®) und Sertralin (Gladem®, Zoloft®), die keine anticholinergen Nebenwirkungen aufweisen, eingesetzt werden. Naturgegebenermaßen hat man noch keine sehr große Erfahrung bezüglich des Einsatzes von SSRIs beim IPS, die vorliegenden Studien und Fallbeobachtungen sprechen aber für ihren Einsatz und zwar in den Dosen wie sie bei nicht mit IPS-assoziierten Depressionen auch verwendet werden (Citalopram 20 bis 40 mg/Tag, Fluoxetin und Paroxetin 20–40 mg/Tag; Sertralin 50–150 mg/Tag). Obwohl es Arbeiten gibt, die unter Fluoxetin extrapyramidale Nebenwirkungen beschrieben (Jansen-Stuer, 1993), ist dies nach Angaben der amerikanischen „Parkinson Study Group" genauso wenig wie die Sorge, dass der kombinierte Einsatz von SSRIs und MAO-Hemmern zu einem serotonergen Syndrom führen könnte, ein wirkliches Problem. Aus den USA liegt eine Untersuchung vor, die in einer offenen Studie eine gute Toleranz für **Sertralin** bei Parkinson-Patienten beschreibt (Hauser und Zesiewicz, 1997). Wichtig ist darauf hinzuweisen, dass beim Einsatz von SSRI der MAO-B-Hemmer Selegilin abgesetzt werden sollte (5-HT-Syndrom). Aufgrund ihrer nicht allzu starken anticholinergen Nebenwirkungen, ihrer eher aktivierenden Wirkung und dem relativ raschen Wirkbeginn sollten bevorzugt **Nortriptylin und Desipramin** in einer Dosierung von 20–40 mg/Tag bzw. 25–50 mg/Tag appliziert werden. In einer amerikanischen Umfrage wurde festgestellt, dass in 51 Prozent SSRI und in 41 Prozent trizyklische Antidepressiva bei Depression eingesetzt werden (Hegeman-Richard et al., 1997).

Auch die Gabe des MAO-A-Hemmers **Moclobemid** wurde bei Parkinson-Patienten getestet und eine zufriedenstellende Wirksamkeit gegen die depressiven Symptome, aber auch gegen die Parkinson-Symptome berichtet (Sieradzan et al., 1995). Es gibt auch Hinweise darauf, dass Elektrokrampf-Therapie bei Parkinson-Patienten mit tiefer sonst therapierefraktärer Depression eingesetzt werden kann. Erfahrungen über den Einsatz des neuen Noradrenalin-Aufnahme-Hemmers Reboxetin (Edronax®), der keine Beeinflussung der dopaminergen Rezeptoren zeigt, liegen noch nicht vor. Aufgrund der guten Wirkung und geringer Nebenwirkungen bei akzeptablem Preis könnte die Substanz auch für Parkinson-Patienten interessant werden.

Häufig sind Angststörungen bei Parkinson-Patienten zu beobachten. Einer unserer Patienten erhielt aufgrund einer symptomatischen Carotis-interna-Stenose einen Stent und entwickelte am zweiten post-operativen Tag Symptome wie bei Herzinfarkt. Mittels Zusatzdiagnostik schlossen wir sehr rasch einen Herzinfarkt und eine Lungenembolie aus. Wir gehen davon aus, dass der Patient nach dem ganzen Stress um den Eingriff eine Panik-Attacke entwickelt hatte. Daran sollte man u.a. differenzialdiagnostisch denken, wenn kardiovaskulär gesunde Patienten mit IPS über Atemlosigkeit, Luftnot und/oder Herzstechen klagen. Klarer sind die Verhältnisse, wenn sich eine plötzliche Angst zu sterben, verrückt zu werden oder ins Altenheim zu müssen, entwickelt. Man sollte bei der Anamnese-Erhebung versuchen herauszubekommen, ob diese Angstzustände in den Off-Phasen oder unabhängig vom motorischen Zustandsbild auftreten. Bei Auftreten allein in Off-Phasen ist eine Adaptation der Antiparkinson-Medikation meist ausreichend. Bei unabhängigen Angstzuständen können **Benzodiazepine** mit kurzer Halbwertszeit wie Alprazolam und Lorazepam angewendet werden (Cave: können bei Personen mit kognitiven Störungen ein Delir auslösen, daher niedrig dosieren) oder **Buspiron, SSRIs und trizyklischen Antidepressiva** eingesetzt werden.

Nicht verschwiegen werden darf, dass Parkinson-Patienten auch suizidale Tendenzen aufweisen. Es gibt eine Studie aus Dänemark, die dem allerdings zu widersprechen scheint (Stenager et al., 1994), da hierin 458 Patienten mit IPS zwischen 0 und 17 Jahren in einer Follow-up-Studie gesehen wurden und mit der Normalbevölkerung bezüglich der Suizidhäufigkeit verglichen wurden, ohne dass ein signifikanter Unterschied festgestellt werden konnte.

17

Noch in experimenteller Erprobung befindliche, zukünftige Therapien der Parkinson-Krankheit: Ausblick

Die derzeit in der Parkinson-Therapie zur Verfügung stehenden Arzneimittel zielen in erster Linie auf die Linderung der motorischen Symptomatik, auch wenn einige – wie die Dopamin-Rezeptoragonisten, die NMDA-Rezeptorantagonisten oder der MAO-B-Hemmer Selegilin – den Krankheitsprozess selbst ursächlich beeinflussen könnten. Wie in den vorhergehenden Kapiteln ausführlich erörtert, ist ein Hauptproblem der L-DOPA-Therapie, dass mit zunehmender Behandlungsdauer ein Wirkverlust und gehäuft das L-DOPA-Langzeitsyndrom auftreten, dessen Behandlung große Anforderungen an den behandelnden Arzt stellt und in vielen Fällen medikamentös nur schwer in den Griff zu bekommen ist. Eine schon jetzt mögliche Therapieoption ist die frühe Monotherapie mit Dopamin-Rezeptoragonisten, NMDA-Rezeptorantagonisten oder Selegilin, die die Notwendigkeit mit L-DOPA zu therapieren, hinausschieben. Alternativ könnte man auch L-DOPA einsparen, in dem man die Parkinson-Therapie bereits mit einer Kombination aus L-DOPA-Präparaten und diesen potentiell neuroprotektiven Wirkstoffen beginnt. Noch nicht klinisch untersucht ist die frühe Kombinationstherapie mit L-DOPA-Präparaten und dem COMT-Hemmer Entacapon.

In verschiedenen Stadien der Entwicklung sind neue Ansätze, pharmakologisch und gentherapeutisch die endogene Dopamin-Synthese im Gehirn von Parkinson-Kranken zu erhöhen, um so den striatalen Dopamin-Mangel zu beseitigen und die motorischen Symptome zu lindern. Andere Strategien wollen die pharmakologische Beeinflussung nicht-dopaminerger Systeme zur Behandlung der Parkinson-Symptomatik therapeutisch nutzen (Tabelle 17.1).

Im Gegensatz zu der symptomatischen Therapiestrategie will die neuroprotektive eine ursächliche Behandlung der Parkinson-Krankheit erreichen, die zu einer Heilung oder zumindest aber zu einem Stillstand der Erkrankung führen würde. Momentan sind eine Reihe von Wirkstoffen in unterschiedlichen Stadien der Entwicklung, die hypothesen-geleitet für die Indikation Neuroprotektion entwickelt wurden (Tabelle 17.1).

Pharmakologische Ansätze, die endogene Dopamin-Synthese zu beeinflussen

Der geschwindigkeitsbestimmende Schritt der Biosynthese von Dopamin ist die Umwandlung der Aminosäure Tyrosin in L-DOPA durch das Enzym TH. Da man annahm, dass die in Post-mortem-Untersuchungen nachgewiesene verminderte katalytische TH-Aktivität (Riederer et al., 1978) durch die erniedrigte Konzentration des Co-Faktors von TH, dem Tetrahydrobiopterin (BH_4), verursacht wird, war der erste konsequente Ansatz die

Tabelle 17.1. Noch in experimentellen Stadien befindliche, zukünftige Behandlungsmethoden der Parkinson-Krankheit

1. Ansätze zur symptomatischen Behandlung

- Pharmakologische Stimulation der endogenen Dopamin-Synthese mit NADH und Oxyferriscorbone?
- Gentherapie durch Übertragung des TH-Gens?
- Selektive Adenosin-Rezeptorantagonisten
- α_2-Adrenozeptor-Antagonisten?
- GABA-Rezeptoragonisten?
- Nicht-kompetitive NMDA-Rezeptorantagonisten
- Serotonin-Rezeptorantagonisten?

2. Neuroprotektive, neuronenrettende und neuronenheilende Strategien

- Gentherapie durch Übertragung von Neurotrophin-Genen?
- Stammzellen-Therapie?
- Anti-exzitatorische Wirkstoffe wie Riluzol
- Anti-apoptotische Wirkstoffe wie CGP 3466B
- Immunophiline wie FK-506 oder GPI-1046
- Freie Radikale-fangende Wirkstoffe wie S-PBN und Salizylsäure
- Blut-Hirn-Schranken-gängige Eisen-Chelatoren wie Lazaroide und Scavestrogene
- Entzündungshemmende Substanzen

NADH, Nicotinamidadenindinucleotid; NMDA, N-Methyl-D-aspartat; S-PBN, N-tert-Butyl-α-(2-sulfophenyl)-nitron; TH, Tyrosin-Hydroxylase. ?, klinische Umsetzung noch in weiter Ferne bzw. fragliches Wirkprinzip.

Substitution mit BH_4. Behandlungsversuche mit BH_4 zur Stimulierung der endogenen Dopamin-Synthese waren jedoch aufgrund der relativ schwachen Permeation durch die Blut-Hirn-Schranke wenig erfolgreich (Yamaguchi et al., 1983; Birkmayer und Riederer, 1985). Der nächste naheliegende Schritt war die Verwendung von Nicotinamidadenindinucleotid (**NADH**), einem Co-Faktor des BH_4-synthetisierenden Enzyms Dihydropteridin-Reduktase. Walter Birkmayer applizierte NADH bei über 500 Parkinson-Patienten sowohl peroral, intramuskulär als auch i.v. Basierend auf einer retrospektiven Datenanalyse wurden klinische Besserungen der motorischen Symptomatik um 19,8 Prozent (peroral) bzw. 20,6 Prozent (i.v.) beschrieben (siehe Kuhn und Müller, 1997). Die Ergebnisse dieser Studien sind aufgrund fehlender detaillierter Angaben zu Patientengut, Zusatzmedikation sowie uneinheitlicher Therapiedauer sehr umstritten. Insbesondere war die Stabilität der in den ersten Studien verwendeten, selbst hergestellten Zubereitungen nicht gesichert. Die Überprüfung der dem NADH nachgesagten Wirksamkeit in klinischen Studien, die den heutigen Standards entsprachen, ergab widersprüchliche Ergebnisse, sodass eine endgültige Beurteilung der klinischen Relevanz von NADH zur Zeit nicht möglich ist (Kuhn und Müller, 1997). Aufgrund der heutigen, neurochemischen Kenntnisse muss man jedoch eine gute Wirksamkeit hinsichtlich der Linderung motorischer Symptome anzweifeln, da die verminderte TH-Aktivität und der reduzierte Gehalt an BH_4 durch die Degeneration nigro-striataler Neuronen verursacht werden: die TH ist ein zytosolisches Enzym, das nach Freisetzung in den extrazellulären Raum rasch inaktiviert wird. Demzufolge sind allenfalls bei Parkinson-Patienten in frühen Stadien klinische Effekte unter NADH (da BH_4 aufgrund der fehlenden Blut-Hirn-Schranken-Gängigkeit sowieso nicht wirkt, siehe oben) zu erwarten.

Ein weiteres therapeutisches Prinzip zur endogenen Stimulation der Dopamin-Synthese ist die i.v. Gabe von Oxyferriscorbone (Birkmayer und Birkmayer, 1988). Ausgangspunkt für die Verwendung von Oxyferriscorbone, einem Eisen-haltigen Präparat, war der experimentelle Hinweis, dass man die TH-Aktivität in Post-mortem-Gewebe von Parkinson-Kranken mit Fe^{2+}, einem Co-Faktor der TH, stimulieren kann (Rausch et al., 1988). Die klinische Wirksamkeit von Oxyferriscorbone ist jedoch nicht bewiesen. Nur Walter Birkmayer berichtete, ohne dass er das Patientengut genauer beschrieb oder auf die Zusatzmedikation und Beurteilungskriterien einging, dass die i.v. Gabe von Oxyferriscorbone zu einer Verbesserung der Akinese geführt habe (Birkmayer und Birkmayer, 1988). Jedoch sind diese klinischen Beobachtungen aufgrund der sehr geringen Blut-Hirn-Schranken-Gängigkeit des verwendeten Präparates und der damit verbundenen Schwierigkeit, den Eisen-Gehalt im erwachsenen ZNS durch periphere Gabe von Eisen-Präparaten zu beeinflussen, pharmakologisch nicht erklärbar.

Gentherapeutische Ansätze zur symptomatischen Behandlung

Im experimentellen Stadium befinden sich derzeit verschiedene gentherapeutische Ansätze, die durch eine gezielte Übertragung des Gens für die **TH** die gestörte nigro-striatale dopaminerge Neurotransmission wieder normalisieren sollen (Isenmann et al., 1996; Latchman und Coffin, 2000). Prinzipiell stehen zwei Verfahren der Genübertragung zur Verfügung, die beide auch schon in Tiermodellen der Parkinson-Krankheit erfolgreich experimentell erprobt wurden. Beim sog. **In-vivo-Ansatz** werden **Vektoren** verwendet, um das Gen direkt in die relevante Zelle eines Organismus einzubringen. Dies kann mit rekombinanten Viruspartikeln wie auch mit physikalischen oder chemischen Methoden der Transfektion erreicht werden. Für die Übertragung des TH-Gens wurden HSV (Herpes-simplex-Virus) und AAV (Adeno-assoziierte Viren) als Gen-übertragende Viren eingesetzt. Beim Ex-vivo- oder indirekten, **zellvermittelten Weg** hingegen werden Zellen in das Striatum transplantiert. Diese Methode verbindet molekulare Klonierungs- mit Transplantationstechniken: das transgene Implantat entspricht einer „künstlichen Pumpe“, die lokal TH produziert und freisetzt. Für die Übertragung des TH-Gens wurden nicht-neuronale, primäre Zellen (wie Myoblasten und Fibroblasten) und Polymer-verkapselte PC12-Zellen erfolgreich angewandt.

Vor der Anwendung dieser gentherapeutischen Strategien am Menschen sind jedoch noch immer grundlegende Fragen zu lösen, die vor allem die Zielzellspezifität, die Langzeitexpression und regulierte Expression des eingebrachten TH-Gens wie auch die Sicherheit bei Verwendung viraler Vektoren betreffen. Diese Problematik wurde schlagartig in das Blickfeld der Öffentlichkeit gerückt als Ende des letzten Jahrtausends ein Todesfall in den USA durch Gentherapie bekannt wurde und in der Presse für Diskussionsstoff sorgte. In diesem Fall wurde allerdings ein Gen-übertragendes Virus eingesetzt, von dem man aus früheren Studien bereits wusste, dass es Probleme geben kann.

Nicht-dopaminerge Behandlungskonzepte

Eine Möglichkeit, indirekt das dopaminerge System zu beeinflussen, ist die Aktivität der Neuronensysteme zu reduzieren, die das dopaminerge nigro-striatale System antagonisieren (Abb. 2.12). Dieses Konzept wurde bereits in Tiermodellen der Parkinson-Krankheit für Adenosin-Rezeptor- (Mally und Stone, 1998), α_2-Adrenozeptor- (Brefel-Courbon et al., 1998) und NMDA-Rezeptorantagonisten (Starr, 1995) erfolgreich experimentell angewandt. Die Resultate einer an einer kleinen Patientenzahl durchgeführten doppelblinden, Placebo-kontrollierten Crossover-Studie legen nahe, dass sich **auch GABA-Rezeptoragonisten** für die Parkinson-Therapie eignen könnten (Daniele et al., 1997): Die Monotherapie mit Zoldipem (viermal zehn mg täglich), einem kurz wirksamen Schlafmittel mit hoher Selektivität für den Benzodiazepin-Rezeptorsubtyp BZ_1 führte bei zehn Parkinson-Patienten in fortgeschrittenen Stadien (durchschnittliches Hoehn-Yahr-Stadium II,9) zu einer deutlichen Besserung der motorischen Symptomatik, die mithilfe der UPDRS-Subskala bewertet wurde. Bei den drei Patienten, die unter L-DOPA Dyskinesien entwickelten, wurden diese nicht mehr beobachtet. Offen ist die Frage, ob Wirkstoffe, die das serotonerge System beeinflussen (wie selektive 5-HT-Wiederaufnahme-Hemmstoffe oder -Rezeptoragonisten) jemals am Menschen erprobt werden, da die präklinische Datenlage zwar eine antidyskinetische Wirkung vermuten lässt, jedoch auch in Zusammenhang mit einem medikamentös-induzierten Parkinson-Syndrom gebracht werden (Miyawaki et al., 1997).

Die Rezeptoren für die Adenosine ATP und ADP, die auch als Purinozeptoren zusammengefasst werden, werden aufgrund ihrer pharmakologischen Eigenschaften in vier verschiedene Klassen eingeteilt: A_1, A_{2A}, A_{2B} und A_3. Sie kommen fast überall im ZNS vor, der A_{2A}-Subtyp ist jedoch beim Menschen überwiegend in den Basalganglien lokalisiert und hat wahrscheinlich deshalb eine Funktion an der Regulation der Motorik. Aufgrund von Deafferenzierungsexperimenten folgerte man, dass die A_{2A}-Rezeptoren an cholinergen Interneuronen des Striatums und mittelgroßen GABA/enkephalinergen Neuronen, die vom Striatum zum GP projizieren, vorkommen. Außerdem sind sie mit dopaminergen D_2-Rezeptoren im Striatum ko-lokalisiert. In extra-striatalen Regionen kommt ein Subtyp des A_{2A}-Rezeptors vor, dessen Stimulation durch einen Agonisten zu einer Erhöhung der neuronalen Erregbarkeit der Nervenzelle (exzitatorische Wirkung) führt und eine Freisetzung von Neurotransmittern (wie GABA, Glutamat, ACh und Dopamin) zur Folge hat. Die Aktivierung dieses Rezeptorsubtyps führt zu einer Reduktion der Affinität von D_2-Rezeptoren für Dopamin und -Rezeptoragonisten. Auf diese Weise wird die Wirkung von Dopamin unterdrückt. Im Gegensatz dazu zeigen **Antagonisten des A_{2A}-Rezeptors** generell einen lokomotorischen (bewegungsstimulierenden) Effekt in einer Reihe von experimentellen Paradigmen der Akinese und Bradykinese, die auf die Verhinderung der Aktivierung bestimmter Adenosin-Rezeptorsubtypen durch den endogenen Agonisten Purin und die dadurch bedingte erleichterte Stimulation dopaminerger Rezeptoren erklärt wird.

Vorläufige klinische Untersuchungen mit nicht-selektiven Adenosin-Rezeptorantagonisten legen den Schluss nahe, dass durch diese Therapie auch andere Symptome der Parkinson-Krankheit, wie die Hypokinese und der Tremor, gebessert werden können (Mally und Stone, 1998). Die Entwicklung selektiver A_{2A}-Rezeptoragonisten durch verschiedene pharmazeutische Unternehmen weckt daher Hoffnungen, dass dieser neue, nicht-dopaminerge Ansatz bald für die symptomatische Parkinson-Therapie zur Verfügung stehen wird. Ähnliches gilt auch für neue, **nicht-kompetitive NMDA-Rezeptorantagonisten**, die präklinisch wesentlich effektiver waren als NMDA-Rezeptorantagonisten, die an der Glycin-Bindungsstelle wirken (Karcz-Kubicha et al., 1999), und **α_2-Adrenozeptor-Antagonisten** (Brefel-Courbon et al., 1998). Erste vorliegende Ergebnisse einer Placebo-kontrollierten klinischen Studie mit den α_2-Adrenozeptor-Antagonisten Idazoxan und Efaroxan legen den Schluss nahe, dass mit einer chronischen Monotherapie die motorische Symptomatik, insbesondere Rigidität und Akinese, gebessert wird und mit einer Akuttherapie das Auftreten L-DOPA-induzierter Peak-dose-Dyskinesien vermindert werden kann. Vor dem Hintergrund, dass L-DOPA-resistente Parkinson-Symptome wie Freezing, kognitive Störungen, Depression und Dysautonomie durch Störungen im noradrenergen Systemen verursacht werden (siehe Kapitel 2.2) wäre es interessant, die Wirksamkeit dieser Substanzen im Hinblick auf diese Symptome klinisch zu prüfen. Allerdings könnte es auch sein, dass dieses Therapieprinzip aufgrund des Auftretens von massiven kardiovaskulären und psychiatrischen Nebenwirkungen, die aufgrund des pharmakologischen Profils wahrscheinlich sind, nicht weiter verfolgt wird.

Kausale Therapieprinzipien

Im experimentellen Stadium befinden sich derzeit verschiedene gentherapeutische Ansätze, die durch eine gezielte Übertragung der Gene für **neurotrophe Faktoren** (wie GDNF und BDNF) die Funktion abgestorbener dopaminerger Neuronen wieder herstellen und dadurch die nigro-striatale dopaminerge Neurotransmission wieder normalisieren wollen (Isenmann et al., 1996). Wie bereits oben diskutiert, sind vor der Anwendung dieser gentherapeutischen Strategien am Menschen jedoch noch immer grundlegende Fragen zu lösen.

Eine weitere Perspektive zur kausalen Therapie könnte auch die Stimulation von sog. **Stammzellen** sein (Kempermann und Gage, 1999). Diese vielseitigen Zellen ähneln denjenigen eines sich entwickelnden Embryos: Auch sie haben die Fähigkeit, sich fast beliebig oft zu teilen und können dabei nicht nur Kopien von sich selbst, sondern eine ganze Reihe verschiedener Zelltypen hervorbringen. Neueste Untersuchungen legen den Schluss nahe, dass auch das menschliche Gehirn im erwachsenen Alter zumindest im Hippocampus noch regelmäßig neue Nervenzellen erzeugt und damit eine gewisse Selbstreparatur des Gehirns erreichbar ist. Sollte sich diese Beobachtung bewahrheiten, dann wäre ein lange unumstößliches Dogma gefallen. Im Tierexperiment konnte man jedenfalls schon zeigen, dass nach der Injektion des Epidermis- oder Fibroblasten-Wachstumsfaktors (Neurotrophine, die die Neurogenese beeinflussen) in die seitlichen Ventrikel des Hirnstamms ausgewachsener Ratten, die Teilungsrate umliegender Stammzellen wieder außergewöhnlich stark ansteigt (Kempermann und Gage, 1999). Da diese Methode jedoch nicht am Menschen praktikabel ist, wird über eine ganze Reihe alternativer Strategien nachgedacht. Der Bogen reicht dabei von der pharmakotherapeutischen Anwendung niedermolekularer regulatorischer Substanzen, über gentherapeutische Ansätze, um die Bildung bestimmter regulierender Substanzen im Körper selbst anzuregen, bis hin zur Transplantation neuronaler Stammzellen. Gleichzeitig ließen sich andere wirksame Faktoren, wie Umweltreize, geistige Anregung, körperliches Training oder auch eine Kombination all dieser Maßnahmen nutzen. Bis zur klinischen Einsatzreife solcher Konzepte könnten allerdings noch Jahrzehnte vergehen.

Wesentlich weiter gediehen sind andere, pharmakotherapeutische Strategien zur kausalen Therapie der Parkinson-Krankheit. In klinischer Erprobung bei über 1500 Parkinson-Kranken ist bereits **Riluzol**, das bei ALS-Patienten zu einer signifikanten Abnahme der Sterblichkeitsrate innerhalb des Zeitraums von neun Monaten führte (Bensimon et al., 1994). Hauptzielgröße dieser Studie ist der Krankheitsverlauf, der mittels der UPDRS-Skala bewertet wird. Eine Nebenzielgröße ist die Ermittlung der [^{18}F]-L-DOPA-Einstrom-Konstanten für das Putamen, um die neuroprotektive Wirksamkeit von Riluzol auf zellulärer Ebene nachzuweisen. In ver-

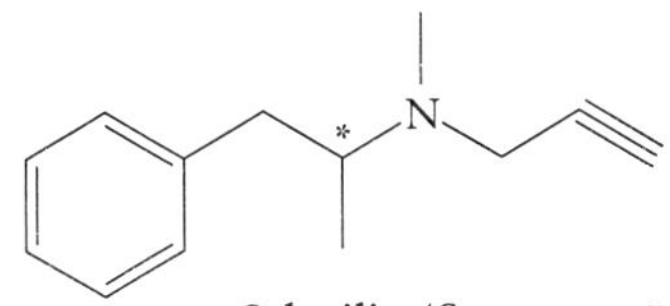

Selegilin (Synonym: L-Deprenyl)

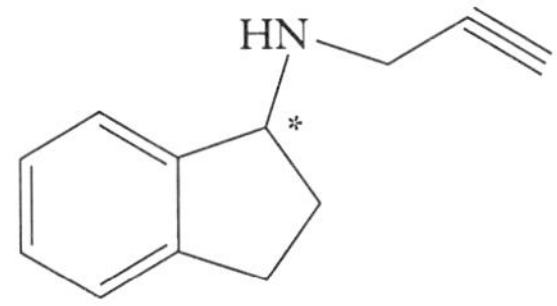

Rasagilin (Synonyme: AGN 1133, TVP-1012)

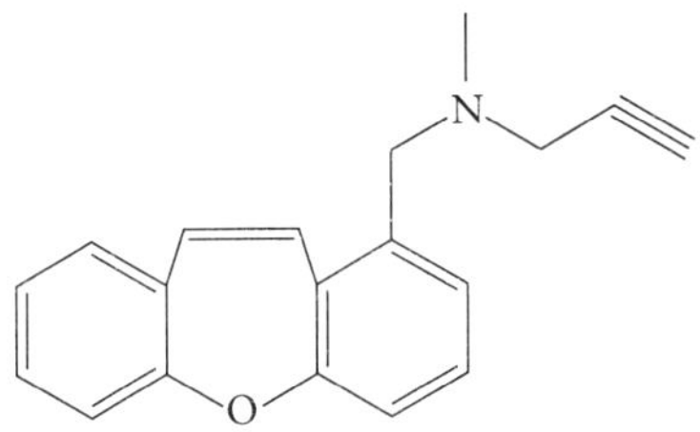

CGP 3466B

Abb. 17.1. Strukturen von Selegilin und daraus entwickelten neuen Wirkstoffen mit anti-apoptotischen und neuronenrettenden/neuronenheilenden Eigenschaften.

schiedenen experimentellen Modellen der Neurodegeneration konnte eine neuroprotektive Wirkung von Riluzol nachgewiesen werden. Der genaue Wirkmechanismus ist aber nicht bekannt. Im Gegensatz zu MK-801 bindet Riluzol nicht an einen der bekannten Glutamat-Rezeptoren; wahrscheinlich beeinflusst es jedoch die glutamaterge Neurotransmission durch die Stabilisierung des inaktivierten Zustandes spannungsabhängiger Na^+-Kanäle und Hemmung der Glutamat-Freisetzung. Außerdem wurden antioxidative Effekte in Zellkulturexperimenten nachgewiesen (Koh et al., 1999).

Ausgehend von der Struktur des Selegilins wurden neue Wirkstoffe mit anti-apoptotischen und neuronenrettenden/neuronenheilenden Eigenschaften entwickelt: Augenfällig ist deren Propargylamin-Struktur (Abb. 17.1). Besonders interessant und weit entwickelt sind **CGP 3466B** (Kragten et al., 1998) und **Rasagilin**, ein irreversibler MAO-B-Hemmstoff, der nicht zu Amphetamin metabolisiert werden kann (Finberg et al., 1998; Speiser et al., 1998). CGP 3466B bindet in pikomolaren Konzentrationen an die Glyceralaldehyd-3-Phosphat-Dehydrogenase (GAPDH), einem Schlüsselenzym in der Glykolyse und der apoptotischen Signalkaskade (Kragten et al., 1998). Bemerkenswert ist, dass CGP 3466B im Tierexperiment seine neuroprotektive Wirkung nur in sehr geringen Dosierungen und in einem sehr engen Dosisbereich entfaltet, wobei nicht die Aktivität der MAO-B beeinflusst wird. Ähnliche neuroprotektive Eigenschaften werden auch dem Rasagilin nachgesagt (Speiser et al., 1998). Jedoch ist dessen Wirkmechanismus weniger gut bekannt. Es ist aber anzunehmen, dass sowohl die MAO-B-hemmende Wirkung als auch andere, Selegilin-ähnliche Eigenschaften dafür verantwortlich sind.

Ein weiteres, bereits in Kapitel 6 erwähntes Beispiel ist die Entwicklung von **Immunophilin-Liganden** wie dem FK-506 oder GPI-1046. Immunophiline sind häufig im Gehirn vorkommende Rezeptorproteine, deren Aktivierung zu einer Unterdrückung der Immunantwort durch Hemmung des Calcineurins, einer Ca^{2+}-aktivierten Phosphatase, führt.

Schließlich soll nochmals an die ebenfalls weit fortgeschrittene **Entwicklung antioxidativer Strategien** erinnert werden. Freie Radikale-fangende Substanzen wie S-PBN, Salizylsäure, Blut-Hirn-Schranken-gängige Eisen-Chelatoren wie bestimmte Lazaroide oder Scavestrogene, oder aber indirekt wirkende entzündungshemmende Wirkstoffe wie Indomethacin, die die Cyclooxygenase hemmen, zeigten in verschiedenen präklinischen Modellen der Neurodegeneration neuroprotektive Effekte (Tabelle 17.1). Wie bereits in Kapitel 6 ausführlich erörtert, wäre es aus theoretischen Überlegungen interessant, Kombinationen aus Präparaten mit unterschiedlichen Wirkmechanismen klinisch auf ihre neuroprotektive Wirksamkeit zu prüfen. In tierexperimentellen Modellen der Parkinson-Krankheit konnten jedenfalls synergistische Effekte nachgewiesen werden (z.B. Schulz et al., 1996).

Ausblick

Die vorliegenden präklinischen Daten zur Neuroprotektion und die erfolgversprechenden ersten Auswertungen PET-gestützter klinischer Untersuchungen geben Anlass zur Hoffnung, dass in nicht allzu ferner Zukunft die Parkinson-Krankheit zumindest in ihrem natürlichen Verlauf aufgehalten werden kann, sodass man diese über einen längeren Zeitraum gut symptomatisch behandeln kann. Sollte es gelingen, die Krankheit frühzeitig, möglichst präklinisch mithilfe biochemischer oder genetische Marker zu diagnostizieren, dann wird es auch möglich sein, die Menschen vor dem Ausbruch der Erkrankung zu bewahren. Das fortschreitende Wissen über neuronenschädigende und neuronenheilende Mechanismen wird eines Tages auch dazu führen, dass wirksame neuronenheilende Therapiestrategien entwickelt werden, womit dann eine ursächliche Heilung der Erkrankung möglich sein sollte.

Appendix A
Der Patient und sein Umfeld

W. Götz

A.1 Von den ersten Symptomen bis zur Diagnose

A.1.1 Die ersten Symptome...

Das IPS beginnt meist sehr diskret. Anhaltende, therapieresistente Rückenschmerzen und/oder Verkleinerung der Schrift können erste Symptome sein. Das in der öffentlichen Meinung mit dem Begriff „Parkinson'sche Krankheit" verbundene Zittern tritt dagegen bei rund der Hälfte der Patienten überhaupt nicht, und bei den anderen meist erst später, im Verlauf der Erkrankung auf.

Die Betroffenen messen in aller Regel diesen Anzeichen anfangs keine Bedeutung bei oder bagatellisieren sie. In der Rückschau erscheint es einem dann oft so, als hätte man etwas geahnt und deshalb „Vogel Strauß"-Politik betrieben, frei nach dem Motto „dass nicht sein kann was nicht sein darf".

Die **körperliche Belastbarkeit** nimmt ab; je nach Art des Handikaps (siehe dazu auch die Zehn-Fragen-Liste, Abb. A.1) wird dies aber zunächst z.B. mit den Folgen einer Erkältung erklärt oder mit länger anhaltendem Stress, wobei beides sogar tatsächlich beteiligt sein kann.

Hält die ungewohnte Ermüdbarkeit an, so führt der Gang zum Arzt in der Regel entweder zum Orthopäden oder zum Internisten. Beide stellen – leider nach wie vor zu oft – vor allem bei jüngeren Patienten (Alter unter 45 oder gar 40 Lebensjahren) alle möglichen (und unmöglichen) Verlegenheitsdiagnosen...und jede Woche, jeder Monat oder gar ein Jahr, das verrinnt, kostet den Patienten unwiederbringliche Zeit mit guter Lebensqualität.

Obwohl sich heute herumgesprochen haben müsste, dass die lange kolportierte Aussage „die Parkinson-Krankheit schmerzt nicht" schlicht falsch ist, wird von vielen Ärzten – auch von Neurologen – immer noch so verfahren als ob...

...und die Bedeutung der Früherkennung

Die „deutsche Parkinson-Vereinigung" (dPV) wird deshalb nicht müde – unterstützt von Ulrich Wickert als Schirmherrn und einem „Förderkreis" von Pharmafirmen – die Bedeutung der Früherkennung zu betonen! Das Motto „Hinsehen-handeln-helfen„ (Abb. A.2) wird in gemeinsamer Anstrengung unter Nutzung aller denkbaren Medien der Bevölkerung näher gebracht; mit wachsendem Erfolg. 1999 erreichten die verschiedenen Aktionen 55 Millionen Bürger.

Die verstärkte Aufmerksamkeit wird benutzt, um bei jedem Kontakt die Mitbürge-

Hinsehen – handeln – helfen.

Check zur Früherkennung der Parkinson-Krankheit

Die folgenden Fragen können Sie selbst oder für einen Partner (Familienangehöriger, Freund, Nachbar, Kollege, etc.) durch Ankreuzen beantworten.

1.	Kommt es vor, daß Ihre Hand zittert, obwohl sie entspannt aufliegt?	ja ☐ nein ☐
2.	Ist ein Arm angewinkelt und schlenkert beim Gehen nicht mit?	ja ☐ nein ☐
3.	Haben Sie eine vornüber gebeugte Körperhaltung?	ja ☐ nein ☐
4.	Haben Sie einen leicht schlurfenden Gang oder ziehen Sie ein Bein nach?	ja ☐ nein ☐
5.	Haben Sie einen kleinschrittigen Gang und kommt es häufig vor, daß Sie stolpern oder stürzen?	ja ☐ nein ☐
6.	Leiden Sie an Antriebs- und Initiativemangel?	ja ☐ nein ☐
7.	Haben Sie häufig Schmerzen im Nacken-Schultergürtel-Bereich?	ja ☐ nein ☐
8.	Haben Sie bemerkt, daß Sie sich von Ihren Freunden und Angehörigen zurückziehen, daß Sie Kontakte meiden und zu nichts Lust haben?	ja ☐ nein ☐
9.	Haben Sie Veränderungen in Ihrer Stimme bemerkt? Ist sie monotoner und leiser als früher oder hört sich heiser an?	ja ☐ nein ☐
10.	Haben Sie eine Verkleinerung Ihrer Schrift bemerkt?	ja ☐ nein ☐

Abb. A.1. Die zehn Fragen sind gut eingängig und damit auch schneller umzusetzen respektive zu verändern, wenn notwendig.

Abb. A.2. Mit der Kombination aus „Hand" und Auge sowie dem Text „Hinsehen-handeln-helfen" gelang es erstmals wirklich und mit substantiellen Zuwächsen auf „uns" (= dPV) aufmerksam zu machen!

rinnen/Mitbürger mit einer Liste von zehn Fragen zu konfrontieren (Abb. A.1), deren Beantwortung den Verdacht auf ein IPS erhärten oder weitgehend – aber nur für diesen Zeitpunkt – zerstreuen kann.

Der besondere Wert der Fragenliste liegt darin, dass sie es auch dem Umfeld der/des Betroffenen ermöglicht, diese aktiv und trotzdem diskret auf das mögliche Problem anzusprechen. Häufig fallen ja die körperlichen

Veränderungen, z.B. im Gangbild, der Umgebung früher auf als dem Betroffenen selbst. Ein gutes Beispiel dafür ist, dass auf der betroffenen Seite der Arm beim Gehen nicht mehr mit schwingt.

Die Ursache dafür ist, dass sich der **Dopamin-Mangel** am stärksten – wenn auch beim Einzelnen wieder unterschiedlich stark und früh – auf die verschiedenen Muskelpartien auswirkt. Deshalb konzentrieren sich die Fragen zur Früherkennung auf diesen Bereich. Das oft angesprochene **Maskengesicht ist kein typisches Frühsymptom,** es kann aber vereinzelt doch sehr früh zu sehen sein. Die Patienten können nicht mehr lachen!

Über die absolute und relative Höhe der **Dunkelziffer** ist in der Vergangenheit viel diskutiert und spekuliert worden. Seitdem die Vergleichszahlen der europäischen Studiengruppe vorliegen (de Rijk et al., 1997) wird für **Deutschland** damit gerechnet, dass zu den bekannten ca. 250 000 Patienten noch mindestens ca. 30 000 hinzukommen, die von ihrem Betroffensein noch nichts wissen. Zum Vergleich: in den **USA** schwanken die Angaben zwischen 500 000 Patienten, die auch in Behandlung sind, und 1,5 Millionen, wenn auch die bekannten, aber nicht behandelten, und die noch unerkannten Patienten einbezogen werden (Beckerman, 1999). Wie dieses Zwischenstadium von einem Betroffenen erlebt wird, beschreibt Peter Weitenhagen in seinem autobiographischen Text (Weitenhagen, 1999):

> „Diese differierenden Diagnosen zwangen zu weiteren Konsultationen und waren Auslöser einer verzweifelten Seelenlage. Es dürfte nicht einfach für den ‚Nichtbetroffenen' sein, meiner seinerzeit zunehmend depressiven Verstimmung zu folgen. Durch die fortschreitende Beeinträchtigung fühlte ich mich in meiner Existenz bedroht. Keinem meiner Arbeitskollegen traute ich mich von meinem Handikap zu berichten, da ich ja selbst nicht wußte, wie es sich entwickeln würde und welche Perspektiven mir blieben.[...] Die zunehmende Orientierungslosigkeit führte meine Grundstimmung auf einen dramatischen Tiefpunkt. Ich fühlte mich verraten und verkauft, verlassen und unverstanden, wußte keine Lösung mehr, klammerte mich an jeden Strohhalm.[...] Ich verrate kein Geheimnis, wenn ich gestehe, daß ich in diesen Tagen die Grenze meiner psychischen Kraft erreichte".

A.1.2 Wege und Irrwege zur Diagnose

Die Aktion „Hinsehen-handeln-helfen" ist 1997 und 1999 mit großem Erfolg durchgeführt worden. Das Gleiche erhoffen wir uns von der Aktion in 2001. Weitere drei Ereignisse machen dieses Jahr besonders wichtig für die Öffentlichkeitsarbeit in Deutschland in Sachen IPS:

1. vom 07. bis 10. März 2001 ist Bochum die Stadt des 2. Deutschen Parkinson-Kongresses, der zum ersten Mal von der Deutschen Parkinson Gesellschaft (DPG) und der dPV gemeinsam veranstaltet und organisiert wird;
2. Mitte April 2001 ist datumsmäßig der Welt-Parkinson-Tag. Dieser soll ebenfalls von der verbesserten Abstimmung der beiden Gesellschaften profitieren und
3. im Herbst 2001 wird speziell des 20-jährigen Gründungs-Jubiläums der dPV gedacht..

Solche öffentlichkeitswirksamen Veranstaltungen sind ganz wesentlich dafür, dass wir u.a. unser Anliegen erreichen, die Fristen zu verkürzen, die zwischen dem Auftreten der ersten Symptome und der Diagnosestellung vergehen – „Realität 2000" ist leider, dass Otto-Normalverbraucher-Parkinson-Patient auch heute noch im Schnitt zwei Jahre und eine Odyssee durch viele Wartezimmer allgemein-medizinischer, internistischer und orthopädischer Facharztpraxen hinter sich hat, wenn er/sie am Tage „X“ das Sprechzimmer des Neurologen betritt. Die Aussage des Arztes „Sie haben die Parkinsonsche Krankheit“ trifft die meisten Patienten völlig unvorbereitet.

In der Literatur gibt es immer mehr Belege dafür, **wie wichtig gerade diese erste Phase des Umgangs mit der Krankheit für die Langzeitprognose ist** (Tabelle A.1). Trotzdem nehmen sich immer noch nur sehr wenige Ärzte die Zeit, die Mitteilung der Diagnose mit einem entsprechend ausführlichen Beratungsgespräch zu verbinden. So bleiben vielen Patienten aus diesem Diagnose-Gespräch vor allem Begriffe wie „unheilbar“ und „fortschreitend“ in Erinnerung, wenn sie die Pra-

Tabelle A.1. Psychologisch kritische Phasen im Leben des Parkinson-Betroffenen (Nach: Annecke, 1999)
Die erste psychologisch wirklich heikle Zeit ist die um die Mitteilung der Diagnose herum. Viele Patienten „schaffen“ es aber hier noch einmal, sich in irgendwelche „Schein-Erklärungen“ zu flüchten. Wenn Symptome sichtbar werden, werden die Ausflüchte schwieriger und die Gelegenheiten dazu seltener. Viele Patienten ergeben sich deshalb hier, und outen sich in einem günstigen Moment: Das Umfeld sollte nicht versuchen, den Prozess zu beschleunigen.

Phase I. Wenn die Diagnose gestellt wird

Gefühle und Verhaltensweisen	Mögliche Interventionen	Personen und Institutionen	Partner(-hilfen) und Familie
Ist-Zustand			
Schock, Angst, Panik, Passivität, sozialer Rückzug			
Soll-Zustand			
Verminderung von Angst, Leben mit Zukunftsangst	Ausführliche Informationen mit entlastenden Gesprächen	Arzt und/oder Psychologe	Akzeptanz von Veränderungen
	– Aufklärung über alle krankheitsspezifischen Faktoren (Symptome, biochemisches Geschehen, Medikation, Progredienz)		
Bewusster leben, gesunde Lebensführung	– über nicht-medikamentöse Einflussfaktoren		
Bewusste Aktivitäten (u.a. Vermeidung von Stress)	– Bedingungsmodell von Denken – Fühlen – Handeln – Körperreaktion	Gesprächskreise in Selbsthilfegruppen Sozialeinrichtungen, Kirche, Seniorenkreis und ähnliche	Denkumstellung mit erweiterter Partnerrolle
Erhalt und Genuss von Lebensqualität			

xis verlassen. Da ist es wohl – wenn überhaupt einer – nur ein ganz schwacher Trost, dass dieses Problem in der Arzt-Patienten-Beziehung praktisch überall auftritt.

Als Beispiel dafür, wie wichtig und befruchtend der Austausch gerade in solch kritischen Situationen sein kann, folgen hier zwölf Punkte, die der Kanadier Bill Harrington vor kurzem nach 13 Jahren „Leben mit Parkinson" veröffentlichte (Harrington, 1999). Bezeichnend ist dabei schon der Vorspann: „Eben kommen Sie von dem Arztbesuch nach Hause, bei dem er Sie zögernd, fast unwillig über Einzelheiten zu Ihrer Diagnose informierte. Worte wie „fortschreitend" und „unheilbar" blieben in Ihrem Gedächtnis haften. Hier sind die Schritte, die ich gehen würde, hätte ich damals das gewusst, was ich heute weiß:

1. Informieren Sie Ihre Frau, Ihre Eltern, die Kinder und die nächsten Freunde.
   - Ihren Arbeitskollegen wollen Sie es nicht sagen, zumindest noch nicht.
   - Bereiten Sie sich aber auf den Moment vor, an dem die Krankheit Ihre Leistungsfähigkeit beeinträchtigt.
2. Wenn Sie nicht schon einen ausgezeichneten Kontakt zu Ihrem Arzt haben, wechseln Sie zu einem den Sie mögen.
   - Das gilt auch für die Neurologie!!
   - Scheuen Sie sich nicht Fragen zu stellen.
   - Machen Sie sich Notizen vor Ihrem Arztbesuch und unmittelbar danach.
3. Lernen Sie über die Krankheit und über die Medikamente, die Sie bekommen. Die besten Quellen sind
   - die nationalen (es gibt in vielen Ländern mehrere, häufig konkurrierende Parkinson-Vereinigungen; Anmerkung des Übersetzers) und bundesstaatlichen Parkinson-Vereinigungen,
   - die örtlichen Selbsthilfe-Gruppen,
   - Bibliotheken und Ihr Apotheker.
4. Wenn Sie Nr. 3 befolgen, brüten Sie nicht über allen Horror-Meldungen, werden Sie nicht zum Hypochonder.
   - Viele Symptome der Parkinson-Krankheit können heute viel besser behandelt werden als vor 13 Jahren.
5. Seien Sie optimistisch!
   - Seitdem ich mit 29 Jahren (als Parkinson-Patient) diagnostiziert wurde, habe ich an vielen Studien teilgenommen und war einer der Ersten, bei dem eine Pallidotomie (gezielte Zerstörung genau definierter Hirnareale, hauptsächlich bei massivem Ruhezittern) vorgenommen wurde.
   - Ich habe in den letzten drei Jahren mehr echte Fortschritte erlebt als in den zehn davor.
6. Geben Sie nicht alles auf, was Sie gern tun bzw. gern haben.
   - Seien Sie sich darüber im klaren, dass Sie nicht mehr die Person sein werden, an die Sie sich gewöhnt hatten. Sie können sich aber nicht in sich selbst zurückziehen oder in Ihrem Haus verstecken.
   - Trainieren Sie weiter, aber in Maßen.
7. Stellen Sie sicher, dass die Person, die sich hauptsächlich um Ihre Pflege kümmert auch genügend Freizeit bekommt, um der Gefahr des Ausbrennens vorzubeugen.
   - Ehen sind dann auf dem Prüfstand, wenn einer der Ehepartner chronisch krank wird. Gelegentlich ist die Last unglaublich, die der pflegende Angehörige trägt.
   - Ermutigen Sie Ihren Partner gemeinsam mit Ihnen eine Beratungsstelle aufzusuchen, die bei normalem Ärger und Anzeichen von Depressionen hilft.
8. Es mag eine Zeit kommen, zu der Sie Ihren Arbeitsplatz nicht mehr ausfüllen können.
   - Anerkennen Sie das als Tatsache und stellen Sie Ihre Finanzplanung darauf ein.
   - Holen Sie sich professionellen Rat, der Ihnen den Verlust von Tausenden $ (DM) erspart.

9. Reduzieren Sie den Stress in Ihrem Leben.
   - Stress und das IPS vertragen sich nicht gut.
   - Erhalten Sie sich Ihren Humor; Lachen ist optimal gegen Stress!
10. Setzen Sie Ihren gesunden Menschenverstand ein.
    - Erkennen Sie Ihre Grenzen und halten Sie sich daran. Zum Beispiel, manövrieren Sie sich nicht in Positionen, in denen Sie doch fahren, obwohl Sie sich nicht wohl fühlen.
    - Lernen Sie Ihren Instinkten zu folgen.
11. Finden Sie einen positiven Weg, mit Ihrer Frustration umzugehen.
    - Malen und Schreiben sind gute Hilfen.
12. Zum guten Schluss und ganz besonders wichtig – was immer auch Ihr Glaube oder Ihre Religion sein mag, nehmen Sie wieder Kontakt mit Ihrem Gott oder Ihrer spirituellen Führung auf.
    - Das wird Ihnen die Stärke, den Mut und die Orientierung geben, die Sie brauchen".

Die Diagnose IPS wird auch heute noch in erster Linie aufgrund klinischer Befunde (siehe Kapitel 1 und Abb. A.3) gestellt. Dementsprechend ist mit einer Fehlerquote von 15 bis 20 Prozent zu rechnen, selbst bei erfahrenen Klinikern. An eine routinemäßige Absicherung der Diagnose mittels PET ist aus Kostengründen nicht zu denken.

Da sowohl die Diagnostik als auch besonders die medikamentöse Therapie beim IPS viel Erfahrung bei den Ärzten erfordern, setzen sich dPV und DPG dafür ein, dass nur Krankenhäuser sich als **Parkinson-Fachkliniken** (siehe Tabelle A.2) bezeichnen dürfen, die ganz bestimmte, von den beiden Gesellschaften gemeinsam erarbeitete Kriterien erfüllen. Um die Versorgung der Betroffenen im wohnortnahen Bereich zu optimieren, **bemüht sich die dPV darum, dass an neurologischen Kliniken entsprechender Größe „Parkinson-Ambulanzen" eingerichtet werden. Die dort zu leistende Arbeit nutzt und fördert gleichzeitig den Erfahrungsaustausch, sowohl der Ärzte untereinander, als auch mit den „Betroffenen" und deren Angehörigen. Für die Betroffenen beginnt mit der Sicherung der Diagnose (siehe Kapitel 1) ein ganz neuer Lebensabschnitt. Der Umfang, in dem „Sir James" (manche bevorzugen „Kamerad Parkinson") nach und nach das tägliche Leben, den ganz simplen Alltag zu seiner Domäne macht, ist für viele Betroffene und deren Umfeld eine jeden Tag neu zu bestehende Herausforderung!**

Diese Aussage klingt sicher etwas dramatisch, ist aber genauso gemeint – wie das Folgende zeigen soll. Für d**ie Betroffenen geht es jetzt um die Krankheitsakzeptanz.**

Das ist zunächst im „Innenverhältnis" zum eigenen Körper

- die Einsicht, dass ohne Arzneimittel bald nichts mehr geht, trotz Physiotherapie – was deren Wert keineswegs schmälern soll (siehe unten),
- die Einsicht, dass trotz des „Dopings" viele Abläufe sich verlangsamen; praktisches Beispiel: das Zuknöpfen von Hemden etc.,
- die Einsicht, dass von Stund' an die einzige Konstante die Veränderung ist, und dass
- **diese Veränderungen keineswegs mehr allein der Kontrolle des Patienten unterliegen.**

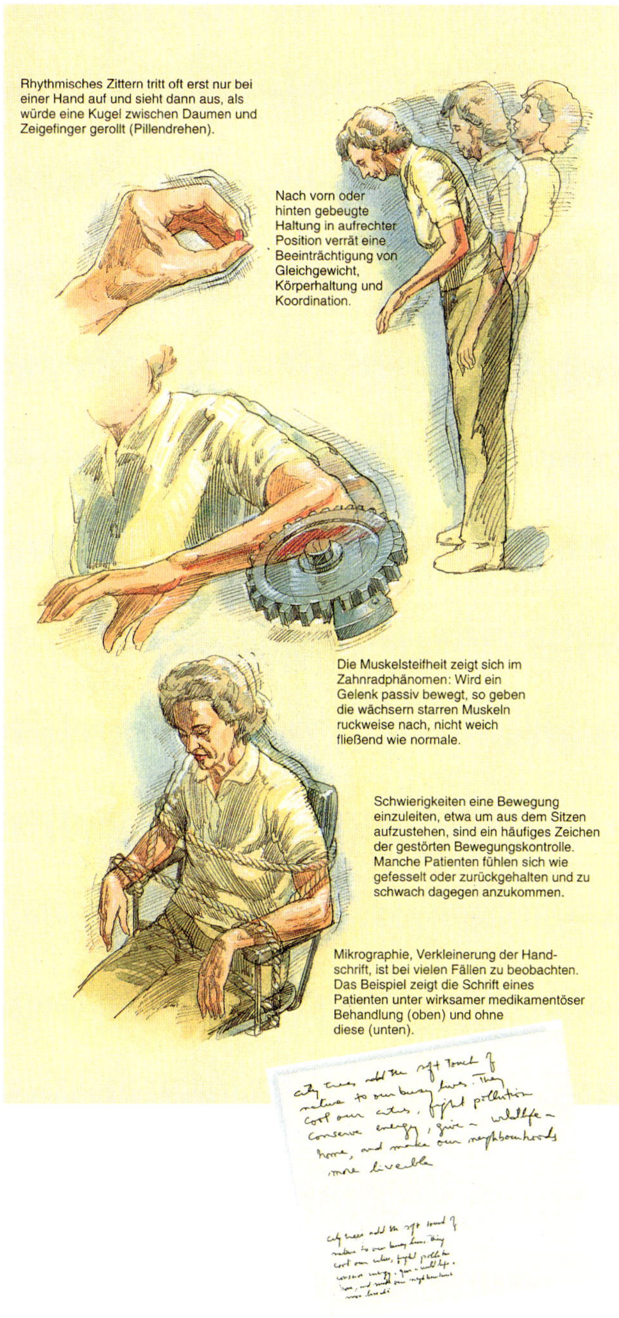

Abb. A.3. Häufige Symptome der Parkinson-Krankheit sind Zittern (Tremor), Muskelsteifheit (Rigor) und Bradykinese, d.h., Willkürbewegungen laufen verzögert ab und spontane Bewegungen wie bei der Mimik gehen verloren. Störungen des Gleichgewichts und Veränderungen der Handschrift können ebenfalls auftreten. (Aus Youdim und Riederer, 1997. Mit freundlicher Genehmigung des Spektrum-Verlages).

Tabelle A.2. Verzeichnis der Parkinson-Fachkliniken in Deutschland (Stand März 2000)

Beelitz-Heilstätten, Neurologisches Fachkrankenhaus für Bewegungsstörungen/ Parkinson, Straße nach Fichtenwalde 16, 14547 Beelitz-Heilstätten
Telefon 033204 22781; Fax 033204 22782
Ärztliche Leitung Dr.med. Georg Ebersbach
30 Betten

Fachklinik Ichenhausen, Neurologische Abteilung mit Fachbereich Morbus Parkinson, Krumbacherstraße 45, 89335 Ichenhausen
Telefon 08223 99-1034; Fax 08223 993036
Ärztliche Leitung Dr. med. J. Durner
100 Betten

Gertrudis-Klinik Biskirchen, Karl-Ferdinand-Broll Straße 2–4, 35638 Leun-Biskirchen (bei Wetzlar)
Telefon 06473 305-0; Fax 06473 30557
Ärztlicher Direktor Dr. med. F. Fornadi, Chefarzt Dr. med. M. Werner
93 Betten

Klinik Ambrock, Klinik für Neurologie, Ambrocker Weg 60, 58091 Hagen
Telefon 02331 974316; Fax 02331 974312
Ärztliche Leitung Prof. Dr. med. W. Greulich
230 Betten

Landesfachkrankenhaus Stadtroda, Abteilung Neurologie mit Fachbereich für Parkinson-Kranke, Bahnhofstr. 1a, 07646 Stadtroda
Telefon 036428 56332; Fax 036428 56390
Ärztliche Leitung Dr. med. U. Polzer
48 Betten

Paracelsus Elena Klinik, Klinikstraße 16, 34128 Kassel
Telefon 0561 60090; Fax 0561 6009-126
Ärztliche Leitung Frau Dr. med. G. Ulm
120 Betten

Paracelsus Nordseeklinik Helgoland, Invasorenpfad, 27498 Helgoland
Telefon 04725 8030; Fax 04725 803 134
Ärztliche Leitung Frau Dr. med. A. R. van den Berg-Mantkowski
28 Betten, Anmeldung erfolgt über die Paracelsus Elena Klinik Kassel

Parkinson-Klinik Bad Nauheim, Fachklinik für Neurologische Rehabilitation, Franz-Groedel-Straße 6, 61231 Bad Nauheim
Telefon 06032 7810; Fax 06032 781-100134
Ärztliche Leitung Frau Prof. Dr. med. A. Henneberg
160 Betten

Parkinson-Klinik Wolfach, Neurologisches Krankenhaus, Kreuzbergstraße 12–24, 77709 Wolfach/ Schwarzwald
Telefon 07834 9710; Fax 07834 4930
Ärztliche Leitung Dr. med. G. Fuchs
60 Betten

Schloßberg-Klinik Wittgenstein, Neurologische Fachklinik mit Spezialabteilungen für MS- und Parkinson-Kranke, Schloßstraße 40, 57334 Bad Laasphe
Telefon 02752 101-143 (Aufnahme); Fax 02752 101 407
Ärztliche Leitung Prof. Dr. med. H.I. Schipper
235 Betten

Waldklinik Bernburg GmbH-Neurologische Klinik, Behandlungszentrum für Parkinson-Kranke, Keßlerstraße 8, 06406 Bernburg
Telefon 03471 3650; Fax 03471 365-200
Ärztliche Leitung Dres med. I. u. G. Gemende
57 Betten

A.2 Von der Diagnose zur Akzeptanz

A.2.1 Veränderungen im Verhältnis Betroffener zum Umfeld

Es sollte sich von selbst verstehen, dass ich mich in diesem Patienten-Kapitel um die gleiche Objektivität bemühe, die die rein wissenschaftlichen Texte auszeichnet. Andererseits würden es die Leser bei einem Autor, der selbst Betroffener ist, diesem gerade bei den beiden folgenden Abschnitten kaum abnehmen, dass bei der Intensität, mit der jeder Einzelne diese Schritte erlebt, nicht doch auch ein wenig „Herzblut" eingeflossen ist.

A.2.2 Hadern und Verdrängen

In diesen ersten Wochen und Monaten haben es die Betroffenen besonders schwer mit sich und der Umwelt, was umgekehrt aber genauso gilt. Bei weitem nicht alle Betroffenen haben ja das Glück, von dem Arzt, der sie ambulant betreut, gleich in eine der inzwischen elf Parkinson-Fachkliniken (Tabelle A.2) eingewiesen zu werden.

Hier sei um der Ehrlichkeit willen ausdrücklich festgehalten, dass ich damals – 1991 – doppeltes Glück insofern hatte, als ich praktisch ohne mein Zutun in die Paracelsus Nordsee-Klinik auf Helgoland kam. Hätte mir damals jemand gesagt, dass diese Insel mich so in ihren Bann schlagen würde wie es tatsächlich geschah – ich hätte es schlicht nicht für möglich gehalten. Der zweite, ebenso wichtige und nicht vorhersagbare Glücksumstand ist untrennbar verbunden mit den Mit-Patienten, die mir – dem „Benjamin" – sofort das Gefühl vermittelten, nicht allein zu sein mit der Krankheit. Es waren stille, leise Menschen, und gerade deshalb prägte sich mir das wenige so fest ein, was gesprochen wurde.

Ich will mit diesen wenigen Zeilen den fünf Menschen ein spätes „Danke" in Prosa widmen. Ein Denkmal hätten sie alle abgelehnt; die hohe Kunst des Dichtens überließ ich schon damals gerne „Kompetenteren". Wichtig blieb mir, dass unsere „Tisch-Präsidentin" bei den Mahlzeiten immer eines im Auge hatte: es musste mindestens einmal am Tag herzhaft gelacht werden! Die Tischgemeinschaft ließ außerdem nicht locker, bis ich schließlich meinen Antrag auf Mitgliedschaft in der dPV nach „Neuss" geschickt hatte. Die wichtigste Botschaft war aber, nie zu vergessen, dass **jeder Patient seinen ganz persönlichen Krankheitsverlauf hat!**

Daran immer wieder zu denken, mir dies ins Gedächtnis zurückzurufen, hat nichts von seiner Aktualität verloren, weil ich noch zu oft miterleben muss, wie schwer sich Nicht-Betroffene – auch einem/einer Betroffenen nahe stehenden Personen – damit tun, diese Individualität im Verlauf zu akzeptieren, gerade auch dann, wenn der/die Betroffene durch ein späteres Stadium der Krankheit gehen muss (Hoehn-und-Yahr III bis V; zur Erläuterung der Skala siehe Tabelle 1.2, Seite 5).

A.2.3 Auseinandersetzung und Akzeptanz

In dieser Phase wirken sich das Alter des De-novo-Patienten sowie das Fehlen oder Vorhandensein einer dPV-Regionalgruppe ganz besonders stark aus. Es dürfte unschwer nachzuvollziehen sein, dass 30- und/oder 40-Jährige eine Reihe von Problemen haben, die für 60- bis 70-Jährige meist schon der Vergangenheit angehören. Umgekehrt sind die verschiedenen Begleiterkrankungen eher für die Senioren wichtig.

Um dieser Situation gebührend Rechnung zu tragen, entstanden innerhalb der dPV in den letzten Jahren sog. **Clubs U 40**, deren Mitglieder auch der dPV angehören, die aber die Lösung ihrer spezifischen Probleme selbst in die Hand zu nehmen versuchen. Das Älterwerden macht aber bekanntlich vor Niemandem halt, auch vor U 40ern nicht. So wuchsen im Lauf der Jahre viele in verantwortliche Positionen in der Gesamtorganisation nach. Mehr zu Entwicklung und Struktur der dPV in Abschnitt A.4.2. Hier ist zu ergänzen, dass das „große Haus dPV" seit 1999 mit den Tiefenhirn-stimulierten Patienten eine weitere Gruppe beherbergt, deren Mitglieder neben den „üblichen, ganz spezifische Probleme und Fragen haben". Es handelt sich hier um die Patienten, denen Elektroden ins Gehirn eingesetzt werden, die über einen Schrittmacher ihre Impulse bekommen.

Bei der Auseinandersetzung mit und endlich der Akzeptanz des IPS ist vielfach schon das Wissen um die Existenz der Regionalgruppen für den Betroffenen und die Angehörigen von großer Bedeutung (siehe Tabelle A.3). Gerade in der Bewältigung dieses Prozesses zeigt sich wieder die schon so oft beschworene Individualität. Die Frage „Warum gerade ich und gerade jetzt" stellt sich jeder Betroffene nicht nur einmal. Auch ein familiäres Umfeld wird sich immer wieder von Neuem mit dem „Es ist nun mal so" erst abfinden müssen, um dann Frieden zu schließen und am Ende die Krankheit als Chance begreifen zu können. Hier ist es dann oft im wahrsten Sinne des Wortes „ergreifend" zu hören und zu sehen, wie gelebte Individualität und praktizierte Solidarität ineinandergreifen. Für mich ist dieses Empfinden immer dann am stärksten da, wenn gemeinsam gesungen wird. Sehr schnell hat sich – wohl weil es diesen Nerv trifft – das von Günter Zeilmann zur Melodie von Beethovens „Ode an die Freude" geschriebene „Parkinson-Lied" verbreitet:

„Ist das immer eine Freude,
wenn wir froh zusammen sind.
Denn Geselligkeit schafft Freunde
das weiß doch schon jedes Kind.
Trübe Stunden sind vergessen,
wenn man fest zusammen hält.
Einer gibt dem andern Stärke.
Freundschaft ist, was wirklich zählt.
Was nützt schon der größte Reichtum,
wenn man doch alleine ist.
Wo ist denn der Sinn des Lebens,
wenn den Nächsten man vergißt.
Steht einander fest zur Seite,
was auch immer kommen mag,
Freundschaft macht erst schön das Leben,
heute und an jedem Tag."

Mit dem Eintritt in eine dPV-Regional-Gruppe und der Beteiligung an den angebotenen Programmen haben Betroffene und Angehörige einen großen Schritt auf dem Weg zur Annahme und damit letztendlich Bewältigung der Krankheit getan. Dies soll und darf speziell die Außenstehenden nicht darüber hinwegtäuschen, was für beide Seiten an Arbeit und ständigem Bemühen notwendig ist und bleiben wird, damit die zarte Pflanze „vertrauensvolles Miteinander" wächst und gedeiht.

Ganz besonders gilt das für ein Thema, das bis vor ganz kurzer Zeit in den Tabu-Bereich gehörte, über den nicht gesprochen wurde: **die Sexualität!** In den Prüfbögen, die die Pharma-Industrie zur Dokumentation der Ergebnisse Klinischer Prüfungen verwendet, fehlen Fragen dazu, wie sich eine Substanz auf die Sexualität der Probanden/Patienten auswirkt. Die Neurologen räumen inzwischen ein, dass Fragen zum Sexualleben bei der Erhebung der Anamnese sehr „flott" – wenn überhaupt – abgehandelt werden. Auch die Betroffenen taten sich damit schwer. Es bedurfte einiger, zum Teil dramatischer Ereignisse, um das zu ändern. Dies ist umso erstaunlicher als nach Auswertung der Literatur 35 bis 80 Prozent der IPS-Patienten über Schwierigkeiten in der Sexualität klagen. Diese Angaben wurden kürzlich im Rahmen einer von der dPV unterstützten Befragung mit

Tabelle A.3. Psychologisch kritische Phasen im Leben des Parkinson-Betroffenen (Nach: Annecke, 1999)

Gefühle und Verhaltensweisen	Mögliche Interventionen	Personen und Institutionen	Partner(-hilfen) und Familie
Phase II. Wenn Symptome sichtbar werden			
Ist-Zustand			
Bestätigung von Angstvorstellungen Krankheit wird „öffentlich“	Depressionstherapie Psychotherapie	Qualifizierte Therapeuten	Paartherapie
Depressive Reaktionen auf Ansteigen des Krankheitserlebens durch • Veränderung von Lebenskräften • Veränderung von Kontrollmöglichkeiten • Veränderung von Leistungsmöglichkeiten • Grenzen der medizinischen Therapien	Einsatz von Therapien, Anleitung zur Selbsthilfe zur physischen und psychischen Stabilisierung • Krankengymnastik • Ergotherapie • Logopädie • Entspannung • Stressbewältigung	in psychologischer/ sozialer Parkinson-Ambulanz und in Selbsthilfeorganisationen (Erfahrungsaustausch, Motivation, Vorbilder, Anregungen)	Anleitung zum konstruktiven Co-Therapeuten
Soll-Zustand			
Positive Selbstbeeinflussung Aufbau neuer Lebensziele und eines angepassten Lebensstils Erhalt von Lebensqualität in Kernbereichen	Beratung zur konkreten Lebensplanung aktiver Umgang mit Krankheitssymptomen		

Tabelle A.4. Schwierigkeiten in der Sexualität (Nach Macht et al., 1999)

Geschlecht	N	Antworthäufigkeiten in Prozent			
		gar nicht	etwas	deutlich	stark
Frauen	832	56,0	22,0	14,1	7,9
Männer	1731	19,0	24,6	31,3	25,2

folgendem Ergebnis überprüft (Macht et al., 1999): 22 Prozent der weiblichen und 57 Prozent der männlichen Betroffenen haben mit sexuellen Problemen zu kämpfen (Tabelle A.4). Die umfangreichsten Daten wurden von der Arbeitsgruppe um Professor Beier, Lehrstuhl für Sexualmedizin an der Charité in Berlin erhoben, wieder unterstützt von der dPV. Die Vorstudie belegte bereits – was auch in Einzelgesprächen immer wieder thematisiert wird -, dass sexuelle Funktionsstörungen **sowohl bei den Betroffenen als auch bei den gesunden Partnern auftreten.** Bei den Gesunden bedeutet das im Krankheitsverlauf zunehmende Schwierigkeiten, zwischen der Pflegerolle und der Funktion als SexualpartnerIn hin und her zu pendeln (Lüders et al., 1999).

Vor der Manifestation des IPS waren bei den betroffenen Paaren sowohl die partnerschaftliche als auch die sexuelle Zufriedenheit hoch. Im Krankheitsverlauf nahm die sexuelle Erfüllung deutlich ab, während sich die Zufriedenheit mit der Partnerschaft nur geringfügig änderte. Interessant ist, dass in erster Linie die körperlichen Symptome als Störfaktoren angegeben werden (Abb. A.4). Einen Einfluss der Parkinson-spezifischen Medikamente beobachteten etwa 50 Prozent der Betroffenen. Allgemein ist die Klage zu hören, dass über diese Fragen sowohl in den Kliniken als auch in den Praxen zu wenig gesprochen und informiert wird.

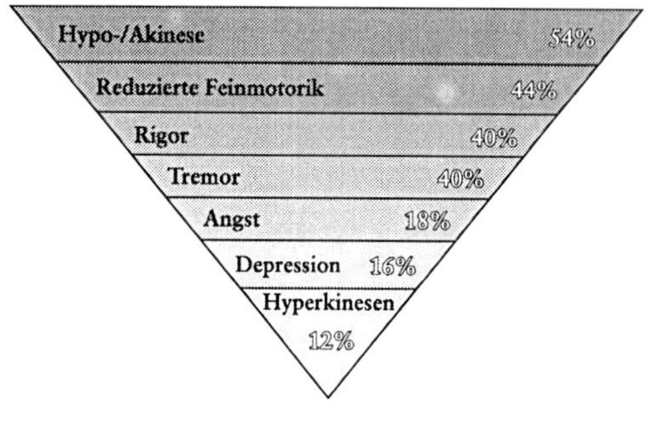

Abb. A.4. Prozentuale Häufigkeit der Symptome, die als störend für die Sexualität von Parkinson-Patienten angesehen werden. (Nach Macht et al., 1999.)

A.3 Erste therapeutische Konsequenzen

A.3.1 Die Bedeutung der Physiotherapie

„Wer rastet der rostet!" – Es ist sicher kein direkter Bezug zwischen diesem Sprichwort und den Problemen vorhanden, die für viele Parkinson-Betroffene mit den verschiedensten Bewegungsabläufen verbunden sind. Andererseits sind wir hier in dem Kapitel des Buches, das sich ganz bewusst den Direkt- und Indirekt-Betroffenen zuwendet. Daraus resultiert, dass alle Ansätze eine besondere Betonung erfahren, die als „Hilfen zur Selbsthilfe" gelten können. Dazu gehört mit an erster Stelle die **Physiotherapie**, die nach dem Selbstverständnis der heutigen Physiotherapeuten wesentlich mehr beinhaltet als die Krankengymnastik alter Prägung. Es gehört deshalb zu den vielen – vorsichtig ausgedrückt – Ungereimtheiten der Reformpolitik der letzten Jahre im Gesundheitswesen, dass ausgerechnet hier nach dem „Rasenmäher-Prinzip" Kürzungen erzwungen wurden oder deutlicher kritisiert, es wurde gespart, koste es was es wolle. Soweit irgendwie machbar versuchen die dPV-Regionalgruppen gegen zu-halten, indem sie Übungen anbieten, die unter Anleitung erfahrener Physiotherapeuten durchgeführt werden. Zur Vereinheitlichung und Optimierung der Inhalte für Parkinson-Patienten haben die dPV und der Zentralverband der Physiotherapeuten/Krankengymnasten (ZVK) 1999 einen Kooperationsvertrag abgeschlossen, der die notwendigen Zusatzausbildungen regelt.

Die in der Praxis etablierten therapeutischen Konzepte umfassen heute (Hendrich, 1999):

1. Aktive physiotherapeutische Behandlungen:

- Die aktiven motorischen Übungen (Gangschule, Schwimmen, Atemgymnastik, mimische Ausdrucksübungen, Sprechübungen etc.) haben zum Ziel, die Förderung der Verrichtungen des täglichen Lebens (siehe Tabelle 7.1, Seite 137) und damit letztendlich eine **Verbesserung der Lebensqualität!**
- Als sehr positiver Nebeneffekt lässt sich festhalten, dass dies fast immer zu einer Verbesserung der sozialen Kontakte in der Gruppe führt. Die **Gruppentherapie** macht nicht nur mehr Freude, sondern lässt den Einzelnen auch den „inneren Schweinehund“ leichter überwinden.

2. Passive Therapiemaßnahmen:
   - Hierunter fallen die Streckungen der Gelenke, die Dehnübungen, Massagen und Wärmeanwendungen sowie die Thromboseprophylaxe. Zwanglos fügen sich hier die Übungen ein, die in den letzten 30 Jahren den Weg von Asien und/oder Amerika nach Europa gefunden haben. Auch hier sind aktive und passive Ansätze zu unterscheiden. Zu den **aktiven** Anwendungen gehören vor allem **Taiji** und **Quigong** sowie die nach ihrem Begründer Moshe **Feldenkrais** benannte Technik. Von den **passiven** Anwendungen hat nach eigener Erfahrung **Reiki** die größte Akzeptanz bei den Parkinson-Betroffenen. Taiji und Quigong sind durch ausgesprochen ästhetische, harmonische Bewegungsabläufe gekennzeichnet. So schön diese Bewegungen aussehen, so stellen doch diese viele älteren PatientInnen, die eben nicht von Kindesbeinen an daran gewöhnt sind, vor erhebliche Koordinations- und Konditions-Probleme, die auch durch intensives Üben nicht immer zu überwinden sind. Reiki wird gerne als „Quigong für Faulpelze“ bespöttelt. Die Passivität, die damit kritisiert wird, ist jedoch gerade der Hauptvorteil bei Parkinson-Patienten. Diese können sich am Anfang die größten Energie-Defizite von Reiki-Gebenden auffüllen lassen, später aber nach Einführung in den sog. ersten Reiki-Grad sich weitgehend selbst versorgen. Die ausgeprägte meditative Komponente von Reiki ist eine große Hilfe bei der psychischen Bewältigung von Verschlechterungsschüben. Allen Anwendungen ist gemeinsam, dass sie von dem Grundsatz der sino-japanischen Medizin, ausgehen wonach eine ausreichende Energieversorgung und das freie Zirkulieren dieser Energie den gesunden Menschen ausmachen. Energiemangel und/oder Blockaden können Krankheits-Symptome sein, weshalb bei einem solchen Befund die Differential-Diagnose einsetzen muss.

A.3.2 Die Abhängigkeit von Arzneimitteln

„Parkis“ – so die bewusst selbst-ironische Bezeichnung vor allem der jüngeren Patienten untereinander – fallen häufig (und zwar auch die Älteren) dadurch auf, dass es „bei ihnen piept“, bevorzugt zu vollen Stunden. Dahinter steckt die Tatsache, dass diese Menschen in den meisten Fällen so viele Tabletten schlucken (müssen!) pro Tag (Tabelle A.5), dass die Industrie sog. „Pillenboxen“, vornehmer ausgedrückt „Tablettenspender“ mit eingebauten Weckuhren, herausgebracht hat, die bei den Parkinson-Patienten weit verbreitet sind.

Diese Abhängigkeit – ganz ausgeprägt von dem 1961 als erster therapeutischer Durchbruch eingeführten L-DOPA (siehe Kapitel 3) – hat aber noch Zusatzaspekte, von denen mindestens drei hierher gehören:

1. Zum einen die **Einnahmen selbst**: Es wird dem geneigten Leser beim Studium der

Tabelle A.5. Veränderungen der medikamentösen Antiparkinson-Therapie eines Patienten mit IPS (männlich; geb. 1942, diagnostiziert 12/1988) mit Zusatzmedikation wegen Osteoporose ab 1/1996

Antiparkinson-Medikation

Medikamente (0)		Einnahmezeiten								
Dosis in mg		6.00	8.00	10.00	12.00	14.00	16.00	18.00	20.00	23.00
L-DOPA[1]	a	100	100	50	50	50	50	50	50	100
	b	50	100	50	50	50	50	50	50	50[2]
Dopamin-Agonisten										
Bromocriptin	a	–	2,5	–	–	–	2,5	–	–	–
Ropinirol	b	–	5	–	–	5	–	–	5	–
Amantadin-Sulfat[3]	a	100	50	100	50	100	–	–	–	–
Budipin[4]	b	20	–	–	20	–	–	20	–	–
Tetrazepam[5]	b	25	–	–	–	–	–	25	–	–
Clomipramin[6]	b	–	–	10	–	–	10	–	–	–
Mephenesin[7]	b	–	–	–	250	–	–	–	–	250
Propranolol[8]	b	–	10	–	–	10	–	–	–	–
Tolcapon[9]	b	50	–	–	50	–	–	50	–	–
Anethol[10]	b	–	25	–	–	25	–	–	25	–
Tolterodin[11]	b	2	–	–	–	–	–	2	–	–
Co-Enzym Q_{10}	b	60	–	–	60	–	–	–	60	–

Zusatz-Medikation wegen bestätigter Osteoporose

Medikamente (0)		Einnahmezeiten								
(Dosis in mg, falls nicht anders angegeben)		6.00	8.00	10.00	12.00	14.00	16.00	18.00	20.00	23.00
Natriumfluorid	b	–	40	–	–	–	–	–	40	–
Magnesium-Ionen	b	40	–	–	–	–	40	–	–	–
Calcium -Ionen	b	500	–	–	–	–	500	–	–	–
Vitamin D3 (i.E.)	b	1000	–	–	–	–	1000	–	–	–
Calcitonin-Spray	b	Zwei Sprühstöße à 100 i.E. jeden zweiten Tag, einmal pro Nasenloch								

i.E., internationale Einheiten; a, Medikation eingestellt 12/1989; b, Medikation eingestellt 12/1999; 0, wegen der Wettbewerbsneutralität sind nur die chemischen Kurzbezeichnungen genannt; [1] mit Benserazid als DOPA-Decarboxylase-Hemmer; [2] mit der systemischen Einnahme von Coenzym Q_{10} (10–12/1998 täglich sechs mg/kg Körpergewicht) und ab 1/1999 täglich drei mg/kg Körpergewicht konnte die tägliche L-DOPA-Menge um 100 bis 150 mg reduziert werden; [3)] im Verlauf der achtjährigen Einnahme musste beginnend mit dem sechsten Jahr die Tagesdosis wegen der immer stärker werdenden Knöchel-Ödeme von 600 über 300 auf 150 mg/Tag gesenkt werden; [4)] die 60 mg/Tag sollen möglichst lange beibehalten werden, um für die analgetische Wirkung bei Bedarf noch aufdosieren zu können; [5)] außerhalb der angegebenen Zeiten und Mengen wird das Tetrazepam wegen der auch bei IPS-Patienten funktionierenden Muskelentspannung nach Bedarf aufdosiert; [6)] die zusätzlich zur antidepressiven Wirkung gegebene Schmerzlinderung, die vermutlich auf einer Endorphin-Ausschüttung beruht, wurde empirisch gefunden; [7)] das Präparat DoloVisano® stellt – zumindest für den Verfasser – den wirksamsten Ersatz für das aus dem Handel genommene Muskel-Trancopal® dar; [8)] nach einer schweren, d.h. langen HWS-Operation im Januar 1996 zum ersten Mal ein leichter Ruhe-Tremor, der mit 10 mg Propranolol/Tag gut beherrschbar war; Verstärkung des Tremors nach erneuter langer Narkose im Oktober 1997 machte Dosiserhöhung auf zweimal 10 mg/Tag notwendig; [9)] Beginn der Einnahme im Rahmen einer doppelblinden Phase-III-Studie im Juli 1995; Reduktion der Verum-Menge mit Wechsel auf das Handelspräparat auf dreimal 100 mg/Tag im Mai 1997; die bekannten Versorgungsprobleme in der EU (die Zulassung ruht in allen Mitgliedsländern seit Dezember 1998) legten die Erprobung einer weiter reduzierten Menge nahe; seit Mai 1999 bei Erhalt der Wirkung Dosis auf dreimal 50 mg/Tag gesenkt; [10)] es mag die Vielseitigkeit der Symptomatik einmal mehr illustrieren, dass es neben den IPS-Patienten mit Speichel-Überfluss auch solche mit Speichel-Mangel gibt; das Anetholtrithion, enthalten in Mucinol®, bewirkt bei 60 bis 70 Prozent der Patienten eine ausreichende Speichel-Produktion; [11)] das Tolterodin wurde nicht primär für IPS-Patienten entwickelt und ist offiziell dafür auch noch nicht zugelassen; aufgrund des positiven pharmakologischen Profils und der ersten Resultate einer klinischen Prüfung in der Marburger Neurologie (Dr. Eichhorn) können IPS-Patienten sich das Präparat Detrusitol® von ihrem Neurologen oder Urologen verordnen lassen.

Tabelle A.5 auffallen, dass bei diesem Patienten in zehn Jahren aus den drei Medikamenten der ersten Einstellung inzwischen 16 geworden sind. Davon entfallen zwar fünf auf die Behandlung der Osteoporose, aber für das IPS bleibt dennoch ein Zuwachs von drei auf elf Medikamente. Das mag vielen „Gesunden“ schon als ganz stattliche Menge erscheinen, für den Betroffenen ist das „nur“ der Preis, den er wie alle Parkis dafür entrichtet, dass die heute Erkrankenden erwarten dürfen, mehr Jahre als jede frühere Patienten-Generation mit akzeptabler Lebensqualität zu verbringen. Ob es wirklich generell ein Fortschritt ist, dass die statistische Lebenserwartung der Parkinson-Betroffenen heute sich praktisch nicht mehr von der der Restbevölkerung unterscheidet, wird sicher je nach Krankheitsverlauf unterschiedliche Antworten auslösen!

2. Der zweite Aspekt hängt eng mit dem ersten zusammen: Zu dem Bewusstsein, für den „Rest“ des Lebens mit immer mehr Medikamenten leben zu müssen, gesellt sich die Erkenntnis, dass mit jedem weiteren Mittel auch die Wahrscheinlichkeit zunimmt, Allergien oder andere Immunphänomene zu erleben. Daran kann auch die ja an sich erfreuliche Stellungnahme zur ersten Frage nichts Entscheidendes ändern, leider! Gerade bei diesem zweiten Aspekt, bei den zu bedenkenden **möglichen Wechselwirkungen der Antiparkinson-Mittel mit anderen Pharmaka** haben wir noch gewaltige Lücken! Erst jetzt, nachdem wir von der dPV keine Ruhe mehr geben, wird unser Interesse, mehr noch aber endlich unsere Besorgnis als Motiv anerkannt! Es ist – bei allem schuldigen Respekt – für „Betroffene“, die zunächst ja nur die Krankheit in all ihren Auswirkungen möglichst gut kennen lernen wollen, **sehr schwer nach zu vollziehen, wenn versucht wird – aus unserer Sicht muss es leider so wirken – uns zunächst als „Querulanten“ abzuspeisen oder – bei weiteren bohrenden Fragen –**

zu versuchen, uns tot zu schweigen. Viel ist schon gewonnen in der Kommunikation, wenn Behörden und Industrie anerkennen, dass es für Patienten mit einer unheilbaren, chronischen Erkrankung doch wohl legitim ist, im Hinblick auf jede Zukunftsplanung sich zu vergewissern, wie und wieweit trägt mich/uns denn die verfügbare Therapie? Gerade bei De-novo-Patienten ist diese Angst verständlicherweise sehr ausgeprägt.

3. Der dritte Aspekt mag manchem Leser banal erscheinen. Es geht um das Problem, mehrere Tabletten, Kapseln und/oder Dragees gleichzeitig einzunehmen, wenn nicht genügend Flüssigkeit zur Verfügung steht. Um nicht mehr in eine solche Situation zu kommen, haben sich viele Mitpatienten damit geholfen, dass sie Flachmänner – aber eben mit Wasser gefüllt – mit sich führen. In der Öffentlichkeit sind offenbar Flachmänner und Alkohol aber untrennbar verbunden. Dementsprechend kam es auch schon zu Problemen und Missverständnissen, wenn die Benutzer der Flachmänner jüngere Patienten mit Überbewegungen waren. Schnell sind Passanten mit dem Etikett „Alkoholiker" bei der Hand und agieren entsprechend. Auch ältere Patienten mit Gangstörungen sind davor nicht geschützt.

Es steht zu hoffen, dass mit dem 1999 begonnenen Netzwerkprogramm „Parkinson Syndrom" aufseiten der Medizin und dem fast zeitgleich aus USA übernommenen Konzept der „Pharmaceutical Care" in die Pharmazie, die Kommunikation zumindest innerhalb der Heilberufe entscheidend verbessert wird. Dies ist besonders dann wichtig, wenn Patienten in Arzneimittelprüfungen einbezogen sind. Hier wurden bisher nicht alle Disziplinen so quer-informiert, wie es zum Besten der Patienten notwendig ist/wäre.

Auf Schwierigkeiten mit der medikamentösen Versorgung bei stationären Aufenthalten in Nicht-Fachkliniken wird später noch eingegangen. Hier sei aber schon einmal die inständige Bitte an alle MitarbeiterInnen in Heilberufen gerichtet:

„In welcher Situation auch immer – Lassen Sie Parkinson-Patienten ihre Medikamente. Sie brauchen diese so notwendig wie der Diabetiker sein Insulin!"

A.4 Lebensqualität im erweiterten Umfeld

A.4.1 Kommunikation

Das oben erwähnte „vertrauensvolle Miteinander" steht und fällt mit der Offenheit der Beteiligten. Bisher war im Wesentlichen von den Betroffenen die Rede. Die Einzelfaktoren, die in Abb. A.5 zusammengestellt sind, ließen sich natürlich noch weiter differenzieren. Für den Zweck dieses Abschnittes sollte die Gliederungstiefe erst einmal ausreichen, da sich die einzelnen Faktoren in der Bedeutung für die zu besprechenden Gebiete nur im „Gewicht" unterscheiden.

Familie, Freunde und Bekannte

Es mag zwar wie eine Binsenweisheit klingen, kann aber nicht oft genug betont werden, dass das engste Umfeld der „Betroffenen" genauso als betroffen gelten muss! Die Lebensplanung scheint von einem Tag auf den andern Makulatur geworden zu sein; das Geschehen wird zumindest zeitweise dominiert von der „Tagesform" der Patienten.

Eine vielfach unterschätzte Ursache für Probleme ist **der deutlich größere Zeitbedarf der Patienten.** Die Verlangsamung ist für den Betroffenen allgegenwärtig und – wie so vie-

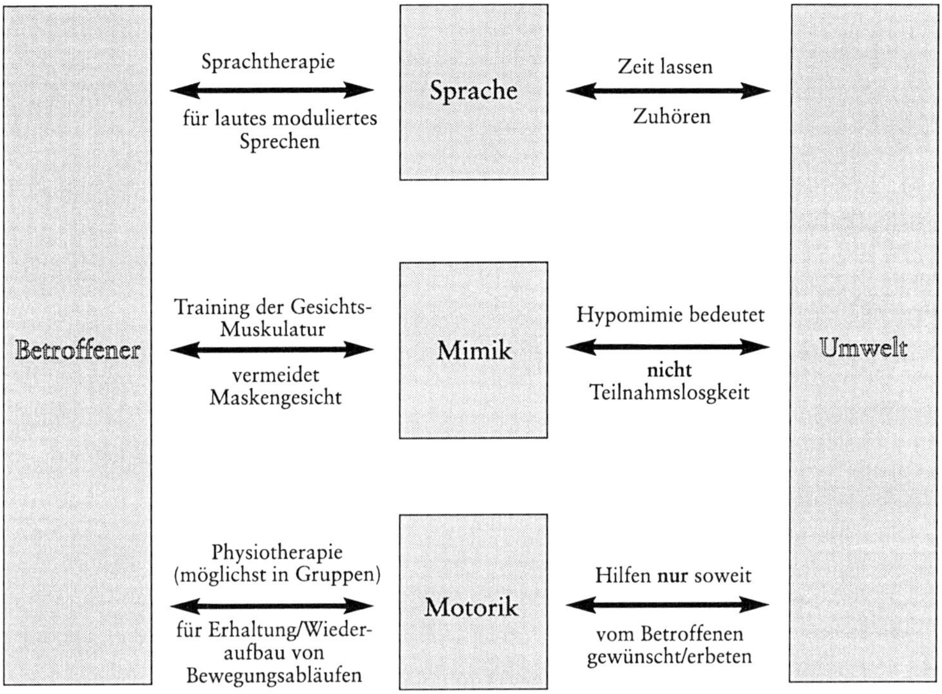

Abb. A.5. Für die Kommunikation zwischen Umwelt und Betroffenen wichtige Einzelfaktoren.

les beim IPS – mit dem Willen nicht zu beeinflussen. Es gibt nur einen Ausweg: vor irgendwelchen Terminen **eine gemeinsame und realistische** Zeitplanung zu machen. Wichtig ist auch, dass alle Hilfen genutzt werden, die zur Verfügung stehen, z.B. Klettverschlüsse an Schuhen, an Hemden. Es ist falscher Stolz und zusätzlich Kraftvergeudung wenn – sozusagen als Tarnung – die bisherige Kleidung beibehalten wird, denn die Umwelt hat längst „etwas" gemerkt. Deshalb, je früher das Umfeld informiert wird, desto eher kann es sich mit der veränderten Situation auseinandersetzen.

Dies ist besonders wichtig für Kinder. Gleichaltrige können sehr grausam sein mit ihrem Spott. Damit umzugehen ist schon unter normalen Umständen nicht immer einfach, noch schwieriger wird es aber für Kinder, wenn sie selbst nicht wissen bzw. gesagt bekommen, was es mit den körperlichen Veränderungen der/des Betroffenen auf sich hat. Aber auch die Erwachsenen brauchen diese Klarheit um Vorurteilen oder gedankenlosen Äußerungen entgegentreten zu können.

Im Dickicht der Vorschriften

Eine zentrale Rolle kommt in diesem – leider nur zu oft in den letzten Jahren recht einseitig gespielten – Spiel folgenden Institutionen zu, wobei auf Vollständigkeit **hier umständehalber verzichtet** wird:

1. dem **Versorgungsamt** wegen der Ausstellung eines situationsgerechten Behinderten-Ausweises ,
2. dem **Sozialamt und den Rentenversicherungsträgern,** wo es um alle materiellen Erleichterungen geht, und nicht zu vergessen,

3. **den Krankenkassen und deren medizinischen Diensten, den Kassenärztlichen Vereinigungen (KVen) und „der hohen Politik“.**

Es wird bewusst darauf verzichtet, hier in weitere Einzelheiten zu gehen, weil das vom Umfang her ein eigenes Buch würde. Außerdem sind, weil eben ein Gesamtkonzept seit langem fehlt, punktuelle Eingriffe in das System so häufig und unsystematisch, dass selbst Experten gelegentlich die Übersicht verlieren und jedes Druckwerk schnell nicht mehr aktuell ist.

Die Hinweise auf die verschiedenen Behörden, Ämter etc. sollen den Betroffenen in erster Linie helfen, auch in diesen Auseinandersetzungen den Mut nicht zu verlieren, sondern mit kompetenter Hilfe, z.B. durch die dPV, ihre Rechte zu fordern und falls nötig einzuklagen.

Das Patienten-Arzt-Verhältnis

Es hat viele Gründe, dass gerade bei Patienten, die – wie die Parkinson-Betroffenen – an einer chronischen, immer noch unheilbaren und sich verschlimmernden Krankheit leiden, ihrer Beziehung zu „ihrem Arzt“ eine kaum zu überschätzende Bedeutung zukommt. Bis in die jüngste Vergangenheit war es ja wirklich so, dass hier Schicksals-Gemeinschaften entstanden, für die – ohne falsches Pathos – das „bis dass der Tod euch scheidet“ oft noch eher galt als für den jeweiligen Ehepartner oder Lebens(abschnitts)gefährten.

Der auf Seite 221 zitierte Rat von Harrington, sich für den „Weg mit Sir James“ den ärztlichen Begleiter zu suchen, von dem der einzelne Patient sich glaubt sicher sein zu dürfen, bei der weiß Gott oft schwierigen Wanderung auf dem richtigen Pfad gehalten zu werden, ist bemerkenswert, weil er unterstreicht, wie intensiv der Patient durch seine Mitarbeit oder Verweigerung sein Schicksal letztendlich mit gestaltet und damit auch mit zu verantworten hat.

Trotzdem waren Patienten mit einem IPS lange Zeit eine Randgruppe, auch unter den neurologischen Patienten. Im Volksmund wurde und wird zum Teil immer noch das IPS als „Schüttellähmung“ bezeichnet. Der therapeutische Fortschritt ist auch heute noch „Janus-köpfig“, wie oben nachzulesen. Die Zahl der älteren Parkinson-Patienten steigt entsprechend der demographischen Gesamtentwicklung. Durch die verstärkten Früherkennungs-Maßnahmen werden Parkinson-Betroffene immer häufiger schon in jüngeren Jahren diagnostiziert und therapierbar.

Die international arbeitenden Pharmafirmen haben diesen wachsenden Markt erkannt. Es wurden Präparate entwickelt, z.B. die Dopamin-Rezeptoragonisten, die COMT-Hemmer u.a., mit deren Hilfe die Spätfolgen der L-Dopa-Therapie gemildert und hinausgeschoben werden können (siehe Kapitel 6, 7, 9, 12). Derartig anspruchsvolle Medikationen setzen aber auch neue Maßstäbe für die Kooperation von Arzt und Patient. Es dürfte deshalb gerade für die ärztliche Leserschaft interessant sein, wenn dieses Thema noch ein wenig ausformuliert wird. Viele Betroffene finden ihre Einstellung in dem Satz wieder: „Eine der wichtigsten Qualitäten eines Arztes ist sein Interesse am Menschen, denn das Geheimnis erfolgreicher ärztlicher Arbeit liegt darin, sich wirklich um den Patienten zu kümmern“ (Peabody,1927).

Dieses „sich kümmern“ kann sich für den Patienten äußern als

- Zeit haben,
- Zuwendung vermitteln,
- Zuhören und
- Zusammenarbeiten.

Zeit und **Zuwendung** sind bei Parkis besonders wichtig im Umfeld der Diagnostik, d.h. um die oben genannte Zukunftsangst aufzufangen und/oder um Auffang-Lösungen aufzuzeigen bei von außen erzwungenen Veränderungen an sich guter Therapien, z.B. beim Aussetzen von Tasmar®.

Zuwendung und **Zuhören** haben ihren besonderen Stellenwert bei Wortfindungsstörungen, Sprachschwierigkeiten und Stress.

Zwischen-den-Zeilen-hören-können soll unser ärztlicher Wunschpartner bei der Annäherung an **Tabu-Themen** wie Halluzinationen, Sexualität, Harn- und/oder Stuhlinkontinenz.

Zusammenarbeit bedeutet solidarisches Verhalten bei der Verordnung teurer Medikamente sowie von Anwendungen, Begutachtung für den Behindertenausweis und für die Festsetzung der Pflegestufe sowie der Überweisung an Spezialisten.

Der **Wunsch-Parkinson-Arzt**

- nimmt sich Zeit für die **Fortbildung und** für das **Patientengespräch,**
- kooperiert mit der **Selbsthilfegruppe** und
- **nimmt den Patienten als Partner an.**

A.4.2 Die „Deutsche Parkinson-Vereinigung"

Die dPV wurde im Oktober 1981 von Frau Dr. med. Gudrun Ulm und Hans Tauber, selbst Parkinson-Betroffener, gegründet. Wie notwendig diese Gründung war, erhellt die Tatsache, dass heute rund 20 000 Mitglieder dem Verband angehören. Obwohl die Zahl der Mitglieder der ersten Stunde naturgemäß abnimmt, wächst insgesamt der Mitgliederbestand überproportional.

Die Aufgaben des Verbandes gehen inzwischen weit über den ursprünglichen Ansatz – die Sensibilisierung der breiten Öffentlichkeit für die Probleme der Betroffenen – hinaus. Im Mittelpunkt stehen unverändert die Betroffenen und ihr direktes Umfeld. Die Basisarbeit mit und für diesen Personenkreis wird heute in ca. **400 Regionalgruppen und Kontaktstellen geleistet.** Die Aktivitäten reichen von Fachvorträgen über internen und externen Erfahrungsaustausch zu allen Aspekten der Erkrankung, vorrangig zu den Medikamenten, über gemeinsame Gymnastik bis zu sozialen und kulturellen Veranstaltungen.

Neue Wege erproben vor allem jüngere Patienten aus den Kreisen der „U-40er" indem sie selbstbestimmt in betreuten Wohngruppen ihr eigenes Leben gestalten. Forschungs-Projekte werden gefördert. Über verschiedene Kanäle – an erster Stelle sind die „dPV-Nachrichten" zu nennen – wird das Ursprungsziel der Öffentlichkeitsarbeit konsequent weiterverfolgt. Die erfolgreichste Kampagne der jüngeren Vergangenheit ist die Aktion „Hinsehen-handeln-helfen".

Hervorzuheben ist die exzellente Zusammenarbeit mit der „Deutschen Parkinson-Gesellschaft" (DPG), dem ärztlichen Pendant zur dPV. Sichtbarer Ausdruck dieser Kooperation ist die gemeinsame Gestaltung und Organisation des alle zwei Jahre stattfindenden Deutschen Parkinson-Kongresses. Der bisher größte Erfolg gemeinsamer politischer Arbeit ist die Förderung des „Medizinischen Kompetenz-Netzwerks Parkinson-Syndrom", das bei einem Wettbewerb, bei dem von ursprünglich 162 Gruppen vierzehn in die Endausscheidung kamen, unter den neun Gewinnern war, d.h. als förderungswürdig ausgewählt wurde. Die vom BMBF bereitgestellte Fördersumme beläuft sich auf ca. 15 Millionen DM in fünf Jahren. Die dPV ist besonders engagiert bei dem Teilprojekt „Hirnbank", da hierfür die Kooperation Betroffener und Angehöriger essentiell ist. Für die Förderung solcher Programme sollen auch die Mittel eingesetzt werden, die die in Gründung befindliche „Hans Tauber-Stiftung" sammelt und verwaltet. Vor dem Hintergrund dieser Stiftung wird es der dPV auch leichter fallen, einen ganz wesentlichen Zweig an Aktivitäten fortzusetzen, der ihr in den letzten Jahren zugewachsen ist: Das Aufgreifen von Themen, um die sich niemand sonst kümmern würde, die aber für die Betroffenen einen hohen Stellenwert haben, z.B. Fragen zur Sexualität, zur Verordnung wirksamer neuer, aber teurer Medikamente, zur Mit-Therapie von Begleit-Krankheiten wie der Osteoporose, der verschiedenen Inkontinenz-Formen u.s.w.

dPV-Arbeit als neue Lebensaufgabe Betroffener und Angehöriger

Der Schock, der für die meisten Betroffenen mit der Diagnose Morbus Parkinson verbunden ist, hat für viele eine zunächst lähmende Wirkung. Je schneller dieser Zustand überwunden wird, desto besser ist die Prognose. Durch psychologische Feldstudien, die von der dPV initiiert und finanziell unterstützt wurden, ist dies mehrfach bestätigt worden.

Für alle, die sich an der Gruppenarbeit beteiligen, heißt das ohnehin „Eulen nach Athen tragen". Es ist immer wieder ein geradezu anrührendes Erleben, wenn – bevorzugt bei Jubiläen – Bilanz gezogen wird. Häufig sind es ja Paare, die sich die Arbeiten teilen. Dabei ist schon manche Ehefrau eines Betroffenen/mancher Ehemann einer Betroffenen zum Multi-Talent geworden. Ich appelliere deshalb gerade an solche Mitglieder, nach dem Tod des Partners oder der Partnerin **nicht aus der dPV auszutreten, sondern den Erfahrungsschatz, angesammelt in Jahren der Pflege und organisatorischer Mitarbeit an die nachrückende Generation weiterzugeben!**

Bis jetzt ist es – wenn auch manchmal etwas „quietschend" – immer noch gelungen, die **ehrenamtliche Betreuung der verschiedenen, in der dPV zu besetzenden Posten sicherzustellen.** Dies erscheint mir besonders deswegen erwähnenswert, weil es zum Glück häufig Selbst-Betroffene sind, die hier gerne das an Leistung und Engagement einbringen, was ihnen „Sir James" noch erlaubt. Sie tragen damit ganz wesentlich dazu bei, dass sich nicht auch noch in der Patienten-Selbsthilfe-Organisation das wiederholt, was in „der freien Wildbahn" längst Gang und Gäbe ist – die Schwächeren an den Rand zu drängen.

Hilfe zur Selbsthilfe war und ist die Devise, unter der die dPV 1981 angetreten ist.

Zum 20-jährigen Jubiläum 2001 wird bekräftigt, dass dieses Motto unverändert gilt.

An die „Nicht-Betroffenen" geht die Bitte um soviel Solidarität mit uns Betroffenen, wie wir brauchen, um gemeinsam mit viel Verständnis und Humor ein Schicksal zu meistern, das sich keiner freiwillig ausgesucht hat.

Appendix B
Übersichtstabellen

O. Dietmaier und G. Laux

(Aus: *Neuro-Psychopharmaka, Bd. 5, 2. Aufl.* Riederer P. / Laux G. / Pöldinger W. (Hrsg.) Springer-Verlag Wien 1999)

In diesen Tabellen sind die in Deutschland (D), Österreich (A) und der Schweiz (CH) im Handel erhältlichen Parkinsonmittel und etablierten Antidementiva (Nootropika) alphabetisch nach ihren gebräuchlichen Kurzbezeichnungen aufgeführt. Es wurden die in der Roten Liste 1999 verwandten internationalen Freinamen (INN), INNv (vorgeschlagene Freinamen) oder sonstige Kurzbezeichnungen gewählt. Bezugsquellen für die Präparateauswahl sind für Deutschland die Rote Liste 1999, für Österreich der Austria-Codex 1998/99 und für die Schweiz der Codex Galenica 1999.

Mit ® gekennzeichnet sind die Handelsnamen der registrierten Präparate. Zusätze zu Präparatenamen wie „forte", „retard" u.ä. sind nicht mitaufgeführt. Generika, die im Namen die gebräuchliche Kurzbezeichnung (z. B. INN) enthalten, sind nicht aufgelistet.

Als Eliminationshalbwertszeit ist die mittlere terminale Halbwertszeit oder ein Halbwertszeit-Bereich eines nierengesunden Erwachsenen angegeben. Bei Leber- oder Niereninsuffizienz, bei Kindern oder im Alter können klinisch bedeutsame Abweichungen auftreten.

Die in den Tabellen angeführten Literaturstellen sind nicht im Literaturverzeichnis dieses Buches aufgeführt.

Internat. Freiname (INN, generic name) Chemische Formel	Stoffgruppe	Handelsname (A, CH, D)	Substanzcharakteristik, besondere Hinweise	Eliminationshalbwertszeit (in Stunden)	Dosierungsbereich (mg/Tag)	Übersichtsliteratur
Amantadin 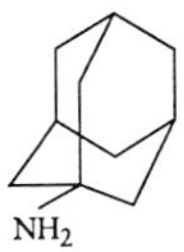	Parkinsonmittel, Adamantanderivat	PK-Merz® (A, CH, D) Adekin® (D) Amanta® (D) Amixx® (D) tregor® (D) Viregyt® (D) Hofcomant® (A) Virucid® (A) Symmetrel® (CH) Aman® (D)	Glutamat (NMDA)-Antagonist, neuroprotektive Wirkung, nur geringe anticholinerge Wirkung. Bei leichter bis mittelschwerer Symptomatik als Monotherapie, sonst als Zusatzmedikation zu L-DOPA. Für akinetische Krisen in Infusionsform verfügbar. Weitere Einsatzgebiete: Herpes zoster, Grippeprophylaxe, Vigilanzsteigerung bei dementiellen Syndromen	10–30	100–600 Die letzte Tagesdosis sollte am Nachmittag eingenommen werden. Erhaltungsdosis bei niereninsuffizienten Patienten reduzieren	Jörg und Pröfrock (1995) Danielczyk (1995) Saletu et al. (1992)

Internat. Freiname (INN, generic name) Chemische Formel	Stoffgruppe	Handelsname (A, CH, D)	Substanzcharakteristik, besondere Hinweise	Eliminationshalbwertszeit (in Stunden)	Dosierungsbereich (mg/Tag)	Übersichtsliteratur
Apomorphin 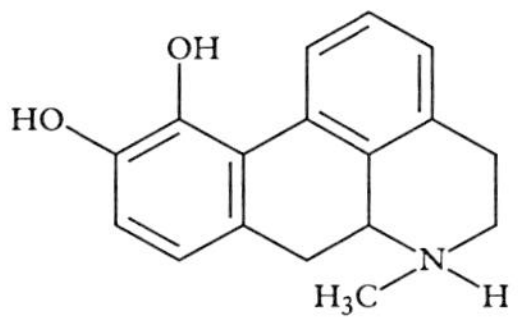	Parkinsonmittel, Morphinderivat	Apomorphin-Amp. (D) Apomorphinium chloratum® (CH)	Dopaminagonist. Zur Akuttherapie von off-Phasen und bei schwerer akinetischer Symptomatik. Vorsichtige Einstellung des Patienten unter stationären Bedingungen. Subcutane, sublinguale und intranasale Applikation. Blockade der emetischen Wirkung durch Vorbehandlung mit peripherem Dopaminantagonisten z. B. Domperidon (Motilium®). Cave Blutdruckabfall!	0,5	2–12	Steiger et al. (1992) Deffond et al. (1993) Bosch und Ludin (1994)
Bencyclan 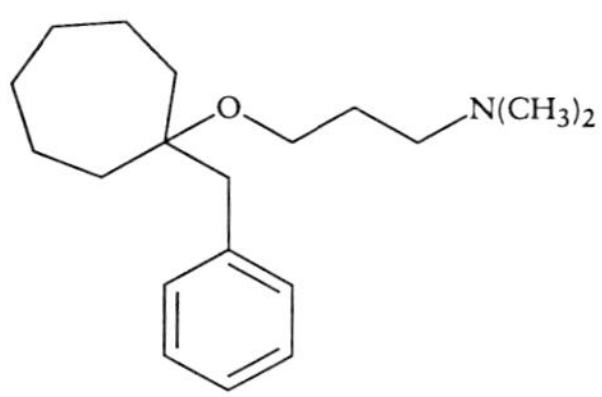	Nootropikum, Vasodilatator	Fludilat® (CH, D) Ludilat® (A)	Calciumantagonist mit Wirkung auf periphere und zentrale Durchblutungsstörungen	8–12	300–600	Klein und Kubber (1995)

Internat. Freiname (INN, generic name) Chemische Formel	Stoffgruppe	Handelsname (A, CH, D)	Substanzcharakteristik, besondere Hinweise	Eliminationshalbwertszeit (in Stunden)	Dosierungsbereich (mg/Tag)	Übersichtsliteratur
Benserazid 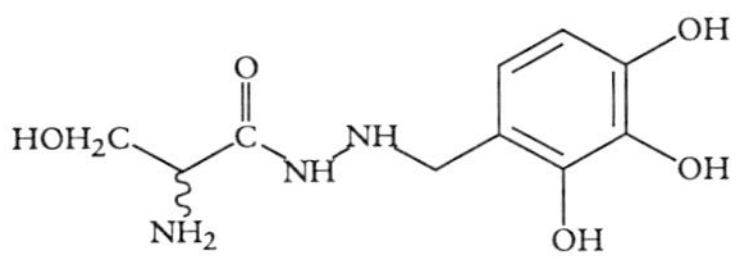	Parkinsonmittel, Dopadecarboxylasehemmer	Madopar® (A, CH, D) PK-Levo® (D)	Peripherer Hemmstoff der Dopadecarboxylase. In Kombination mit Levodopa sind deutlich niedrigere Levodopa-Dosierungen als bei Monotherapie erforderlich. Gleichzeitig resultieren daraus höhere zentrale Dopaminspiegel	ca. 1	300–600 (bezogen auf Levodopa)	Battistin et al. (1978) Dingemanse et al. (1997) Ghika et al. (1997)
Benzatropin 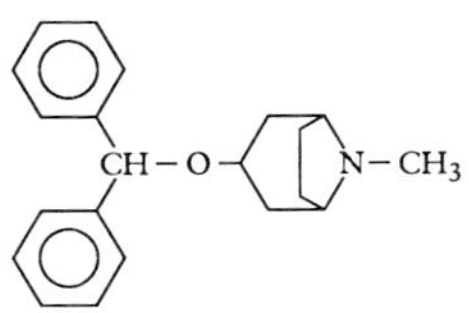	Parkinsonmittel, basisch substituierter Benzhydrylether	Cogentinol® (D) Cogentin® (A)	Anticholinergikum mit vorwiegend zentraler Wirkung. Beeinflußt primär Rigor, Tremor und vegetative Symptome (z. B. Hyperhidrosis, Hypersalivation), in geringerem Umfang auch Akinese. Einsatz auch bei medikamentös bedingten extrapyramidalmotorischen Störungen mit Ausnahme von Spätdyskinesien		2–6	Danielczyk und Schnaberth (1995) Barnes und McPhillips (1996)

Internat. Freiname (INN, generic name) Chemische Formel	Stoffgruppe	Handelsname (A, CH, D)	Substanzcharakteristik, besondere Hinweise	Eliminationshalbwertszeit (in Stunden)	Dosierungsbereich (mg/Tag)	Übersichtsliteratur
Biperiden 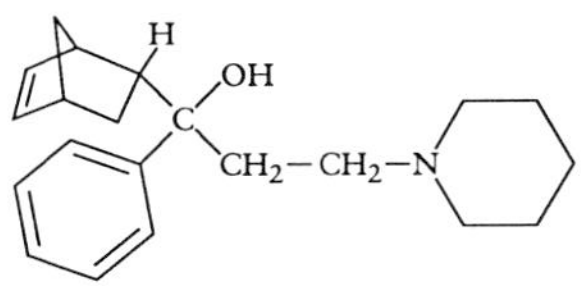	Parkinsonmittel, tertiärer Alkohol mit basisch substituiertem Alkylrest	Akineton® (A, CH, D) Desiperiden® (D) Norakin N® (D)	Anticholinergikum mit vorwiegend zentraler Wirkung. Beeinflußt primär Rigor, Tremor und vegetative Symptome (z. B. Hyperhidrosis, Hypersalivation), in geringerem Umfang auch Akinese. Mittel der Wahl bei medikamentös bedingten extrapyramidalmotorischen Störungen mit Ausnahme von Spätdyskenesien	18–24	2–12	Danielczyk und Schnaberth (1995) Barnes und McPhillips (1996)
Bornaprin 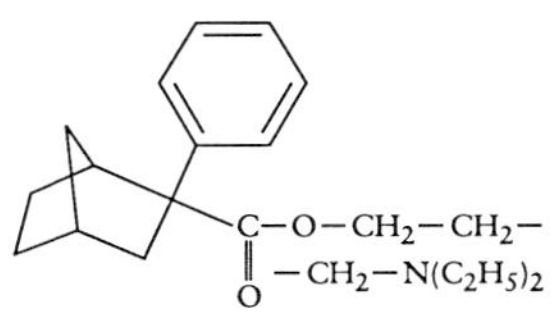	Parkinsonmittel, Diethylaminderivat	Sormodren® (A,D)	Anticholinergikum mit vorwiegend zentraler Wirkung	30	4–12	Danielczyk und Schnaberth (1995) Barnes und McPhillips (1996)

Internat. Freiname (INN, generic name) Chemische Formel	Stoffgruppe	Handelsname (A, CH, D)	Substanzcharakteristik, besondere Hinweise	Eliminationshalbwertszeit (in Stunden)	Dosierungsbereich (mg/Tag)	Übersichtsliteratur
Bromocriptin 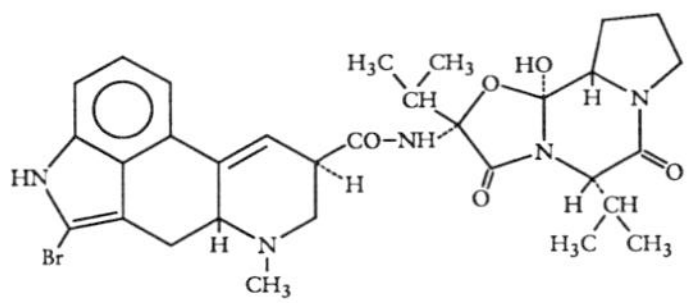	Parkinsonmittel, Ergolinderivat (Mutterkornalkaloidderivat)	Pravidel® (D) kirim® (D) Broman® (A) Bromed® (A) Umprel® (A) Parlodel® (A, CH) Serocryptin® (CH) Bromocrel® (D)	Dopaminagonist, Prolactinhemmstoff. Bei M. Parkinson zur initialen Monotherapie, zur frühen Kombination mit L-Dopa und als Adjuvans zur späten Kombination mit L-Dopa (Ziel: Einsparund von L-Dopa, Ausgleich von on/off Oszillation und Wirkverlust von L-Dopa)	48	5–40 einschleichende Dosierung; durchschnittliche Erhaltungsdosis bei Kombinationstherapie 20–30 mg/d	Schneider und Fischer (1982) Fischer et al. (1984) Tashiro et al. (1996)
Budipin 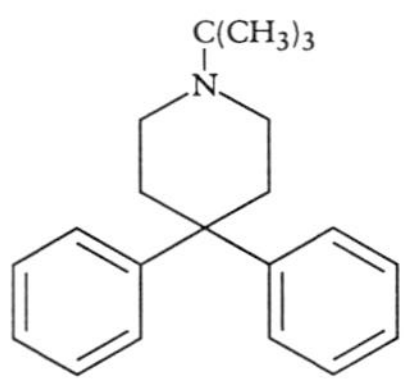	Parkinsonmittel, Diphenilpiperidinderivat	Parkinsan® (D)	Im Vergleich zu Biperiden relativ schwache anticholinerge und stärkere NMDA-antagonistische Eigenschaften. Zur Kombinationstherapie bei Patienten ohne Fluktuationen. Präferentielle Wirkung auf Tremor postuliert	31 (Met: 59)	20–60	Klockgether et al. (1996) Spieker et al. (1995)

Internat. Freiname (INN, generic name) Chemische Formel	Stoffgruppe	Handelsname (A, CH, D)	Substanzcharakteristik, besondere Hinweise	Eliminationshalbwertszeit (in Stunden)	Dosierungsbereich (mg/Tag)	Übersichtsliteratur
Cabergolin 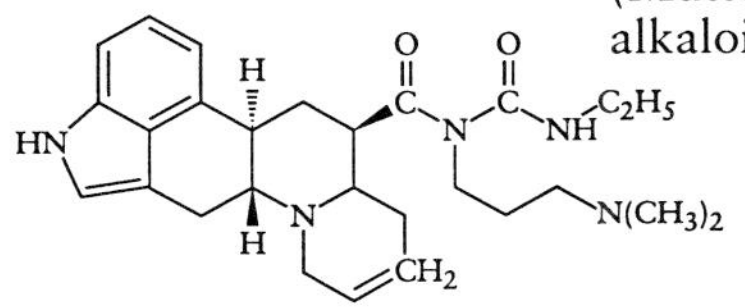	Parkinsonmittel, Ergolinderivat (Mutterkornalkaloidderivat)	Cabaseril® (D) Dostinex® (A, CH, D)	Dopaminagonist mit langer Wirkdauer, Prolactinhemmstoff. Zur Kombinationstherapie mit L-Dopa	65–115	1–6 einschleichende Dosierung, einmal tägliche Gabe	Marsden (1998) Fariello (1998)
Carbidopa 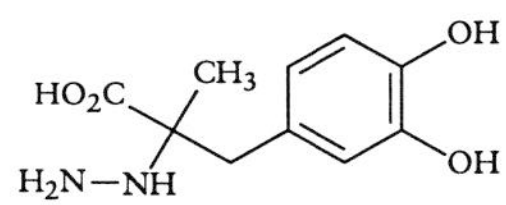	Parkinsonmittel, Dopadecarboxylasehemmer	Nacom® (D) isicom® (D) Striaton® (D) Sinemet® (A, CH) Levocarb® (D)	Peripherer Hemmstoff der Dopadecarboxylase. In Kombination mit Levodopa sind deutlich niedrigere Levodopa-Dosierungen als bei Monotherapie erforderlich. Gleichzeitig resultieren daraus höhere zentrale Dopaminspiegel	1–2	300–600 (bezogen auf Levodopa)	Wajsbort et al. (1978) Pahwa et al. (1997) Block et al. (1997)
Cinnarizin 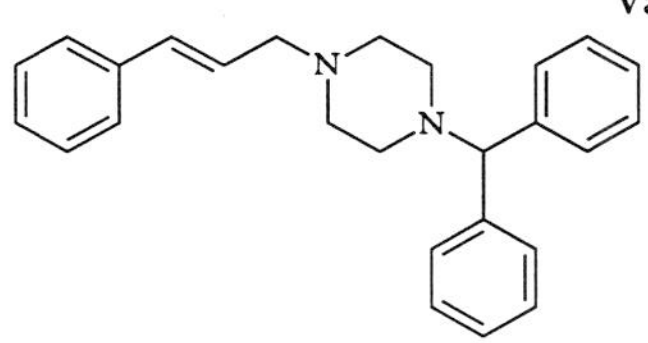	Nootropikum, Vasodilatator	Cinnacet® (D) Cerepar® (CH) Cinnageron® (CH) Stutgeron® (A, CH) Cinnabene® (A) Pericephal® (A)	Calciumantagonist und Antihistaminikum mit Wirkung auf periphere und zentrale Durchblutungsstörungen. Einsatz v.a. bei vestibulären Beschwerden	60–70	75–225	Spagnoli und Tognoni (1983)

Internat. Freiname (INN, generic name) Chemische Formel	Stoffgruppe	Handelsname (A, CH, D)	Substanz-charakteristik, besondere Hinweise	Eliminations-halbwertszeit (in Stunden)	Dosierungs-bereich (mg/Tag)	Übersichts-literatur
Co-dergocrin	s. Dihydroergotoxin					
Cyclandelat 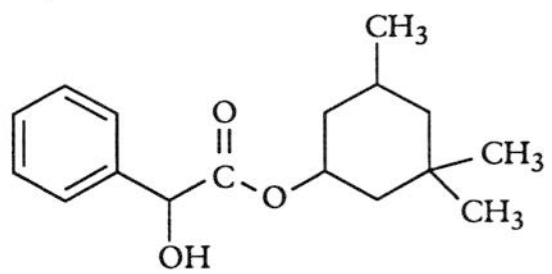	Nootropikum, Vasodilatator	Natil® (D) Spasmocyclon® (D)	Calciumantagonist mit Wirkung auf periphere und zentrale Durchblutungsstörungen		800–2000	Schellenberg et al. (1997)
Deprenyl	s. Selegilin					
Dihydroergocristin 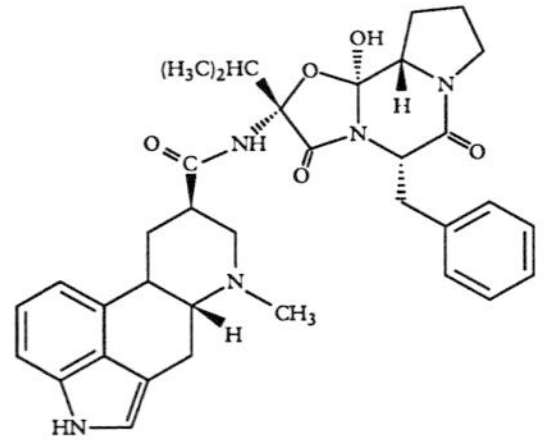	Nootropikum, Vasodilatator Ergolinderivat (Mutterkorn-alkaloidderivat)	Diertina® (CH)	Komplexe Wirkungen insbesondere auf den Neurotransmitterumsatz und den zerebralen Energiestoffwechsel. Einsatz auch bei vestibulären Störungen	4–12	6	Abate et al. (1992)
Dihydro-α-ergocryptin 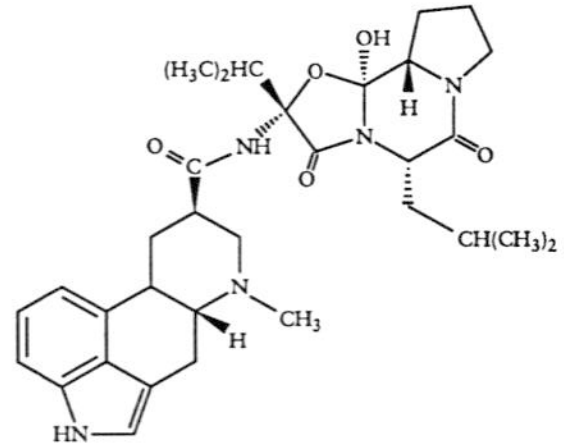	Parkinsonmittel, Ergolinderivat Mutterkorn-alkaloidderivat)	Almirid® (D) Cripar® (D)	Dopaminagonist, Prolactinhemmstoff. Zur Kombinationstherapie mit L-Dopa	16	10–120 einschleichende Dosierung; durchschnittliche Erhaltungsdosis ca. 60	Deuschl (1995)

Internat. Freiname (INN, generic name) Chemische Formel	Stoffgruppe	Handelsname (A, CH, D)	Substanzcharakteristik, besondere Hinweise	Eliminationshalbwertszeit (in Stunden)	Dosierungsbereich (mg/Tag)	Übersichtsliteratur
Dihydroergotoxin 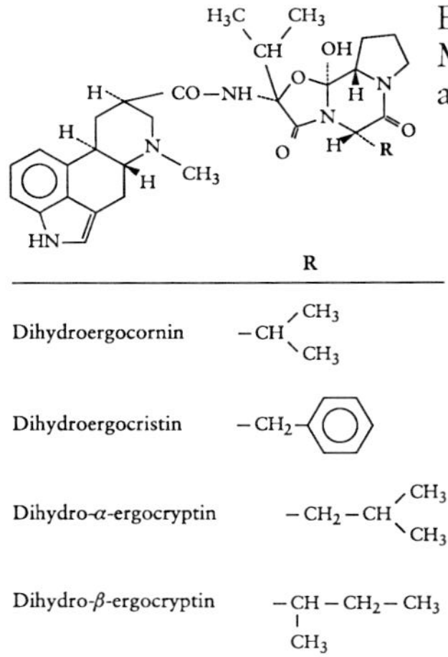	Nootropikum, Antidementivum, Ergolinderivat Mutterkorn-alkaloidderivat)	Hydergin® (A, CH, D) Circanol® (D) Dacoren® (D) DCCK® (D) Defluina N® (D) Enirant N® (D) Ergodesit® (D) Ergoplus® (D) ergotox® (D) Hydro-Cebral® (D) Nehydrin N® (A, D) Orphol® (D) Sponsin® (D) Aramexe® (A) Dorehydrin® (A) Ergomed® (A) Ergohydrin® (CH) Progeril® (CH)	Gemisch aus verschiedenen Mutterkornalkaoiden. Komplexe neurobiochemische Wirkungen, v.a. antagonistische Effekte an zentralen und peripheren Alpha-Adrenorezeptoren sowie gefäßerweiternde Effekte. Milde antihypertensive Wirkung. Von einer Aufbereitungskommission des BfArM als wirksam zur Behandlung von Hirnleistungsstörungen im Alter anerkannt	13–15	3–6	Weil (1989) Saletu et al. (1994)
Donepezil 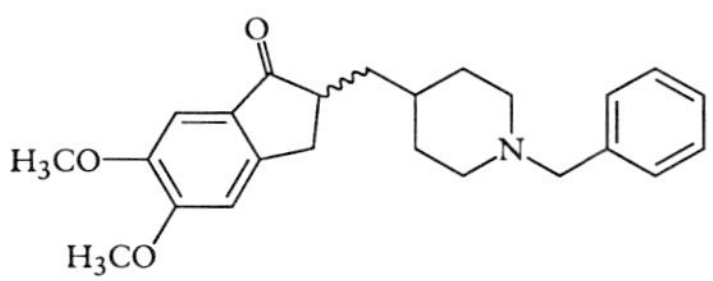	Antidementivum, Nootropikum, Piperidinderivat	Aricept® (A, CH, D)	Reversibler und spezifischer Acetylcholinesterase-Hemmer. Neben Rivastigmin und Tacrin vom BfArM zur symptomatischen Therapie der leichten bis mittelschweren Alzheimer-Demenz zugelassen	70	5–10 einmal tägliche Gabe (abends)	Ham (1997) Bryson und Benfield (1997)

Internat. Freiname (INN, generic name) Chemische Formel	Stoffgruppe	Handelsname (A, CH, D)	Substanz-charakteristik, besondere Hinweise	Eliminations-halbwertszeit (in Stunden)	Dosierungs-bereich (mg/Tag)	Übersichts-literatur
Entacapon 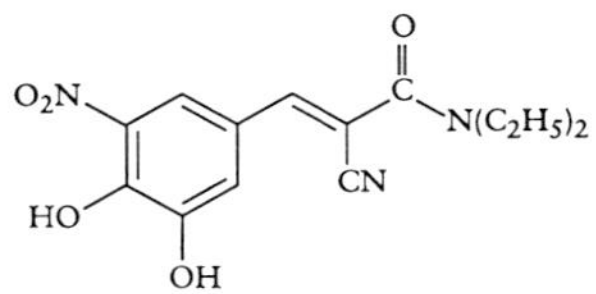	Parkinsonmittel, Nitrocatechol-derivat	Comtess® (D) Comtan® (CH)	Selektiver Hemmstoff der peripheren Catechol-O-Methyl-Transferase. Als Zusatztherapie zu einer bestehenden Levodopa-Behandlung	ca. 3	200–800	Männistö (1994) McNeely und Davis (1997)
Eptastigmin 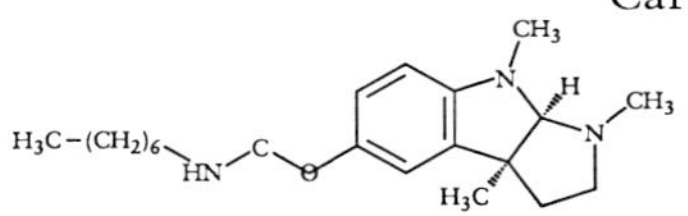	Antidementivum, Nootropikum, Carbamatderivat	09/99 noch nicht im Handel	Langwirkender Acetylcholinesterase-Hemmstoff. Z.Zt. in klinischer Prüfung bei der senilen Demenz vom Alzheimertyp			Imbimbo et al. (1995)
Galanthamin 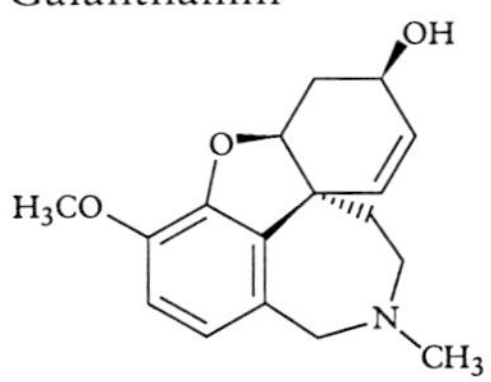	Antidementivum, Nootropikum, Alkaloid	Nivalin® (A)	Reversibler und spezifischer Acetyl-cholinesterase-Hemmer zur symptomatischen Therapie der leichten bis mittelschweren Alzheimer-Demenz	ca. 4,5	15–30	Fulton und Benfield (1996) Rainer (1997)

Internat. Freiname (INN, generic name) Chemische Formel	Stoffgruppe	Handelsname (A, CH, D)	Substanzcharakteristik, besondere Hinweise	Eliminationshalbwertszeit (in Stunden)	Dosierungsbereich (mg/Tag)	Übersichtsliteratur
Ginkgo* biloba Extr. Inhaltsstoff u.a. 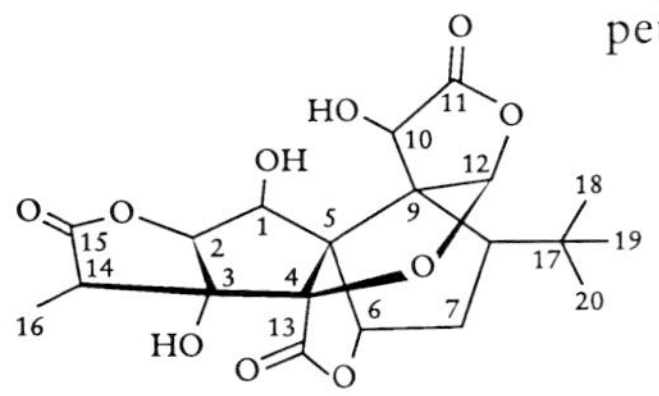	Antidementivum, Nootropikum, Phytotherapeutikum	Tebonin® (A, D) Duogink® (D) Gingiloba® (D) Gingium® (D) Gingobeta® (D) Gingopret® (D) Ginkobil® (D) Ginkodilat® (D) Ginkopur® (D) Isoginko® (D) Kaveri® (D) Rökan® (D) SX Ginkgo® (D) Geriaforce® (CH) Gingosol® (CH) Symfona® (CH) Tanakene® (CH) Tebofortin® (CH) Ceremin® (A) Tebofortan® (A) Craton® (D) Oxivel® (CH)	Trockenextrakt aus den Blättern von Gingko biloba, standardisiert auf Ginkgoflavonglykoside und/oder Terpenlactone (Ginkgolide). Multifaktorielles Wirkprofil, u.a. Durchblutungsförderung im Bereich der Mikrozirkulation, Verbesserung der Fließeigenschaften des Blutes, Radikalfänger, PAF-Antagonist. Von der Aufbereitungskommission E (Phytopharmaka) des BfArM als wirksam zur symptomatischen Behandlung dementieller Syndrome anerkannt	4,5	abhängig vom Extrakt, z.B. Egb 761 (Tebonin®): 120–240	Kanowski et al. (1996) LeBars et al. (1997) Soholm (1998)

* Der 300 Millionen Jahre alte Baum heißt eigentlich *ginkyo* (chin.: Silberaprikose) und wurde infolge eines Setzfehlers zu *ginkgo*

Internat. Freiname (INN, generic name) Chemische Formel	Stoffgruppe	Handelsname (A, CH, D)	Substanzcharakteristik, besondere Hinweise	Eliminationshalbwertszeit (in Stunden)	Dosierungsbereich (mg/Tag)	Übersichtsliteratur
Levodopa (L-Dopa) 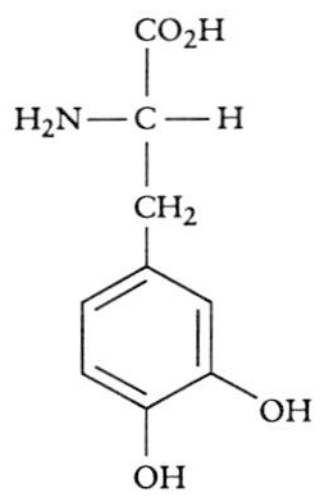	Parkinsonmittel, Dopaminderivat	Dopaflex® (D) Brocadopa® (A) Ceredopa® (A)	Aminosäure; direkte Vorstufe des Dopamins. Hohe Dosierung erforderlich, da wegen peripherer Decarboxylierung nur geringe Mengen univeränderter Substanz die Blut-Hirn-Schranke überwinden. Üblicherweise Verabreichung in Kombination mit einem Decarboxylasehemmstoff (Carbidopa, Benserazid)	<1	250–4000	Riederer und Umek (1986)
Lisurid 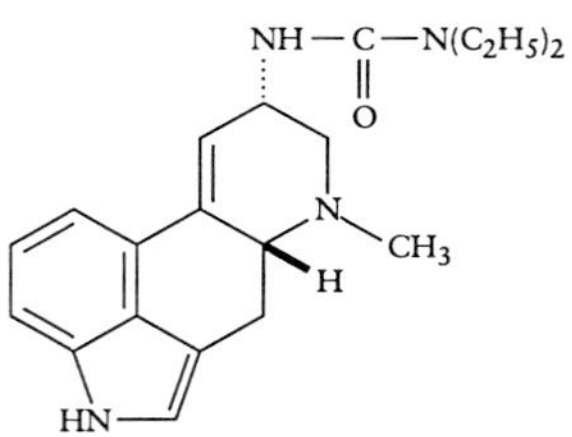	Parkinsonmittel, Ergolinderivat (Mutterkornalkaloidderivat)	Dopergin® (A, CH, D)	Dopaminagonist, Prolactinhemmstoff. Zur Kombinationstherapie mit Levodopa. In niedrigerer Dosierung auch als Abstillmittel und zur Migräneprophylaxe	2–3 (Metabolite: 10–24)	0,1–2 einschleichende Dosierung	Fischer und Frieling (1989) Rinne (1989)

Internat. Freiname (INN, generic name) Chemische Formel	Stoffgruppe	Handelsname (A, CH, D)	Substanzcharakteristik, besondere Hinweise	Eliminationshalbwertszeit (in Stunden)	Dosierungsbereich (mg/Tag)	Übersichtsliteratur
Meclofenoxat 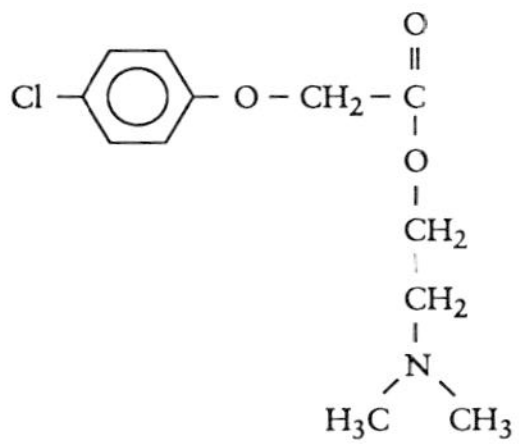	Nootropikum, Antidementivum, Dimethylaminderivat	Helfergin® (D) Cerutil® (D)	Komplexe pharmakologische Wirkungen Störungen des auf Störungen des Energiestoffwechsels	6	500–2000	Harris und Dowson (1986) Pek et al. (1989)
Memantin 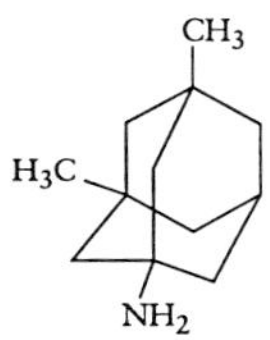	Antidementivum, Nootropikum, Adamantanderivat	Akatinol Memantine® (D)	NMDA-Rezeptorantagonist. Antispastische und zerebral aktivierende Wirkung	65	10–30 Nicht nach 14.00 Uhr verbreichen	Görtelmeyer und Erbler (1992) Rieke und Glaser (1996)
Metixen 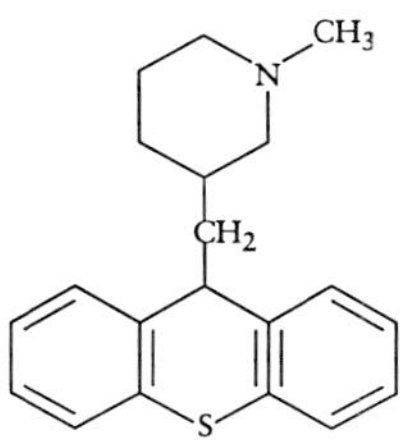	Parkinsonmittel, Thioxanthenderivat	Tremarit® (D) Tremaril® (CH)	Anticholinergikum mit vorwiegend zentraler Wirkung. Einsatz auch bei medikamentös bedingten extrapyramidalmotorischen Störungen mit Ausnahme von Spätdyskinesien	ca. 12	20–30 einschleichende Dosierung	Volles und Friedrich (1983)

Internat. Freiname (INN, generic name) Chemische Formel	Stoffgruppe	Handelsname (A, CH, D)	Substanzcharakteristik, besondere Hinweise	Eliminationshalbwertszeit (in Stunden)	Dosierungsbereich (mg/Tag)	Übersichtsliteratur
Naftidrofuryl 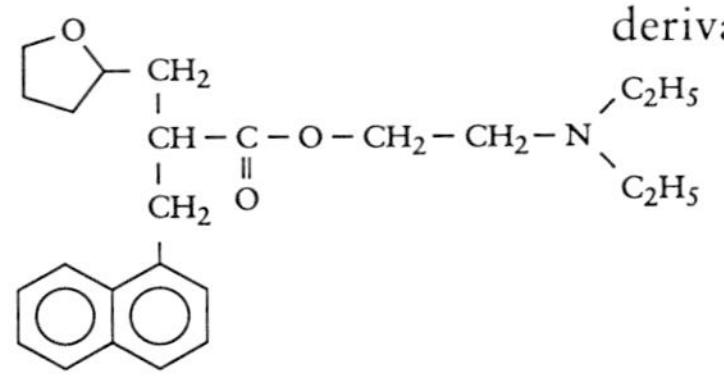	Vasodilatator, Nootropikum, Diethylaminderivat	Dusodril® (A, D) Artocoron® (D) Luctor® (D) Praxilene® (CH) Sodipryl®	Serotonin-5-HT2-Antagonist mit vasodilatierenden Eigenschaften. Einsatz v.a. bei peripheren arteriellen Durchblutungsstörungen	1	300–600	Saldmann et al. (1991) Grossmann et al. (1991) Barradell und Brogden (1996)
Nicergolin 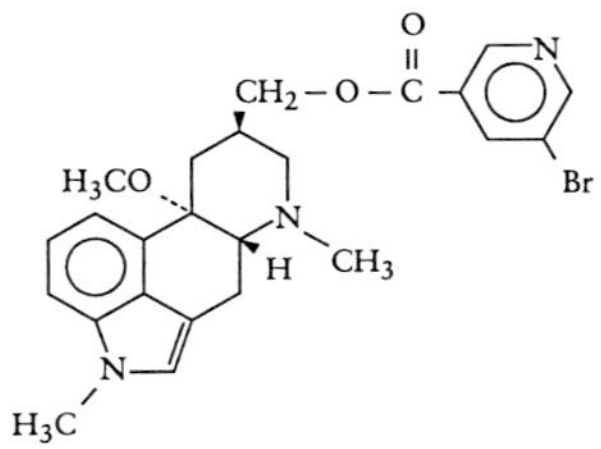	Nootropikum, Antidementivum, Ergolinderivat	Sermion® (A, CH, D) Circo-Maren® (D) duracebrol® (D) ergobel® (D) Memoq® (D) Nicerium® (D) Ergotop® (A)	Halbsynthetisches Mutterkornalkaloid. Alpha-Sympatholytikum, Vasodilatator. Zur symptomatischen Behandlung chronischer, hirnorganisch bedingter Leistungsstörungen bei dementiellen Syndromen. Von einer Aufbereitungskommission des BfArM als wirksam zur Behandlung von Hirnleistungsstörungen im Alter anerkannt	ca. 7	15–60	Saletu et al. (1995) Herrmann et al. (1997) Nappi et al. (1997)

Internat. Freiname (INN, generic name) Chemische Formel	Stoffgruppe	Handelsname (A, CH, D)	Substanzcharakteristik, besondere Hinweise	Eliminationshalbwertszeit (in Stunden)	Dosierungsbereich (mg/Tag)	Übersichtsliteratur
Nimodipin 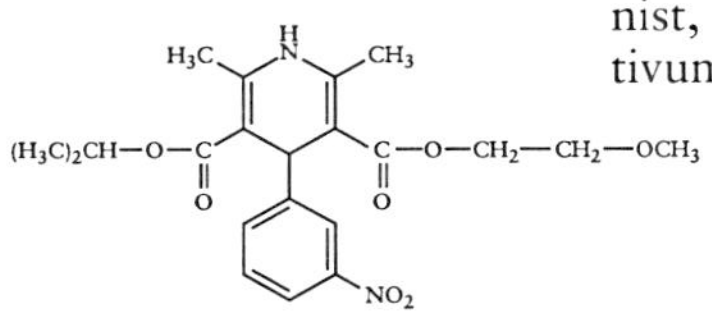	Calciumantagonist, Antidementivum	Nimotop® (A, CH, D)	Gut ZNS-gängiger Calciumantagonist. Von einer Aufbereitungskommission des BfArM als wirksam zur Behandlung von Hirnleistungsstörungen im Alter anerkannt. Zulassung auch für die Therapie der Subarachnoidalblutung	ca. 1	90	Traber und Gispen (1989) Morich et al. (1996)
Orphenadrin 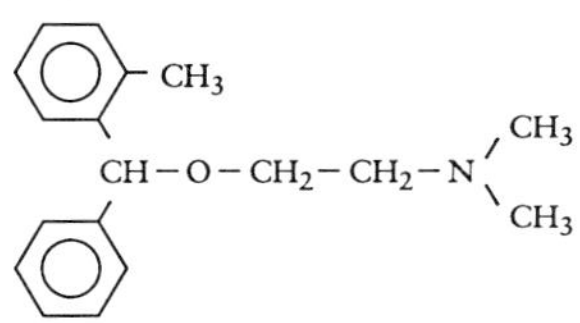	Parkinsonmittel, basisch substituierter Benzhydrilether	Norflex® (CH, D)	Anticholinergikum, Antihistaminikum. In erster Linie als Muskelrelaxans im Einsatz	10	150–300	Bassi et al. (1986)
Pentifyllin 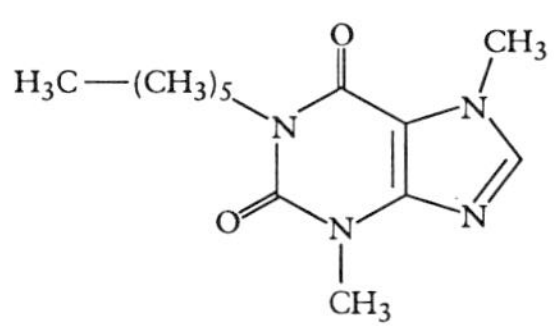	Vasodilator, Noortropikum, Xanthinderivat	Cosaldon® (A, D)	Einsatz neben Hirnleistungsstörungen im Alter bei degenerativen Gefäßerkrankungen am Auge und bei Funktionsstörungen des Innenohrs	3–4	400–800	Kugler et al. (1990)

Internat. Freiname (INN, generic name) Chemische Formel	Stoffgruppe	Handelsname (A, CH, D)	Substanzcharakteristik, besondere Hinweise	Eliminationshalbwertszeit (in Stunden)	Dosierungsbereich (mg/Tag)	Übersichtsliteratur
Pentoxifyllin 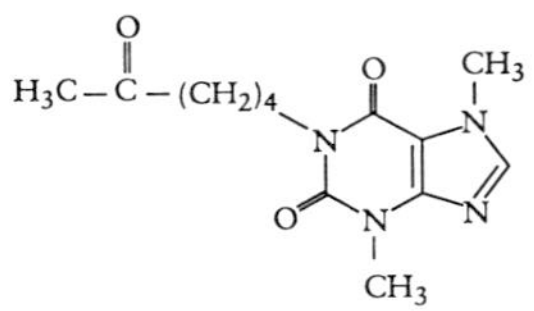	Vasodilatator, Nootropikum, Xanthinderivat	Trental® (A, CH, D) Agapurin® (D) Azupentat® (D) Claudicat® (D) durapental® (D) Pentohexal® (A, D) Pento-Puren® (D) Ralofekt® (D) Rentylin® (D) Dinostral® (CH) Haemodyn® (A) Vasonit® (A)	Wirkung in erster Linie über hämorheologische Effekte. Neben der Anwendung bei zerebrovaskulären Erkrankungen kommt die Substanz vor allem bei peripheren arteriellen Durchblutungsstörungen zum Einsatz	1–1,5	600–1200	Ward und Clissold (1987) Bayer et al. (1996)
Pergolid 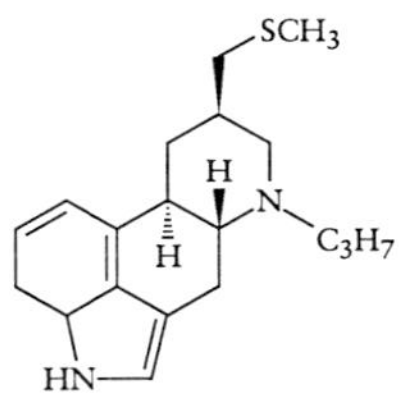	Pakinsonmittel, Ergolinderivat (Mutterkornalkaloidderivat)	Parkotil® (A, D) Permax® (A, CH)	Dopaminagonist, Prolactinhemmstoff. Zur Kombinationstherapie mit Levodopa	7–16	0,05–5 einschleichende Dosierung, durchschnittliche Erhaltungsdosis ca. 3	Langtry und Clissold (1990) Olanow et al. (1994)

Internat. Freiname (INN, generic name) Chemische Formel	Stoffgruppe	Handelsname (A, CH, D)	Substanzcharakteristik, besondere Hinweise	Eliminationshalbwertszeit (in Stunden)	Dosierungsbereich (mg/Tag)	Übersichtsliteratur
Piracetam 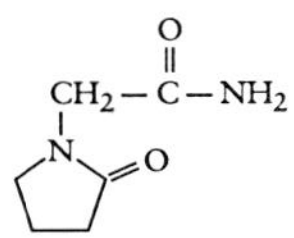	Nootropikum, Antidementivum, Acetamidderivat	Nootrop® (D) Nootropil® (A, CH) Normabrain® (D) Avigilen® (D) Cerebroforte® (D) Cerepar N® (D) Cuxabrain® (D) durapitrop® (D) Encetrop® (D) Memo-puren® (D) Novocetam® (D) Piracebral® (D) Sinapsan® (D) Cerebryl® (A) Pirabene® (A) Piracetrop® (D)	Komplexe Wirkungen insbesondere auf den Neurotransmitterumsatz und den zerebralen Energiestoffwechsel. Von einer Aufbereitungskommission des BfArM als wirksam zur Behandlung von Hirnleistungsstörungen im Alter anerkannt	4,5–5,5	1600–3600	Gouliaev und Senning (1994)

Internat. Freiname (INN, generic name) Chemische Formel	Stoffgruppe	Handelsname (A, CH, D)	Substanzcharakteristik, besondere Hinweise	Eliminationshalbwertszeit (in Stunden)	Dosierungsbereich (mg/Tag)	Übersichtsliteratur
Pramipexol 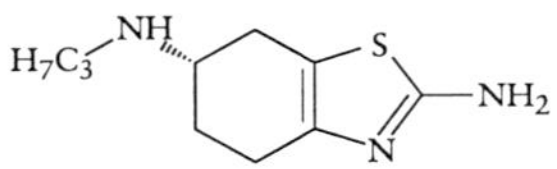	Parkinsonmittel, Benzothiazolderivat	Sifrol® (A, D)	Dopaminagonist. Im Unterschied zu den klassischen Dopaminagonisten kein Ergolinderivat, daher günstigeres Nebenwirkungsprofil. Zur Kombinationsbehandlung mit Levodopa bei M. Parkinson im fortgeschrittenen Stadium, wenn die Wirkung von Levodopa nachläßt oder unregelmäßig wird und Fluktuationen auftreten	8–12	0,264–3,3 bezogen auf Base. Einschleichende Dosierung	Mierau et al. (1995) Lieberman et al. (1997)
Pridinol 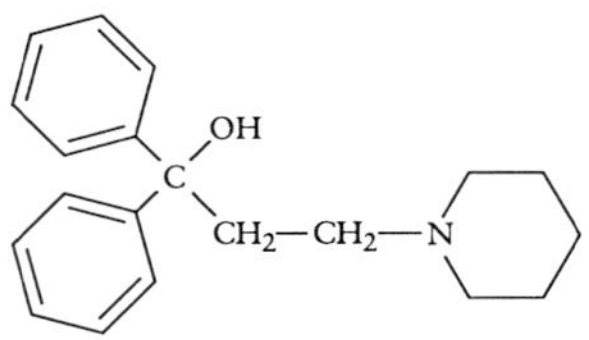	Parkinsonmittel, tertiärer Alkohol mit basisch substituertem Alkylrest	Lyseen-Hommel® (D) Parks 12® (D)	Anticholinergikum, auch als Muskelrelaxans in Verwendung	4	5–15	Lang (1989)

Internat. Freiname (INN, generic name) Chemische Formel	Stoffgruppe	Handelsname (A, CH, D)	Substanzcharakteristik, besondere Hinweise	Eliminationshalbwertszeit (in Stunden)	Dosierungsbereich (mg/Tag)	Übersichtsliteratur
Procyclidin 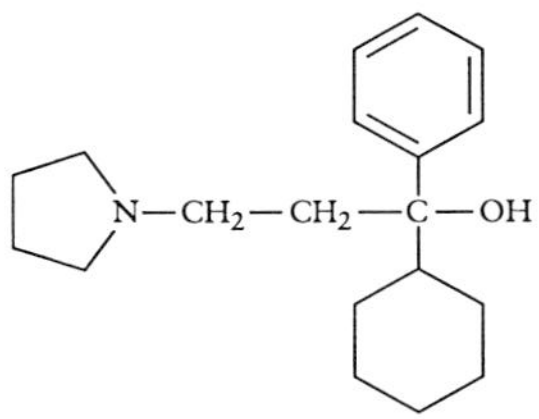	Parkinsonmittel, tertiärer Alkohol mit basisch substituiertem Alkylrest	Osnervan® (D) Kemadrin® (A, CH)	Anticholinergikum mit vorwiegend zentraler Wirkung	12	7,5–30	Chouinard et al. (1987)
Propentofyllin 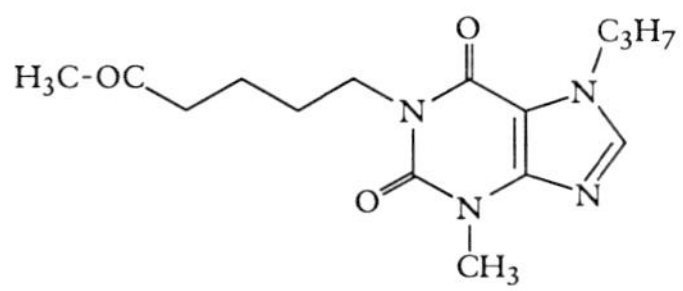	Vasodilatator, Nootropikum, Xanthinderivat	09/99 noch nicht im Handel	Neue Substanz aus der Gruppe der vasoaktiven Xanthinderivate. Z.Zt. in klinischer Prüfung bei vaskulärer und Alzheimer-Demenz			Mielke et al. (1996) Rother et al. (1996)
Pyritinol 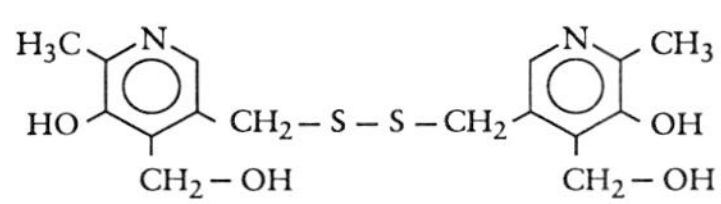	Nootropikum, Antidementivum, Disulfitderivat	Encephabol® (A, D) Ardeyceryl® (D)	Komplexe Wirkungen insbesondere auf den zerebralen Energiestoffwechsel. Von einer Aufbereitungskommision des BfArM als wirksam zum Behandlung von Hirnleistungsstörungen im Alter anerkannt	2,5	400–1000	Fischhof et al. (1992) Spilich et al. (1996)

Internat. Freiname (INN, generic name) Chemische Formel	Stoffgruppe	Handelsname (A, CH, D)	Substanzcharakteristik, besondere Hinweise	Eliminationshalbwertszeit (in Stunden)	Dosierungsbereich (mg/Tag)	Übersichtsliteratur
Rivastigmin 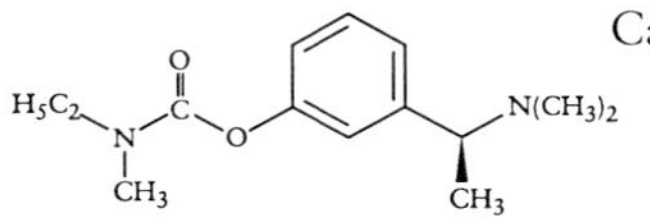	Antidementivum, Nootropikum, Carbamatderivat	Exelon® (A, CH, D)	Spezifischer Acetylcholinesterase-Hemmer. Trotz kurzer Halbwertzeit lange Wirkdauer (pseudoirreversible Cholinesterasehemmung). Neben Donepezil und Tacrin vom BfArM zur symptomatischen Therapie der leichten bis mittelschweren Alzheimer-Demenz zugelassen	0,6–2	6–12 landsame Aufdosierung (alle 2 Wochen)	Anand und Gharabawi (1996) Rösler et al. (1998)
Ropinirol 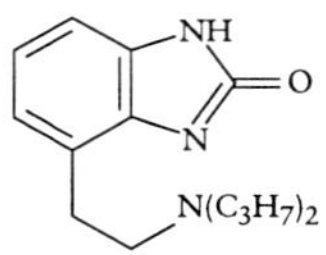	Parkinsonmittel, Indolderivat	Requip® (A, CH, D)	Dopaminagonist. Im Unterschied zu den klassischen Dopaminagonisten kein Ergolinderivat, daher günstigeres Nebenwirkungsprofil. Als Monotherapie zur frühzeitigen Behandlung des M. Parkinson und als Kombinationstherapie mit Levodopa während des gesamten Verlaufs der Krankheit	6	3–24 langsame Aufdosierung	Wheadon et al. (1996) Kreider et al. (1996) Dechant und Plosker (1997)

Internat. Freiname (INN, generic name) Chemische Formel	Stoffgruppe	Handelsname (A, CH, D)	Substanzcharakteristik, besondere Hinweise	Eliminationshalbwertszeit (in Stunden)	Dosierungsbereich (mg/Tag)	Übersichtsliteratur
Selegilin 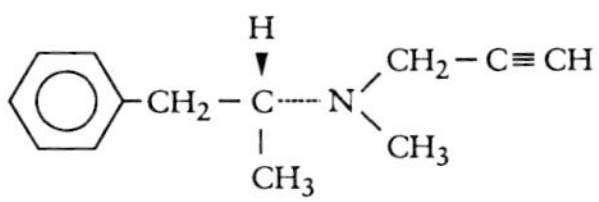	Parkinsonmittel, Phenylethylaminderivat	Movergan® (D) Amindan® (D) Antiparkin® (D) Deprenyl® (D) Selegam® (D) Selepark® (D) Seletop® (D) Amboneural® (A) Cognitiv® (A) Regepar® (CH) Jumex® (A) Jumexal® (CH) MAOtil® (D) Selgimed® (D)	Selektiver MAO-B-Hemmer zur Kombinationstherapie mit Levodopa bei Patienten, die auf Levodopatherapie mit oder ohne Decarboxylasehemmer nicht mehr ausreichend ansprechen. Keine spezielle Diät erforderlich. Kombination mit Antidepressiva vom Typ der selektiven Serotonin-Wiederaufnahmehemmer kontraindiziert	ca. 2	5–10	Wessel und Szelenyi (1992) Olanow et al. (1995)

Internat. Freiname (INN, generic name) Chemische Formel	Stoffgruppe	Handelsname (A, CH, D)	Substanzcharakteristik, besondere Hinweise	Eliminationshalbwertszeit (in Stunden)	Dosierungsbereich (mg/Tag)	Übersichtsliteratur
Tacrin 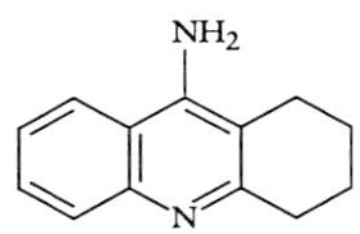	Antidementivum, Nootropikum, Acridinderivat	Cognex® (A, CH, D)	Zentral wirksamer reversibler Acetylcholinesterase-Hemmer. Neben Donepezil und Rivastigmin vom BfArM zur symptomatichen Therapie der leichten bis mittelschweren Alzheimer-Demenz zugelassen. Wegen potentiell lebertoxischer Wirkung strenge Auflagen zur Überwachung der Leberwerte	2–4	40–160 langsame Aufdosierung in 4-Wochen-Schritten. Dosissteigerungen jeweils nur in Abhängigkeit von den Ergebnissen der Leberfunktionstests. Die Tagesdosis soll auf 4 Einzelgaben in möglichst gleichmäßigen Abständen verteilt werden	Wagstaff und McTavish (1994)
Tiaprid 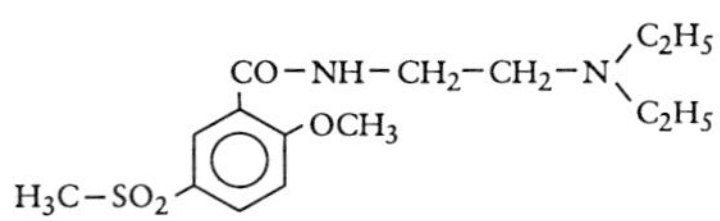	Benzamid-derivat	Tiapridex® (D) Tiapridal® (CH) Delpral® (A)	Dopaminantagonist zur Therapie von Dystonien, Chorea und Dyskinesien (z.B. nach Gabe von L-Dopa-haltigen Parkinsonmitteln)	3	300–600	Auberger et al. (1985) Gutzmann et al. (1997)

Internat. Freiname (INN, generic name) Chemische Formel	Stoffgruppe	Handelsname (A, CH, D)	Substanz-charakteristik, besondere Hinweise	Eliminations-halbwertszeit (in Stunden)	Dosierungs-bereich (mg/Tag)	Übersichts-literatur
Tolcapon 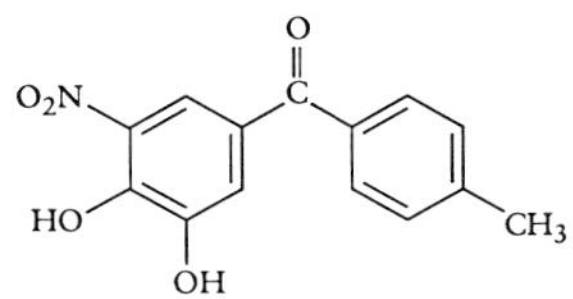	Parkinsonmittel, Nitrobenzophenonderivat	Tasmar® (CH)	Selektiver Hemmstoff der peripheren Catechol-O-Methyl-Transferase (COMT). Als Zusatztherapie zu einer bestehenden Levodopa-Behandlung. Wegen des unerwarteten Auftretens von Hepatitiden Vertriebsstop in den Ländern der EU. In CH unter den Bedingungen eines besonderen Pharmakovigilanzverfahrens (kontrollierte Anwendung) erhältlich	2	300–600	Spencer und Benfield (1996)

Internat. Freiname (INN, generic name) Chemische Formel	Stoffgruppe	Handelsname (A, CH, D)	Substanzcharakteristik, besondere Hinweise	Eliminationshalbwertszeit (in Stunden)	Dosierungsbereich (mg/Tag)	Übersichtsliteratur
Trihexyphenidyl 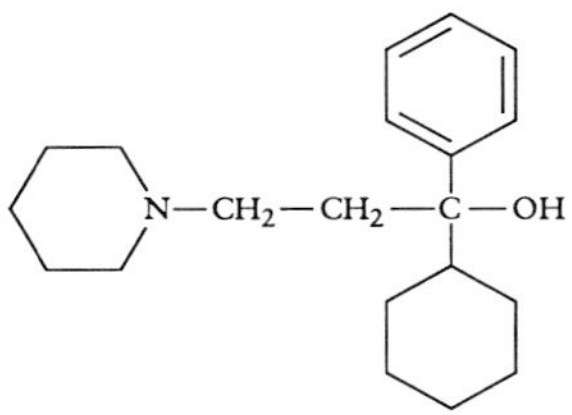	Parkinsonmittel, tertiärer Alkohol mit basisch substituiertem Alkylrest	Artane® (A, CH, D) Parkopan® (D)	Anticholinergikum mit vorwiegend zentraler Wirkung. Beeinflußt primär Rigor, Tremor und vegetative Symptome (z.B. Hyperhidrosis, Hypersalivation), in geringerem Umfang auch Akinese. Einsatz auch bei medikamentös bedingten extrapyramidalmotorischen Störungen mit Ausnahme von Spätdyskinesien	13	5–15	Jabbari et al. (1989) Schelosky et al. (1991)
Vincamin 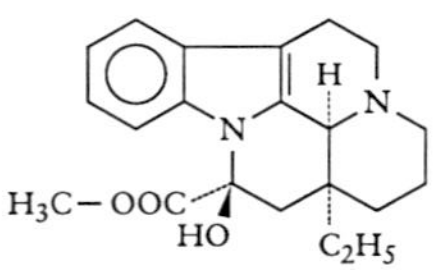	Nootropikum, Vasodilatator, Indolderivat	Cetal® (A, CH, D) Equipur® (D) Pervincamin® (D) Vincapront® (CH, D) Aethroma® (CH) Oxygeron® (CH)	Alkaloid aus Vinca minor (Kleines Immergrün). Komplexe Wirkungen insbesondere auf den Neurotransmitterumsatz und den zerebralen Energiestoffwechsel	ca. 1	30–90	Fischhof et al. (1996)

Internat. Freiname (INN, generic name) Chemische Formel	Stoffgruppe	Handelsname (A, CH, D)	Substanzcharakteristik, besondere Hinweise	Eliminationshalbwertszeit (in Stunden)	Dosierungsbereich (mg/Tag)	Übersichtsliteratur
Vinpocetin 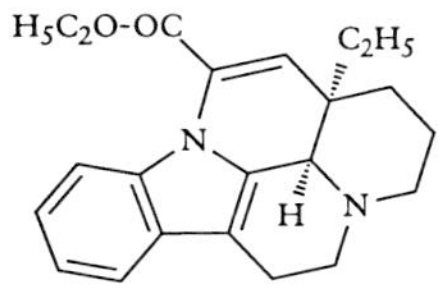	Nootropikum, Vasodilatator, Vincaminderivat	Cavinton® (A, D)	Synthetisches Vincaderivat mit komplexen Wirkungen insbesondere auf den Neurotransmitterumsatz und den zerebralen Energiestoffwechsel	2–3	15–30	Kiss und Karpati (1996)
Xantinolnicotinat 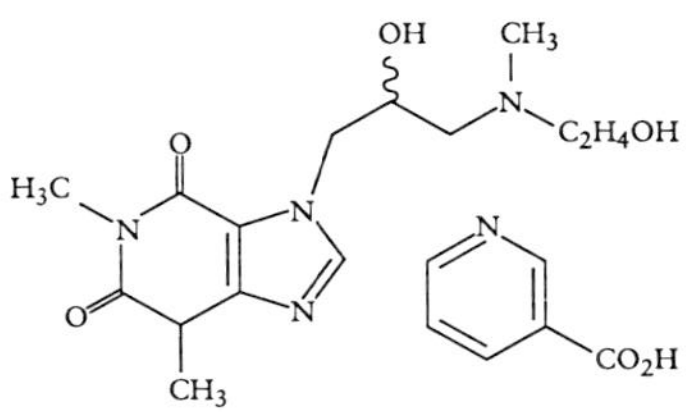	Nootropikum, Vasodilatator, Methylxantin- bzw. Nicotinsäurederivat	Complamin® (CH, D) Theonikol® (D)	Komplexe Wirkungen insbesondere auf den Neurotransmitterumsatz und den zerebralen Energiestoffwechsel. Substanz wird auch als Lipidsenker und Hämorheologikum eingesetzt		450–900	Lehmann et al. (1993)

Literatur

Ackermann H, Ziegler W, Oertel WH (1989) Palilalia as a symptom of levodopa-induced hyperkinesian Parkinson's disease. Lancet 1: 805–807

Aebischer P, Goddard M, Signore AP, Timpson RL(1994) Functional recovery in hemiparkinsonian primates transplanted with polymer-encapsulated PC12 cells. Exp Neurol 126: 151–158

Agid Y, Javoy-Agid F, Ruberg M, Pillon B, Dubois B, Duyckaerts C, Hauw J-J, Baron J-C, Scatton B (1986) Progressive Supranuclear Palsy: anatomoclinical and biochemical considerations. Adv Neurol 45: 191–206

Ahlskog JE, Muenter MD, Maragonore DM, Matsumato JY, Lieberman A, Wright KF, Wheeler K (1994) Fluctuating Parkinson's disease. Treatment with the long acting dopamine agonist cabergoline. Arch Neurol 51: 1236–1241

Ahlskog JE, Wright KF, Muenter MD, Adler CH (1996) Adjunctive cabergoline therapy of Parkinson's disease: comparison with placebo and assessment of dose response and duration of effect. Clin Neuropharmacol 19: 202–212

Alesch F (1998) Tiefe Hirnstimulation bei Morbus Parkinson. Psycho 24: 549–553

Alexander GE, Crutcher MD (1990) Functional architecture of basal ganglia circuits: neural substrates of parallel processing. Trends Neurosci 13: 266–271

Alexander GE, DeLong MR, Strick PL (1986) Parallel organization of functionally segregated circuits linking basal ganglia and cortex. Annu Rev Neurobiol 9: 357–381

Alexander GM, Brainard DL, Gordon SW, Hichens M, Grothusen JR, Schwartzman RJ (1991) Dopamine receptor changes in untreated and (+)-PHNO-treated MPTP Parkinsonian primates. Brain Res 547: 181–189

Altman J (1992) Programmed cell death: the paths to suicide. Trends Pharmcol Sci 15: 278–280

Andén N-E, Dahlström A, Fuxe K, Larsson K (1966) Functional role of the nigro-neostriatal dopamine neurons. Acta Pharmacol Toxicol 24: 263–274

Andén NE, Rubenson H, Fuxe K (1967) Evidence for dopamine receptor stimulation by apomorphine. J Pharm Pharmacol 19: 627–629

Andersson M, Hilbertson A, Cenci MA (1999) Striatal fosB expression is causally linked with L-DOPA-induced abnormal involuntary movements and the associated upregulation of striatal prodynorphin mRNA in a rat model of Parkinson's disease. Neurobiol Dis 6: 461–474

Andreu N, Damase-Michel C, Senard JM, Rascol O, Montastruc JL (1997) A dose-ranging study of selegiline in patients with Parkinson's disease: effect of platelet monoamine oxidase activity. Mov Disord 12: 293–296

Andrew R, Watson DG, Best SA, Midgley JM, Wenlong H, Petty RKH (1993) The determination of hydroxydopamines and other trace amines in the urine of parkinsonian patients and normal controls. Neurochem Res 18: 1175–1177

Annecke R (1999) Parkinsontherapie als Zusammenspiel von medizinischen, physiotherapeutischen, psychologischen und sozialen Interventionen. In: Przuntek H, Müller Th (Hrsg) Nichtmedikamentöse, adjuvante Therapie bei der Behandlung des Morbus Parkinson. Georg Thieme Verlag, Stuttgart New York, S 42–50

Arendash GW, Olanow CW, Sengstock GJ (1993) Intranigral iron infusion in rats: a progressive model for excess nigral iron levels in Parkinson's disease? In: Riederer P, Youdim MBH (Hrsg) Key Topics in Brain Research, Iron in Central Nervous System Disorders. Springer, Wien New York, S 87–101

Aubin N, Curet O, Deffois A, Carter C (1998) Aspirin and salicylate protect against MPTP-induced dopamine depletion in mice. J Neurochem 71: 1635–1642

Baas H (1999) Entacapon. Klinische Pharmakologie und therapeutische Anwendung. Arzneimitteltherapie 17: 209–212

Baas H, Fischer PA (1988) Probleme der Bewertung von L-DOPA-Plasmaspiegel-Wirkungsbeziehungen. In: Fischer PA (Hrsg) Modifizierende Faktoren bei der Parkinson-Therapie. Editiones <Roche>, Basel, S 47–69

Baas H, Beiske AG, Ghika J, Jackson M, Oertel W, Poewe W, Ransmeyer G, Auff E, Volc D, Dupont E, Mikkelsen B, Wermuth L, Wompetersen J, Beneke R, Eichhorn T, Kolbe H, Oertel W, Schimrigk K, Olsson JE, Palhagen S, Burgunder JM, Ghika A, Regli F, Steck A,

Medcalf P (1997) Catechol-O-methyltransferase inhibition with tolcapone reduces the „wearing off" phenomenon and levodopa requirements in fluctuating parkinsonian patients. J Neurol Neurosurg Psychiatry 63: 421–428

Baczynskyj L, Althaus JS, VonVoigtlander PF (1996) Electrochemical oxidation of pramipexole. 44th ASMA Conference on Mass Spectrometry and Allied Topics

Baik J-H, Picetti R, Saiardi A, Thiriet G, Dierich A, Depaulis A, Le Meur M, Borrelli E (1995) Parkinsonian-like locomotor impairment in mice lacking dopamine D2 receptors. Nature 377: 424–428

Barbeau A, Murphy GF, Sourkes TL (1961) Excretion of dopamine in diseases of basal ganglia. Science 133: 1706–1707

Barbeau A, Sourkes TL, Murphy GF (1962) Les catecholamines dans la maladie de Parkinson. In: J der Ajuriaguerra (Hrsg) Monoamines et Systeme Nerveux Central. Masson & Cie, Paris, S 247–262

Barone P, Bravi D, Bermejo-Pareja F, Marconi R, Kulisevski J, Malagu S, Weiser R, Rost N (1999) Pergolide monotherapy in the treatment of early PD: a randomized, controlled study. Pergolide monotherapy study group. Neurology 53: 573–579

Bartholini G, Burkhard WP, Pletscher A, Bates HM (1967) Increase of cerebral catecholamines caused by 3,4-dihydroxyphenylalanine after inhibition of peripheral decarboxylase. Nature 215: 852–853

Barz S, Hummel T, Pauli E, Majer M, Lang CJ, Kobal G (1997) Chemosensory event-related potentials in response to trigeminal and olfactory stimulation in idiopathic Parkinson's disease. Neurology 49: 1424–1431

Basma AN, Morris EJ, Nicklas WJ, Geller HM (1995) L-DOPA cytotoxicity to PC12 cells in culture is via its autoxidation. J Neurochem 64: 825–832

Battistin L, Bardin PG, Ferro-Milone F, Ravenna C, Toso V, Reboldi G (1999) Alpha-dihydroergocryptine in Parkinson's disease: a multicentre randomized double blind parallel group study. Acta Neurol Scand 99: 36–42

Becker JB, Robinson TE, Barton P, Sintov A, Siden R, Levy RJ (1990) Sustained behavioral recovery from unilateral nigrostriatal damage produced by the controlled release of dopamine from a silicone polymer pellet placed into the denervated striatum. Brain Res 508: 60–64

Becker G, Seufert J, Bogdhan U, Reichmann H, Reiners K (1995) Degeneration of substantia nigra in chronic Parkinson's disease visualized by transcranial color-coded real-time sonography. Neurology 45: 182–184

Beckerman J (1999) Parkinson's Disease. A Guide for the Non-Professional. Pacific Parkinsons Research Institute, Vancouver, S 3–13

Bedard PJ, Di Paolo T, Falardeau P, Boucher R (1986) Chronic treatment with L-DOPA, but not bromocriptine induces dyskinesia in MPTP-parkinsonian monkeys. Correlation with (^{3}H)spiperone binding. Brain Res 379: 294–299

Benabid AL, Pollak P, Gervason C (1991) Long-term suppression of tremor by chronic stimulation of the ventral intermediate thalamic nucleus. Lancet 337: 403–406

Benecke R, Strümper P, Weiss H (1993) Electron transfer complexes I and IV of platelets are abnormal in Parkinson's disease but normal in Parkinson-plus syndromes. Brain 116: 1451–1463

Bennett DA, Beckett LA, Murray AM, Shannon KM, Goetz CG, Pilgrim DM, Evans DA (1996) Prevalence of parkinsonian signs and associated mortality in a community population of older people. N Engl J Med 71: 71–76

Ben-Shachar D, Youdim MBH (1991) Intranigral iron injection induces behavioral and biochemical "Parkinsonism" in rats. J Neurochem 57: 2133–2135

Ben-Shachar D, Eshel G, Finberg JPM, Youdim MBH (1991) The iron chelator desferrioxamine (desferal) retards 6-hydroxydopamine-induced degeneration of nigro-striatal dopamine neurons. J Neurochem 56: 1441–1444

Ben-Shachar D, Zuk R, Glinka Y (1995) Dopamine neurotoxicity: inhibition of mitochondrial respiration. J Neurochem 64: 718–723

Bensimon G, Lacomblez L, Meininger V (1994) ALS/Riluzole Study Group. A controlled trial of riluzole in amyotrophic lateral sclerosis. N Engl J Med 330: 585–591

Berg D, Becker G, Zeiler B, Tucha O, Hofmann E, Preier M, Benz P, Jost W, Reiners K, Lange KW (1999) Vulnerability of the nigrostriatal system as detected by transcranial ultrasound. Neurology 53: 1026–1031

Bergamasco B, Frattola L, Muratorio A, Piccoli F, Mailland F, Parnetti L (2000) Alpha-dihydroergocriptine in the treatment of de novo parkinsonian patients: results of a multicenter, randomized, double-blind, placebo-controlled study. Acta Neurol Scand 101: 372–380

Bernheimer H, Birkmayer W, Hornykiewicz O, Jellinger K, Seitelberger F (1973) Brain dopamine and the syndromes of Parkinson and Huntington: clinical, morphological and neurochemical correlations. J Neurol Sci 20: 415–455

Bernocci G, Gerzeli G, Scherini E, Vignola C (1993) Neuroprotective effect of α-dihydroergocryptine against damages in the substantia nigra caused by severe treatment with 1-methyl-4-phenyl-1,2,3,6-tetrahydropyridine. Acta Neuropathol 5: 404–413

Biggins CA, Boyd JL, Harrop FM, Madeley P, Mindham RH, Randall JI, Spokes EG (1992) A controlled, longitudinal study of dementia in Parkinson's disease. J Neurol Neurosurg Psychiatry 55: 566–571

Biggs CS, Fisher A, Starr MS (1998) The antiparkinsonian drug budipine stimulates the activity of aromatic L-amino acid decarboxylase and enhances L-DOPA-induced dopamine release in rat substantia nigra. Synapse 30: 309–317

Birkmayer W, Hornykiewicz O (1961) Der L-Dioxyphenylalanineffekt bei der Parkinson-Akinese. Wien Klin Wschr 73: 787–788

Birkmayer W, Mentasti M (1967) Weitere experimentelle Untersuchungen über den Katecholaminstoffwechsel bei extrapyramidalen Erkrankungen (Parkinson- und Choreasyndrom). Arch Psych Z ges Neurol 210: 29–35

Birkmayer W, Riederer P (1975) Responsibility of extrastriatal areas for the appearance of psychotic symptoms. J Neural Transm 37: 175–181

Birkmayer W, Riederer P (1985) Die Parkinson-Krankheit. Biochemie, Klinik, Therapie, zweite, neubearbeitete Auflage. Springer Wien New York

Birkmayer W, Birkmayer JD (1988) Stimulierung der Tyrosinhydroxylase durch Eisen, ein neues therapeutisches Prinzip. In: Fischer PA (Hrsg) Modifizierende Faktoren bei der Parkinson-Therapie. Editiones <Roche> Basel, Seite 87–94

Birkmayer W, Danielczyk W, Neumayer E, Riederer P (1974) Nucleus ruber and L-DOPA psychosis. Biochemical post-mortem findings. J Neural Transm 35: 93–116

Birkmayer W, Riederer P, Youdim MBH, Linauer W (1975) The potentiation of the antiakinetic effect after L-dopa treatment by an inhibitor of MAO-B, deprenyl. J Neural Transm 36: 303–326

Birkmayer W, Knoll J, Riederer P, Youdim MBH, Hars V, Marton J (1985) Increased life expectancy resulting from addition of L-deprenyl to Madopar^{R} treatment in Parkinson's disease: a longterm study. J Neural Transm 64: 113–127

Blackwell B, Marley E, Price J, Taylor D (1967) Hypertensive interactions between monoamine inhibitors and foodstuffs. Brit J Psychiatry 113: 349–365

Blanchet PJ, Gomez-Mancilla B, Bedard PJ (1995) DOPA-induced "peak dose" dyskinesia: Clues implicating D2 receptor-mediated mechanisms using dopaminergic agonists in MPTP monkeys. J Neural Transm [Suppl] 45: 103–112

Block G, Liss C, Reines S, Irr J, Nibbelink D (1997) Comparison of immediate-release and controlled-release carbidopa/levodopa in Parkinson's disease: a multicenter 5-year study. Eur Neurol 37: 23–27

Bloom FE, Algeria S, Groppetti A, Revuelta A, Costa E (1969) Lesions of central norepinephrine terminals with 6-OH-dopamine: biochemistry and fine structure. Science 166: 1284–1286

Blum-Degen D, Müller T, Kuhn W, Gerlach M, Przuntek H, Riederer P (1996) Interleukin-1β and interleukin-6 are elevated in the cerebrospinal fluid of Alzheimer's and *de novo* Parkinson's disease patients. Neurosci Lett 202: 17–20

Blum-Degen D, Haas M, Pohli S Harth R, Römer W, Oettel M, Riederer P, Götz ME (1998) Scavestrogens protect IMR 32 cells from oxidative stress-induced cell death. Toxicol Appl Pharmacol 152: 49–55

Blunt SB, Jenner P, Marsden CD (1993) Suppressive effect of L-Dopa on dopamine cells remaining in the ventral tegmental area of rats previously exposed to the neurotoxin 6-hydroxydopamine. Mov Disord 8: 129–133

Boireau A, Dubedat P, Bordier F, Peny C, Miquet J-M, Durand G, Meunier M, Doble A (1994) Riluzole and experimental parkinsonism: antagonism of MPTP-induced decrease in central dopamine levels in mice. NeuroReport 5: 2657–2660

Boissier JR, Simon P (1963) Un test simple pour l'étude quantitative de la catatonie provoquée chez le rat par les neuroleptiques. Application á l'étude des anticatatoniques. Thérapie 18: 1257–1277

Bormann J (1989) Memantine is a potent blocker of N-methyl-D-aspartate (NMDA) receptor channels. Eur J Pharmacol 166: 591–592

Braak H, Braak E, Yilmazer D, Schultz C, de Vos RAI, Jansen ENH (1995) Nigral and extranigral pathology in Parkinson's disease. J Neural Transm [Suppl] 46: 15–31

Brannan T, Yahr MD (1995) Comparative study of selegiline plus L-dopa-carbidopa versus L-dopa-carbidopa alone in the treatment of Parkinson's disease. Ann Neurol 37: 95–98

Brecht (1998) Dopaminagonisten im Vergleich. Akt Neurol [Suppl 4] 25: S310–S316

Brede HD (1989) Die Geschichte des Parkinsonismus. TW Neurologie Psychiatrie [Sonderheft] 3: 6–11

Breese GR, Traylor TD (1970) Effect of 6-hydroxydopamine on brain norephinephrine and dopamine: evidence for selective degeneration of catecholamine neurons. J Pharmacol Exp Ther 174: 413–420

Brefel-Courbon C, Thalamas C, Saint-Paul HP, Senard JM, Montastruc JL, Rascol O (1998) Alpha(2)-adrenoceptor antagonists: A new approach to Parkinson's disease? CNS Drugs 10: 189–207

Bringmann G, God R, Feineis D, Wesemann W, Riederer P, Rausch W-D, Reichmann H, Sontag K-H (1995) The TaClo concept: 1-trichloromethyl-1,2,3,4-tetahydro-β-carboline (TaClo), a new toxin for dopaminergic neurons. J Neural Transm [Suppl] 46: 235–244

Brooks DJ, Torjanski N, Burn DJ (1995) Ropinirole in the symptomatic treatment of Parkinson's disease. J Neural Transm [Suppl] 45: 231–238

Brownell AL, Jenkins BG, Elmaleh DR, Deacon TW, Spealman RD, Isacson O (1998) Combined PET/MRS brain studies show dynamic and long-term physiological changes in a primate model of Parkinson disease. Nature Med 4: 1308–1312

Brücke T, Kornhuber J, Angelberger P, Asenbaum S, Frassine H, Podreka I (1993) SPECT imaging of dopamine and serotonin transporters with [^{123}I]β-CIT. Binding kinetics in the human brain. J Neural Transm [GenSect] 94: 137–146

Brun S, Gottfries CG, Roos BE (1971) Studies of the monamine metabolism in the central nervous system in Jacob-Creutzfeld disease. Acta Neurol Scand 47: 642–645

Büttner T, Kuhn W, Müller T, Patzold T, Heidbrink K, Przuntek H (1995a) Distorted color discrimination in "de novo" parkinsonian patients. Neurology 45: 386–387

Büttner T, Kuhn W, Przuntek H (1995b) Alterations in chromatic contour perception in de novo parkinsonian patients. Eur Neurol 35: 226–229

Büttner T, Kuhn W, Müller T, Heinze T, Puhl C, Przuntek H (1996) Chromatica and achromatic visual evoked potentials in Parkinson's disease. Electroencephalogr Clin Neurophysiol 100: 443–447

Burns RS, Chiueh CC, Markey SP, Ebert MH, Jacobowitz DM, Kopin IJ (1983) A primate model of Parkinsonism: selective destruction of dopaminergic neurons in the pars compacta of the substantia nigra by N-methyl-4-phenyl-1,2,3,6-tetrahydropyridine. Proc Natl Acad Sci USA 80: 4546–4550

Calne DB, Teychenne PF, Claveria LE, Eastment R, Greenacre JK, Petrie A (1974) Bromocriptine in Parkinsonism. Br Med J 2: 442–444

Carboni S, Melis F, Pani L, Hadjiconstantinou M, Rossetti Z (1990) The non-competitive NMDA-receptor antagonist MK-801 prevents the massive release of glutamate and aspartate from rat striatum induced by 1-methy-4-phenyl-1,2,3,6-tetrahydropyridinium (MPP^+). Neurosci Lett 117: 129–133

Carlsson A, Lundqvist M, Magnusson T (1957) 3,4-Dihydroxyphenylalanine and 5-hydroxytryptophan as reserpine antagonists. Nature 180: 1200

Cassarino DS, Fall CP, Smith TS, Bennett JP (1998) Pramipexole reduces reactive oxygen species production in vivo and in vitro and inhibits the mitochondrial permeability transition produced by the parkinsonian neurotoxin methylpyridinium ion. J Neurochem 71: 295–301

Cedarbaum JM, Gandy SE, McDowell FH (2000) „Early" initiation of levodopa treatment does not promote the development of motor response fluctuations, dyskinesias, or dementia in Parkinson's disease. Neurology 41: 622–629

Chen T-S, Koutsilieri E, Rausch W-D (1995) MPP^+ selectively affects calcium homeostasis in mesencephalic cell cultures from embryonal C57/BL mice. J Neural Transm [P-D-Sect] 100: 153–163

Cheng NN, Maeda T, Kume T, Kaneko S, Kochiyama H, Akaike A, Goshima Y, Misu Y (1996) Differential neurotoxicity induced by L-DOPA and dopamine in cultured striatal neurons. Brain Res 743: 278–283

Chesselet MF, Delfs JM (1996) Basal ganglia and movement disorders: an update. Trends Neurosci 19: 417–422

Chinaglia G, Landwehrmeyer B, Probst A, Palacios JM (1993) Serotoninergic terminal transporters are differentially affected in Parkinson's disease and progressive supranuclear palsy: an autoradiographic study with [^{3}H]citalopram. Neuroscience 54: 691–699

Close SP, Elliot PJ, Hayes AG, Marriott AS (1990) Effects of classical and novel agents in a MPTP-induced reversible model of Parkinson's disease. Psychopharmacology 102: 295–300

Colosimo C, Granata R, Del Zompo M, Piccardi MP, Perretta G, Albanese A (1992) Chronic administration of MPTP to monkeys: behavioral, morphological and biochemical correlates. Neurochem Int [Suppl] 20: 279S–285S

Colzi A, Turner K, Lees AJ (1998) Continious subcutaneous waking day apomorphine in the long term treatment of levodopa induced interdose dyskinesias in Parkinson's disease. J Neurol Neurosurg Psychiatr 64: 573–576

Cooper IS (1956) Ligation of the anterior choroidal artery for involuntary movements of parkinsonism. Arch Neurol 75: 36–48

Corrodi H, Fuxe K, Hökfelt T, Lidbrink P, Ungerstedt V (1973) Effects of ergot drugs on central catecholamine neurons: evidence for a stimulation of central dopamine neurons. J Pharm Pharmacol 25: 409–412

Cotzias G, van Woert MH, Schiffer LM (1967) Aromatic amino acids and modification of parkinsonism. New Engl J Med 276: 374–380

Cotzias GC, Papavasiliou PS, Gellene R (1969) Modifcation of Parkinsonism: Chronic treatment with L-DOPA. New Engl J Med 280: 337–345

Cotzias G, Papavasiliou PS, Fehling C (1970) Similarities between neurologic effects of L-dopa and of apomophine. New Engl J Med 283: 31–33

Crossman AR, Peggs D, Boyce S, Luquin MR, Sambrook MA (1989) Effect of the NMDA antagonist MK-801 on MPTP-induced Parkinsonism in the monkey. Neuropharmacology 28: 1271–1273

Csoti I, Werner M, Fornadi F (1999) L-Dopa-Präparate in gelöster Form. Wirkung auf die frühmorgendliche Akinese. 5. Hamburger Parkinson-Gespräch, 3. Dezember, Hamburg

Danielczyk W (1973) Die Behandlung von akinetischen Krisen. Med Welt 24: 1278–1282

Danielczyk W (1995) Twenty-five years of amantadine therapy in Parkinson's disease. J Neural Transm 46 [Suppl]: 399–405

Daniele A, Albanese A, Gainotti G, Gregori B, Bartolmeo P (1997) Zolpidem in Parkinson's disease. Lancet 349: 1222–1223

Danysz W, Parsons CG, Kornhuber J, Schmidt WJ, Quack G (1997) Aminoadamantanes as NMDA receptor antagonists and antiparkinsonian agents – Preclinical studies. Neurosci Biobehav Rev 21: 455–468

Date I, Felten DL, Felten SY (1990) Long-term effect of MPTP in the mouse brain in relation to ageing: neurochemical and immunocytochemical analysis. Brain Res 519: 266–276

Davis GC, Williams AC, Markey SP, Ebert MH, Caine ED, Reichert CM, Kopin IJ (1979) Chronic Parkinsonism secondary to intravenous injection of meperidine analogues. Psychiat Res 1: 249–254

Deacon T, Schumacher J, Dinsmore J, Thomas C, Palmer P, Kott S, Edge A, Penney D, Kassissieh S, Dempsey P, Isacson O (1997) Histological evidence of fetal pig neural cell survival after transplantation into a patient with Parkinson's disease. Nature Med 3: 350–353

Degen HJ, Lesch KP, Riederer P (1996) Ratio of expression of dopamine transporter (DAT) and vesicular monoamine transporter (VMAT) is shifted towards VMAT in the nigrostriatal system of Parkinson's disease (PD) patients. 3rd Congress of the European Society for Clinical Neuropharmacology. 28.–30. Oktober, Universität „La Sapienza", Rom, Italien (J Neural Transm 103: XXVIII)

De Keyser J, De Backer J-P, Wilczak N, Herroelen L (1995) Dopamine agonists used in the treatment of Parkinson's disease and their selectivity for the D_1, D_2, and D_3 dopamine receptors in human striatum. Prog Neuro-Psychopharmacol & Biol Psychiat 19: 1147–1154

Del Dotto G, Gambaccini G, Brotini S, Bonuccelli U (1999) Intravenous amantadine in extrapyramidal disorders. Parkinsonism & Rel Disord 5: S73

DeLong MR (1990) Primate models of movement disorders of basal ganglia origin. Trends Neurosci 13: 281–285

De Rijk MC, Tzourio C, Breteler MMB, Dartigues JF, Amaducci L, Lopez-Pousa S, Manubens-Bertran JM, Alperovitch A, Rocca W A (1997) Prevalence of parkinsonism and Parkinson's disease in Europe. The EUROPARKINSON collaborative study. J Neurol Neurosurg Psychiatry 63: 10–15

De Ryck M, Schallert T, Teitelbaum P (1980) Morphine versus haloperidol catalepsy in the rat: a behavioral analysis of postural support mechanisms. Brain Res 201: 143–172

Dexter DT, Carter CJ, Wells FR, Javoy-Agid F, Agid Y, Lees A, Jenner P, Marsden CD (1989) Basal lipid peroxidation in substantia nigra is increased in Parkinson's disease. J Neurochem 52: 381–389

Difazio MC, Hollingsworth Z, Young AB, Penney J (1992) Glutamate receptors in the substantia nigra of Parkinson's disease brains. Neurology 42: 402–406

Dooneief G, Mirabello E, Bell K, Marder K, Stern Y, Mayeux R (1992) An estimate of the incidence of depression in idiopathic Parkinson's disease. Arch Neurol 49: 305–307

Double KL, Maywald M, Schmittel M, Riederer P, Gerlach M (1998) *In vitro* studies of ferritin iron release and neurotoxicity. J Neurochem 70: 2492–2499

Double KL, Riederer P, Gerlach M (1999) The significance of neuromelanin for neurodegeneration in Parkinson's disease. Drug News Perspect 12: 333–340

During MJ, Freese A, Deutch AY, Kibat PG, Sabel B, Langer R, Roth RH (1992) Biochemical and behavioral recovery in a rodent model of Parkinson's disease following stereotactic implantation of dopamine-containing liposomes. Exp Neurol 115: 193–199

Dziewczakapolski G, Murer G, Agid Y, Gershanik OS, Raisman-Vozari R (1997) Absence of neurotoxicity of chronic L-DOPA in 6-hydroxydopamine-lesioned rats. NeuroReport 8: 975–979

Ehringer H, Hornykiewicz O (1960) Verteilung von Noradrenalin und Dopamin (3-Hydroxytyramin) im Gehirn des Menschen und ihr Verhalten bei Erkrankungen des extrapyramidalen Systems. Wien Klin Wschr 38: 1236–1239

Ellison DW, Beal MF, Martin JB (1987) Amino acid neurotransmitters in postmortem human brain analyzed by high performance liquid chromatography with electrochemical detection. J Neurosci Methods 19: 305–315

Eltze M (1999) Multiple mechanisms of action: the pharmacological profile of budipine. J Neural Transm [Suppl] 56: 83–105

Emborg-Knott ME, Domino EF (1998) MPTP-induced hemiparkinsonism in nonhuman primates 6–8 years after a single unilateral intracarotid dose. Exper Neurol 152: 214–220

Facca A, Sanchez-Ramos J (1996) High-dose pergolide monotherapy in the treatment of severe levodopa-induced dyskinesias. Mov Disord 11: 327–329

Factor SA, McAlarney T, Sanchez-Ramos JR, Weiner WJ (1990) Sleep disorders and sleep effect in Parkinson's disease. Mov Disord 5: 280–285

Fahn S (1996) Is levodopa toxic? Neurology 47 [Suppl 3]: S184–S195

Fahn S (1997) Levodopa-induced neurotoxicity. Does it represent a problem for the treatment of Parkinson's disease? CNS Drugs 8: 376–393

Fahn S (1999) Parkinson disease, the effect of levodopa, and the ELLDOPA trial. Arch Neurol 56: 529–535

Farley IJ, Hornykiewicz O (1976) Noradrenaline in subcortical brain regions of patients with Parkinson's disease and control subjects. In Birkmayer W, Hornykiewicz O (Hrsg) Advances in Parkinsonism, Editiones Roche, Basel, S 178–185

Fazio C, Casacchia M, Agnoli A, Reitano M, Ruggieri S, Volante F, Barba C (1972) Treatment of parkinsonism with L-DOPA plus a DOPA decarboxylase inhibitor. Zeitschrift für Neurologie 202: 347–355

Felten DL, Felten SY, Fuller RW, Romano TD, Smalstig EB, Wong DT, Clemens JA (1992) Chronic dietary pergolide preserves nigrostriatal integrity in aged-Fischer-344 rats. Neurobiol Aging 13: 339–351

Ferger B, Spratt C, Teismann P, Seitz G, Kuschinsky K (1998) Effects of cytisine on hydroxyl radicals in vitro and MPTP-induced dopamine depletion in vivo. Eur J Pharmacol 360: 155–163

Fernandez A, de Ceballos ML, Jenner P, Marsden CD (1994) Neurotensin, substance P, delta and μ opiod receptors are decreased in basal ganglia of Parkinson's disease patients. Neuroscience 61: 73–79

Fernandez A, de Ceballos ML, Rose S, Jenner P, Marsden CD (1996) Alterations in peptide levels in Parkinson's disease and incidental Lewy body disease. Brain 119: 823–830

Finberg JPM, Tenne M (1982) Relationship between tyramine potentiation and selective inhibition of monoamine oxidase type A and B in the rat vas deferens. Br J Pharmacol 77: 13–21

Finberg JPM, Takeshima T, Johnston JM, Commissiong JW (1998) Increased survival of dopaminergic neurons by rasagiline, a monoamine oxidase B inhibitor. Neuroreport 9: 703–707

Fisher LJ, Jinnah HA, Kale LC, Higgins GA, Gage FH (1991) Survival and function of intrastriatally grafted primary fibroblasts genetically modified to produce L-DOPA. Neuron 6: 371–380

Foley P, Mizuno Y, Nagatsu T, Sano T, Youdim MBH, McGeer P, McGeer E, Riederer P (2000) The L-DOPA story – an early Japanese contribution. Parkinson Rel Disord 6: 1

Fonnum F (1984) Glutamate: a neurotransmitter in mammalian brain. J Neurochem: 42: 1–11

Forno LS, DeLanney LE, Irwin I, Langston JW (1993) Similarities and differences between MPTP-induced Parkinsonism and Parkinson's disease. Adv Neurol 60: 600–608

Forno LS (1996) Neuropathology of Parkinson's disease. J Neuropathol Exp Neurol 55: 259–272

Fowler JS, Volkow ND, Logan J, Schlyer DJ, MacGregor RR, Wang G-J, Wolf AP, Pappas N, Alexoff D, Shea C, Dorflinger E, Yoo K, Morawsky L, Fazzini E (1993) Monoamine oxidase B (MAOB) inhibitor therapy in Parkinson's disease: the degree and reversibility of human brain MAO-B inhibition by Ro 196327. Neurology 43: 1984–1992

Fowler JS, Volkow ND, Logan J, Wang GJ, MacGregor RR, Schlyer D, Wolf AP, Pappas N, Alexoff D, Shea C, Dorflinger E, Kruchowy L, Yoo K, Fazzini E, Patlak C (1994) Slow recovery of human brain MAO after L-deprenyl (selegiline) withdrawal. Synapse 18: 86–93

Fox SH, Brotchie JM (1996) New treatments for movement disorders? Trends Pharmacol Sci 17: 339–342

Freisleben HJ, Lehr F, Fuchs J (1994). Lifespan of immunosuppressed NMRI-mice is increased by deprenyl J Neural Transm [Suppl] 41: 231–236

Frucht S, Rogers JD, Greeene PE, Gordon MF, Fahn S (1999) Falling asleep at the wheel: motor vehicle mishaps in persons taking pramipexole and ropinirole. Neurology 52: 1908–1910

Ganzini L, Casey DE, Hoffman WF, McCall AL (1993) The prevalence of metoclopramide-induced tardive dyskinesia and acute extrapyramidal movement disorders. Arch Intern Med 153: 1469–1475

Gaspar P, Febvret A, Colombo J (1993) Serotonergic sprouting in primate MPTP-induced hemiparkinsonism. Exp Brain Res 96: 100–106

Gassen M, Gross A, Youdim MBH (1998) Apomorphine enantiomers protect cultured pheochromocytoma (PC12) cells from oxidative stress induced by H_2O_2 and 6-hydroxydopamine. Mov Disord 13: 242–248

Gasser T, Müller-Myhsok B, Wszolek ZK, Dürr A, Vaughan JR, Bonifati V, Meco G, Berenznai B, Oehlmann R, Agid Y, Brice A, Wood N (1997) Genetic complexity and Parkinson's disease. Science 277: 388–389

Gasser T, Müller-Myhsok B, Wszolek ZK, Oehlmann R, Calne DB, Bonifati V, Bereznai B, Fabrizio E, Vieregge P, Horstmann RD (1998) A susceptibility locus for Parkinson's disease maps to chromosome 2p13. Nat Genet 18: 262–265

Gasser T, Marconi R, Broussolle E, Brefel-Courbon C, Harhangi BS, Oostra BA, Fabrizio E, Bohme GA, Pradier L, Wood NW, Filla A, Meco G, Denefle P, Agid Y, Brice A (1999) A wide variety of mutations in the parkin gene are responsible for autosomal recessive parkinsonism in Europe. French Parkinson's disease genetics study group and the European Consortium on Genetic Susceptibility in Parkinson's Disease. Hum Mol Genet 8: 567–574

Gerlach M, Riederer P (1993a) The pathophysiological basis of Parkinson's disease. In: Szelenyi I (Hrsg) Inhibitors of Monoamine Oxidase B. Birkhäuser, Basel Boston Berlin, S 25–50

Gerlach M, Riederer P (1993b) Monoaminoxidase-Hemmer: Einteilung. In: Riederer P, Laux G, Pöldinger W (Hrsg) Neuro-Psychopharmaka, Band III. Springer, Wien New York, S 269–272

Gerlach M, Riederer P (1993c) Gibt es biochemische Marker der Parkinson-Krankheit? In: Parkinson-Krankheit. In Fischer P-A (Hrsg) Verlaufsbezogene Diagnostik und Therapie. Editiones <Roche>, Basel/Grenzach-Wyhlen, S 3–17

Gerlach M, Riederer P (1996) Animal models of Parkinson's disease: an empirical comparison with the phenomenology of the disease in man. J Neural Transm 103: 987–1041

Gerlach M, Gebhardt B, Kuhn W, Przuntek H (1986) Die Abhängigkeit der Resorption des L-Dopa von Galenik und veränderter Magensaftsekretion des Parkinson-Patienten. In: Fischer PA (Hrsg) Spätsyndrome der Parkinson-Krankheit. Editiones <Roche>, Basel, S 271–279

Gerlach, Kuhn W, Przuntek H (1989) Pharmacokinetic investigations of various levodopa formulations. Przuntek H, Riederer P (Hrsg) Key Topics in Brain Research, Early diagnosis and preventive therapy in Parkinson's disease. Springer, Wien New York, S 314–322

Gerlach M, Gsell W, Riederer P (1991a) Anatomische, biochemische und funktionelle Strukturen physiologischer Neurotransmitter-Regelkreise. In: Beckmann H, Osterheider M (Hrsg) Neurotransmitter und psychische Erkrankungen. Springer, Berlin Heidelberg New York, S 1–18

Gerlach M, Riederer P, Przuntek H, Youdim MBH (1991b) MPTP mechanisms of neurotoxicity and their implications for Parkinson's disease. Eur J Pharmacol [Mol Pharmacol Sect] 208: 273–286

Gerlach M, Riederer P, Youdim MBH (1992) The molecular pharmacology of L-deprenyl. Eur J Pharmacol [Molec Pharmacol] 226: 97–108

Gerlach M, Jellinger K, Riederer P (1994) The possible role of noradrenergic deficits in selected signs of Parkinson's disease. In: Briley M, Marien M (Hrsg) Noradrenergic Mechanisms in Parkinson's Disease. CRC Press, Boca Raton Ann Arbor London Tokyo, S 59–71

Gerlach M, Riederer P, Youdim MBH (1995) Neuroprotective therapeutic strategies: comparison of experimental and clinical results. Biochem Pharmacol 50: 1–16

Gerlach M, Götz M, Dirr A, Kupsch A, Janetzky B, Oertel W, Sautter J, Schwarz J, Reichmann H, Riederer P (1996a) Acute MPTP treatment produces no changes in mitochondrial complex activities and indices of oxidative damage in the common marmoset *ex vivo* one week after exposure to the toxin. Neurochem Int 28: 41–49

Gerlach M, Gsell W, Kornhuber J, Jellinger K, Krieger V, Pantucek F, Vock R, Riederer P (1996b) A post mortem study on neurochemical markers of dopaminergic, GABA-ergic and glutamatergic neurons in basal ganglia-thalamocortical circuits in Parkinson syndrome. Brain Res 741: 142–152

Gerlach M, Riederer P, Vogt H (1996c) „On treatment" rather than "intention to treat analysis" should have been used. Br Med J 312: 704

Gerlach M, Riederer P, Youdim MBH (1996d) Molecular mechanisms for neurodegeneration: Synergism between reactive oxygen species, calcium and excitotoxic amino acids. Adv Neurol 69: 177–194

Gerlach M, Youdim MBH, Riederer P (1996e) Pharmacology of selegiline. Neurology [Suppl 3] 47: S137–S145

Gerlach M, Koutsilieri E, Riederer P (1998) N-Methyl-(R)-salsolinol and its relevance to Parkinson's disease. The Lancet 351: 850–851

Gerlach M, Double KL, Youdim MBH, Riederer P (2000a) Strategies for the protection of dopaminergic neurons against neurotoxicity. Neurotox Res 2: 99–114

Gerlach M, Riederer P, Reichmann H (2000b) Präklinische und klinische Aspekte von Dopamin-Agonisten. Was ist gesichert? Nervenheilkunde 2: 53/1–59/7

German DC, Dubach M, Askaria S, Speciale G, Bowden DM (1988) 1-Methyl-4-phenyl-1,2,3,6-tetrahydropyridine-induced Parkinsonian syndrome in macaca fascicularis: which midbrain dopaminergic neurons are lost? Neuroscience 24: 161–174

German DC, Manaye KF, Sonsalla PK, Brooks BA (1992) Midbrain dopaminergic cell loss in Parkinson's disease and MPTP-induced Parkinsonism: sparing of calbindin-D28k-containing cells. Ann N Y Acad Sci 648: 42–62

Gianutsos G, Chute S, Dunn JP (1984) Pharmacological changes in dopaminergic systems induced by long-term administration of amantadine. Eur J Pharmacol 110: 357–361

Gibb WRG (1986) Idiopathic Parkinson's disease and the Lewy body disorders. Neuropathol Appl Neurobiol 12: 223–234

Gibb WRG, Lees AJ (1988) The significance of the Lewy body in the diagnosis of idiopathic Parkinson's disease. Neuropathol Appl Neurobiol 15: 27–44

Gille G, Janetzy B, Rausch W-D, Engfer A, Reichmann H (2000) Protection of dopaminergic cells in primary culture by lisuride, in Vorbereitung

Giulian D, Vaca K, Corpuz M (1993) Brain glia release factors with opposing actions upon neuronal survival. J Neurosci 13: 29–37

Glücksmann A (1951) Cell deaths in normal vertebrate ontogeny. Biol Res 26: 59–86

Götz ME (1994) Biochemische Untersuchungen zum oxidativen Stress als pathogener Faktor des Morbus Parkinson. Inauguraldissertation, Universität Würzburg

und Nigraprozess. Editiones <Roche>, Basel/ Grenzach-Whylen, S 3–28

Jenner P, Dexter DT, Sian J, Schapira AH, Marsden CD (1992) Oxidative stress as a cause of nigral cell death in Parkinson's disease and incidental Lewy body disease. Ann Neurol 32 [Suppl]: S82–S87

Jeon BS, Jackson-Lewis V, Burke RE (1995) 6-Hydroxydopamine lesion of the rat substantia nigra: time course and morphology of cell death. Neurodegeneration 4: 131–137

Jörg J (1998) Therapie des Morbus Parkinson mit α-Dihydroergocryptin in der neurologischen Praxis. Akt Neurol 25: 198–201

Jolkkonen J, Jenner P, Marsden CD (1995) L-DOPA reverses altered gene expression of substance P but not enkephalin in the caudate-putamen of common marmosets treated with MPTP. Molec Brain Res 32: 297–307

Kaakkola S, Wurtman R J (1993) Effects of catechol-O-methyltransferase inhibitors and L-3,4-dihydroxyphenylalanine with or without carbidopa on extracellular dopamine in rat striatum. J Neurochem 60: 137–144

Kandel ER, Schwartz JH, Jessel TM (1996) Modulation der synaptischen Übertragung: Second-Messenger-Systeme. Neurowissenschaften: Eine Einführung. Spektrum Akademischer Verlag, Heidelberg Berlin Oxford, S 249–273

Karcz-Kubicha M, Lorenz B, Danysz W (1999) Glycine antagonists and partial agonists in rodent models of Parkinson's disease – comparison with uncompetitive N-methyl-D-aspartate receptor antagonist. Neuropharmacology 38: 109–119

Kempermann G, Gage FH (1999) Neue Nervenzellen im erwachsenen Gehirn. Spektrum der Wissenschaft, Juli, 32–38

Keränen T, Gordin A, Karlsson M, Korpela K, Pentikainen PJ, Rita H, Schultz E, Seppala L, Wikberg T (1994) Inhibition of soluble catechol-O-methyltransferase and single dose pharmakokinetics after oral and intravenous administration of entacapone. Eur J Clin Pharmacol 46: 151–157

Kerr JFR, Wyllie AH, Currie AR (1972) Apoptosis: a basic biological phenomenon with wide-ranging implications in tissue kinetics. Br J Cancer 265: 239–245

Kinloch RA, Treherne JM, Furness LM, Hajimohamadreza I (1999) The pharmacology of apoptosis. Trend Pharmacol Sci 20: 35–42

Kish SJ, Chang LJ, Mirchandani L, Shannak K, Hornykiewicz O (1985) Progressive supranuclear palsy: relationship between extrapyramidal disturbances, dementia, and brain neurotransmitter markers. Ann Neurol 18: 530–536

Kish SJ, Shannak K, Hornykiewicz O (1988) Uneven pattern of dopamine loss in the striatum of patients with idiopathic Parkinson's disease. New Engl J Med 318: 876–880

Kitada T, Asakawa S, Hattori N, Matsumine H, Yamamura Y, Yokochi M, Mizuno Y, Shimizu N (1998) Mutations in the parkin gene cause autosomal recessive juvenile parkinsonism. Nature 392: 605–608

Klockgether T, Jacobsen P, Löschmann PA, Turski L (1993) The antiparkinsonian agent budipine is an N-methyl-D-aspartate antagonist. J Neural Transm [P-D-Sect] 5: 101–106

Koh JY, Kim DK, Hwang JY, Kim YH, Seo JH (1999) Antioxidative and proapoptotic effects of riluzole on cultured cortical neurons. J Neurochem 72: 716–723

Koller W, Vetere-Overfield B, Gray C, Alexander C, Chin T, Dolezal J, Hassanein R, Tanner C (1990) Environmental risk factors in Parkinson's disease. Neurology 40: 1218–1221

Koller WC, Hutton JT, Tolosa E, Capilldeo R (1999) Immediate-release and controlled-release carbidopa/levodopa in PD: a 5-year randomized multicenter study. Carbidopa/Levodopa Study Group. Neurology 53: 1012–1019

Korczyn AD, Brooks DJ, Brunt ER, Poewe WH, Rascol O, Stocchi F (1998) Ropinirole versus bromocriptine in the treatment of early Parkinson's disease: a 6-month interim report of a 3-year study. 053 Study Group. Mov Disord 13: 46–51

Korczyn AD, Brunt ER, Larsen JP, Nagy Z, Poewe WH, Ruggieri S (1999) A 3-year randomized trial of ropinirol and bromocriptine in early Parkinson's disease. The 053 Study Group. Neurology 53: 364–370

Kordower JH, Styren S, Clarke M, DeKosky ST, Olanow CW, Freeman TB (1997) Fetal grafting for Parkinson's disease: expression of immune markers in two patients with functional fetal nigral implants. Cell Transplant 6: 213–219

Kordower JH, Freeman TB, Olanow CW (1998) Neuropathology of fetal nigral grafts in patients with Parkinson's disease. Mov Disord 13: 88–95

Korf J, Venema K (1983) Amino acids in the substantia nigra of rats with striatal lesions produced by kainate acid. J Neurochem 40: 1171–1173

Kornhuber J, Bormann J, Retz W, Hübers M, Riederer P (1989) Memantine displaces [^{3}H]-MK-801 at therapeutic concentrations in postmortem human frontal cortex. Eur J Pharmacol 166: 589–590

Kornhuber J, Bormann J, Hübers M, Rusche K, Riederer P (1991) Effects of the 1-amino-adamantanes at the MK-801-binding site of the NMDA-receptor-gated ion channel: a human postmortem study. Eur J Pharmacol [Mol Pharmacol Sect] 206: 297–300

Kornhuber J, Herr B, Thome J, Riederer P (1995a) The antiparkinsonian drug budipine binds to NMDA and sigma receptors in postmortem human brain tissue. J Neural Transm [Suppl] 46: 131–137

Kornhuber J, Quack G, Danysz W, Jellinger K, Danielczyk W, Gsell W, Riederer P (1995b) Therapeutic brain concentration of the NMDA receptor antagonist amantadine. Neuropharmacology 34: 713–721

Kostic V, Przedborski S, Flaster E, Sternic N (1991) Early development of levodopa-induced dyskinesias and response fluctuations in young-onset Parkinson's disease. Neurology 41: 202–205

Koutsilieri E, O'Callaghan JFX, Chen T-S, Riederer P, Rausch W-D (1994) Selegiline enhances survival and neurite outgrowth of MPP$^+$-treated dopaminergic neurons. Eur J Pharmacol [Mol Pharmacol Sect] 269: R3–R4

Koutsilieri E, Chen T-S, Rausch W-D, Riederer P (1996) Selegiline is neuroprotective in primary brain cultures treated with 1-methyl-4-phenylpyridinium. Eur J Pharmacol 306: 181–186

Kragten E, Lalande I, Zimmermann K, Roggo S, Schindler P, Muller D, van-Oostrum J, Waldmeier P, Fürst P (1998) Glyceraldehyde-3-phosphate dehydrogenase, the putative target of the antiapoptotic compounds CGP 3466 and R-(–)-deprenyl. J Biol Chem 273: 5821–5828

Kreider MM, Knox S, Gardiner D, Wheadon D (1996) A multicenter double-blind study of ropinirole as an adjunct to levodopa in Parkinson's disease. Neurology 46 [Suppl] A475

Kreiskott H, Kretzschmar R (1986) Neuere pharmakologische Aspekte zu den zentralen Anticholinergika Biperiden und Bornaprin. In: Schnaberth G, Auff E (Hrsg) Das Parkinson-Syndrom. Wien, Editiones Roche, S 277–287

Krüger R, Kuhn W, Müller T, Woitalla D, Graeber M, Kosel S, Przuntek H, Epplen JT, Schöls L, Riess O (1998) Ala30Pro mutation in the gene encoding alpha-synuclein in Parkinson's disease. Nat Genet 18: 106–108

Kuhn W, Müller T (1997) Therapie des Morbus Parkinson. Teil 2: Neue Therapiekonzepte für die Behandlung motorischer Symptome. Fortschr Neurol Psychiat 65: 375–385

Kuhn DM, Arthur RE (1999) L-DOPA-quinone inactivates tryptophan hydroxylase and converts the enzyme to a redox-cycling quinoprotein. Molec Brain Res 73: 78–84

Kuhn W, Winkel R, Woitalla D, Meves S, Przuntek H, Müller T (1998) High prevalence of Parkinsonism after occupational exposure to lead-sulfate batteries. Neurology 50: 1885–1886

Kuhn DM, Arthur RE, Thomas DM, Elferink LA (1999) Tyrosine hydroxylase is inactivated by catechol-quinones and converted to a redox-cycling quinoprotein: Possible relevance to Parkinson's disease. J Neurochem 73: 1309–1317

Kupsch A, Löschmann P, Sauer H, Arnold G, Renner P, Pufal D, Burg M, Wachtel H, ten Bruggencate G, Oertel WH (1992) Do NMDA receptor antagonists protect against MPTP-toxicity? Biochemical and immunocytochemical analyses in black mice. Brain Res 592: 74–83

Kupsch A, Gerlach M, Pupeter SC, Sautter J, Dirr A, Arnold G, Opitz W, Przuntek H, Riederer P, Oertel WH (1995) The calcium channel blocker nimodipine prevents MPTP-induced neurotoxicity at the nigral, but not at the striatal level in mice. NeuroReport 6: 621–625

Kupsch A, Sautter J, Schwarz J, Riederer P, Gerlach M, Oertel WH (1996) 1-Methyl-4-phenyl-1,2,3,6-tetrahydropyridine-induced neurotoxicity in non-human primates is antagonized by pretreatment with nimodipine at the nigral, but not at the striatal level. Brain Res 741: 185–196

Lachenmayer L (2000) Parkinson's disease and the ability to drive. J Neurol [Suppl 4] 247: 27–29

Laitinen LV, Bergenheim AT, Hariz MI (1992) Leksell's posteroventral pallidotomy in the treatment of Parkinson's disease. J Neurosurg 76: 53–61

Lange KW, Löschmann PA, Sofic E, Burg M, Horowski R, Kalveram KT, Wachtel H,

Riederer P (1993) The competitive NMDA antagonist CPP protects substantia nigra neurons from MPTP-induced degeneration in primates. Naunyn-Schmideberg's Arch Pharmacol 34: 586–592

Lange KW, Kornhuber J, Riederer P (1997) Dopamine/glutamate interactions in Parkinson's disease. Neurosci Behav Rev 21: 393–400

Langlais PJ, Thal L, Hansen L, Galasko D, Alford M, Masliah E (1993) Neurotransmitters in basal ganglia and cortex of Alzheimer's disease with and without Lewy bodies. Neurology 43: 1927–1934

Langston JW, Ballard P, Tetrud JW, Irwin I (1983) Chronic Parkinsonism in humans due to a product of meperidine-analog synthesis. Science 219: 979–80

Langston JW, Forno LS, Tetrud J, Reeves AG, Kaplan JA, Karluk D (1999) Evidence of active nerve cell degeneration in the substantia nigra of humans years after 1-methyl-4-phenyl-1,2,3,6-tetrahydropyridine exposure. Ann Neurol 46: 598–605

Lapchak PA, Gash DM, Collins F, Hilt D, Miller PJ, Araujo DM (1997) Pharmacological activities of glial cell line-derived neurotrophic factor (GDNF): Preclinical development and application to the treatment of Parkinson's disease. Exp Neurol 145: 309–321

Larsen JP, Boas J, Erdal JE, Norwegian-Danish Study Group (1999) Does selegiline modify the progression of early Parkinson's disease? Results from a five-year study. Eur J Neurol 6: 539–547

Latchman DS, Coffin RS (2000) Viral vectors in the treatment of Parkinson's disease. Mov Disord 15: 9–17

Leenders KL (1995) PET-Untersuchungen bei der Parkinson-Krankheit. In: Fischer P-A (Hrsg) Parkinson-Krankheit. Bedeutung nichtdopaminerger Funktionsstörungen. Editiones <Roche>, Basel/Grenzach-Whylen, S 31–47

Lees AJ (1990) Madopar® HBS in the treatment of Parkinson's disease. Adv Neurol 53: 475–482

Lees AJ, for the PDRG-UK (1995) Comparison of therapeutic effects and mortality data of levodopa and levodopa combined with selegiline in patients with early, mild Parkinson's disease. Brit Med J 311: 1602–1607

Leist M, Nicotera P (1998) Calcium and neuronal death. Rev Physiol Biochem Pharmacol 132: 79–125

Lestienne P, Nelson I, Riederer P, Jellinger K, Reichmann H (1990) Normal mitochondrial genome in brain from patients with Parkinson's disease and complex I defect. J Neurochem 55: 1810–1812

Lestienne P, Nelson I, Riederer P, Reichmann H, Jellinger K (1991) Mitochondrial DNA in postmortem brain from patients with Parkinson's disease. J Neurochem 56: 1819

Lieberman A, Imke S, Muenter M, Wheeler K, Ahlskog JE, Matsumoto JY, Maraganore DM, Wright KF, Schoenfelder F (1993) Multicenter study of cabergoline in Parkinson's disease patients with fluctuating responses to levodopa/carbidopa. Neurology 43: 1981–1984

Lieberman A, Ranhosky A, Korts D (1997) Clinical evaluation of pramipexole in advanced Parkinson's disease: Results of a double-blind, placebo-controlled, parallel-group study. Neurology 49: 162–168

Lieberman A, Olanow CW, Sethi K, Swanson P, Waters CH, Fahn S, Hurtig H, Yahr MA (1998) A multicenter trial of ropinirole as adjunct treatment for Parkinson's disease. Neurology 51: 1057–1062

Lindner MD, Cain CK, Plone MA, Frydel MA, Blaney TJ, Emerich DF, Hoane MR (1999) Incomplete nigrostriatal dopaminergic cell loss and partial reductions in striatal dopamine produce akinesia, rigidity, tremor and cognitive deficits in middle-aged rats. Behav Brain Res 102: 1–16

Lindvall O (1997) Neural transplantation: a hope for patients with Parkinson's disease? NeuroReport 8: iii–x

Lloyd KG, Hornykiewicz O (1970) Parkinson's disease: activity of L-Dopa decarboxylase in discrete brain regions. Science 170: 1212–1213

Lloyd KG, Davidson L, Hornykiewicz O (1975) The neurochemistry of Parkinson's disease: effect of L-Dopa therapy. J Pharmacol Exp Ther 195: 453–464

Lockshin RA, Williams CM (1964) Programmed cell death. II. Endocrine potentiation of the breakdown of the intersegmental muscles of silkmoths. J Insect Physiol 10: 643–649

Lucas DR, Newhouse JP (1957) The toxic effects of sodium-L-glutamate on the inner layers of the retina. Arch Pothal 58: 193–201

Macht M, Schwarz R, Ellgring H (1999) Psychosoziale Belastungen bei Parkinson-Patienten: ausgewählte Ergebnisse einer bundesweiten Befragung. Sex-med Arzt 2: 18–21

Männistö PT, Ulmanen I, Lundström K, Taskinen J, Tenhunen J, Tilgmann C, Kaakkola S (1992) Characteristics of catechol-O-methyltransferase (COMT) and properties of selective COMT inhibitors. In: Junker E (Hrsg) Progress in Drug Research. Birkhäuser, Basel, S 291–350

Mally J, Stone TW (1998) Potential of adenosine A_{2A} receptor antagonists in the treatment of movement disorders. CNS Drugs 10: 311–320

Marsden CD, Obeso JA (1994) The functions of the basal ganglia and the paradox of stereotaxic surgery in Parkinson's disease. Brain 117: 877–897

Masliah E, Rockenstein E, Veinbergs I, Mallory M, Hashimoto M, Takeda A, Sagar Y, Sisk A, Mucke L (2000). Dopaminergic loss and inclusion body formation in alpha-synuclein mice: Implications for neurodegenerative disorders. Science 287: 1265–1269

McGeer PL, McGeer EG, Suzuki JS (1977) Aging and extrapyramidal function. Arch Neurol 34: 33–35

McGeer PL, Itagaki S, Akiyama H, McGeer EG (1988a) Rate of cell death in parkinsonism indicates active neuropathological process. Ann Neurol 24: 574–576

McGeer PL, Itagaki S, Boyes BE, McGeer EG (1988b) Reactive microglia are positive for HLA-DR in the substantia nigra of Parkinson's and Alzheimer's disease brains. Neurology 38: 1285–1291

McNeely W, Davis R (1997) Entacapone. CNS Drugs 8: 79–88

Meldrum B, Garthwaite J (1990) Excitatory amino acid neurotoxicity and neurodegenerative disease. Trends Pharmacol Sci: A TiPS Special Report: 54–62

Mena MA, Pardo B, Piano CL, de Yebenes JG (1993) Levodopa toxicity in fetal rat midbrain neurones in culture – modulation by ascorbic acid. Neuroreport 4: 438–440

Mena M, Casarejos MJ, Carazo A, Paino CL, de Yebenes JG (1996) Glia conditioned medium protects fetal rat midbrain neurones in culture from L-DOPA toxicity. Neuro Report 7: 441–445

Meoni P, Bunnemann BH, Kingsbury AE, Trsit DG, Bowery NG (1999) NMDA NR1 subunit mRNA and glutamate NMDA-sensitive binding are differentially affected in the striatum and pre-frontal cortex of Parkinson's disease patients. Neuropharmacology 38: 625–633

Micheli FE, Pardal MM, Giannaula R (1989) Movement disorders and depression due to flunarizine and cinnarizine. Mov Disord 4: 139–146

Mihatsch W, Russ H, Przuntek H (1988) Intracerebroventricular administration of 1-methyl-4-phenylpyridinium ion in mice: effects of simultaneously administered nomifensine, deprenyl, and 1-t-butyl-4,4-diphenylpiperidine. J Neural Transm 71: 177–188

Mihatsch W, Russ H, Gerlach M, Riederer P, Przuntek H (1991) Treatment with antioxidants does not prevent loss of dopamine in the striatum of MPTP-treated common marmosets: preliminary observations. J Neural Transm [P-D-Sect] 3: 73–78

Miyawaki E, Meah Y, Koller WC (1997) Serotonin, dopamine, and motor effects in Parkinson's disease. Clin Neuropharmacol 20: 300–310

Mizukawa K, McGeer EG, McGeer PL (1993) Autoradiographic study on dopamine uptake sites and their correlation with dopamine levels and their striata from patients with Parkinson's disease, Alzheimer's disease, and neurologically normal controls. Mol Chem Neuropath 18: 133–144

Mogi M, Harada M, Kiuchi K, Kojima K, Kondo T, Narabayashi H, Rausch D, Riederer P, Jellinger K, Nagatsu T (1988) Homospecific activity (activity per enzyme protein) of tyrosine hydroxylase increases in Parkinson's disease. J Neural Transm 72: 77–81

Mogi M, Harada M, Narabayashi H, Inagaki H, Minami M, Nagatsu T (1996) Interleukin (IL-1β, IL-2, IL-4, IL-6) and transforming growth factor-α levels are elvated in ventricular cerebrospinal fluid in juvenile Parkinsonism and Parkinson's disease. Neurosci Lett 211: 13–16

Molinoff PB, Axelrod J (1971) Biochemistry of catechoamines. Annu Rev Biochem 40: 465–500

Montastruc JL, Rascol O, Senard JM, Rascol A (1994) A randomised controlled study comparing bromocriptine to which levodopa was later added, with levodopa alone in previously untreated patients with Parkinson's disease: a five year follow up. J Neurol Neurosurg Psychiatr 57: 1034–1038

Morrish PK, Sawle GV, Brooks DJ (1996) An [F-18]dopa-PET and clinical study of the rate of progression in Parkinson's disease. Brain 119: 585–91

Mouatt-Prigent A, Agid Y, Hirsch EC (1994) Does the calcium binding protein protect dopaminergic neurons against degeneration in Parkinson's disease? Brain Res 668: 62–70

Mouatt-Prigent A, Karlsson JO, Agid Y, Hirsch EC (1996) Increased M-calpain expression in the mesencephalon of patients with Parkinson's disease but not in other neurodegenerative disorders involving the mesencephalon: a role in nerve cell death? Neuroscience 73: 979–987

Mueller RA, Thoenen H, Axelrod J (1969) Adrenal tyrosine hydroxylase: Compensatory increase in activity after chemical sympathectomy. Science 163: 468–469

Müller T, Kuhn W, Büttner T, Przuntek H (1997) Distorted colour discrimination in Parkinson's disease is related to severity of the disease. Acta Neurol Scand 96: 293–296

Müller T, Kuhn W, Büttner T, Eising E, Coenen H, Haas M, Przuntek H (1998) Colour vision abnormalities do not correlate with dopaminergic nigrostriatal degeneration in Parkinson's disease. J Neurol 245: 659–664

Müller T, Woitalla D, Schulz D, Peters S, Kuhn W, Przuntek H (2000) Tolcapone increases maximum concentrations of levodopa. J Neural Transm 107: 113–119

Müngersdorf M, Sommer U, Reichmann H (1999) Therapy with high-dose ropinirole in patients with fluctuating Parkinson's disease. Eur J Neurol [Suppl 3] 6: p132

Murer MG, Dziewczapolski G, Menalled LB, García MC, Agid Y, Gershanik O, Raisman-Vozari R (1998) Chronic levodopa is not toxic for remaining dopamine neurons, but instead promotes their recovery, in rats with moderate nigrostriatal lesions. Ann Neurol 43: 561–575

Mutch WJ, Strudwick A, Roy SK, Downie AW (1986) Parkinson's disease: disability, review, and management. Br Med J 293: 675–677

Myllylä VV, Sotaniemi KA, Hakulinen P, Maki-Ikola O, Heinonen EH (1997) Selegiline as the primary treatment of Parkinson's disease- a long-term double-blind study. Acta Neurol Scand 95: 211–218

Nagatsu T, Oka K, Yamamoto T, Matusui H, Kato T, Yamamoto C, Iizuka R, Narabayashi H (1981) Catecholaminergic enzymes in Parkinson's disease and related extrapyramdial diseases. In: Riederer P, Usdin E (Hrsg) Transmitter Biochemistry of Human Brain Tissue. Macmillan, London, S 291–302

Napolitano A, Pezzella A, Prota G (1999) New reaction pathways of dopamine under oxidative stress conditions: Nonenzymatic iron-assisted conversion to norepinephrine and the neurotoxins 6-hydroxydopamine and 6,7-dihydroxytetrahydroisoquinoline. Chem Res Toxicol 12: 1090–1097

Nash JF, Yamamoto BK (1992) Methamphetamine neurotoxicity and striatal glutamate release – Comparison to 3,4-methylenedioxymethamphetamine. Brain Res 581: 237–243

Naudin B, Bonnet JJ, Costentin J (1995) Acute L-DOPA pretreatment potentiates 6-hydroxydopamine-induced toxic effects on nigrostriatal dopamine neurons in mice. Brain Res 701: 151–157

Nelson JS (1987) Effects of free radical scavengers on the neuropathology of mammalian vitamin E deficiency. In: Hayaishi O, Mino M (Hrsg) Clinical and nutritional aspects of vitamin E. Elsevier, Amsterdam, S 157–159

Neusch C, Böhme V, Riesland N, Althaus M, Moser A (2000) The dopamine D2 receptor agonist alpha-dihydroergocryptine modulates voltage-gated sodium channels in the rat caudate-putamen. J Neural Transm 107: 531–541

Newcomer TA, Rosenberg PA, Aizenman E (1995) Iron-mediated oxidation of 3,4-dihydroxyphenylalanine to an excitotoxin. J Neurochem 64: 1742–1748

Nisbet AP, Eve DJ, Kingsbury AE, Daniel SE, Marsden CD, Lees AJ, Foster OJF (1996) Glutamate decarboxylase-67 messenger RNA expression in normal human basal ganglia and in Parkinson's disease. Neuroscience 75: 389–406

Nutt JG, Fellman JH (1984) Pharmacokinetics of levodopa. Clin Neuropharmacol 7: 35–49

Obata T, Chiueh CC (1992) *In vivo* trapping of hydroxyl free radicals in the striatum utilizing intracranial microdialysis perfusion of salicylate: effects of MPTP, $MPDP^+$, and MPP^+. J Neural Transm [Gen-Sect] 89: 139–145

O'Dell SJ, Weihmuller FB, Marshall JF (1991) Multiple methamphetamine injections induce marked inreases in extracellular striatal dopamine which correlate with subsequent neurotoxicity. Brain Res 564: 256–260

Oehlwein C, Trenkwalder C, Hundemer HP, Storch A, Winkelmann J, Wieczorek V, Polzer U, Schwarz J (2000) Hochdosistherapie mit Pergolid bei Morbus Parkinson mit L-Dopa-induzierten motorischen Komplikationen. ZNS Journal 22: 8–16

Offen D, Ziv I, Sternin H, Melamed E, Hochman A (1996) Prevention of dopamine-induced cell death by thiol antioxidants: Possible implications for treatment of Parkinson's disease. Exp Neurol 141: 32–39

Ogawa N (1997) Neuroprotection with dopamine agonists. In: Olanow CW, Obeso JA (Hrsg) Dopamine agonists in early Parkinson's disease. Wells Medical, Kent, S 195–200

Ogawa N, Tanaka K, Asanuma M, Kawai M, Masumizu T, Kohno M, Mori A (1994) Bromocriptine protects mice against 6-hydroxydopamine and scavanges hydroxyl free radicals in vitro. Brain Res 657: 207–213

Oh JD, Russell D, Vaughan CL, Chase TN (1998) Enhanced tyrosine phosphorylation of striatal NMDA receptor subunits: effect of dopaminergic denervation and L-DOPA administration. Brain Res 813: 150–159

Ohmori T, Koyama T, Muraki A, Yamashita I (1993) Competitive and noncompetitive N-methyl-D-aspartate antagonists protect dopaminergic and serotonergic neurotoxicity produced by methamphetamine in various brain regions. J Neural Transm [Gen-Sect] 92: 97–106

Oishi T, Hasegawa E, Murai Y (1991) Sulfhydryl drugs reduce neurotoxicity of 1-methyl-4-phenyl-1,2,3,6-tetrahydropyridine (MPTP) in the mouse. J Neural Transm [P-D-Sect] 6: 45–52

Olanow CW (1996) Selegiline: current perspectives on issues related to neuroprotection and mortality. Neurology [Suppl 3] 47: S210–S216

Olanow CW, Fahn S, Muenter M, Klawans H, Hurtig H, Stern M, Shoulson I, Kurlan R, Grimes JD, Jankovic J (1994) A multi-center, double-blind, placebo-controlled trial of pergolide as an adjunct to Sinemet in Parkinson's disease. Mov Disord 9: 40–47

Olanow CW, Hauser RA, Gauger L, Malapira T, Koller W, Hubble J, Bushenbark K, Lilienfeld D, Esterlitz J (1995) The effect of deprenyl and levodopa on the progression of Parkinson's disease. Ann Neurol 38: 771–777

Olanow CW, Freeman TB, Kordower JH (1997) Neural transplantation as a therapy for Parkinson's disease. Adv Neurol 74: 249–269

Olney JW (1978) Neurotoxicity of excitatory amino acids. In: McGeer EG, Olney JW (Hrsg) Kainic Acid as a Tool in Neurobiology. Raven Press, New York, S 95–121

Onn SP, Berger TW, Stricker EM, Zigmond MJ (1986) Effects of intraventricular 6-hydroxydopamine on dopamine innervation of striatum: Histochemical and neurochemical analysis. Brain Res 376: 8–19

Opacka-Juffry J, Ashworth S, Sullivan AM, Banati RB, Blunt SB (1996) Lack of permanent dopamine deficit following 6-hydroxydopamine injection into rat striatum. J Neural Transm 103: 1429–1434

Opacka-Juffry J, Wilson AW, Blunt SB (1998) Effects of pergolide on in vivo hydroxyl free radical formation during infusion of 6-hydroxydopamine in rat striatum. Brain Res 810: 27–33

Otto D, Unsicker K (1990) Basic FGF reserves chemical and morphological deficits in the nigostriatal system of MPTP-treated mice. J Neurosci 10: 1912–1921

Palhagen S, Heinonen EH, Hägglund J, Kaugesaar T, Kontants H, Makilkola O, Palm R, Turunen J (1998) Selegiline delays the onset of disability in de novo parkinsonian patients. Neurology 51: 520–525

Papa SM, Chase TN (1996) Levodopa-induced dyskinesias improved by a glutamate antagonist in Parkinsonian monkeys. Ann Neurol 39: 574–578

Pappert EJ, Goetz GC, Niederman F, Ling ZD, Stebbins GT, Carvey PM (1996) Liquid levodopa/carbidopa produces significant improvement in motor function without dyskinesia exacerbation. Neurology 47: 1493–1495

Pardo B, Mena MA, Casarejos MJ, Paino CL, De Yebenes JG (1995a) Toxic effects of L-DOPA on mesencephalic cell cultures. Protection with antioxidants. Brain Res 682: 133–143

Pardo B, Mena MA, De Yebenes JG (1995b) L-DOPA inhibits complex IV of the electron transport chain in catecholamine-rich human neuroblastoma NB69 cells. J Neurochem 64: 576–582

Parent A, Cicchetti F (1998) The current model of basal ganglia organization under scrutiny. Mov Disord 13: 199–202

Parkinson J (1817) An essay on the shaking palsy. London: printed by Whittingham and Rowland for Sherwood, Neely and Jones

Parkinson Study Group (1996a) Impact of deprenyl and tocopherol treatment on Parkinson's disease in DATATOP subjects not requiring levodopa. Ann Neurol 39: 29–36

Parkinson Study Group (1996b) Impact of deprenyl and tocopherol treatment on Parkinson's disease in DATATOP patients requiring levodopa. Ann Neurol 39: 37–45

Parkinson Study Group (1997) Entacapone improves motor fluctuations in levodopa-treated

Parkinson's disease patients. Ann Neurol 42: 747–755

Parsons CG, Danysz W, Quack G (1999) Memantine is a clinically well tolerated NMDA receptor antagonist – a review of preclinical data. Neuropharmacology 38: 735–767

Peabody FW (1927) Criteria for efficient patient care. J Am Med Ass 88: 877–882

Pearce RKB, Jackson M, Smith L, Jenner P, Marsden CD (1995) Chronic L-DOPA administration induces dyskinesias in the 1-methyl-4-phenyl-1,2,3,6-tetrahydropyridine-treated common marmoset (*Callithrix Jacchus*). Mov Disord 10: 731–740

Pearce RKB, Panerji B, Jenner P, Marsden CD (1996) Effects of repeated treatment with L-DOPA, bromocriptine and ropinirole in drug naive MPTP-treated common marmosets. Br J Pharmacol [Suppl] 118: 37P

Pedersen V, Double K, Gerlach M, Riederer P, Schmidt W (2000) Neuroprotective effects of dopamine agonists: A neurochemical, behavioral and histological study in 6-OHDA-lesioned rats. in Vorbereitung

Penny JB, Young AB (1983) Speculation on the functional anatomy of basal ganglia disorders. Annu Rev Neurosci 6: 73–94

Perry TL, Hansen S, Gandham SS (1981) Postmortem changes of amino compounds in human and rat brain. J Neurochem 36: 406–412

Perry EK, Perry RH, Tomlinson BE (1982) The influence of agonal states on some neurochemical activities of post-mortem human brain tissue. Neurosci Lett 29: 303–307

Perry TL, Yong VW, Ito M, Foulks JG, Wall RA, Godin DV, Calvier RM (1984) Nigrostriatal dopaminergic neurons remain undamaged in rats given high doses of L-DOPA and carbidopa chronically. J Neurochem 43: 990–993

Perumal AS, Gopal VB, Tordzro K, Cooper TB, Cadet JL (1992) Vitamin E attenuates the toxic effects of 6-hydroxydopamine on free radical scavenging systems in rat brain. Brain Res Bull 29: 699–701

Piercey MF, Hoffmann WE, Smith MW, Hyslop DK (1996) Inhibition of dopamine neuron firing by pramipexole, a dopamine D_3 receptor-preferring agonist: comparison to other dopamine receptor agonists. Eur J Pharmacol 312: 35–44

Poewe WH (1993) Die Neuropsychologie der Parkinson-Krankheit. In: Stern GM, Madeja UD, Poewe WH (Hrsg) Trends in Diagnostik und Therapie des Morbus Parkinson. de Gruyter, Berlin, S 43–49

Poewe W, Gerstenbrand F (1985) Klinische Klassifikation des Parkinson-Syndroms – Subtypen und Übergänge zu Multisystem-Atrophien. In Schnaberth G, Auff E (Hrsg) Das Parkinson-Syndrom. Klinik, Neuropathophysiologie, Therapie – Klinische Schwerpunkte. Wissenschaftlicher Dienst <Roche>, Basel/Grenzach-Wyhlen, S 39–46

Pollanen MS, Dickson DW, Bergeron C (1993) Pathology and biology of the Lewy body. J Neuropathol Exp Neurol 52: 183–191

Polymeropoulos MH, Lavedan C, Leroy E (1997) Mutation in the α-synuclein gene identified in families with Parkinson's disease. Science 276: 2045–2047

Porter CC, Totara J, Stone CA (1963) Effect of 6-hydroxydopamine and some other compounds on the concentration of norepinephrine in the hearts of mice. J Pharmacol Exp Ther 140: 308–316

Pramstaller PP, Salerno A, Bhatia KP, Prugger M, Marsden CD (1999) Primary central nervous system lymphoma presenting with a parkinsonian syndrome of pure akinesia. J Neurol 246: 934–938

Przedborski S, Kostic V, Jackson-Lewis V, Naini AB, Simonetti S, Fahn S, Carlson E, Epstein CJ, Cadet JL (1992) Transgenic mice with increased Cu/Zn-superoxide dismutase activity are resistant to N-methyl-4-phenyl-1,2,3,6-tetrahydropyridine-induced neurotoxicity. J Neurosci 12: 1658–1667

Przedborski S, Jackson-Lewis V, Muthane U, Jiang H, Ferreira M, Naini AB, Fahn S (1993) Chronic levodopa administration alters cerebral mitochondrial respiratory chain activity. Ann Neurol 34: 715–723

Przedborski S, Levivier M, Jiang H, Ferreira M, Jackson-Lewis V, Donaldson D, Togasaki DM (1995) Dose-dependent lesions of the dopaminergic nigrostriatal pathway induced by intrastriatal injection of 6-hydroxydopamine. Neuroscience 67: 631–647

Przuntek H, Müller T (1999) Clinical efficacy of budipine in Parkinson's disease. J Neural Transm [Suppl] 56: 75–82

Przuntek H, Welzel D, Blümner E, Danielczyk W, Letzel H, Kaiser H-J, Kraus PH, Riederer P, Schwarzmann D, Wolf H, Überla K (1992) Bromocriptine lessens the incidence of mortality in L-DOPA-treated parkinsonian patients: prado-study discontinued. Eur J Clin Pharmacol 43: 357–363

Przuntek H, Welzel D, Gerlach M, Blümner E, Danielczyk W, Kaiser HJ, Kraus PH, Letzel H, Riederer P, Überla K (1996) Early institution of bromocriptine in Parkinson's disease inhibits the emergence of levodopa-associated motor side effects. Long-term results of the PRADO study. J Neural Transm 103: 699–715

Przuntek T, Conrad B, Dichgans J, Kraus PH, Krauseneck P, Pergande G, Rinne U, Schimrigk K, Schnitker J, Vogel H (1999) SELEDO: a 5-year long-term trial on the effect of selegiline in early parkinsonian patients treated with levodopa. Eur J Neurol 6: 141–150

Rajput AH, Martin W, Saint-Hilaire MH, Dorflinger E, Pedder S (1997a) Tolcapone improves motor function in parkinsonian patients with the "wearing-off" phenomenon: a double-blind, placebo-controlled, multicenter trial. Neurology 49: 1066–1071

Rajput A, Wallkait M, Rajput AH (1997b) 18 month prospective study of amantadine (Amd) for Dopa (LD) induced dysinesias (DK) in idiopathic Parkinson's disease. Can Neurol Sci 24: S23

Rakshi JS, Bailey DL, Takeshi U, Morrish PK, Ito K, Brooks DJ (1998) Is ropinirole a selective D2 receptor agonist neuroprotective in early Parkinson's disease. An (18F)dopa PET study. Neurology 50: A330

Rascol O, Brooks DJ, Brunt ER, Korczyn AD, Poewe WH, Stocchi F (1998) Ropinirole in the treatment of early Parkinson's disease: a 6-month interim report of a 5-year levodopa-controlled study. 056 Study Group. Mov Disord 13: 39–45

Rausch WD, Hirata Y, Nagatsu T, Riederer P, Jellinger K (1988) Human brain tyrosine hydroxylase: in vitro effects of iron and phosphorylating agents in the CNS of controls, Parkinson's disease and schizophrenia. J Neurochem 50: 202–228

Reader TA, Dewar KM (1999) Review article. Effects of denervation and hyperinnervation on dopamine and serotonin in the rat neostriatum: implications for human Parkinson's disease. Neurochem Int 34: 1–21

Reichmann H, Riederer P (1989) Biochemical analyses of respiratory chain enzymes in different brain regions of patients with Parkinson's disease. BMFT Symposium „Morbus Parkinson und andere Basalganglienerkrankungen", Bad Kissingen (Abstracts S 44)

Reynolds GP, Garrett NJ (1986) Striatal dopamine and homovanillic acid in Huntington's disease. J Neural Transm 65: 151–155

Reynolds GP, Riederer P, Sandler M, Jellinger K, Seemann D (1978) Amphetamine and phenylethylamine in post-mortem Parkinson's brain after (-)deprenyl administration. J Neural Transm 43: 271–277

Riederer P (1988) Biochemie dopaminerger Systeme. In: Fischer P-A, Frieling B (Hrsg) Morbus Parkinson – neue Möglichkeiten mit Lisurid. de Gruyter, Berlin New York, S 13–25

Riederer P, Wuketich S (1976) Time course of nigrostriatal degeneration in Parkinson's disease. A detailed study of influential factors in human brain amine analysis. J Neural Transm 38: 277–301

Riederer P, Youdim MBH (1986) Monoamine oxidase activity and monoamine metabolism in brains of parkinsonian patients treated with L-deprenyl. J Neurochem 46: 1359–1365

Riederer P, Birkmayer W, Seemann D, Wuketich S (1977) Brain-noradrenaline and 3-methoxy-4-hydroxyphenylglycol in Parkinson's syndrome. J Neural Transm 41: 241–251

Riederer P, Rausch WD, Birkmayer W, Jellinger K, Seemann D (1978a) CNS modulation of adrenal tyrosine hydroxylase in Parkinson's disease and metabolic encephalopathies. J Neural Transm [Suppl] 14: 121–132

Riederer P, Youdim MBH, Rausch WD, Birkmayer W, Jellinger K, Seemann D (1978b) On the mode of action of L-deprenyl in the human central nervous system. J Neural Transm 43: 217–226

Riederer P, Sofic E, Konradi C (1986) Neurobiochemische Aspekte zur Progression der Parkinson-Krankheit: Post-mortem-Befunde und MPTP-Modell. In: Fischer PA (Hrsg) Spätsyndrome der Parkinson-Krankheit. Editiones <Roche>, Basel, S 37–49

Riederer P, Sofic E, Rausch WD, Hebenstreit G, Bruinvels J (1989) Pathobiochemistry of the extrapyramidal system: A „short note" review. Przuntek H, Riederer P (Hrsg) Key Topics in Brain Research, Early diagnosis and preventive therapy in Parkinson's disease. Springer, Wien New York, S 139–149

Rinne UK (1990) Controlled-release levodopa superior to standard levodopa in the treatment of early Parkinson's disease. Mov Disord [Suppl] 5: 52

Rinne UK (1999) Kombinationstherapie mit Lisurid und L-Dopa in den Frühstadien der Parkinson-Krankheit verringert und verzögert die Entwicklung motorischer Fluktuationen. Der Nervenarzt [Suppl] 1: S19–S25

Rinne UK, Koskinenen V, Laaksonen H, Lönnberg P, Sonninen V (1978) GABA receptor binding in the parkinsonian brain. Life Sci 22: 2225–2228

Rinne UK, Bracco F, Chouza C, Dupont E, Gershanik O, Marti Masso JF, Montastruc JL, Marsden CD, Dubini A, Orlando N, Grimaldi R (1997) Cabergoline in the treatment of early Parkinson's disease. Results of the first year of treatment in a double blind comparison between cabergoline and levodopa. Neurology 48: 363–368

Rinne UK, Bracco F, Chouza C Dupont E, Gershanik O, Marti Masso JF, Montastruc JL, Marsden CD, Dubini A (1998) Early treatment of Parkinson's disease with cabergoline delays the onset of motor complications. Results of a double-blind levodopa controlled trial. Drugs [Suppl 1] 55: 23–30

Rodriguez-Puertas R, Pazos A, Pascual J (1994) Cholinergic markers in degenerative Parkinsonism: autoradiographic demonstration of high-affinity choline uptake carrier hyperactivity. Brain Res 636: 327–332

Rollema K, Kuhr WG, Kranenborg G, DeVries J, Van den Berg C (1988) MPP^+ induced efflux of dopamine and lactate from rat striatum have similar time courses as shown by in vivo brain dialysis. J Pharmacol Exp Ther 245: 858–866

Rossetti Zl, Sotgiu A, Sharp DE, Hadjiconstantinou M, Neff NN (1988) 1-Methyl-4-phenyl-1,2,3,6-tetrahydropyridine (MPTP) and free radicals *in vitro*. Biochem Pharmacol 37: 4573–4574

Runge I, Horowski R (1991) Can we differentiate symptomatic and neuroprotective effects in Parkinsonism? J Neural Transm [P-D-Sect] 4: 273–283

Russ H, Staudt K, Martel F, Gliese M, Schömig E (1996) The extraneuronal transporter for monoamine transmitter exists in cells derived from human central nervous system. Eur J Neurosci 8: 1256–1264

Ruzicka E, Streitova H, Jech R, Rektorova I, Mecir P, Hortova H, Hejdukova B, Rektor I (1999) Amantadine-sulfate infusion in treatment of motor fluctuations and dyskinesias in Parkinson's disease. Neurology [Suppl 2] 52: P.03.062

Sackett DL, HaynesL, Guyatt BR, Tugwell P (1996) Editorial. Was ist Evidenz-basierte Medizin und was nicht? Münch med Wschr 139: 28/644–645/29

Salo PT, Tatton WG (1992) Deprenyl reduces the death of motor neurons caused by axotomy. J Neurosci Res 31: 394–400

Sanberg PR, Bunsey MD, Giordano M, Norman AB (1988) The catalepsy test: its ups and downs. Behav Neurosci 102: 748–759

Sanchez-Ramos JR, Övervik E, Ames BN (1994) A marker of oxyradical-mediated DNA damage (8-Hydroxy-2-Deoxyguanosin) is increased in nigro-striatum of Parkinson's disease brain. Neurodegeneration 3: 197–204

Sano I (1960) Biochemistry of the extrapyramidal system. Shinkei Kenkyu no Shimpo Adv Neurol Sci 5: 42–48

Sardar AM, Czudek C, Reynolds GP (1996) Dopamine deficits in the brain: the neurochemical basis of parkinsonian symptoms in AIDS. NeuroReport 7: 910–912

Sauer H, Oertel WH (1994) Progressive degeneration of nigrostriatal dopamine neurons following intrastriatal terminal lesions with 6-hydroxydopamine: a combined retrograde tracing and immunocytochemical study in rat. Neuroscience 59: 401–415

Sautter J, Kupsch A, Earl CD, Oertel WH (1997) Degeneration of pre-labelled nigral neurons induced by intrastriatal 6-hydroxydopamine in the rat: behavioural and biochemical changes and pretreatment with the calcium-entry blocker nimodipine. Exp Brain Res 117: 111–119

Scatton B, Dennis T, L'Heureux R, Montfort JC, Duyckaersts C, Javoy-Agid F (1986) Degeneration of noradrenergic and serotonergic but dopaminergic neurons in the lumbar spinal cord of parkinsonian patients. Brain Res 380: 181–185

Schallert T, Teitelbaum P (1981) Haloperidol, catalepsy, and equilibrating functions in the rat: an antagonistic interaction of clinging and labyrinthine righting reactions. Physiol Behav 27: 1077–1083

Schapira AH, Cooper JM, Dexter D, Clark JB, Jenner P, Marsden CD (1990) Mitochondrial complex I deficiency in Parkinson's disease. J Neurochem 54: 823–827

Schmidt WJ, Bubser M, Hauber W (1992) Behavioural pharmacology of glutamate in the basal ganglia. J Neural Transm [Suppl] 38: 65–89

Schneider (1989) Parkinson-Syndrom. Heutiger Stand der medikamentösen Therapie. TW Neurologie Psychiatrie [Sonderheft] 3: 12–26

Schrag AE, Brooks DJ, Brunt E, Fuell D, Korczyn A, Poewe W, Quinn NP, Rascol O, Stocchi F (1998) The safety of ropinirole, a selective nonergoline dopamine agonist, in patients with Parkinson's disease. Clin Neuropharmacol 21: 169–175

Schulz JB, Henshaw DR, Matthews RT, Beal MF (1995) Coenzyme Q(10) and nicotinamide and a free radical spin trap protect against MPTP neurotoxicity. Exp Neurol 132: 279–283

Schulz JB, Matthews RT, Henshaw DR, Beal MF (1996) Neuroprotective strategies for treatment of lesions produced by mitochondrial toxins: Implications for neurodegenerative diseases. Neuroscience 71: 1043–1048

Schwab RS, England AC, Poskranzer DC, Young RR (1969) Amantadine in the treatment of Parkinson's disease. J Am Med Assoc 208: 1168–1170

Schwarting RKW, Huston JP (1996) Unilateral 6-hydroxydopamine lesions of mesostriatal dopamine neurons and their physiological sequelae. Progr Neurobiol 49: 215–266

Seeman P, Van Tol HH (1993) Dopamine receptor pharmacology. Curr Opin Neurol Neurosurg 6: 602–608

Seeman P, Bzowej NH, Guan HC, Bergeron C, Reynolds GP, Bird ED, Riederer P, Jellinger K, Tourtellotte WW (1987) Human brain D_1 and D_2 dopamine receptors in schizophrenia, Alzheimer's, Parkinson's, and Huntington's diseases. Neuropsychopharmacology 1: 15

Sethi KD, Obrien CF, Hammerstad JP, Adler CH, Davis TL, Taylor RL, Sanchez-Ramos J, Bertoni JM, Hauser RA (1998) Ropinirole for the treatment of early Parkinson disease: A 12-month experience. Arch Neurol 55: 1211–1216

Seiden LS, Fischman MW, Schuster CR (1975) Long-term methamphetamine induced changes in brain catecholamines in tolerant rhesus monkeys. Drug Alcohol Depend 1: 215–219

Sengstock GJ, Olanow CW, Dunn AJ, Barone S, Arendash GW (1994) Progressive changes in striatal dopaminergic markers, nigral volume, and rotational behavior following iron infusion into rat substantia nigra. Exp Neurol 130: 82–94

Shannon KM, Bennett JP, Friedman JH (1997) Efficacy of pramipexole, a novel dopamine agonist, as monotherapy in mild to moderate Parkinson's disease. Neurology 49: 724–728

Sharma JC, Ross IN (1999) Long term role of pergolide as an adjunct therapy in Parkinson's disease: influence on disability, blood pressure, weight and levodopa syndrome. Parkinson Relat Disord 5: 111–114

Sharpe JA, Rewcastle NB, Lloyd KG, Hornykiewicz O, Hill M, Tasker RR (1973) Striatonigral degeneration. Response to levodopa therapy with pathological and neurochemical correlation. J Neurol Sci 19: 275–286

Sheehan JP, Swerdlow RH, Parker WD, Miller SW, Davis RE, Tuttle JB (1997) Altered calcium homeostasis in cells transformed by mitochondria from individuals with Parkinson's disease. J Neurochem 68: 1221–1233

Shoffner JM, Watts RL, Juncos JL, Torroni A, Wallace DC (1991) Mitochondrial oxidative phosphorylation defects in Parkinson's disease. Ann Neurol 30: 332–339

Shulman LM (2000) Levodopa toxicity in Parkinson's disease: Reality or myth? Arch Neurol 57: 406–407

Sian J, Gerlach M, Youdim MBH, Riederer P (1999) Parkinson's disease: a major hypokinetic basal ganglia disorder. J Neural Transm 106: 443–476

Sieradzan K, Channon S, Ramponi C, Stern GM, Lees AJ, Youdim MB (1995) The therapeutic potential of moclobemide, a reversible monoamino oxidase A inhibitor in Parkinson's disease. J Clin Pharmacol [Suppl 2] 15: 51S–59S

Sies H (1991) Oxidative stress: from basic research to clinical application. Am J Med 91: 31S–38S

Smith TS, Parker WD, Bennett JP (1994) L-DOPA increases nigral production of hydroxyl radicals in vivo: potential L-DOPA toxicity? NeuroReport 5: 1009–1011

Snyder SH, D'Amato RJ (1985) Predicting Parkinson's disease. Nature 317: 198–199

Sofic E, Riederer P, Heinsen H, Beckmann H, Reynolds GP, Hebenstreit G, Youdim MB (1988) Increased iron (III) and total iron content in post mortem substantia nigra of parkinsonian brain. J Neural Transm 74: 199–205

Sohal RS, Farmer KJ, Allen RG (1987) Correlates of longevity in two strains of the housefly, Musca domestica. Mech Ageing Dev 40: 171–179

Sonsalla PK, Jochnowitz ND, Zeevalk GD, Oostveen JA, Hall ED (1996) Treatment of

mice with methamphetamine produces cell loss in the substantia nigra. Brain Res 738: 172–175
Speiser Z, Levy R, Cohen S (1998) Effects of N-propargyl-1-(R)-aminoindan (rasagiline) in models of motor and cognition disorders. J Neural Transm [Suppl] 52: 287–300
Spencer CM, Benfield P (1996) Tolcapone. CNS Drugs 5: 475–481
Spencer JPE, Jenner A, Aruoma OI, Evans PJ, Kaur H, Dexter DT, Jenner P, Lees AJ, Marsden DC, Halliwell B (1994) Intense oxidative DNA damage promoted by L-DOPA and its metabolites: implications for neurodegenerative diseases. FEBS Lett 353: 246–250
Spina MB, Cohen G (1988) Exposure of striatal synaptosomes to L-dopa increases levels of oxidized glutathione. J Pharmacol Exp Ther 1988 247: 502–507
Starr MS (1995) Antiparkinsonian actions of glutamate antagonists – Alone and with L-DOPA: A review of evidence and suggestions for possible mechanisms. J Neural Transm [P-D-Sect] 10: 141–185
Steece-Collier K, Collier TJ, Sladek CD, Sladek JR (1990) Chronic levodopa impairs morphological development of grafted embryonic dopamine neurons. Exp Neurol 110: 201–208
Stenager EN, Wermuth L, Stenager E, Boldsen J (1994) Suicide in patients with Parkinson's disease. An epidemiological study. Acta Psychiat Scand 90: 70–72
Stocchi F, Quinn NP, Barbato L, Patsalos PN, O'Connel MT, Ruggieri S, Marsden CD (1994) Comparison between a fast and a slow release preparation of levodopa and a combination of the two: a clinical and pharmacokinetic study. Clin Neuropharmacol 17: 38–44
Stoddard SL, Ahlskog JE, Kelly PJ, Tyce GM, van Heerden JA, Zinsmeister AR, Carmichael SW (1989) Decreased adrenal medullary catecholamines in adrenal transplanted Parkinsonian patients compared to nephrectomy patients. Exp Neurol 104: 218–222
Studer L, Tabar V, McKay RD (1998) Transplantation of expanded mesencephalic precursors leads to recovery in parkinsonian rats. Nature Neurosci 1: 290–295
Sundstöm E, Fredriksson A, Archer T (1990) Chronic neurochemical and behavioral changes in MPTP-lesioned C57BL/6 mice: a model for Parkinson's disease. Brain Res 528: 181–188
Svenden CN, Caldwell MA, Ostenfeld T (1999) Human neural stem cells: Isolation, expansion and transplantation. Brain Pathol 9: 499–513
Szabo L, Hofmann HP (1989) (S)-Emopamil, a novel calcium and serotonin antagonist for the treatment of cerebrovascular disorders. 3rd Communication: Effect on postischemic cerebral blood flow and metabolism, and ischemic neuronal cell death. Arzneim-Forsch/Drug Res 39: 314–319
Szelenyi I (1993) Inhibitors of Monoamine Oxidase B. Pharmacology and Clinical Use in Neurodegenerative Disorders. Birkhäuser, Basel Boston Berlin
Tanner CM (1987) The role of environmental toxins in the etiology of Parkinson's disease. Trends Neurosci 12: 49–54
Tatton WG, Greenwood CE (1991) Rescue of dying neurons: a new action for deprenyl in MPTP parkinsonism. J Neurosci Res 30: 666–672
Tatton NA, Kish SJ (1997) In situ detection of apoptotic nuclei in the substantia nigra compacta of 1-methyl-4-phenyl-1,2,3,6-tetrahydropyridine-treated mice using terminal deoxynucleotidyl transferase labelling and acridine orange staining. Neuroscience 77: 1037–1048
Tatton WG, Chalmers-Redman RME (1996) Modulation of gene expression rather than monoamine oxidase inhibition: (–)-deprenyl-related compounds in controlling neurodegeneration. Neurology [Suppl 3] 47: S171–S183
Tatton WG, Chalmers-Redman RME, Ju WYH, Wadia J, Tatton NA (1997) Apoptosis in neurodegenerative disorders: Potential for therapy by modifying gene transcription. J Neural Transm [Suppl] 49: 245–268
Taylor KM, Snyder SH (1974) Amphetamine: differentiation by D and L isomers of behaviour involving brain norepinephrine or dopamine. Science 168: 1487–1489
Tetrud J, Langston W (1989) The effect of deprenyl (Selegiline) on the natural history of Parkinson's disease. Science 245: 519–522
The Huntington's Disease Collaborative Research Group (1993) A novel gene containing a trinucleotide repeat that is expanded and unstable on Huntington's disease chromosomes. Cell 72: 971–83
The Parkinson Study Group (1989) Effect of deprenyl on the progression of disability in

early Parkinson's disease. N Engl J Med 321: 1364–1371

The Parkinson Study Group (1993) Effects of tocopherol and deprenyl on the progression of disability in early Parkinson's disease. N Engl Med 328: 176–184

The Parkinson Study Group (1996) Effect of lazabemide on the progression of disability in early Parkinson's disease. Ann Neurol 40: 99–107

Thoenen H, Tranzer JP (1968) Chemical sympathectomy by selective destruction of adrenergic nerve endings with 6-hydroxydopamine. Naunyn-Schmiedeberg's Arch Pharmacol 261: 271–288

Thompson CB (1995) Apoptosis in the pathogenesis and treatment of disease. Science 267: 1456–1462

Tolmasoff JM, Ono T, Cutler RG (1980) Superoxide dismutase: correlation with lifespan and specific metabolite rate in primate species. Proc Natl Acad Sci USA 77: 2777–2781

Tretiakoff MC (1919) Contribution à l'étude de l'anatomie pathologique du locus niger de Soemmering. Thése, Université de Paris

Trojanowski JQ, Schmidt ML, Shin RQ, Bramblett GT, Rao D, Lee VM-Y (1993) Altered tau and neurofilament proteins in neurodegenerative diseases: Diagnostic implications for Alzheimer's and Lewy body dementias. Brain Pathol 3: 45–54

Tsukahara T, Takeda M, Shimohama S, Ohara O, Hashimoto N (1995) Effects of brain-derived neurotrophic factor on 1-methyl-4-phenyl-1,2,3,6-tetrahydropyridine-induced Parkinsonism in monkeys. Neurosurg 37: 733–739

Turski L, Bressler K, Rettig K-J, Löschmann P-A, Wachtel H (1991) Protection of substantia nigra from MPP^+ neurotoxicity by N-methyl-D-aspartate antagonists. Nature 349: 414–418

Uhl GR, Walther D, Mash D, Faucheux B, Javoy-Agid F (1994) Dopamine transporter messenger RNA in Parkinson's disease and control substantia nigra neurons. Ann Neurol 35: 494–498

Uitti RJ, Rajput AH, Ahlskog JE, Offord KP, Schroeder DR, Ho MM, Prasad M, Rajput A, Basran P (1996) Amantadine treatment is an independent predictor of improved survival in Parkinson's disease. Neurology 46: 1551–1556

Ungerstedt U (1968) 6-Hydroxydopamine-induced degeneration of central monoamine neurons. Eur J Pharmacol 5: 107–110

Ungerstedt U (1971) Adipsia and aphagia after 6-hydroxydopamine induced degeneration of the nigro-striatal dopamine system. Acta Physiol Scand [Suppl] 367: 95–122

Ungerstedt U, Arbuthnott G (1970) Quantitative recording of rotational behavior in rats after 6-hydroxydopamine lesions of the nigrostriatal dopamine system. Brain Res 24: 485–493

Uretsky NJ, Iversen LL (1970) Effects of 6-hydroxydopamine on catecholamine containing neurons in the rat brain. J Neurochem 17: 269–278

Verhagen Metman L, Del Dotto P, van-den Munckhof P, Fang J, Mouradian MM, Chase TN (1998) Amantadine as treatment for dyskinesias and motor fluctuations in Parkinson's disease. Neurology 50: 1323–1326

Verhagen Metman L, Del Dotto P, LePoole K, Konitsiotis S, Fang J, Chase TN (1999) Amantadine for levodopa-induced dyskinesias – A 1-year follow-up study. Arch Neurol 56: 1383–1386

Verhagen Metman L, Konitsiotis S, Chase TN (2000) Pathophysiology of motor response complications in Parkinson's disease: Hypotheses on the why, where, and what. Mov Disord 15: 3–8

Vermeulen RJ, Drukarch B, Wolters EC, Stoof JC (1999) Dopamine D_1 receptor agonists. CNS Drugs 11: 83–91

Vieregge P, Hagenah J, Heberlein I, Klein C, Ludin HP (1999) Parkinson's disease in twins: a follow-up study. Neurology 53: 566–572

Wachtel H (1999) Dopamin-Rezeptor-Agonisten: Apomorphin, Bromocriptin, Lisurid, Pergolid. In: Riederer P, Laux G, Pöldinger (Hrsg). Neuropsychopharmaka. Ein Therapie-Handbuch, Band 5: Parkinsonmittel und Antidementiva, 2. Auflage. Springer, Wien New York, S 201–225

Wachtel H, Kunow M, Löschmann P-A (1992) NBQX (6-nitro-sulfamoyl-benzo-quinoxaline-dione) and CPP (3-carboxy-piperazin-propyl phosphonic acid) potentiate dopamine agonist induced rotations in substantia nigra lesioned rats. Neurosci Lett 142: 179–182

Wagner GC, Seiden LS, Schuster CR (1979) Methamphetamine-induced changes in brain catecholamines in rats and guinea pigs. Drug Alcohol Depend 4: 435–438

Wagner GC, Ricaurte GA, Seiden LS, Schuster CR, Miller RJ, Westley J (1980) Long-lasting depletions of striatal dopamine and loss of dopamine uptake sites following repeated administration of methamphetamine. Brain Res 181: 151–160

Walkinshaw G, Waters CM (1995) Induction of apoptosis in catecholaminergic PC12 cells by L-DOPA – Implications for the treatment of Parkinson's disease. J Clin Invest 95: 2458–2464

Wang Y, Hamburger M, Cheng CHK, Costall B, Naylor NJ, Jenner P, Hostettmann K (1991) Neurotoxic sesquiterpenoids from the yellow star thistle Centaurea solstitialis L. (Asteraceae). Helv Chim Acta 74: 117–123

Waters CH, Kurth M, Bailey P, Shulman LM, LeWitt P, Dorflinger E, Deptula D, Pedder S (1997) Tolcapone in stable Parkinson's disease: efficacy and safety of long-term treatment. The Tolcapone Stable Study Group. Neurology 49: 665–671.

Weihmuller FB, Hadjiconstantinou M, Bruno JP (1989) Dissociation between biochemical and behavioral recovery in MPTP-treated mice. Pharmacol Biochem Behav 34: 113–117

Weihmuller FB, Ulas J, Nguyen L, Cotman CW, Marshall JF (1992) Elevated NMDA receptors in Parkinsonian striatum. NeuroReport 3: 977–980

Weitenhagen P (1999) Lieber Schneid als Mitleid. Eine Auseinandersetzung mit dem Morbus Parkinson. SCALA, Velbert

Wenning GK, Ben Shlomo Y, Magalhaes M, Daniel SE, Quinn NP (1994) Clinical features and natural history of multiple system atrophy. An analysis of 100 cases. Brain 117: 835–845

Wenning GK, Ben Shlomo Y, Magalhaes M, Daniel SE, Quinn NP (1995) Clinicopathological study of 35 cases of multiple system atrophy. J Neurol Neurosurg Psychiatry 58: 160–166

Wenning GK, Odin P, Morrish P, Rehncrona S, Widner H, Brundin P, Rothwell JC, Brown R, Gustavii B, Hagell P, Jahanshahi M, Sawle G, Bjorklund A, Brooks DC, Marsden CD, Quinn NP, Lindvall O (1997) Short- und long-term survival and function of unilateral intrastriatal dopaminergic grafts in Parkinson's disease. Ann Neurol 42: 95–107

Wesemann W (1984) Aspekte zum Wirkungsmechanismus von Amandatinen. In: Danielczyk W, Wesemann W (Hrsg) Amantadin-Workshop. Edition Materia Medica, Socio Medico, Gräfelding, S 15–23

Wesemann W, Dette-Widenhahn G, Fellehner H (1979) In vitro studies on the possible effects of 1-aminoadamantanes on the serotonergic systems in Morbus Parkinson. J Neural Transm 44: 263–285

Wesemann W, Sturm G, Fünfgeld EW (1980) Distribution of metabolism of the potential anti-parkinson drug memantine in the human. J Neural Transm [Suppl] 16: 143–148

Wesemann W, Blaschke S, Solbach M, Grote C, Clement H-W, Riederer P (1994) Intranigral injected iron progressively reduces striatal dopamine metabolism. J Neural Transm [P-D-Sect] 8: 209–214

Whetsell WO (1996) Current concept of excitotoxicity. J Neuropathol Exp Neurol 55: 1–13

Wilson JM, Levey AI, Rajput A, Ang L, Guttman M, Shannak K, Niznik HB, Hornykiewicz O, Pifl C, Kish SJ (1996) Differential changes in neurochemical markers of striatal dopamine nerve terminals in idiopathic Parkinson's disease. Neurology 47: 718–726

Winn SR, Wahlberg L, Tresco PA, Aebischer P (1989) An encapsulated dopamine-releasing polymer alleviates experimental Parkinsonism in rats. Exp Neurol 105: 244–250

Wolters EC, Jansen ENH, Tuynman-Qua HG, Bergmans PLM (1996) Olanzapine in the treatment of dopaminomimetic psychosis in patients with Parkinson's disease. Neurology 47: 1085–1087

Wüllner U, Kupsch A, Arnold G, Renner P, Scheid C, Scheid R, Oertel W, Klockgether T (1992) The competitive NMDA antagonist CGP40.116 enhances L-DOPA response in MPTP-treated marmosets. Neuropharmacology 31: 713–715

Wüllner U, Kornhuber J, Weller M, Schulz JB, Löschmann P-A, Riederer P, Klockgether T (1999) Cell death and apoptosis regulating proteins in Parkinson's disease – a cautionary note. Acta Neuropathol 97: 408–412

Yamada T, McGeer PL, Baimbridge KG, McGeer EG (1990) Relative sparing in Parkinson's disease of substantia nigra dopamine neurons containing calbindine-D28k. Brain Res 526: 303–307

Yamaguchi T, Nagatsu T, Sugimoto T, Matsuura S, Kondo T, Iizuka R, Narabayashi H (1983) Effects of tyrosine administration on serum biopterin in normal controls and patients with Parkinson's disease. Science 219: 75–77

Youdim MBH, Riederer P (1997) Freie Radikale und die Parkinson-Krankheit. Spektrum der Wissenschaft, März, 52–60

Yurek DM, Steece-Collier K, Collier TJ Sladek CD (1991) Chronic levodopa impairs the recovery of dopamine agonist-induced rotational behavior following neural grafting. Exp Brain Res 86: 97–107

Zawada WM, Zastrow DJ, Clarkson ED, Adams FS, Bell KP, Freed CR (1998) Growth factors improve immediate survival of embryonic dopamine neurons after transplantation into rats. Brain Res 786: 96–103

Zigmond MJ, Stricker EM (1989) Animal models of Parkinsonism using selective neurotoxins: clinical and basic implications. In: Smythies JR, Bradley RJ (Hrsg). International Review of Neurobiology, Vol 31. Academic Press, San Diego New York Berkely Boston London Sydney Tokyo Toronto, S 10–79

Ziv I, Zilkha-Falb R, Offen D, Shirvan A, Barzilai A, Melamed E (1997) Levodopa induces apoptosis in cultured neuronal cells-A possible accelerator of nigrostriatal degeneration in Parkinson's disease? Mov Disord 12: 17–23

Zoldan J, Friedberg G, Goldberg-Stern H, Melamed E (1993) Ondansetron for hallucinosis in advanced Parkinson's disease. Lancet 341: 562–563

Sachverzeichnis